高等数学职业教育版

数学课程改革创新系列新形态教材

数学基础（信息类）

桂改花　苑占江　康海刚　主　编

初东丽　段班祥　周　磊　张良均　副主编

電子工業出版社

Publishing House of Electronics Industry

北京 · BEIJING

内 容 简 介

为加强数学课程的基础地位，夯实高职人才培养的基石，推动数学课程教学质量的提升，在总结多年实践经验的基础上，将高职数学课程设置为四个模块，即数学基础、数学建模、数学技术、数学文化。本书定位于数学基础模块，主要内容包括极限与连续、导数与微分、积分及应用、向量与矩阵、方阵的行列式、逆矩阵、二维图形变换中的矩阵方法、线性方程组的高斯消元法、线性方程组解的判断、线性相关性、特征值与特征向量、相似矩阵与矩阵对角化、马尔可夫链、图的基本概念与模型、图的矩阵表示、图的连通性与哈密尔顿图、最短路径问题、根树、最小连接问题、概率论简述、离散概率分布、连接概率分布、概率的应用——估计。

本书可作为职业院校电子信息类专业教材。

图书在版编目（CIP）数据

数学基础：信息类 / 桂改花，苑占江，康海刚主编. —北京：电子工业出版社，2022.8

ISBN 978-7-121-42523-3

Ⅰ. ①数… Ⅱ. ①桂… ②苑… ③康… Ⅲ. ①高等数学—高等学校—教材 Ⅳ. ①O13

中国版本图书馆 CIP 数据核字（2021）第 265998 号

责任编辑：朱怀永
印　　刷：山东华立印务有限公司
装　　订：山东华立印务有限公司
出版发行：电子工业出版社
　　　　　北京市海淀区万寿路 173 信箱　　邮编：100036
开　　本：787×1092　1/16　印张：15.25　字数：402 千字
版　　次：2022 年 8 月第 1 版
印　　次：2023 年 8 月第 2 次印刷
定　　价：46.80 元

凡所购买电子工业出版社图书有缺损问题，请向购买书店调换。若书店售缺，请与本社发行部联系，联系及邮购电话：（010）88254888，88258888。

质量投诉请发邮件至 zlts@phei.com.cn，盗版侵权举报请发邮件至 dbqq@phei.com.cn。

本书咨询联系方式：（010）88254608 或 zhy@phei.com.cn。

前　言

一、高职数学课程改革的基本思路

教育部发布的《关于职业院校专业人才培养方案制订与实施工作的指导意见》文件明确指出了公共基础课程的重要地位和作用，院校必须保证学生修完公共基础必修课程的内容和总学时数。公共基础课程服务于职业教育，支撑职业教育，更是学生们可持续发展的奠基石，也直接影响职业教育的教学质量。“高等数学”又是高职公共基础课程中一门很重要的课程。

一段时间以来，“高等数学”课程教学存在学生学习动力不足、内容难度大、学习效果差、在整个专业教学中不受重视、教师教学吃力、课程教学改革较慢等现状和问题。面对现状，联合一批院校启动“‘双高’进程中高职院校数学教学改革与实践”研究项目，经过三年研究并总结教学实践经验，对高职数学课程教学形成以下教改建议：

1. 加强数学课程的基础地位，夯实高职人才培养的基石，推动数学课程作为高职所有专业的必修课程。

2. 系统科学设计数学课程，将高职数学课程设置为四个模块：数学基础、数学建模、数学技术、数学文化。

3. 数学基础模块，增加数学知识的广度，降低数学理论的难度，规避大量和复杂的数学计算，丰富专业类应用案例，适当设置练习题的数量和难度。

4. 数学建模模块，以实用性任务或题目为导向，突出建模方法的训练，培养学生解决问题的能力。

5. 数学技术模块，以现有典型的数学软件为载体，通过具体题目、案例、任务等解答过程的训练，培养学生利用数学软件解答题目和解决问题的能力。

6. 数学文化模块，以综合素质提升为导向，面向学生普及数学发展史、数学家奋斗事迹、重大数学事件、重要数学猜想、数学各分支最新研究方向及成果等知识。

二、教材编写特色

1. 基于职业院校数学课程改革的最新理念，突出数学在人才培养中的基础性地位，适用职业院校学生的现状，激发学生学习积极性，体现教学方法的变革。

2. 面向职业院校的实际教学拓宽数学知识面的广度和宽度，降低理论学习的难度和深度，侧重应用性，侧重服务专业学习的定位，侧重学生素质的培养。

3. 教材内容有效融合课程思政元素，培养学生养成正确的价值观和学习观。

4. 配套丰富的数字化学习资源（以二维码方式呈现，扫码即可观看或下载），助力教师教学和学生自学。

三、编写团队

参加本套教材编写的院校包括北京电子科技职业学院、深圳大学、长沙民政职业技术学院、深圳职业技术学院、广东科学技术职业学院、山东轻工职业学院等，编写团队全部是各院校数学课程骨干教师，包括多位数学博士。在本套教材编写过程中还邀请多位教育专家给予了指导。

四、教学建议

为推动高职数学课程改革，有效提升教学与学习质量，增强高职层次学生的数学功底和素养，面向现行高职专业大类，采用本套丛书进行教学，相关建议如下：

1. 在数学基础模块，共包含《数学基础（通识版）》《数学基础（工科类）》《数学基础（信息类）》《数学基础（财贸类）》《数学基础（文科类）》5 种教材，院校可针对不同专业大类，有选择性地开展针对性教学。同时，该模块推荐为必修模块。

2. 数学建模模块侧重数学知识和建模思维的培养，培养学生解决问题的能力，建议有条件的院校，可列入必修模块。

3. 数学技术模块突出数学软件的应用，特别是大数据统计、分析等方面的应用，同未来的职业发展紧密相关，建议列入选修模块。

4. 数学文化模块侧重数学素质的培养，为终身学习和发展奠定基础，建议列为选修模块。

本套丛书在编写中借鉴了大量已出版的书籍或正式发表的文章，同时得到了多位职教专家、多所院校领导和教师的帮助和支持，在此一并表示感谢。由于编者水平有限，书中难免存在不足和疏漏，恳请广大老师和同学们批评指正。

本书共 5 个单元，全书的整体框架由桂改花、段班祥统筹设计，苑占江和康海刚负责全书的配套资源规范设计，彭巧霞负责本书的思政聚焦内容编写。桂改花编写单元 3 和单元 4；苑占江编写单元 2；康海刚编写单元 5；初东丽和周磊编写单元 1；段班祥负责全书内容审核，并对于大纲的制定提出了宝贵意见；张良均负责调研企业需求并且提供数据；李祖猛、邓晓璐、陈筱和丛国超四位老师参与完成线上课程资源开发。

编　者

2021 年 6 月

目　录

单元 1 微积分初步

本单元教学课件

本单元主要介绍一元函数微积分的基本概念、基本公式、性质及应用。

1.1 节主要介绍极限与连续的相关概念、性质与应用。

1.2 节主要介绍导数与微分的相关概念、基本公式及应用。

1.3 节主要介绍不定积分与定积分的相关概念、基本公式、性质及应用。

1.1 极限与连续

极限与连续

2000 多年前，《庄子·天下篇》中有一段记载“一尺之棰，日取其半，万世不竭”，这其中除了蕴含着辩证的哲学思想，还体现出一种观察事物发展趋势和目标的思想方法，这种思想方法即是我们本节将要介绍的极限的概念。《庄子·天下篇》中的内容，用数学形式表达出来就是数列 $\frac{1}{2},\frac{1}{4},\frac{1}{8},\frac{1}{16},\cdots$，可以看出随着项数 n 的无限增大，其通项 $\frac{1}{2^n}$ 越来越小，逐渐趋于 0。这种对变量变化趋势的研究，就对应着下面将要学习的极限的概念。

1.1.1 极限及运算

1. 数列的极限

定义 1 设数列 $\{y_n\}$： $y_1,y_2,y_3,\cdots,y_n,\cdots$。

若 n 无限增大（$n\to\infty$）时，数列的项 y_n 无限趋近一个确定的常数 A，则称 A 为数列 $\{y_n\}$ 的极限（或称数列收敛于 A），记作

$$\lim_{n\to\infty} y_n = A \quad 或\ y_n \to A(n\to\infty)$$

此时，也称数列 $\{y_n\}$ 的极限存在；否则，称数列 $\{y_n\}$ 的极限不存在（或称数列是发散的）。

由定义得，上述数列 $\left\{\frac{1}{2^n}\right\}$ 的极限是 0，记作 $\lim\limits_{n\to\infty}\frac{1}{2^n}=0$。

例 1.1 写出下列数列的前四项，并观察数列极限是否存在：

（1）$\left\{(-1)^n\right\}$；（2）$\left\{\left(-\frac{1}{n}\right)^n\right\}$；（3）$\left\{\left(-\frac{2}{3}\right)^n\right\}$；（4）$\left\{\left(-\frac{3}{2}\right)^n\right\}$。

解　（1）$\left\{(-1)^n\right\}$的前四项为：$-1, 1, -1, 1$；观察得：$\lim\limits_{n\to\infty}(-1)^n$不存在。

（2）$\left\{\left(-\frac{1}{n}\right)^n\right\}$的前四项为：$-1, \frac{1}{4}, -\frac{1}{27}, \frac{1}{256}$；观察得：$\lim\limits_{n\to\infty}\left(-\frac{1}{n}\right)^n=0$。

（3）$\left\{\left(-\frac{2}{3}\right)^n\right\}$的前四项为：$-\frac{2}{3}, \frac{4}{9}, -\frac{8}{27}, \frac{16}{81}$；观察得：$\lim\limits_{n\to\infty}\left(-\frac{2}{3}\right)^n=0$。

（4）$\left\{\left(-\frac{3}{2}\right)^n\right\}$的前四项为：$-\frac{3}{2}, \frac{9}{4}, -\frac{27}{8}, \frac{81}{16}$；观察得：$\lim\limits_{n\to\infty}\left(-\frac{3}{2}\right)^n=\infty$（不存在，也称之为无穷大）。

说明：当一个数列随n的增大而趋于无穷大时，根据极限定义，我们说它的极限是不存在的。但是从“极限是揭示变量的变化趋势”这一点来说，我们也可以说数列的极限是无穷大。

例 1.2　观察数列$\left\{\frac{n+(-1)^{n-1}}{n}\right\}$的极限。

解　将数列$\left\{\frac{n+(-1)^{n-1}}{n}\right\}$的各项列出：$2, \frac{1}{2}, \frac{4}{3}, \frac{3}{4}, \frac{6}{5}, \frac{5}{6}, \cdots$；

观察得，各项的值随着n的增大，在1的上下摆动，并越来越靠近1，即$\lim\limits_{n\to\infty}\frac{n+(-1)^{n-1}}{n}=1$。

2. 函数的极限

下面我们分别就以下两种情况，讨论一般函数的极限问题。

（1）当$x\to\infty$时，函数$f(x)$的极限。

当x的绝对值无限增大时，记为$x\to\infty$，包括：$\begin{cases}x\to-\infty\\x\to+\infty\end{cases}$。

定义 2　如果$x\to\infty$时，函数$f(x)$有定义，且其值无限接近一个确定的常数A，则称A为函数$f(x)$当$x\to\infty$时的极限，记作$\lim\limits_{x\to\infty}f(x)=A$；也可记作：当$x\to\infty$时，$f(x)\to A$。

此时，也称极限$\lim\limits_{x\to\infty}f(x)$存在；否则，称极限$\lim\limits_{x\to\infty}f(x)$不存在。

将定义中的$x\to\infty$换成$x\to-\infty$或$x\to+\infty$时，我们就可以类似地得到$x\to-\infty$或$x\to+\infty$时函数极限的定义，不再赘述。

极限$\lim\limits_{x\to\infty}f(x)$存在的充要条件：左侧极限$\lim\limits_{x\to-\infty}f(x)$与右侧极限$\lim\limits_{x\to+\infty}f(x)$都存在且相等，即$\lim\limits_{x\to+\infty}f(x)=\lim\limits_{x\to-\infty}f(x)=A\Leftrightarrow\lim\limits_{x\to\infty}f(x)=A$。

例 1.3　讨论极限$\lim\limits_{x\to\infty}\arctan x$、$\lim\limits_{x\to\infty}\mathrm{e}^x$是否存在。

解 根据定义，结合图 1-1、图 1-2 可得：

（1）因为 $\lim\limits_{x\to+\infty}\arctan x=\dfrac{\pi}{2}$，$\lim\limits_{x\to-\infty}\arctan x=-\dfrac{\pi}{2}$，所以 $\lim\limits_{x\to\infty}\arctan x$ 不存在。

（2）因为 $\lim\limits_{x\to+\infty}\mathrm{e}^x=+\infty$（不存在），所以 $\lim\limits_{x\to\infty}\mathrm{e}^x$ 不存在。

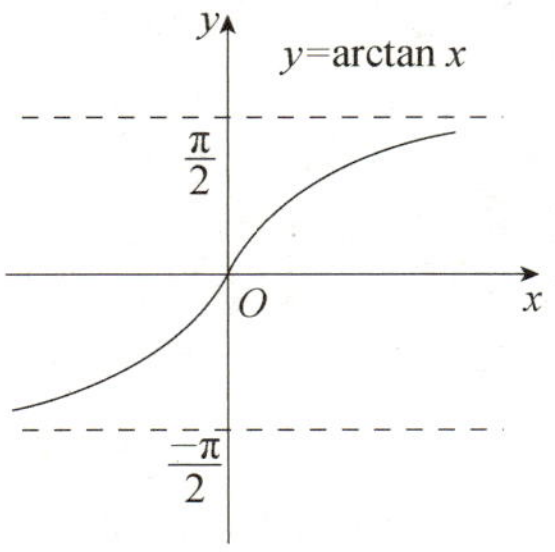

图 1-1

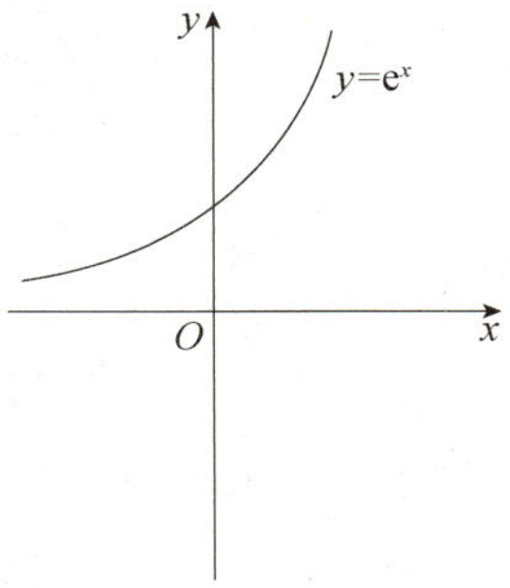

图 1-2

（2）当 $x\to x_0$ 时，函数 $f(x)$ 的极限。

x 无限接近一个有限数 x_0，记为 $x\to x_0$，包括：$\begin{cases}x\to x_0^- & (从x_0的左侧接近x_0)\\ x\to x_0^+ & (从x_0的右侧接近x_0)\end{cases}$

引例 讨论当 $x\to1$ 时，函数 $y=\dfrac{x^2-1}{x-1}$ 的变化趋势。

可以看出，x 的取值越接近1，函数 $y=\dfrac{x^2-1}{x-1}$ 的值就越接近确定的值 2。

再作出函数 $y=\dfrac{x^2-1}{x-1}$ 的图像，如图 1-3 所示。

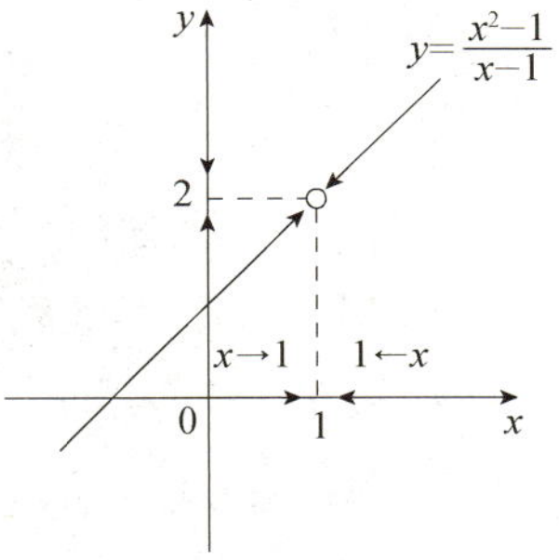

图 1-3

观察图像，我们也会得到同样的结论。

定义 3 如果函数 $y=f(x)$ 在 x_0 的左右近旁有定义，且当 $x\to x_0$ 时，函数 $f(x)$ 无限接近一个确定的常数 A，则称 A 为函数 $f(x)$ 当 $x\to x_0$ 时的极限，记作 $\lim\limits_{x\to x_0}f(x)=A$ 或当 $x\to x_0$ 时，$f(x)\to A$。

此时，也称极限 $\lim\limits_{x\to x_0}f(x)$ 存在；否则，称极限 $\lim\limits_{x\to x_0}f(x)$ 不存在。

由定义，上面引例中 $x\to1$ 时函数的变化趋势可以用极限表示为 $\lim\limits_{x\to1}\dfrac{x^2-1}{x-1}=2$。

说明： 由于 $x\to x_0$，包含了 $\begin{cases}x\to x_0^- & (从x_0的左侧接近x_0)\\ x\to x_0^+ & (从x_0的右侧接近x_0)\end{cases}$ 的情况，所以我们把 $\lim\limits_{x\to x_0^-}f(x)$ 叫作函数 $f(x)$ 在 $x\to x_0$ 时的左极限，把 $\lim\limits_{x\to x_0^+}f(x)$ 叫作函数 $f(x)$ 在 $x\to x_0$ 时的右极限。

定义 4 如果函数 $y=f(x)$ 在 x_0 的左（右）近旁有定义，且当 $x\to x_0^-\left(x\to x_0^+\right)$

时，函数 $f(x)$ 无限接近一个确定的常数 A，则称 A 为函数 $f(x)$ 当 $x\to x_0$ 时的左（右）极限，记作 $\lim\limits_{\substack{x\to x_0^- \\ (x\to x_0^+)}} f(x)=A$。

例 1.4 已知分段函数 $f(x)=\begin{cases}1-x, & x<0 \\ 1+x, & 0<x<1 \\ -1, & x=1 \\ 3, & x>1\end{cases}$，讨论极限 $\lim\limits_{x\to 0}f(x)$ 及 $\lim\limits_{x\to 1}f(x)$。

解 （1）因为 $\lim\limits_{x\to 0^-}f(x)=\lim\limits_{x\to 0^-}(1-x)=1$； $\lim\limits_{x\to 0^+}f(x)=\lim\limits_{x\to 0^+}(1+x)=1$；

由 $\lim\limits_{x\to 0^-}f(x)=\lim\limits_{x\to 0^+}f(x)=1$ 及函数 $f(x)$ 在点 $x=0$ 的左右近旁有定义得 $\lim\limits_{x\to 0}f(x)=1$，如图 1-4 所示。

（2）因为 $\lim\limits_{x\to 1^-}f(x)=\lim\limits_{x\to 1^-}(1+x)=2$； $\lim\limits_{x\to 1^+}f(x)=\lim\limits_{x\to 1^+}3=3$；

由 $\lim\limits_{x\to 1^-}f(x)\neq\lim\limits_{x\to 1^+}f(x)$ 得 $\lim\limits_{x\to 1}f(x)$ 不存在，如图 1-4 所示。

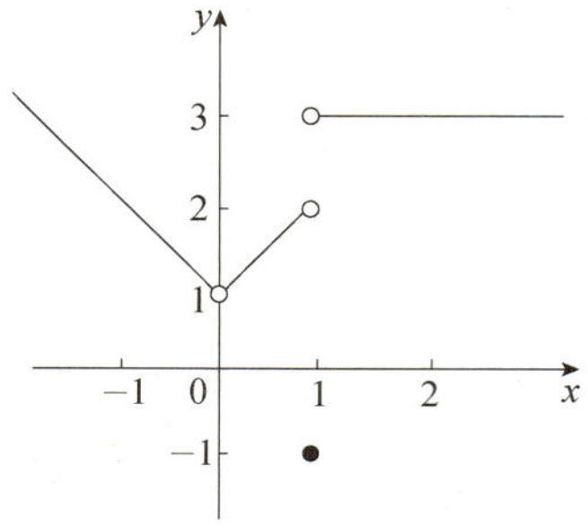

图 1-4

注：$\lim\limits_{x\to x_0}f(x)$ 的存在与否，与函数 $f(x)$ 在点 x_0 处有无定义无关，即“函数 $f(x)$ 在点 x_0 处有定义”是“极限 $\lim\limits_{x\to x_0}f(x)$ 存在”的无关条件。

3. 无穷小量与无穷大量

1）无穷小及其性质

定义 5 如果 $\lim\limits_{x\to\Delta}f(x)=0$，则称函数 $f(x)$ 是当 $x\to\Delta$ 时的无穷小量，简称无穷小。

说明：为方便表示 x 的各种趋向类型，又避免只写一种的局限性和不写 x 的趋向而引起的误导，本书自创“$x\to\Delta$”表示以下六种趋向之一，只说明在任意趋向时的含义，即 $x\to\Delta$ 表示以下六种情况之一（以下同）：

①$x\to\infty$；②$x\to+\infty$；③$x\to-\infty$；④$x\to x_0$；⑤$x\to x_0^+$；⑥$x\to x_0^-$。

注：①无穷小是一个变量，常数中只有零是无穷小量；除此之外，任何常数，无论多小都不是无穷小量。

②一个变量是不是无穷小，与自变量的变化过程有关，因此，说一个变量是无穷小量，必须指出它的自变量的变化过程。

例如：当 $x\to 0$ 时，$\sin x$ 无穷小；当 $x\to\infty$ 时，$\dfrac{1}{x}$ 无穷小。

例 1.5 指出下列函数在自变量的什么变化过程中无穷小。

（1）$f(x)=\dfrac{x}{x^2-1}$；（2）$f(x)=e^{\frac{1}{x}}$。

解 （1）因为 $\lim\limits_{x\to 0}\dfrac{x}{x^2-1}=0$ 且 $\lim\limits_{x\to\infty}\dfrac{x}{x^2-1}=0$，故当 $x\to 0$ 及 $x\to\infty$ 时 $f(x)=\dfrac{x}{x^2-1}$

均无穷小。

（2）因为 $\lim\limits_{x\to0^-}e^{\frac{1}{x}}=0$，所以，当 $x\to0^-$ 时，函数 $f(x)=e^{\frac{1}{x}}$ 无穷小。

性质 1　有限个无穷小的代数和仍为无穷小；

性质 2　有限个无穷小的乘积仍为无穷小；

性质 3　有界量与无穷小的乘积仍为无穷小。

当应用性质 1、性质 2 时，要注意“有限个无穷小”的限制条件。性质 3 可以用来求解一种特殊类型的极限。

2）无穷大及其与无穷小的关系

定义 6　若 $\lim\limits_{x\to\Delta}f(x)=\infty$，则称函数 $f(x)$ 是当 $x\to\Delta$ 时的无穷大量，简称无穷大。

注：①无穷大是一个变量，任何常数，无论多大都不是无穷大；

②一个量是否为无穷大，还取决于自变量的变化过程，因此，说一个量无穷大时，必须指明自变量的变化过程。

如：当 $x\to0$ 时，$\frac{1}{x}$ 无穷大；当 $x\to2$ 时，$\frac{1}{x-2}$ 无穷大。

例 1.6　指出下列函数在自变量的什么变化过程中无穷大。

（1）$f(x)=\frac{x}{x-1}$；（2）$f(x)=e^{\frac{1}{x}}$。

解　（1）因为 $\lim\limits_{x\to1}\frac{x}{x-1}=\infty$，所以，当 $x\to1$ 时，$f(x)=\frac{x}{x-1}$ 无穷大；

（2）因为 $\lim\limits_{x\to0^+}e^{\frac{1}{x}}=\infty$，所以，当 $x\to0^+$ 时，$f(x)=e^{\frac{1}{x}}$ 无穷大。

定理 1　在自变量的同一变化过程中，若 $f(x)$ 无穷小，且 $f(x)\neq0$，则 $\frac{1}{f(x)}$ 无穷大；反之，若 $f(x)$ 无穷大，则 $\frac{1}{f(x)}$ 无穷小。

3）无穷小阶的比较

有时，在同一变化过程中有许多无穷小，例如，当 $x\to0$ 时，x，$2x$，x^2 都无穷小，但细心观察就会发现，它们趋于零的速度是不同的。

定义 7　设 $\lim\limits_{x\to\Delta}\alpha=0$，$\lim\limits_{x\to\Delta}\beta=0$，且 $\alpha\neq0$，则

①如果 $\lim\limits_{x\to\Delta}\frac{\beta}{\alpha}=0$，那么，称 β 是（$x\to\Delta$ 时）比 α 高阶的无穷小，记作 $\beta=o(\alpha)$；

（如：x^2 是（$x\to0$ 时）比 x 高阶的无穷小）

说明：在生产实际的近似计算中，高阶无穷小量一般略去不计。

②如果 $\lim\limits_{x\to\Delta}\frac{\beta}{\alpha}=\infty$，那么，称 β 是（$x\to\Delta$ 时）比 α 低阶的无穷小；

（如：x 是（$x\to0$ 时）比 x^2 低阶的无穷小）

③如果 $\lim\limits_{x\to\Delta}\frac{\beta}{\alpha}=C(C\neq0)$，那么，称 β 与 α 是 $x\to\Delta$ 时的同阶无穷小；

（如：$2x$ 与 $3x$ 是 $x \to 0$ 时的同阶无穷小）

④特别地，当 $C=1$ 时，即 $\lim\limits_{x\to\Delta}\dfrac{\beta}{\alpha}=1$ 时，称 β 与 α 是等价无穷小。记作 $\alpha \sim \beta$，读作 α 等价于 β。

可以证明：当 $x \to 0$ 时，以下各组为等价无穷小。

①$\sin x \sim x$；　②$\tan x \sim x$；　③$\ln(1+x) \sim x$；　④$e^x - 1 \sim x$；

⑤$1-\cos x \sim \dfrac{1}{2}x^2$；　⑥$\arcsin x \sim x$；　⑦$\arctan x \sim x$；　⑧$\sqrt[n]{1+x}-1 \sim \dfrac{1}{n}x$。

4. 求极限的典型类型及方法

1）法则型

极限的四则运算法则：设 $\lim\limits_{x\to\Delta} f(x)=A$ 和 $\lim\limits_{x\to\Delta} g(x)=B$ 都存在，则

法则 1　$\lim\limits_{x\to\Delta}\left[f(x)\pm g(x)\right]=\lim\limits_{x\to\Delta} f(x)\pm\lim\limits_{x\to\Delta} g(x)=A\pm B$；

法则 2　$\lim\limits_{x\to\Delta}\left[f(x)\cdot g(x)\right]=\lim\limits_{x\to\Delta} f(x)\cdot\lim\limits_{x\to\Delta} g(x)=A\cdot B$；

推论 1　$\lim\limits_{x\to\Delta}\left[Cf(x)\right]=C\cdot\lim\limits_{x\to\Delta} f(x)=C\cdot A$；

推论 2　$\lim\limits_{x\to\Delta}\left[f(x)\right]^n=[\lim\limits_{x\to\Delta} f(x)]^n=A^n$（$n$ 取正整数）；

法则 3　$\lim\limits_{x\to\Delta}\dfrac{f(x)}{g(x)}=\dfrac{\lim\limits_{x\to\Delta} f(x)}{\lim\limits_{x\to\Delta} g(x)}=\dfrac{A}{B}$（$B\neq 0$）。

说明：法则 1 和法则 2 可推广到有限个函数的情形。

例 1.7　求 $\lim\limits_{x\to 2}\dfrac{x^3-1}{x^2-3x+5}$。

分析：因分子、分母的极限都存在，且分母的极限不为 0，因此可直接代入法则求极限。

解　因为 $\lim\limits_{x\to 2}\left(x^2-3x+5\right)=2^2-3\times 2+5=3\neq 0$，

所以 $\lim\limits_{x\to 2}\dfrac{x^3-1}{x^2-3x+5}=\dfrac{\lim\limits_{x\to 2}\left(x^3-1\right)}{\lim\limits_{x\to 2}\left(x^2-3x+5\right)}=\dfrac{7}{3}$。

方法：法则型（如上例）的求极限方法，可以直接应用初等函数的连续性，由 $\lim\limits_{x\to x_0} f(x)=f(x_0)$，直接将 $x=x_0$ 代入函数式求函数值即可。（前提：$y=f(x)$ 为初等函数，且 $y=f(x)$ 在点 x_0 处有定义）

2）$\dfrac{A}{0}$ 型

例 1.8　求 $\lim\limits_{x\to 2}\dfrac{x+2}{x-2}$。

解　因为分母极限为 0，所以不属于法则型。

又分子极限为 4，且 $\lim\limits_{x\to 2}\dfrac{1}{x-2}=\infty$（无穷小与无穷大的关系），

所以 $\lim\limits_{x\to2}\dfrac{x+2}{x-2}=\infty$（即属于极限不存在的特殊类型）

方法：$\dfrac{A}{0}$ 型的极限为极限不存在的特殊类型，其结果均为 ∞。

3）$\dfrac{0}{0}$ 型

例 1.9 求极限：（1）$\lim\limits_{x\to3}\dfrac{x-3}{x^2-9}$；（2）$\lim\limits_{x\to0}\dfrac{\sqrt{x+1}-1}{x}$。

解 （1）$\lim\limits_{x\to3}\dfrac{x-3}{x^2-9}=\lim\limits_{x\to3}\dfrac{x-3}{(x-3)(x+3)}=\lim\limits_{x\to3}\dfrac{1}{x+3}=\dfrac{1}{6}$。

（2）$\lim\limits_{x\to0}\dfrac{\sqrt{x+1}-1}{x}=\lim\limits_{x\to0}\dfrac{\left(\sqrt{x+1}-1\right)\left(\sqrt{x+1}+1\right)}{x\left(\sqrt{x+1}+1\right)}=\lim\limits_{x\to0}\dfrac{1}{\sqrt{x+1}+1}=\dfrac{1}{2}$。

方法：$\dfrac{0}{0}$ 型未定式极限求法——分子、分母（或者变形后）同约去极限为 0 的公因式，化为法则型进行计算。

4）$\dfrac{\infty}{\infty}$ 型

例 1.10 求下列极限：

（1）$\lim\limits_{x\to\infty}\dfrac{3x^3-4x^2+2}{7x^3+5x^2-1}$；（2）$\lim\limits_{x\to\infty}\dfrac{3x^2-2x-1}{2x^3-x^2+5}$；（3）$\lim\limits_{x\to\infty}\dfrac{x^3-2x}{x^2+5}$。

解 （1）$\lim\limits_{x\to\infty}\dfrac{3x^3-4x^2+2}{7x^3+5x^2-1}=\lim\limits_{x\to\infty}\dfrac{3-\dfrac{4}{x}+\dfrac{2}{x^3}}{7+\dfrac{5}{x}-\dfrac{1}{x^3}}=\dfrac{3-0+0}{7+0-0}=\dfrac{3}{7}$。

（2）$\lim\limits_{x\to\infty}\dfrac{3x^2-2x-1}{2x^3-x^2+5}=\lim\limits_{x\to\infty}\dfrac{\dfrac{3}{x}-\dfrac{2}{x^2}-\dfrac{1}{x^3}}{2-\dfrac{1}{x}+\dfrac{5}{x^3}}=\dfrac{0-0-0}{2-0+0}=\dfrac{0}{2}=0$。

（3）$\lim\limits_{x\to\infty}\dfrac{x^3-2x}{x^2+5}=\lim\limits_{x\to\infty}\dfrac{x-\dfrac{2}{x}}{1+\dfrac{5}{x^2}}=\infty$。

方法：求 $\dfrac{\infty}{\infty}$ 型极限的方法——用分子、分母同除以分母变化最快的量（即分母的最高方幂）的方法来转化未定式，使分母的极限存在，并且不为零，然后用运算法则求其极限。

结论：一般地，$\dfrac{\infty}{\infty}$ 型未定式的极限根据其分子与分母最高次幂的不同，分为以下三种类型：

$$\lim_{x\to\infty}\frac{a_0x^n+a_1x^{n-1}+\cdots+a_n}{b_0x^m+b_1x^{m-1}+\cdots+b_m}=\begin{cases}\dfrac{a_0}{b_0}, & n=m\\ 0, & n<m\\ \infty, & n>m\end{cases} \quad (n,m\in\mathbf{N})。$$

5）$\infty-\infty$ 型

例 1.11 求 $\lim\limits_{x\to2}\left(\dfrac{x^2}{x^2-4}-\dfrac{1}{x-2}\right)$。

分析：此式子是“$\infty-\infty$”型未定式。

解 $\lim\limits_{x\to2}\left(\dfrac{x^2}{x^2-4}-\dfrac{1}{x-2}\right)=\lim\limits_{x\to2}\dfrac{x^2-x-2}{x^2-4}=\lim\limits_{x\to2}\dfrac{(x-2)(x+1)}{(x-2)(x+2)}=\lim\limits_{x\to2}\dfrac{x+1}{x+2}=\dfrac{3}{4}$。

方法：求$\infty-\infty$型未定式极限的方法——经过通分、分子有理化等方式，整理后转化为$\dfrac{0}{0}$型或$\dfrac{\infty}{\infty}$型或$\dfrac{A}{0}$型或法则型。

6）两个重要极限之一：$\lim\limits_{x\to0}\dfrac{\sin x}{x}=1$

例 1.12 求极限（1）$\lim\limits_{x\to0}\dfrac{\sin3x}{x}$；（2）$\lim\limits_{x\to0}\dfrac{\sin5x}{\tan3x}$。

解 （1）$\lim\limits_{x\to0}\dfrac{\sin3x}{x}=\lim\limits_{x\to0}\left(\dfrac{\sin3x}{3x}\cdot3\right)=3\lim\limits_{x\to0}\dfrac{\sin3x}{3x}=3\times1=3$。

（2）$\lim\limits_{x\to0}\dfrac{\sin5x}{\tan3x}=\lim\limits_{x\to0}\dfrac{\sin5x}{\sin3x}\cdot\cos3x=\lim\limits_{x\to0}\dfrac{\dfrac{\sin5x}{5x}\cdot5}{\dfrac{\sin3x}{3x}\cdot3}\cdot\cos3x=\dfrac{1\times5}{1\times3}\times1=\dfrac{5}{3}$。

方法：求与三角函数或反三角函数有关的$\dfrac{0}{0}$型未定式极限时，可以直接（或运用三角恒等式等方式变形后）代入第一重要极限公式（即$\lim\limits_{t\to0}\dfrac{\sin t}{t}=1$）进行计算。

说明：从上面的例子可以看出，第一个重要极限的一般应用形式为$\lim\limits_{x\to\Delta}\dfrac{\sin f(x)}{f(x)}=1$。

注：使用时要注意，正弦后面的量和分母是同一个量；并且当$x\to\Delta$时，这个相同的量，必须趋于零，如$\lim\limits_{x\to0}\dfrac{\sin(kx)}{kx}=1$，$\lim\limits_{x\to\pi}\dfrac{\sin(\sin x)}{\sin x}=1$，$\lim\limits_{x\to1}\dfrac{\sin(\ln x)}{\ln x}=1$等。

7）两个重要极限之二：$\lim\limits_{x\to\infty}\left(1+\dfrac{1}{x}\right)^x=\mathrm{e}$或$\lim\limits_{t\to0}(1+t)^{\frac{1}{t}}=\mathrm{e}$（其中 e 为无理数，且$\mathrm{e}\approx2.718\,281\cdots\cdots$）

例 1.13 求下列极限。

（1）$\lim\limits_{x\to\infty}\left(1+\dfrac{2}{x}\right)^{3x}$；（2）$\lim\limits_{x\to0}(1-3x)^{\frac{1}{2x}}$；（3）$\lim\limits_{x\to\infty}\left(1-\dfrac{1}{x^2}\right)^x$。

解 （1）$\lim\limits_{x\to\infty}\left(1+\dfrac{2}{x}\right)^{3x}=\lim\limits_{x\to\infty}\left(1+\dfrac{1}{\dfrac{x}{2}}\right)^{\frac{x}{2}\times 6}=\lim\limits_{x\to\infty}\left[\left(1+\dfrac{1}{\dfrac{x}{2}}\right)^{\frac{x}{2}}\right]^{6}=\mathrm{e}^{6}$；

（2）$\lim\limits_{x\to 0}(1-3x)^{\frac{1}{2x}}=\lim\limits_{x\to 0}\left[1+(-3x)\right]^{-\frac{1}{3x}\times\left(-\frac{3}{2}\right)}=\mathrm{e}^{-\frac{3}{2}}$；

（3）$\lim\limits_{x\to\infty}\left(1-\dfrac{1}{x^{2}}\right)^{x}=\lim\limits_{x\to\infty}\left[\left(1+\dfrac{1}{x}\right)\left(1-\dfrac{1}{x}\right)\right]^{x}=\lim\limits_{x\to\infty}\left(1+\dfrac{1}{x}\right)^{x}\left(1-\dfrac{1}{x}\right)^{x}=\mathrm{e}\cdot\mathrm{e}^{-1}=1$。

方法：由以上例题可以看出，第二重要极限在实际应用时，可将极限形式化为 $\lim\limits_{x\to\Delta}[1+f(x)]^{\frac{1}{f(x)}}=\mathrm{e}$（其中，幂函数的底数必须是"1+无穷小量"，指数必须是这个"无穷小量"的倒数）。

8）无穷小的等价替换

在极限运算中，等价无穷小可作等价替代。关于等价无穷小，有如下定理。

定理 2（无穷小等价替换原理） 若 $x\to\Delta$ 时，$\alpha\sim\alpha'$，$\beta\sim\beta'$；且 $\lim\limits_{x\to\Delta}\dfrac{\beta'}{\alpha'}$ 存在或为∞，则 $\lim\limits_{x\to\Delta}\dfrac{\beta}{\alpha}=\lim\limits_{x\to\Delta}\dfrac{\beta'}{\alpha'}$。

应用：在求 $\dfrac{0}{0}$ 型极限的过程中，可以利用等价无穷小进行代换，以达到简化极限运算的目的。

例 1.14 求下列极限。

（1）$\lim\limits_{x\to 0}\dfrac{\left(\mathrm{e}^{x}-1\right)\ln(1+3x)}{1-\cos 2x}$；（2）$\lim\limits_{x\to 0}\dfrac{\tan x-\sin x}{x\ln(1+2x^{2})}$。

解 （1）因为当 $x\to 0$ 时，$\mathrm{e}^{x}-1\sim x$，$\ln(1+3x)\sim 3x$，$1-\cos 2x\sim\dfrac{1}{2}(2x)^{2}$，

所以 $\lim\limits_{x\to 0}\dfrac{\left(\mathrm{e}^{x}-1\right)\ln(1+3x)}{1-\cos 2x}=\lim\limits_{x\to 0}\dfrac{x\cdot 3x}{\dfrac{1}{2}(2x)^{2}}=\dfrac{3}{2}$。

（2）$\lim\limits_{x\to 0}\dfrac{\tan x-\sin x}{x\ln(1+2x^{2})}=\lim\limits_{x\to 0}\dfrac{(1-\cos x)\tan x}{x\ln(1+2x^{2})}$，

因为当 $x\to 0$ 时，$1-\cos x\sim\dfrac{1}{2}x^{2}$，$\tan x\sim x$，$\ln(1+2x^{2})\sim 2x^{2}$，

所以 $\lim\limits_{x\to 0}\dfrac{\tan x-\sin x}{x\ln(1+2x^{2})}=\lim\limits_{x\to 0}\dfrac{(1-\cos x)\tan x}{x\ln(1+2x^{2})}=\lim\limits_{x\to 0}\dfrac{\dfrac{1}{2}x^{2}\cdot x}{x\cdot 2x^{2}}=\dfrac{1}{4}$。

注：一般情况下，无穷小代换只用于无穷小的积、商、幂、方根的形式，不能用于无穷小的和、差形式，否则会出现错误或无法求极限。

9）无穷小的性质

例 1.15 求 $\lim\limits_{x\to\infty}\dfrac{\sin x}{x}$。

解 变形得 $\lim\limits_{x\to\infty}\dfrac{\sin x}{x}=\lim\limits_{x\to\infty}\dfrac{1}{x}\sin x$，

因为当 $x\to\infty$ 时，$\dfrac{1}{x}$ 是无穷小；又 $|\sin x|\leqslant 1$，即 $\sin x$ 是有界量，

所以由性质 3 得 $\lim\limits_{x\to\infty}\dfrac{\sin x}{x}=0$。

10）无穷小与无穷大的关系

例 1.16 求 $\lim\limits_{x\to\infty}\left(x^2-x\right)$。

解 因为 $\lim\limits_{x\to\infty}\dfrac{1}{x^2-x}=\lim\limits_{x\to\infty}\dfrac{\frac{1}{x^2}}{1-\frac{1}{x}}=0$，所以 $\lim\limits_{x\to\infty}\left(x^2-x\right)=\infty$。

练习 1.1

1. 运用极限定义说明下列极限是否存在。若存在，则求出其极限值。

（1）$\left\{\dfrac{n}{n+1}\right\}$；（2）$\left\{\sin\dfrac{n\pi}{2}\right\}$；（3 $\left\{\left(\dfrac{4}{3}\right)^n\right\}$；（4）$\left\{\left(\dfrac{3}{4}\right)^n\right\}$；

（5）$\lim\limits_{x\to\infty}\dfrac{1}{x^2}$；（6）$\lim\limits_{x\to\infty}\arctan x$；（7）$\lim\limits_{x\to\infty}\sin x$；（8）$\lim\limits_{x\to1}\ln x$。

2. 填空：（1）$\lim\limits_{x\to-\infty}\mathrm{e}^x=$______；（2）$\lim\limits_{x\to+\infty}\mathrm{e}^x=$______；（3）$\lim\limits_{x\to0}\cos x$ ______。

3. 已知分段函数 $f(x)=\begin{cases}x+1, & x<0\\ 0, & x=0\\ x^2+1, & x>0\end{cases}$，求极限 $\lim\limits_{x\to0}f(x)$ 及 $\lim\limits_{x\to1}f(x)$。

4. 当 $x\to0$ 时，下列函数哪些是无穷小？哪些是无穷大？

（1）$y=\dfrac{x+1}{x}$；（2）$y=\dfrac{\sin x}{1+\cos x}$；（3）$y=\sin\dfrac{1}{x}$；（4）$y=\dfrac{\sin x}{x}$。

5. 比较下列无穷小的阶。

（1）当 $x\to1$ 时，$\sqrt{x}-1$ 与 x^2-1；（2）当 $x\to0$ 时，$1-\cos x$ 与 $\sin x$。

6. 求下列极限。

（1）$\lim\limits_{x\to1}\dfrac{x^2-1}{x^2+5x-6}$；（2）$\lim\limits_{x\to\infty}\dfrac{2x^2+3x-1}{3x^2+10x+1}$；（3）$\lim\limits_{x\to\infty}\dfrac{4x^2+7x}{5-3x^3}$；

（4）$\lim\limits_{x\to0}\dfrac{\sin 7x}{\sin 5x}$；（5）$\lim\limits_{x\to0}\dfrac{\left(\mathrm{e}^{2x}-1\right)\sin 3x}{\arctan x^2}$；（6）$\lim\limits_{x\to0}\dfrac{1-\cos 4x}{\ln(1+2x^2)}$；

（7）$\lim\limits_{x\to\infty}\left(1-\dfrac{3}{x}\right)^{3x}$；（8）$\lim\limits_{x\to0}(1-5x)^{\frac{2}{x}}$；（9）$\lim\limits_{x\to0}x\cos\dfrac{1}{x}$。

7.（谣言传播模型）某地谣传某化工厂发生毒气泄漏，随时可能发生爆炸，混乱中发生车祸夺去4条人命。有10%的市民听到消息后迅速传播，2小时后，75%的市民知道了该消息。假定消息按规律 $y(t)=\dfrac{1}{1+ce^{-kt}}$ 传播（其中 $y(t)$ 表示时刻 t 时知道该消息的市民比例，c 与 t 为正常数）。

（1）求 $\lim\limits_{t\to\infty}y(t)$，并对结果做出解释；

（2）几小时后，90%的市民知道该消息。

思政聚焦 1

高等数学里的无穷小量指的是极限为零的量，也是一种逐渐变化、无限接近零的趋势和状态，无穷小量在生活和文学作品中也有体现。

唐代诗人李白的“故人西辞黄鹤楼，烟花三月下扬州。孤帆远影碧空尽，唯见长江天际流。”，意境深远，亦诗亦画。这首诗淋漓尽致地刻画了无穷小的意境，一片孤帆越走越远，逐渐在海天相接处变成一个点。“帆影”是一个随时间变化而趋于零的量。我们在深度理解无穷小量这个极重要的数学概念的时候，结合“帆影”越来越小、趋于零的意境，是不是能深刻体会到李白送别友人时的依依不舍之情呢？

数学并不是枯燥抽象的数字符号，在无穷小量概念与古诗意境的类比中，我们能感受到数学的人文之美，也能感受到学习数学所带来的愉悦。

1.1.2　连续性及应用

在自然界中，无时无刻不在发生着各种各样的连续变化。例如，气温的变化、流体的流动、蚕的生长发育等都是连续地逐渐变化的。这些现象反映到数学上就是函数的连续性。

1. 函数在一点处的连续性

定义 8　设函数 $y=f(x)$ 在点 x_0 的某个邻域内有定义，若当 $\Delta x\to 0$ 时，相应地函数增量 $\Delta y\to 0$，即 $\lim\limits_{\Delta x\to 0}\Delta y=0$，则称函数 $y=f(x)$ 在点 x_0 处连续（如图1-5所示）。

因为 $\Delta y=f(x_0+\Delta x)-f(x_0)$，所以 $\lim\limits_{\Delta x\to 0}\Delta y=0$，即 $\lim\limits_{\Delta x\to 0}\left[f(x_0+\Delta x)-f(x_0)\right]=0$。

又令 $x_0+\Delta x=x$，则当 $\Delta x\to 0$ 时，$x\to x_0$；于是可得 $\lim\limits_{x\to x_0}\left[f(x)-f(x_0)\right]=0$，即 $\lim\limits_{x\to x_0}f(x)=f(x_0)$。

由此得，函数在点 x_0 处连续的另一定义如下。

定义 9　设函数 $y=f(x)$ 在点 x_0 的某个邻域内有定义，且 $\lim\limits_{x\to x_0}f(x)=f(x_0)$，则称函数 $y=f(x)$ 在点 x_0 处连续（如图1-6所示）。

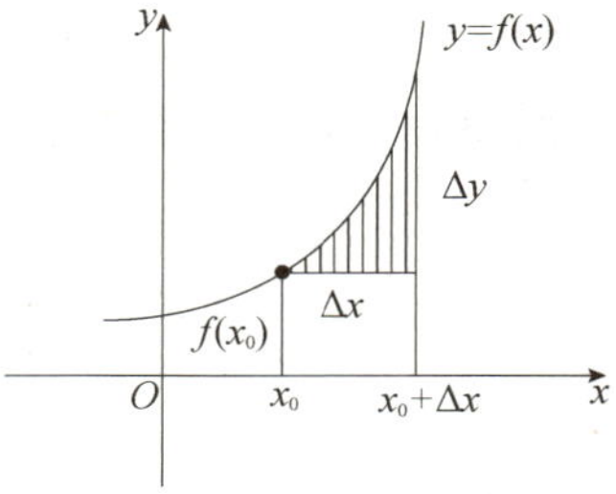

图 1-5

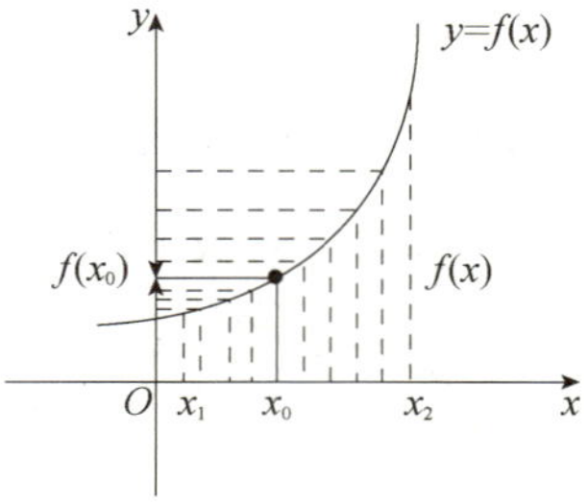

图 1-6

由定义 9 可知，函数 $f(x)$ 在某一点 x_0 处连续必须同时满足三个条件：

① $f(x)$ 在点 x_0 及其近旁有定义；② $\lim\limits_{x\to x_0} f(x)$ 存在；③ $\lim\limits_{x\to x_0} f(x)=f(x_0)$。

又若 $\lim\limits_{x\to x_0^-} f(x)=f(x_0)$，则称函数 $y=f(x)$ 在点 x_0 处左连续（如图 1-7（1）所示）；

而若 $\lim\limits_{x\to x_0^+} f(x)=f(x_0)$，则称函数 $y=f(x)$ 在点 x_0 处右连续（如图 1-7（2）所示）。

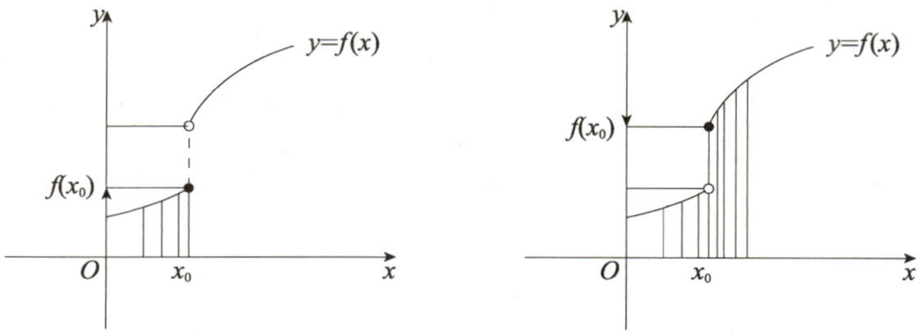

(1)　　(2)

图 1-7

例 1.17　已知 $f(x)=\begin{cases} x, & x<0 \\ x^2, & 0\leqslant x<1 \\ x+1, & x\geqslant 1 \end{cases}$，讨论函数 $f(x)$ 在 $x=0$ 及 $x=1$ 处的连续性。

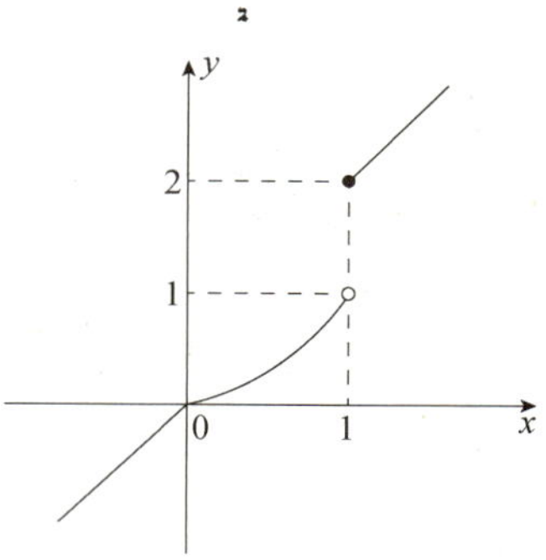

图 1-8

解　函数的图像如图 1-8 所示。

（1）因为 $f(x)$ 的定义域为 $(-\infty,+\infty)$，所以 $f(x)$ 在点 $x=0$ 及其近旁有定义，由 $\lim\limits_{x\to 0^-} f(x)=\lim\limits_{x\to 0^-} x=0$ 及 $\lim\limits_{x\to 0^+} f(x)=\lim\limits_{x\to 0^+} x^2=0$ 得 $\lim\limits_{x\to 0} f(x)=0$；而 $f(0)=0^2=0$，即 $\lim\limits_{x\to 0} f(x)=f(0)$，故函数 $f(x)$ 在 $x=0$ 处连续。

（2）因为 $\lim\limits_{x\to 1^-} f(x)=\lim\limits_{x\to 1^-} x^2=1$，$\lim\limits_{x\to 1^+} f(x)=\lim\limits_{x\to 1^+}(x+1)=2$，所以 $\lim\limits_{x\to 1} f(x)$ 不存在，从而函数 $f(x)$ 在 $x=1$ 处不连续。

2. 函数的间断点及类型

1）间断点及其形成原因

定义 10　如果函数 $f(x)$ 在点 x_0 处不连续，则称点 x_0 为 $f(x)$ 的间断点。

一般地，函数 $f(x)$ 在点 x_0 处不连续，有下面三种情况之一：

① $f(x)$ 在点 x_0 处无定义；② $\lim\limits_{x \to x_0} f(x)$ 不存在；③ $\lim\limits_{x \to x_0} f(x) \neq f(x_0)$。

2）间断点类型

第一类间断点：左右极限均存在的间断点，称为函数的第一类间断点。

①左右极限存在且相等的间断点，称为可去间断点（如图 1-9 所示）；

②左右极限存在但不相等的间断点，称为跳跃间断点（如图 1-10 所示）。

第二类间断点：左右极限至少一个不存在的间断点，称为函数的第二类间断点；若至少一个单侧极限为∞（或+∞，或−∞）的间断点，称为无穷性间断点（如图 1-11 所示）。

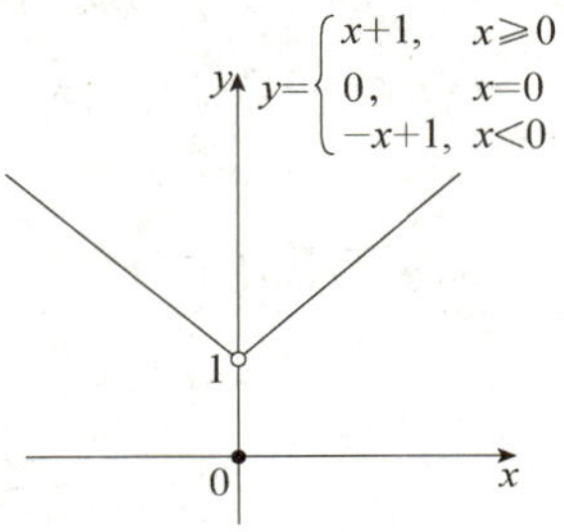

图 1-9

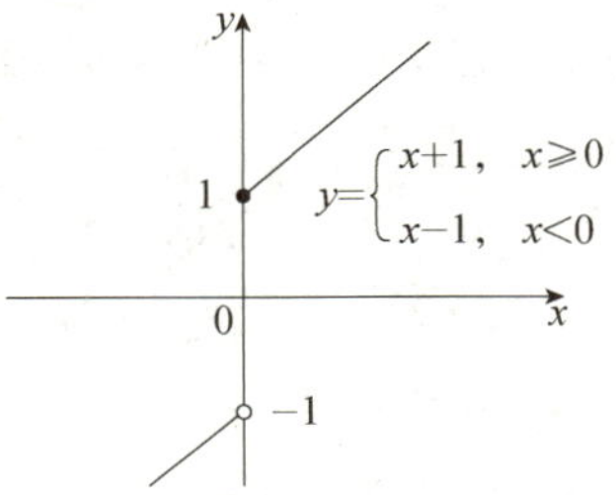

图 1-10

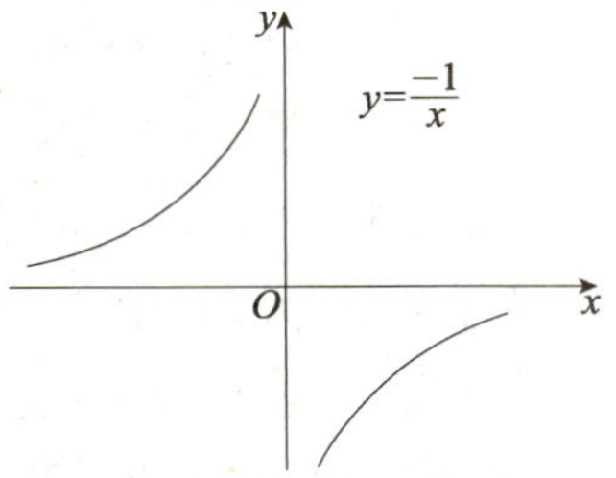

图 1-11

例 1.18 求函数 $f(x)=\dfrac{x+1}{x^2-1}$ 的间断点，并判定其类型。

解 因为 $x=\pm 1$ 时，函数无意义，所以 $x=-1$ 和 $x=1$ 是函数 $f(x)=\dfrac{x+1}{x^2-1}$ 的间断点。

又因为 $\lim\limits_{x \to -1} f(x)=\lim\limits_{x \to -1}\dfrac{x+1}{x^2-1}=\lim\limits_{x \to -1}\dfrac{1}{x-1}=-\dfrac{1}{2}$；所以 $x=-1$ 是函数的第一类可去间断点。

而因为 $\lim\limits_{x \to 1} f(x)=\lim\limits_{x \to 1}\dfrac{x+1}{x^2-1}=\lim\limits_{x \to 1}\dfrac{1}{x-1}=\infty$，所以 $x=1$ 是函数的第二类间断点，且为无穷间断点。

结论： 一般地，初等函数的间断点就是函数无意义的点；而分段函数的间断点则可能处在其分界点处。

3. 函数在区间上的连续性

1）连续函数与函数的连续区间

定义 11 若函数 $f(x)$ 在开区间 (a, b) 内每一点都连续，则称 $f(x)$ 在开区间 (a, b) 内连续，称函数 $f(x)$ 为区间 (a, b) 内的连续函数，称区间 (a, b) 为函数 $f(x)$ 的连续区间。

$f(x)$ 在开区间 (a, b) 内连续 $\Leftrightarrow$ $f(x)$ 在开区间 (a, b) 内每一点都连续。

定义 12 若函数 $f(x)$ 在 (a, b) 内连续，且在左端点 a 处右连续，在右端点 b 处左连续，则称函数 $f(x)$ 在闭区间 $[a, b]$ 上连续，称函数 $f(x)$ 为区间 $[a, b]$ 上的连续函数，称区间$[a, b]$为函数$f(x)$的连续区间。

$$f(x)\text{在闭区间}[a, b]\text{上连续}\Leftrightarrow f(x)\text{在}\begin{cases}\text{开区间}(a, b)\text{内连续}\\ \text{左端点}x=a\text{处右连续}\\ \text{右端点}x=b\text{处左连续}\end{cases}$$

2）闭区间上连续函数的性质

性质 1（最值存在定理） 若函数$f(x)$在闭区间$[a, b]$上连续，则函数$f(x)$在闭区间$[a, b]$上必有最大值和最小值（如图 1-12 所示）。

性质 2（有界性定理） 若函数$f(x)$在闭区间$[a, b]$上连续，则函数$f(x)$在闭区间$[a, b]$上有界。

性质 3（介值定理） 若函数$f(x)$在闭区间$[a, b]$上连续，且$f(a)\neq f(b)$，则对于介于$f(a)$与$f(b)$之间的任一数C，必在(a, b)内至少存在一点ξ，使得$f(\xi)=C(a<\xi<b)$。

推论 1 若函数$f(x)$在闭区间$[a, b]$上连续，且其最大值为M和最小值为m，则对于介于m与M之间的任一数C，必在(a, b)内至少存在一点ξ，使得$f(\xi)=C(a<\xi<b)$（如图 1-13 所示）。

推论 2（零点定理）或（根的存在定理） 若$f(a)$与$f(b)$异号，即$f(a)\cdot f(b)<0$，则在(a, b)内至少存在一点ξ，使得$f(\xi)=0$ $(a<\xi<b)$。

注：（1）将性质中的条件“闭区间”改变为“开区间”时，以上结论不一定成立；

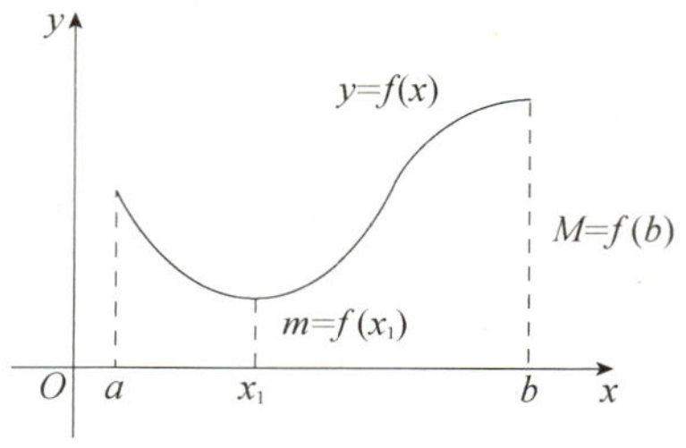

图 1-12

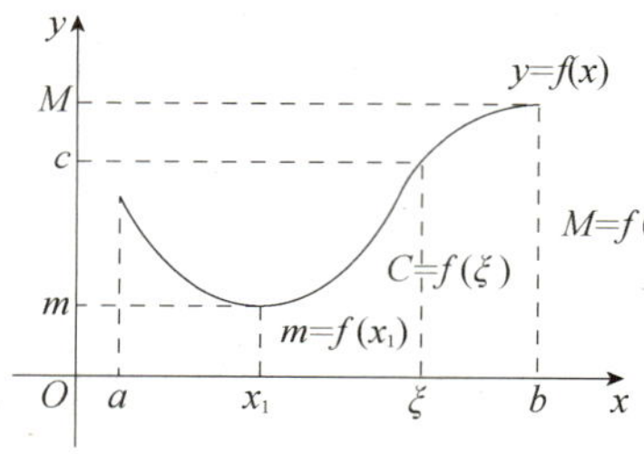

图 1-13

如：函数$y=\dfrac{1}{x}$在$(0,1)$内连续，但在$(0,1)$内无最大（小）值（如图 1-14 所示）。

（2）若函数在闭区间$[a,b]$上不连续，以上结论也不一定成立。

如：函数$f(x)=\begin{cases}x+2, & -1\leqslant x<0,\\ \dfrac{1}{2}, & x=0,\\ x-1, & 0<x\leqslant 1.\end{cases}$ 虽然$f(x)$在闭区间$[-1,1]$上有定义，但由于在$x=0$点间断，因此，$f(x)$在$[-1,1]$上也没有最大（小）值（如图 1-15 所示）。

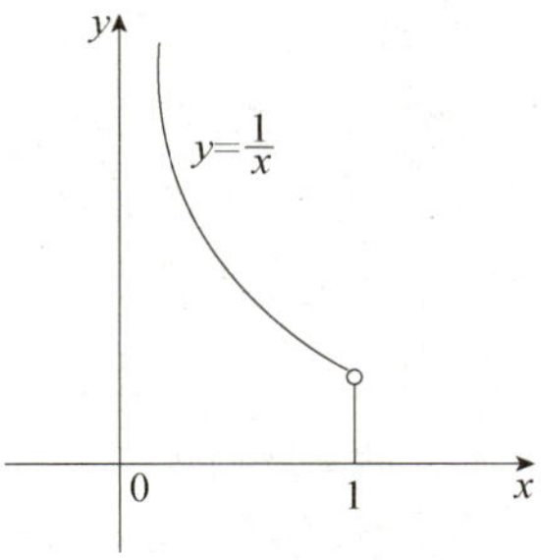

图 1-14

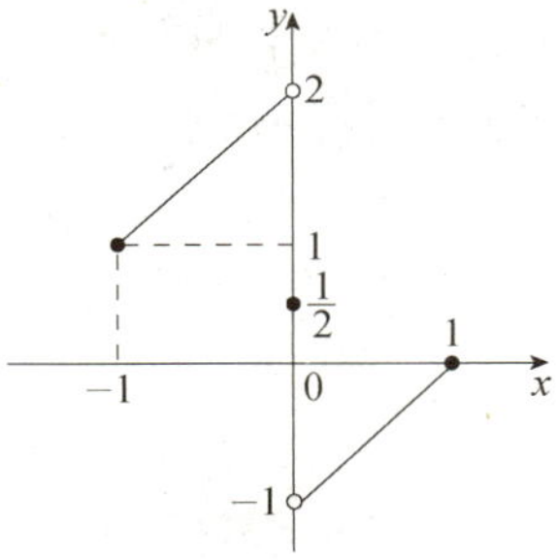

图 1-15

例 1.19 证明：方程 $e^{2x}-x-2=0$ 至少有一个小于1的正实根。

证明 设 $f(x)=e^{2x}-x-2$，则因为 $f(x)$ 在闭区间 $[0,1]$ 上连续，

且 $f(0)=-1<0$， $f(1)=e^2-3>0$，

所以由零点定理知，在 $(0,1)$ 内至少存在一点 ξ，使 $f(\xi)=0$，即 $e^{2\xi}-\xi-2=0$，

也就是说，方程 $e^{2x}-x-2=0$ 至少有一个小于1的正实根。

4. 初等函数的连续性

基本初等函数在其定义域内都是连续的，初等函数在其定义区间内也都是连续的。

应用：如果函数 $f(x)$ 在点 x_0 处连续，则 $\lim\limits_{x\to x_0}f(x)=f(x_0)$。利用这个结论，求连续函数在连续点处的极限，就转化为求该点处的函数值问题，这就提供了求极限的简便方法。

如：（1） $\lim\limits_{x\to 1}\dfrac{x}{1+x^2}=\dfrac{1}{1+1^2}=\dfrac{1}{2}$；（2） $\lim\limits_{x\to\frac{\pi}{2}}\dfrac{\sin x}{x}=\dfrac{\sin\frac{\pi}{2}}{\frac{\pi}{2}}=\dfrac{2}{\pi}$。

练习 1.2

1. 求下列函数的极限。

（1） $\lim\limits_{x\to 0}\dfrac{x^2-1}{2x-3}$；（2） $\lim\limits_{x\to -1}\dfrac{1}{\sqrt{x^2-4x-3}}$；（3） $\lim\limits_{x\to\frac{\pi}{4}}\ln(\sin x)$。

2. 讨论函数 $f(x)=\begin{cases}1-x^2, & x\leqslant 0\\ x-1, & x>0\end{cases}$ 在点 $x=0$ 处的连续性。

3. 设函数 $f(x)=\begin{cases}a+x, & x<0\\ e^x, & x\geqslant 0\end{cases}$ 在点 $x=0$ 处连续，求 a 的值。

思政聚焦 2

请你动手算一算，$(1+0.01)^{365}$ 和 $(12-0.01)^{365}$ 分别等于多少？

结果是 37.8 和 0.03。你能从中得到什么启示呢？积跬步以致千里，积懒惰以致深渊。“积跬步以致千里”，出自战国时期荀子的《劝学》，这句话充分说明了知识积累的重要性。荀子认为学习不是立竿见影的事情，需要有一个长期积累的过程。没

有半步半步的积累，再近的路也无法到达，只有迈开双脚，一步步走下去，才可能走到千里以外的地方；没有小流一点点的汇聚，就不会有江海的波澜壮阔。每天努力一点点，一年之后将收获巨大的成功；而每天懒惰一点点，将会被他人远远地抛在后面。要时刻保持与时俱进，因为那些每天只比你努力一点点的人，最终会将你远远甩开。

学习需要沉下心来，贵在持之以恒，重在学懂弄通，不能心浮气躁、浅尝辄止、不求甚解。哪怕一天挤出半小时，即使读几页书，只要坚持下去，必定会积少成多、积沙成塔，积跬步以致千里。

1.2　导数与微分

导数与微分

导数与微分是微积分学的核心概念，是联系微分学与积分学的纽带，它们的产生、发展与应用，突出体现了数学来源于实践，又应用于实践的特点。

本节将从实际例子入手，研究函数的导数与微分的概念、几何意义、基本公式、运算法则等理论知识，进而研究导数与微分在实际生产、生活中的应用。

1.2.1　导数及运算

函数的可导性与函数的连续性一样，是函数的重要特性之一。函数的连续性刻画的是函数变化的连贯性问题；而函数的可导性刻画的是函数曲线的平滑程度及弯曲特性，是研究函数变化快慢的量，因此导数又称为函数的变化率。

以下将结合实例，进一步研究导数概念的具体含义。

引例　变速直线运动的瞬时速度。

已知自由落体的运动规律为 $s=\frac{1}{2}gt^2$，求物体下落 t_0 时刻的瞬时速度 $v(t_0)$。

解　为了解决物体在 t_0 时刻的瞬时速度问题，在 t_0 时刻给时间 t 以增量 Δt，则

（1）物体从 t_0 到 $t_0+\Delta t$ 内下落的路程为 $\Delta s=\frac{1}{2}g(t_0+\Delta t)^2-\frac{1}{2}gt_0^2=gt_0\Delta t+ g(\Delta t)^2$；

（2）物体从 t_0 到 $t_0+\Delta t$ 这段时间内下落的平均速度为 $\bar{v}=\frac{\Delta s}{\Delta t}=gt_0+g\Delta t$；

（3）由于速度的变化是连续的，当所给时间增量 Δt 很小时，速度的变化不大，平均速度 $\bar{v}$ 可以看作物体在 t_0 时刻的瞬时速度 $v(t_0)$ 的近似值，而且，当 Δt 越来越小时，$\bar{v}$ 就越来越接近 t_0 时刻的瞬时速度。由极限的思想，若当 $\Delta t\to 0$ 时，平均速度 $\bar{v}$ 的极限就是物体在 t_0 时刻的瞬时速度 $v(t_0)$，即 $v(t_0)=\lim\limits_{\Delta t\to 0}\bar{v}=\lim\limits_{\Delta t\to 0}\frac{\Delta s}{\Delta t}=\lim\limits_{\Delta t\to 0}(gt_0+g\Delta t)=gt_0$。

这与物理学中的结果是一致的。

总结：上述思路和方法，不仅能求自由落体的瞬时速度问题，而且可以求一般变速直线运动的瞬时速度问题。

如：若物体的运动规律为$s=s(t)$，则物体在t_0时刻的速度$v(t_0)$为

$$v(t_0)=\lim_{\Delta t\to 0}\bar{v}=\lim_{\Delta t\to 0}\frac{\Delta s}{\Delta t}=\lim_{\Delta t\to 0}\frac{s(t_0+\Delta t)-s(t_0)}{\Delta t}$$

结论：以上讨论表明

（1）$\dfrac{\Delta y}{\Delta x}$的本质是函数在某区间上的平均变化率（相当于变速直线运动的平均速度）；

（2）$\lim\limits_{\Delta x\to 0}\dfrac{\Delta y}{\Delta x}$的本质是函数在一点处的变化率（相当于变速直线运动的瞬时速度）。

在科学研究和现实生活中，还有许多问题，都可转化为求一个比值的极限来解决。

如：非恒定电流的瞬时电流强度$i(t_0)=\lim\limits_{\Delta t\to 0}\bar{i}=\lim\limits_{\Delta t\to 0}\dfrac{\Delta Q}{\Delta t}=\lim\limits_{\Delta t\to 0}\dfrac{Q(t_0+\Delta t)-Q(t_0)}{\Delta t}$。

于是，数学上，把这些相似的问题加以归纳、抽象，建立了导数的概念。

1. 导数的定义

定义 13（函数 $y=f(x)$ 在点 x_0 处的导数） 设函数$y=f(x)$在点x_0的某一邻域内有定义，在点x_0处给自变量x以增量Δx，相应的函数增量为$\Delta y=f(x_0+\Delta x)-f(x_0)$，若极限$\lim\limits_{\Delta x\to 0}\dfrac{\Delta y}{\Delta x}=\lim\limits_{\Delta x\to 0}\dfrac{f(x_0+\Delta x)-f(x_0)}{\Delta x}$存在，则称此极限值为函数$y=f(x)$在点$x_0$处的导数，记作

$$f'(x_0)\text{ 或 }y'\big|_{x=x_0}\text{ 或 }\frac{\mathrm{d}y}{\mathrm{d}x}\bigg|_{x=x_0}$$

即

$$f'(x_0)=\lim_{\Delta x\to 0}\frac{\Delta y}{\Delta x}=\lim_{\Delta x\to 0}\frac{f(x_0+\Delta x)-f(x_0)}{\Delta x}\qquad\text{（导数定义式 1）}$$

若记$x=x_0+\Delta x$ 则$\Delta x=x-x_0$，此时，当$\Delta x\to 0$时，$x\to x_0$。因此上式还可表示为

$$f'(x_0)=\lim_{\Delta x\to 0}\frac{\Delta y}{\Delta x}=\lim_{x\to x_0}\frac{f(x)-f(x_0)}{x-x_0}\qquad\text{（导数定义式 2）}$$

此时，称函数$y=f(x)$在点x_0处可导；否则，称函数$y=f(x)$在点x_0处不可导。如果不可导的原因是极限$\lim\limits_{\Delta x\to 0}\dfrac{\Delta y}{\Delta x}=\infty$，那么，也称函数$y=f(x)$在$x_0$处的导数为无穷大。

结论：路程函数$s=s(t)$的一阶导数$s'(t_0)$，在力学上表示t_0时刻的瞬时速度$v(t_0)$，即$v(t_0)=s'(t_0)$。

定义 14（导函数） 如果函数$y=f(x)$在区间(a,b)内每一点都可导，则对(a,b)内每一点x，函数都有确定的导数值与之对应，在区间(a,b)内点x与函数$f(x)$的导数之

间形成了一个新的函数，把这个函数称为函数 $y=f(x)$ 的导函数，简称导数，记作

$$f'(x) \text{ 或 } y' \text{ 或 } \frac{\mathrm{d}y}{\mathrm{d}x}$$

即

$$f'(x)=\lim_{\Delta x\to 0}\frac{\Delta y}{\Delta x}=\lim_{\Delta x\to 0}\frac{f(x+\Delta x)-f(x)}{\Delta x}$$

显然 $f'(x_0)=y'\big|_{x=x_0}$ 。

结论： 函数 $y=f(x)$ 在点 x_0 处的导数值 $f'(x_0)$，就是导函数 $f'(x)$ 在该点的函数值。

应用： 求函数 $f(x)$ 在某一点的导数值时，可先求出导函数 $f'(x)$，然后计算 $f'(x)$ 在该点的函数值。

2. 导数的几何意义

函数在点 x_0 处的导数值 $f'(x_0)$，几何上表示的是曲线 $y=f(x)$ 在点 x_0 处的切线斜率，即

$$k_{切}=f'(x_0)=y'\big|_{x=x_0}$$

（1）若函数 $y=f(x)$ 在点 x_0 处可导，且 $f'(x_0)\neq 0$，则曲线 $y=f(x)$ 在点 $(x_0,f(x_0))$ 处的切线方程为 $y-f(x_0)=f'(x_0)(x-x_0)$，法线方程为 $y-f(x_0)=-\dfrac{1}{f'(x_0)}(x-x_0)$；

（2）若函数 $y=f(x)$ 在点 x_0 处的导数 $f'(x_0)=0$，则曲线 $y=f(x)$ 在点 $(x_0,f(x_0))$ 处有水平切线，其切线方程为 $y=f(x_0)$，法线方程为 $x=x_0$；

（3）若函数 $y=f(x)$ 在点 x_0 处的导数不存在，但是导数为无穷大，则曲线 $y=f(x)$ 在点 $(x_0,f(x_0))$ 处的切线斜率不存在，其切线垂直于 x 轴，切线方程为 $x=x_0$，法线方程为 $y=f(x_0)$。

例 1.20 求曲线 $y=\sin x$ 在 $x=\dfrac{\pi}{3}$ 处的切线方程和法线方程。

解 因为 $y'=(\sin x)'=\cos x$，所以，由导数的几何意义得切线斜率 $k_{切}=\cos\dfrac{\pi}{3}=\dfrac{1}{2}$，从而法线斜率为 $k_{法}=-2$。

又 $x=\dfrac{\pi}{3}$ 时，$y=\dfrac{\sqrt{3}}{2}$，即切点为 $\left(\dfrac{\pi}{3},\dfrac{\sqrt{3}}{2}\right)$。

于是，切线方程为 $y-\dfrac{\sqrt{3}}{2}=\dfrac{1}{2}\left(x-\dfrac{\pi}{3}\right)$，即 $3x-6y-\pi+3\sqrt{3}=0$。

法线方程为 $y-\dfrac{\sqrt{3}}{2}=-2\left(x-\dfrac{\pi}{3}\right)$，即 $12x+6y-4\pi-3\sqrt{3}=0$。

关于导数有以下结论：

（1）导数是研究函数变化快慢的量，所以导数又称为函数的变化率（导数的本质）。

（2）导数为函数增量与自变量增量比值的极限。

即 $$f'(x_0)=\lim_{\Delta x\to 0}\frac{\Delta y}{\Delta x}=\lim_{\Delta x\to 0}\frac{f(x_0+\Delta x)-f(x_0)}{\Delta x}$$ （导数的定义式1）

或 $$f'(x_0)=\lim_{\Delta x\to 0}\frac{\Delta y}{\Delta x}=\lim_{x\to x_0}\frac{f(x)-f(x_0)}{x-x_0}$$ （导数的定义式2）

（3）导数又称为微商（由 $y'=\frac{\mathrm{d}y}{\mathrm{d}x}$ 为函数的微分 $\mathrm{d}y$ 与自变量微分 $\mathrm{d}x$ 之商而得名）。

（4）函数在点 x_0 处的导数 $f'(x_0)$，几何上表示曲线 $y=f(x)$ 在点 x_0 处的切线斜率。即，$k_{切}=f'(x_0)=y'\big|_{x=x_0}$ （导数的几何意义）。

（5）路程函数的一阶导数为速度，路程函数的二阶导数为加速度。即 $s'(t)=v(t)$，$s''(t)=a(t)$ （导数的力学意义）。

（6）“导函数 $f'(x)$ ”与“函数在 x_0 点处的导数值 $f'(x_0)$ ”的关系是函数与函数值的关系。

（7）可导与连续的关系：可导必连续，连续未必可导。

3. 导数基本公式

（1）$(c)'=0$；（2）$(x^\alpha)'=\alpha x^{\alpha-1}$ （α 为任意实数）；

（3）$(a^x)'=a^x\ln a(a>0,a\neq 1)$；（4）$(\mathrm{e}^x)'=\mathrm{e}^x$；

（5）$(\log x_a)'=\frac{1}{x\ln a}(a>0,a\neq 1)$；（6）$(\ln x)'=\frac{1}{x}$；

（7）$(\sin x)'=\cos x$；（8）$(\cos x)'=-\sin x$；

（9）$(\tan x)'=\sec^2 x$；（10）$(\cot x)'=-\csc^2 x$；

（11）$(\sec x)'=\sec x\tan x$；（12）$(\csc x)'=-\csc x\cot x$；

（13）$(\arcsin x)'=\frac{1}{\sqrt{1-x^2}}$；（14）$(\arccos x)'=-\frac{1}{\sqrt{1-x^2}}$；

（15）$(\arctan x)'=\frac{1}{1+x^2}$；（16）$(\operatorname{arccot} x)'=-\frac{1}{1+x^2}$。

4. 导数的四则运算法则

设 $u=u(x)$，$v=v(x)$ 在点 x 处可导，则它们的和、差、积、商在点 x 处也可导，且有如下法则：

法则1 $(u\pm v)'=u'\pm v'$；

法则2 $(uv)'=u'v+uv'$，特别地 $(cu)'=cu'$ （c 为常数）；

法则3 $\left(\frac{u}{v}\right)'=\frac{u'v-uv'}{v^2}$ （$v\neq 0$）。

说明：法则1、法则2可以推广到有限个可导函数。

如：若 u,v,w 都是可导函数，则 $(uvw)'=u'vw+uv'w+uvw'$。

例1.21 求下列函数的导数。

（1）$y=\frac{x^2\cdot\sqrt[3]{x}}{\sqrt{x}}$；（2）$y=3\ln x+2\cos x-5$；（3）$y=(1+x^2)\arctan x$；

（4）$f(x)=\dfrac{1-x}{1+x}$。

解　（1）因为 $y=x^{2+\frac{1}{3}-\frac{1}{2}}=x^{\frac{11}{6}}$，所以 $y'=\left(x^{\frac{11}{6}}\right)'=\dfrac{11}{6}x^{\frac{11}{6}-1}=\dfrac{11}{6}x^{\frac{5}{6}}$。

（2）$y'=3(\ln x)'+2(\cos x)'-(5)'=\dfrac{3}{x}-2\sin x-0=\dfrac{3}{x}-2\sin x$。

（3）$y'=(1+x^2)'\arctan x+\left(1+x^2\right)(\arctan x)'$

$$=2x\arctan x+\left(1+x^2\right)\frac{1}{1+x^2}=2x\arctan x+1。$$

（4）$f'(x)=\dfrac{(1-x)'(1+x)-(1-x)(1+x)'}{(1+x)^2}=\dfrac{-(1+x)-(1-x)}{(1+x)^2}=\dfrac{-2}{(1+x)^2}$。

5. 复合函数的求导法则

设 $y=f(u)$ 与 $u=u(x)$ 可以复合成函数 $y=f\left[u(x)\right]$，如果 $u=u(x)$ 在点 x 处可导，而 $y=f(u)$ 在对应的 $u=u(x)$ 处可导，则复合函数 $y=f\left[u(x)\right]$ 在点 x 处可导，且

$$y'_x=f'_u(u)\cdot u'_x(x)，或\frac{\mathrm{d}y}{\mathrm{d}x}=\frac{\mathrm{d}y}{\mathrm{d}u}\cdot\frac{\mathrm{d}u}{\mathrm{d}x}$$（复合函数求导的链式法则）

说明：复合函数的导数等于函数先对中间变量求导，再乘以中间变量对自变量的导数。

注：该法则可以推广到多个（有限个）可导函数构成的复合函数的情形。

如：设 $y=f(u),u=u(v),v=v(x)$ 均为可导函数，则有 $\dfrac{\mathrm{d}y}{\mathrm{d}x}=\dfrac{\mathrm{d}y}{\mathrm{d}u}\cdot\dfrac{\mathrm{d}u}{\mathrm{d}v}\cdot\dfrac{\mathrm{d}v}{\mathrm{d}x}$ 或 $y'_x=y'_u\cdot u'_v\cdot v'_x$。

例 1.22　求下列函数的导数。

（1）$y=\sin(2x^2-5)$；（2）$y=\ln\sin 2x$；（3）$y=\ln(2-3x)$；

（4）$y=\mathrm{e}^{\cos 2x}$；（5）$y=\mathrm{e}^{3x}\sin 4x$。

解　（1）因为 $y=\sin(2x^2-5)$ 由 $y=\sin u$ 和 $u=2x^2-5$ 复合而成，

又 $y'_u=\cos u$，$u'_x=(2x^2-5)'=4x$，

故 $y'_x=y'_u\cdot u'_x=\cos u\cdot 4x=4x\cos(2x^2-5)$。

（2）因为 $y=\ln u$ 由 $u=\sin v$ 和 $v=2x$ 复合而成，

而 $y'_u=\dfrac{1}{u}$，$u'_v=\cos v$，$v'_x=2$，

故 $y'=y'_u\cdot u'_v\cdot v'_x=\dfrac{1}{u}(\cos v)(2)=\dfrac{2\cos 2x}{\sin 2x}=2\cot 2x$。

说明：当对复合函数求导熟练以后，其求导的中间过程不必写出，而默记在心中，并由外向内逐层求导即可。这样既不容易出错，又能简化求导过程。

（3）$y'=[\ln(2-3x)]'=\dfrac{1}{2-3x}(2-3x)'=\dfrac{1}{2-3x}(-3)=-\dfrac{3}{2-3x}$。

（4）$y'=[\mathrm{e}^{\cos 2x}]'=\mathrm{e}^{\cos 2x}(\cos 2x)'=\mathrm{e}^{\cos 2x}(-\sin 2x)(2x)'=-2\sin 2x\mathrm{e}^{\cos 2x}$。

（5）$y'=(\mathrm{e}^{3x})'\sin 4x+\mathrm{e}^{3x}(\sin 4x)'=\mathrm{e}^{3x}(3x)'\sin 4x+\mathrm{e}^{3x}\cos 4x(4x)'$

$=3e^{3x}\sin 4x+4e^{3x}\cos 4x=e^{3x}(3\sin 4x+4\cos 4x)$。

6. 高阶导数

（1）二阶导数：若函数 $f(x)$ 的导数 $f'(x)$ 仍可导，则 $f'(x)$ 的导数 $[f'(x)]'$，称为 $f(x)$ 的二阶导数。记作 y'' 或 $f''(x)$ 或 $\frac{d^2y}{dx^2}$。

（2）高阶导数：二阶及以上的导数，称为高阶导数。

$y''=(y')'=f''(x)=\frac{d^2y}{dx^2}$　　二阶导数

$y'''=(y'')'=f'''(x)=\frac{d^3y}{dx^3}$　　三阶导数

……　　……

$y^{(n)}=[y^{(n-1)}]'=f^{(n)}(x)=\frac{d^ny}{dx^n}$　　n 阶导数（其中 $n\geqslant 4$）

例 1.23　设 $y=\ln 2x$，求 y''。

解　因为 $y'=\frac{2}{2x}=\frac{1}{x}$，所以，$y''=\left(\frac{1}{x}\right)'=-\frac{1}{x^2}$。

说明：求具体阶数（如二阶、三阶）的高阶导数时，前几阶导数的结果请尽量化简，以便于后面高阶导数的求导。

练习 1.3

1. 填空。

（1）导数是研究函数变化快慢的量，因此导数又称为函数的________；

（2）函数的导数 $f'(x)$ 与函数在点 x_0 处的导数值 $f'(x_0)$ 的关系是____________与____________的关系；

（3）设函数 $f(x)$ 在点 x_0 处的导数 $f'(x_0)$ 存在，则 $\lim\limits_{h\to 0}\frac{f(x_0+\alpha h)-f(x_0-\beta h)}{h}=$________；

（4）“函数在点 x_0 处连续”是“函数在点 x_0 处可导”的________条件；

（5）“函数在点 x_0 处有定义”是“函数在点 x_0 处可导”的________条件。

2. 求曲线 $y=\cos x$ 在 $x=\frac{\pi}{3}$ 处的切线方程与法线方程。

3. 设一质点的运动方程为 $s=t^3+10$，求它在 $t=3$ 时的瞬时速度及加速度。

4. 求下列函数的导数。

（1）$y=x^3-\frac{1}{x^3}$；　（2）$y=\frac{x^2+\sqrt{x}-5}{\sqrt{x}}$；　（3）$y=3^x2^{2x}$；

（4）$y=x^2+2x+2^x+\ln 2$；　（5）$y=x^2\ln x-\sqrt{x}$；　（6）$y=e^x\cos x$；

（7）$y=\frac{x}{1+x^2}$；　（8）$y=(1-2x)^7$；　（9）$y=\ln(1+x^2)$。

5. 求下列函数的二阶导数。

（1）$y=\ln\cos x$；　　（2）$y=x^2\ln x$；　　（3）$y=e^x+\sin x$。

1.2.2 微分及应用

简单地说，微分产生于求函数的增量，微分是对函数局部变化的一种线性描述，是函数增量的线性主部。

以下从实例入手，分析微分产生的过程和表达式。

引例：设边长为x_0的正方形金属薄片，当它受热（或遇冷）时，边长由x_0变到$x_0+\Delta x$，试求正方形面积的改变量ΔS（如图 1-16 所示）。

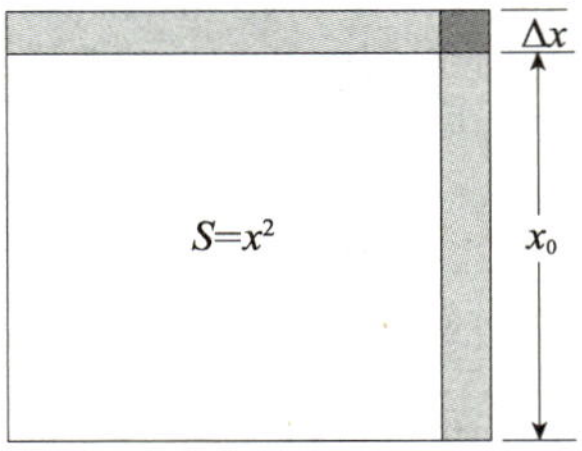

图 1-16

解：因为正方形的面积$S=x^2$（x为边长），

所以当边长由x_0变到$x_0+\Delta x$时，

$$\Delta S=(x_0+\Delta x)^2-x_0^2=2x_0\Delta x+(\Delta x)^2$$

从上式中看出，ΔS由两部分组成。

第一部分$2x_0\Delta x$是Δx的线性量，当$\Delta x\to 0$时，它是Δx的同阶无穷小；

第二部分$(\Delta x)^2$是比Δx的高阶无穷小。

当$|\Delta x|\to 0$时，$(\Delta x)^2$可以忽略不计，即$\Delta S\approx 2x_0\Delta x$。

这一结果的客观性在图 1-16 中可以明显看出。

结论：一般地，若函数$y=f(x)$在点x_0处可导，即$\lim\limits_{\Delta x\to 0}\dfrac{\Delta y}{\Delta x}=f'(x_0)$，则

$$\frac{\Delta y}{\Delta x}=f'(x_0)+\alpha(\Delta x),\quad \Delta y=f'(x_0)\Delta x+\alpha(\Delta x)\Delta x=f'(x_0)\Delta x+o(\Delta x)\approx f'(x_0)\Delta x$$

其中，$\alpha(\Delta x)$是当$\Delta x\to 0$时的无穷小，$\alpha(\Delta x)\Delta x$是Δx的高阶无穷小。

1. 微分的概念

定义 15　若函数$y=f(x)$在点x处可导，即$f'(x)$存在，则称$f'(x)\Delta x$为函数$y=f(x)$在点x处的微分，记作$dy=f'(x)\Delta x$——（微分定义式 1）。

此时，也称函数$y=f(x)$在点x处可微。

又因为$y=x$时，$dy=dx=(x)'\Delta x=\Delta x$，

因此，由$dx=\Delta x$得$dy=f'(x)dx$——（微分定义式 2）

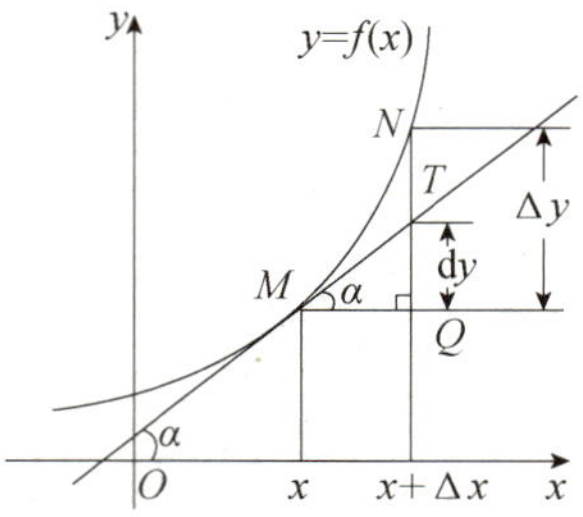

图 1-17

注：$dx=\Delta x$，但$dy\neq\Delta y$（如图 1-17 所示）。

说明：微分与导数是两个不同的概念，它们既有区别又有联系。

（1）区别。

① 导数是函数的变化率，其值只与点x有关；而函数的微分是函数增量的线性主部，其值与点x和Δx都有关。

② 导数$f'(x)$几何上表示曲线在点x处的切线斜率；而函数的微分 dy 几何上表

示曲线在点 x 处切线的增量（如图 1-17 所示）。

（2）联系。

① 导数 $f'(x)=\frac{\mathrm{d}y}{\mathrm{d}x}$ 是函数微分与自变量微分的商，因此导数又称为微商。而 $\mathrm{d}y=f'(x)\mathrm{d}x$ 由函数的导数求得，因此导数与微分是一个问题的两种表达方式。

② 导数与微分是等价的：可导必可微，可微必可导。

2. 微分基本公式

由 $\mathrm{d}y=f'(x)\mathrm{d}x$ 及导数基本公式可得微分基本公式如下：

（1）$\mathrm{d}(c)=0$；

（2）$\mathrm{d}(x^\alpha)=\alpha x^{\alpha-1}\mathrm{d}x$（$\alpha$ 为实数）；

（3）$\mathrm{d}(a^x)=a^x\ln a\mathrm{d}x$（$a>0, a\neq1$）；

（4）$\mathrm{d}(\mathrm{e}^x)=\mathrm{e}^x\mathrm{d}x$；

（5）$\mathrm{d}(\log x_a)=\frac{1}{x\ln a}\mathrm{d}x$（$a>0, a\neq1$）；

（6）$\mathrm{d}(\ln x)=\frac{1}{x}\mathrm{d}x$；

（7）$\mathrm{d}(\sin x)=\cos x\mathrm{d}x$；

（8）$\mathrm{d}(\cos x)=-\sin x\mathrm{d}x$；

（9）$\mathrm{d}(\tan x)=\sec^2 x\mathrm{d}x$；

（10）$\mathrm{d}(\cot x)=-\csc^2 x\mathrm{d}x$；

（11）$\mathrm{d}(\sec x)=\sec x\tan x\mathrm{d}x$；

（12）$\mathrm{d}(\csc x)=-\csc x\cot x\mathrm{d}x$；

（13）$\mathrm{d}(\arcsin x)=\frac{1}{\sqrt{1-x^2}}\mathrm{d}x$；

（14）$\mathrm{d}(\arccos x)=-\frac{1}{\sqrt{1-x^2}}\mathrm{d}x$；

（15）$\mathrm{d}(\arctan x)=\frac{1}{1+x^2}\mathrm{d}x$；

（16）$\mathrm{d}(\mathrm{arccot}\, x)=-\frac{1}{1+x^2}\mathrm{d}x$。

3. 微分的四则运算法则

设 $u=u(x)$，$v=v(x)$ 在 x 点处可微，则它们的和、差、积、商在 x 点处也可微，且有如下法则。

法则 1　$\mathrm{d}(u\pm v)=\mathrm{d}u\pm\mathrm{d}v$；

法则 2　$\mathrm{d}(uv)=v\mathrm{d}u+u\mathrm{d}v$；特别地 $\mathrm{d}(cu)=c\mathrm{d}u$（$c$ 为常数）；

法则 3　$\mathrm{d}\left(\frac{u}{v}\right)=\frac{v\mathrm{d}u-u\mathrm{d}v}{v^2}$（$v\neq0$）。

法则 1、法则 2 可以推广到有限个可微函数。

例 1.24　已知 $y=\sqrt{1+2x}$，求（1）$\mathrm{d}y$；（2）$\mathrm{d}y\big|_{x=1}$；（3）$\mathrm{d}y\big|_{\substack{x=1\\ \Delta x=0.1}}$。

解　（1）$\mathrm{d}y=\left(\sqrt{1+2x}\right)'\mathrm{d}x=\frac{1}{\sqrt{1+2x}}\mathrm{d}x$；

（2）$\mathrm{d}y\big|_{x=1}=\frac{\mathrm{d}x}{\sqrt{1+2x}}\bigg|_{x=1}=\frac{\sqrt{3}}{3}\mathrm{d}x$；

（3）$\mathrm{d}y\big|_{\substack{x=1\\ \Delta x=0.1}}=\frac{\mathrm{d}x}{\sqrt{1+2x}}\bigg|_{\substack{x=1\\ \Delta x=0.1}}=\frac{0.1}{\sqrt{3}}=\frac{\sqrt{3}}{30}$。

4. 微分形式的不变性

设函数 $y=f(u)$ 可微，

（1）若 u 是自变量，则 $\mathrm{d}y = f'(u)\mathrm{d}u$ 。

（2）若 u 是 x 的可微函数，设 $u = \phi(x)$ ，则 $y = f[\phi(x)]$ 是复合函数，由微分定义和复合函数求导法则得 $\mathrm{d}y = y'\mathrm{d}x = f'[\phi(x)]\cdot\phi'(x)\mathrm{d}x = f'[\phi(x)]\mathrm{d}\phi(x) = f'(u)\mathrm{d}u$ 。

即：无论 u 是自变量，还是中间变量，函数 $y = f(u)$ 的微分 $\mathrm{d}y$ 在形式上总是为 $\mathrm{d}y = f'(u)\mathrm{d}u$ 。这一特性称为一元函数的微分形式不变性，利用这一特性可以解决复合函数的微分运算。

例 1.25 求下列函数的导数及微分。

（1） $y = x^3\cos x$ ；（2） $y = \dfrac{\ln x}{1+\mathrm{e}^x}$ ；（3） $y = \sqrt{1-x^2}$ ； (4) $y = \sin[\ln(1+x^2)]$ 。

解 （1）**方法 1** 因为 $\mathrm{d}y = \mathrm{d}(x^3\cos x) = \cos x\mathrm{d}(x^3) + x^3\mathrm{d}(\cos x)$

$$= 3x^2\cos x\mathrm{d}x - x^3\sin x\mathrm{d}x = x^2(3\cos x - x\sin x)\mathrm{d}x ,$$

所以 $y' = \dfrac{\mathrm{d}y}{\mathrm{d}x} = x^2(3\cos x - x\sin x)$ 。

方法 2 因为 $y' = 3x^2\cos x - x^3\sin x$ ，所以 $\mathrm{d}y = y'\mathrm{d}x = (3x^2\cos x - x^3\sin x)\mathrm{d}x$

（2）**方法 1** 因为 $\mathrm{d}y = \mathrm{d}\left(\dfrac{\ln x}{1+\mathrm{e}^x}\right) = \dfrac{(1+\mathrm{e}^x)\mathrm{d}(\ln x) - \ln x\mathrm{d}(1+\mathrm{e}^x)}{(1+\mathrm{e}^x)^2}$

$$= \frac{(1+\mathrm{e}^x)\frac{1}{x}\mathrm{d}x - \ln x\cdot\mathrm{e}^x\mathrm{d}x}{(1+\mathrm{e}^x)^2} = \frac{1+\mathrm{e}^x - x\mathrm{e}^x\ln x}{x(1+\mathrm{e}^x)^2}\mathrm{d}x ,$$

所以 $y' = \dfrac{\mathrm{d}y}{\mathrm{d}x} = \dfrac{1+\mathrm{e}^x - x\mathrm{e}^x\ln x}{x(1+\mathrm{e}^x)^2}$ 。

方法 2 因为 $y' = \dfrac{(1+\mathrm{e}^x)(\ln x)' - \ln x(1+\mathrm{e}^x)'}{(1+\mathrm{e}^x)^2} = \dfrac{(1+\mathrm{e}^x)\frac{1}{x} - \ln x\cdot\mathrm{e}^x}{(1+\mathrm{e}^x)^2} = \dfrac{1+\mathrm{e}^x - x\mathrm{e}^x\ln x}{x(1+\mathrm{e}^x)^2}$ ，

所以 $\mathrm{d}y = \dfrac{1+\mathrm{e}^x - x\mathrm{e}^x\ln x}{x(1+\mathrm{e}^x)^2}\mathrm{d}x$ 。

（3）设 $u = 1-x^2$ ，于是

$$\mathrm{d}y = \mathrm{d}(\sqrt{u}) = \frac{1}{2\sqrt{u}}\mathrm{d}u = \frac{1}{2\sqrt{1-x^2}}\mathrm{d}(1-x^2) = -\frac{x}{\sqrt{1-x^2}}\mathrm{d}x$$

$$y' = \frac{\mathrm{d}y}{\mathrm{d}x} = -\frac{x}{\sqrt{1-x^2}}$$

（4） $\mathrm{d}y = \mathrm{d}\sin[\ln(1+x^2)] = \cos[\ln(1+x^2)]\mathrm{d}[\ln(1+x^2)]$

$$= \cos[\ln(1+x^2)]\frac{1}{1+x^2}\mathrm{d}(1+x^2) = \frac{2x\cos[\ln(1+x^2)]}{1+x^2}\mathrm{d}x$$

$$y' = \frac{\mathrm{d}y}{\mathrm{d}x} = \frac{2x\cos[\ln(1+x^2)]}{1+x^2}$$

结论：微分运算一般有如下两种方法。

（1）微分定义法： $\mathrm{d}y = f'(x)\mathrm{d}x$ 。

（2）微分法则法：运用微分公式、微分法则及微分形式不变性 $dy=f'(u)du$ 进行微分运算。

5. 微分的应用

（1）微分近似计算公式。

① 由微分定义可知，当函数 $y=f(x)$ 在点 x_0 处可导，且 $|\Delta x|$ 很小时，

$\Delta y\approx dy=f'(x_0)\Delta x$ （函数增量的近似计算公式）——（*）

② 设 $x_0+\Delta x=x$，则 $\Delta y=f(x)-f(x_0)$，于是由式（*）得

$f(x)\approx f(x_0)+f'(x_0)\Delta x$ （函数值的近似计算公式）——（**）

③ 特别地，在式（**）中，取 $x_0=0$，并且记 $\Delta x=x$，则

$f(x)\approx f(0)+f'(0)x$ （$x_0=0$ 时的函数值计算公式）——（***）

④ 工程上常用的近似计算公式。当 $|x|$ 很小时，工程上常用的近似计算公式见表1-1。

表 1-1

$\sin x\approx x$ （x 表示弧度）	$\tan x\approx x$ （x 表示弧度）
$\arcsin x\approx x$ （$x\in[-1,1]$）	$\arctan x\approx x$
$\ln(1+x)\approx x$	$e^x\approx 1+x$
$1-\cos x\approx \frac{1}{2}x^2$	$\sqrt[n]{1+x}\approx 1+\frac{1}{n}x$

（2）微分的近似计算。

例 1.26 要用一个直径为 10cm 的球制作地球仪，为了防止球面腐蚀，要先在球面镀一层厚度为 0.01cm 的铜，已知铜的密度为 $8.9\ g/cm^3$，试估算所用铜的质量。

解 因为球的体积为 $V=\frac{4}{3}\pi R^3$，所以 $dV=\left(\frac{4}{3}\pi R^3\right)'dR=4\pi R^2 dR$。

根据题意，有 $R=5\text{ cm}$，$dR=0.01\text{ cm}$，

于是，由上述式（*）得 $\Delta V\approx dV=4\times3.14\times5^2\times0.01=3.14\text{cm}^3$。

因此，需要铜的质量为 $3.14\times8.9\approx27.95\text{ g}$。

例 1.27 试运用以上微分近似计算公式，计算下列各式的近似值。

（1）$e^{1.01}$；（2）$\sqrt[3]{998}$；（3）$\ln1.05$。

解：（1）$|x|$ 很小时，由 $e^x\approx1+x$ 得，$e^{1.01}=e\cdot e^{0.01}\approx1.01e\approx2.7455$。

（2）$|x|$ 很小时，由 $\sqrt[n]{1+x}\approx1+\frac{1}{n}x$ 得

$$\sqrt[3]{998}=\sqrt[3]{1000-2}=10\sqrt[3]{1-0.002}\approx10\left(1-\frac{0.002}{3}\right)\approx9.993$$

（3）$|x|$ 很小时，由 $\ln(1+x)\approx x$ 得 $\ln1.05=\ln(1+0.05)\approx0.05$。

练习 1.4

1. 填空。

（1）$d(\sin 3x)=$________ dx；（2）$d\left(\sqrt{x}\right)=$________ dx；

（3）$d\left(\frac{1}{x}\right)=$________ dx；（4）$d(\quad)=\frac{1}{x}dx$；

（5）$d(\quad)=-\frac{1}{x^2}dx$；（6）$d(\quad)=\cos x dx$；

（7）$d(\ln\sin x)=$________ $d\sin x=$________ dx；

（8）$d\left(e^{\cos x}\right)=$________ $d\cos x=$________ dx；

（9）$d(\arctan(\ln x))=$________ $d(\ln x)=$________ dx；

（10）$d($________$)=e^{x^2}d\left(x^2\right)=$________ dx。

2. 求下列函数的导数及微分。

（1）$y=x^2\arcsin x$；（2）$y=\frac{\ln x}{\cos x}$；（3）$y=\sqrt{1-x^2}$。

3. 设方程 $x=y^y$ 确定函数 $y=y(x)$，求函数的微分 dy。

4. 已知一金属圆管（如图 1-18 所示），其内半径为 5cm，壁厚为 0.02cm，求该圆管截面面积的近似值。

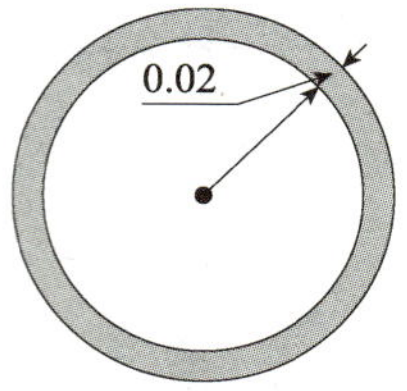

图 1-18

1.2.3 导数的应用

在实际应用中我们往往很关心最值这个指标。最值是一个全局概念，是指函数在指定范围内的最大、最小值。在很多数学和实际应用问题中，常会遇到如何才能使得“成本最低”“效率最高”“销售量最大”等问题，这些问题都可以归结为同一类数学问题——最值问题。

而要研究函数的最值问题，首先应知道函数在哪些点处可能取得最值，即进一步明确应研究函数的单调性及极值问题。

1. 函数的单调性及判别定理

单调性是函数的重要性质，可以帮助我们研究极值问题。

定理 3 设函数 $y=f(x)$ 在 $[a,b]$ 上连续，在 (a,b) 内可导。

（1）若在 (a,b) 内 $f'(x)>0$，则函数 $y=f(x)$ 在 $[a,b]$ 上单调增加；

（2）若在 (a,b) 内 $f'(x)<0$，则函数 $y=f(x)$ 在 $[a,b]$ 上单调减少。

定理 3 的直观意义是十分明显的，如图 1-19 所示。

注：若将定理 3 中的闭区间换成其他各种区间（包括无限区间），定理仍成立。使定理成立的区间，就是函数的单调区间。

由图 1-19 可知，在 C 点处，切线是水平的（导数为 0），这样的点很重要。把方程 $f'(x)=0$ 的根称为函数 $y=f(x)$ 的驻点。

一般情况下，函数在其整个定义域上的单调性具有不同状态。

所谓研究函数的单调性，就是确定函数在哪些区间上是单调增加的，在哪些区间上是单调减少的，也就是确定函数的单调区间。

如图 1-20 所示，函数在$[a,x_1]$和$[x_2,b]$上单调增加，而在$[x_1,x_2]$上单调减少。

分析可知，函数的驻点和连续而不可导的点可能是单调性的分界点。

结论：求函数单调区间的一般步骤。

① 确定范围：求函数的定义域。

② 求导数$f'(x)$，令$f'(x)=0$，求函数的驻点，并找出函数连续而不可导的点。

③ 列表讨论：用这些点将函数的定义域分成若干子区间，在每个区间上分析导函数的符号，导数取正的区间为函数的单调增区间，导数取负的区间为函数的单调减区间。

④ 由表得出结论。

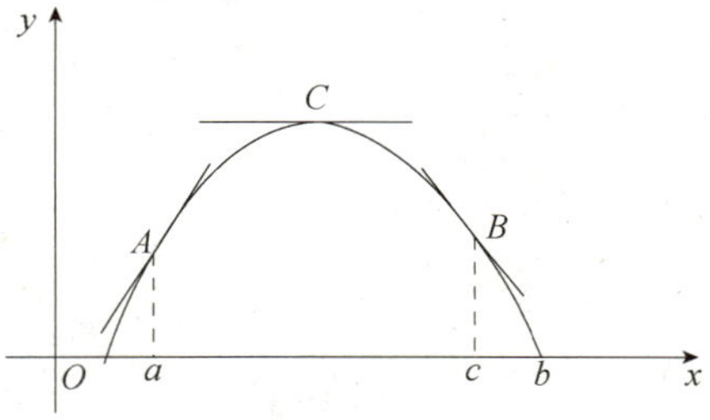

图 1-19

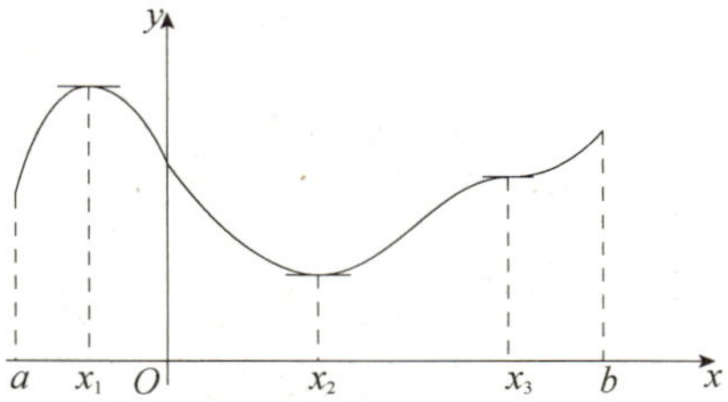

图 1-20

例 1.28 求函数$f(x)=x^3-3x^2-9x+5$的单调区间。

解 （1）函数的定义域是$(-\infty,+\infty)$。

（2）因为$f'(x)=3x^2-6x-9=3(x+1)(x-3)$，

所以令$f'(x)=0$得驻点：$x_1=-1,x_2=3$。

（3）列表讨论如下：

x	$(-\infty,-1)$	$(-1,3)$	$(3,+\infty)$
$f'(x)$	+	−	+
$f(x)$	↗	↘	↗

（4）由表可知，函数的单调增加区间为$(-\infty,-1)\cup(3,+\infty)$；单调减少区间为$(-1,3)$。

2. 函数的极值及求法

在讨论函数的增减性时，有时出现这样的情况，即在函数的增减性发生转变的点处，该点的函数值与附近点的函数值比较是最大的或最小的。我们把前者称为函数的极大值，如例 1.28 中的$x=-1$处；把后者称为函数的极小值，如例 1.28 中的$x=3$处。下面我们给出它们的定义。

定义 16 设函数$f(x)$在点x_0的某一邻域内有定义，对于该邻域内（除点x_0外）的任一x（见图 1-21），

（1）如果都有$f(x)<f(x_0)$，则称$f(x_0)$是$f(x)$的极大值，称点x_0称为$f(x)$极

大点；

（2）如果都有 $f(x)>f(x_0)$，则称 $f(x_0)$ 是 $f(x)$ 的极小值，点 x_0 称为 $f(x)$ 极小点。

函数的极大值与极小值称为函数的极值，极大值点与极小值点统称为极值点。

注：函数的极值是局部性概念，极大值未必比极小值大，更不一定是最大或最小值。

定理 4（极值的必要条件） 若函数 $f(x)$ 在 x_0 处可导，且 $f(x)$ 在 x_0 处取得极值，则 $f'(x_0)=0$。

结论：（1）可导函数的极值点一定是驻点（如图 1-21 所示），反之未必（如图 1-22 所示）。

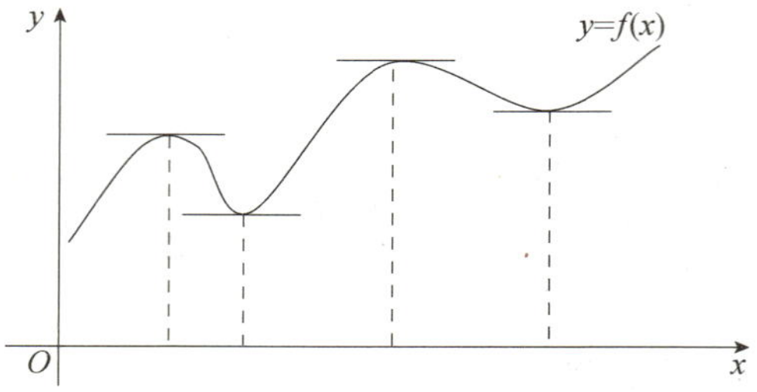

图 1-21

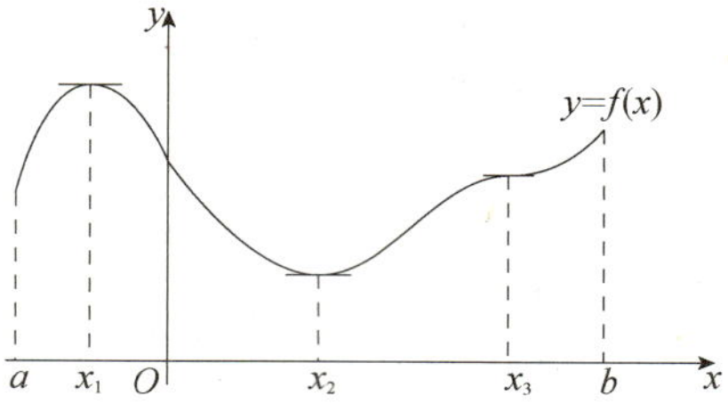

图 1-22

（2）极值点未必是驻点。如 $y=|x|$ 在 $x=0$ 处不可导，但在 $x=0$ 处取得极小值。

应用：函数的极值点包括函数的驻点、函数的连续不可导点。

定理 5（极值存在的一阶充分条件）

设函数 $f(x)$ 在 x_0 处连续，在 x_0 的某个邻域内（除了 x_0）可导，

（1）若 $x<x_0$ 时，$f'(x)>0$；$x>x_0$ 时，$f'(x)<0$，则 x_0 是 $f(x)$ 的一个极大值点；

（2）若 $x<x_0$ 时，$f'(x)<0$；$x>x_0$ 时，$f'(x)>0$，则 x_0 是 $f(x)$ 的一个极小值点；

（3）如果在 x_0 的左右两边 $f'(x)$ 符号不变，则 x_0 不是 $f(x)$ 的极值点。

定理 6（极值存在的二阶充分条件）

设函数 $f(x)$ 在 x_0 处有二阶导数，且 $f'(x_0)=0$ $f''(x)\neq 0$，则

（1）如果 $f''(x_0)<0$，则 x_0 是 $f(x)$ 的一个极大值点；

（2）如果 $f''(x_0)>0$，则 x_0 是 $f(x)$ 的一个极小值点。

注：如果 $f''(x_0)=0$，该方法不能确定驻点 x_0 是否是极值点，而只能用第一种方法。

例 1.29 求函数 $f(x)=x^2\cdot \mathrm{e}^{-x^2}$ 的极值。

解法一（极值存在的一阶充分条件）

（1）函数的定义域为全体实数，且在定义域中是连续的。

（2）$f'(x)=2x\mathrm{e}^{-x^2}+x^2\cdot \mathrm{e}^{-x^2}(-2x)=2x\mathrm{e}^{-x^2}(1-x^2)$。

令 $f'(x)=0$，得驻点 $x_1=-1, x_2=0, x_3=1$。

（3）这些驻点把$(-\infty,+\infty)$分成四部分，列表讨论如下：

x	$(-\infty, -1)$	-1	$(-1, 0)$	0	$(0, 1)$	1	$(1, +\infty)$
$f'(x)$	+	0	−	0	+	0	−
$f(x)$	↗	极大值 e^{-1}	↘	极小值 0	↗	极大值 e^{-1}	↘

由上表可知$f(x)$在$x=0$处有极小值$f(0)=0$，在$x=-1$和$x=1$处有极大值e^{-1}。

解法二（极值存在的二阶充分条件）

函数的定义域为全体实数，且在定义域中是连续的。

因为$f'(x)=2xe^{-x^2}(1-x^2)$，所以令$f'(x)=0$，得驻点$x_1=-1,x_2=0,x_3=1$。

而$f''(x)=(2-10x^2+4x^4)e^{-x^2}$。

因为$f''(0)=2>0$，所以$f(0)=0$是极小值。

$f''(-1)=-4e^{-1}<0$，所以$f(-1)=e^{-1}$是极大值。

同理$f''(1)=-4e^{-1}<0$，所以$f(1)=e^{-1}$也是极大值。

结论：解法一比较全面，不易出错；解法二比较简便，但对$f''(x_0)=0$或$f''(x_0)$不存在及导数$f'(x_0)$不存在时，则不能用此法，还要改用解法一。故运用解法一判别极值是最基本的、通用的。

3. 闭区间上连续函数的最值及求法

若函数$f(x)$在闭区间$[a,b]$上连续，则$f(x)$在$[a,b]$上必有最大值和最小值。如何求得$f(x)$的最大值和最小值呢？

函数$f(x)$最大值和最小值的取得，只有如下两种情况：

（1）在区间$[a,b]$的端点取得；

（2）在区间(a,b)内的点取得，此时最大（小）值必是函数的极值。

由上文可知，极值只能在驻点或连续而不可导点取得。连续函数$f(x)$在$[a,b]$上的最大值和最小值必定是在端点、驻点或连续而不可导的点上取得的。

结论：求闭区间上连续函数最大值和最小值的一般步骤如下。

① 求导函数，并求驻点、连续但不可导点；

② 计算驻点、不可导点、区间端点的函数值；

③ 比较后得出最大值和最小值。

例 1.30 求函数$f(x)=2x^3+3x^2-12x+14$在[−3，4]上的最大值和最小值。

解 $f'(x)=6x^2+6x-12$，令$f'(x)=0$，解得$x_1=-2,x_2=1$。

由于$f(-3)=23,f(-2)=34,f(1)=7,f(4)=142$。

因此，函数在[−3，4]上的最大值为$f(4)=142$，最小值为$f(1)=7$。

4. 实际问题中的最值及求法

实际问题中的最大（小）值转化为数学问题后，涉及连续函数在开区间(a,b)内的最大（小）值。在此只分析在(a,b)内，函数只有唯一驻点的情况。

设函数$f(x)$在(a,b)内连续，且有唯一驻点x_0，易知：

（1）若 x_0 是极大点，则 $f(x)$ 在 (a,b) 内只有最大值而无最小值，且 $f(x_0)$ 就是最大值。

（2）若 x_0 是极小点，则 $f(x)$ 在 (a,b) 内只有最小值而无最大值，且 $f(x_0)$ 就是最小值。

（3）若驻点 x_0 不是极值点，则 $f(x)$ 在 (a,b) 内既无最小值，也无最大值。

用这一方法解决实际问题中的最值时，还可以更简化，因为问题已明确告诉我们最大值或最小值已存在，因此就不用判别唯一的驻点是极大点还是极小点。

下面通过例子说明解决步骤。

例 1.31 设生产某产品的总成本为 $C(x)=10000+50x+x^2$（x 为产量），问产量为多少时，每件产品的平均成本最低？

解 平均成本 $\bar{C}(x)=\dfrac{10000+50x+x^2}{x}$，$\bar{C}'(x)=-\dfrac{10000}{x^2}+1$。

令 $\bar{C}'(x)=0$，得唯一驻点 $x=100$（$x=-100$ 舍去）。

因为 $\bar{C}''(x)=\dfrac{20000}{x^3}|_{x=100}=0.02>0$，故 $x=100$ 是唯一极小值点，也是最值点，即产量为 100 时每件产品的平均成本最低。

例 1.32 怎样设计海报的版面才能做到既美观又经济？现要求设计一张单栏竖向张贴的海报，它的印刷面积为 128 平方分米，上下空白各 2 分米，左右空白各 1 分米。请问如何设计海报尺寸，可使空白面积最小？

解： 设海报长 x 分米，宽 y 分米，则由已知得 $xy=128 \Rightarrow y=\dfrac{128}{x}$。

从而四周空白面积为 $S=2x+4y+8=2x+\dfrac{512}{x}+8(x>0)$。

又 $S'=2-\dfrac{512}{x^2}$，所以令 $S'=0$，得唯一驻点 $x=16$（$x=-16$ 舍去）。

而 $S''=\dfrac{1024}{x^3}>0$，因此，$x=16$，$y=8$ 时，S 取得最小值。

即，当海报长为 16 分米、宽为 8 分米时，可使海报四周空白面积最小。

练习 1.5

一、判断题

1. 函数的极大值一定比极小值大。
2. 若 $f'(x_0)=0$，则 x_0 为函数的驻点，此时，曲线 $y=f(x)$ 在 x_0 处有水平切线。
3. 函数的极值点一定是函数的驻点，函数的驻点也一定是函数的极值点。
4. 可导函数的极值点一定是函数的驻点。
5. 函数的极值点一定是函数单调区间的转折点。
6. 开区间连续的函数，必在唯一驻点处取得极值，并且极大值必为最大值。
7. 开区间连续的函数，不一定在该区间存在最值。
8. 闭区间连续的函数，必在该闭区间上有最大值和最小值。

9. 闭区间连续函数的最值点只能在区间内的驻点处或区间的端点处取得。

10. 若 $f'(x_0)=0$，且 $f''(x_0)>0$，则 x_0 为函数 $y=f(x)$ 的极大值点。

二、求下列函数的单调区间及极值。

1. $y=x^3-3x^2-9x-5$；　　2. $y=x^3-3x^2+7$。

三、求函数 $f(x)=x^3-3x^2-9x+2$ 在区间[−2，4]上的最大值与最小值。

四、某工厂要建一个面积为 512m² 的矩形污水处理池。一边利用厂区围墙，其他三边需新砌石条沿，如图 1-23 所示。问污水处理池的长和宽各为多少时，石条使用量最省？

五、鱼雷艇停泊在距海岸 9 千米的 A 处（海岸为直线），派人送信给距鱼雷艇为 $3\sqrt{34}$ 千米的司令部 B（如图 1-24 所示）。若送信人步行速度为 5 千米/小时，划船速度为 4 千米/小时。问他在何处上岸，到达司令部所用的时间最短？

六、经心理学家研究证明，学生掌握概念的能力（也称为接受能力）依赖于老师在引入概念时所用的时间，并且学生掌握概念的能力满足函数式 $G(x)=-0.1x^2+2.6x+43$。其中，$G(x)$ 为接受能力，x 为引出概念所用时间，单位为分钟。问：

1. 第 10 分钟时，学生的接受能力是增长还是下降？
2. 何时学生接受能力最强？

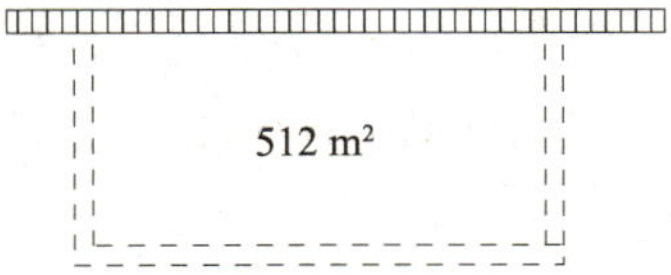

图 1-23

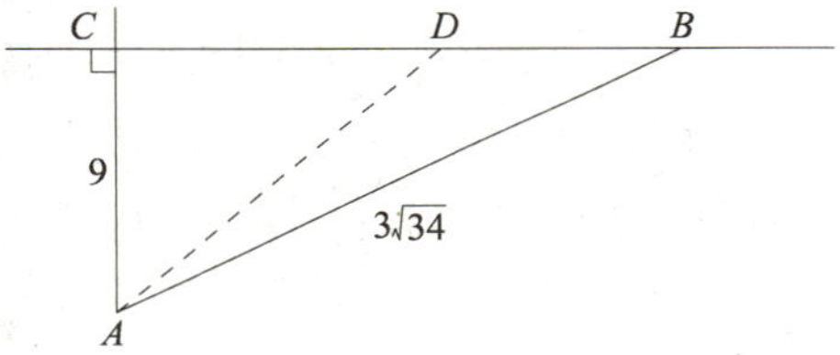

图 1-24

积分及应用

1.3　积分及应用

积分学是微积分学的重要组成部分，它与微分学有着千丝万缕的联系，是一个统一的整体。积分分为不定积分、定积分和广义积分三种类型，分别在不同领域发挥着重要作用，其中定积分和广义积分在概率论与数理统计方面应用非常广泛。

本节将结合简单的生活生产实例，介绍定积分、不定积分和广义积分的原理、思想及其在生活生产中的应用，为后续的学习奠定坚实的基础。

1.3.1　定积分的定义及其几何意义

1. 定积分的定义

定积分的概念来源于求不规则图形的面积，它在自然科学、工程技术、经济学等领域有着广泛的应用。本节从两个实例入手，给出定积分的概念、性质等。

引例 求曲边梯形的面积。

所谓曲边梯形，是指如图 1-25 所示的图形 $AabB$，它有三边是直线，其中两边互相平行，第三边与这两边垂直，称为曲边梯形的底，第四边是曲线，称为曲边梯形的曲边。

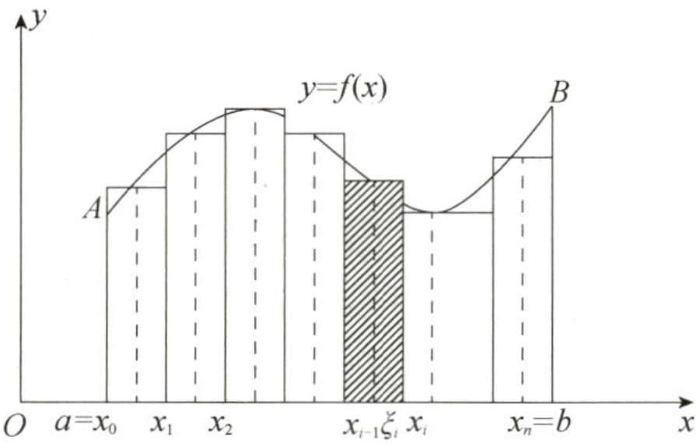

图 1-25

下面我们来求由连续曲线 $y=f(x)$（假设 $f(x)\geqslant 0$），直线 $x=a$，$x=b$ 及 x 轴所围成的曲边梯形的面积。

步骤 1：分割

在区间 $[a,b]$ 内任意插入 $n-1$ 个分点 x_1，x_2，…，x_{n-1}，且 $a=x_0<x_1<x_2<\cdots<x_{n-1}<x_n=b$，这些分点把区间 $[a,b]$ 分成 n 个小区间 $[x_{i-1},x_i]$（$i=1$，2，…，n），第 i 个小区间的长度记为 $\Delta x_i=x_i-x_{i-1}$（$i=1$，2，…，n）。过每个分点作 x 轴的垂线，把曲边梯形分成 n 个小曲边梯形，第 i 个小曲边梯形的面积记为 ΔA_i（$i=1$，2，…，n），则 $A=\Delta A_1+\Delta A_2+\cdots+\Delta A_n=\sum\limits_{i=1}^{n}\Delta A_i$。

步骤 2：近似代替 在每个小区间 $[x_{i-1},x_i]$（$i=1$，2，…，n）上任取一点 $\xi_i\,(x_{i-1}\leqslant\xi_i\leqslant x_i)$，使用以区间 $[x_{i-1},x_i]$ 为底、以 $f(\xi_i)$ 为高的小矩形的面积近似代替小曲边梯形的面积 ΔA_i，如图 1-25 所示，即 $\Delta A_i\approx f(\xi_i)\cdot\Delta x_i$（$i=1$，2，…，$n$）。

步骤 3：求和 把 n 个小矩形的面积加起来就是曲边梯形面积的近似值，即

$$A\approx\sum_{i=1}^{n}f(\xi_i)\Delta x_i$$

步骤 4：取极限 若以 $\Delta x=\max\limits_{1\leqslant i\leqslant n}\{\Delta x_i\}$ 表示所有小区间中最大区间的长度，当 $\Delta x\to 0$（此时分割的越来越细，$n\to\infty$）时，和式 $\sum\limits_{i=1}^{n}f(\xi_i)\Delta x_i$ 的极限就是曲边梯形的面积，即 $A=\lim\limits_{\Delta x\to 0}\sum\limits_{i=1}^{n}f(\xi_i)\Delta x_i$。

定义 17 设函数 $f(x)$ 在 $[a,b]$ 上有定义，任取分点 $a=x_0<x_1<x_2<\cdots<x_{n-1}<x_n=b$，将 $[a,b]$ 分成 n 个小区间 $[x_{i-1},x_i]$（$i=1$，2，…，n），记 $\Delta x_i=x_i-x_{i-1}$（$i=1$，2，…，n）为区间的长度，取 $\Delta x=\max\limits_{1\leqslant i\leqslant n}\{\Delta x_i\}$，在每个小区间上任取一点 ξ_i（$x_{i-1}\leqslant\xi_i\leqslant x_i$），得出乘积 $f(\xi_i)\cdot\Delta x_i$ 的和式 $\sum\limits_{i=1}^{n}f(\xi_i)\Delta x_i$；若 $\Delta x\to 0$ 时，和式的极限存在，且此极限值与区间 $[a,b]$ 的分法及点 ξ_i 的取法无关，则称这个极限值为函数 $f(x)$ 在 $[a,b]$ 上的定积分，记为 $\int_a^b f(x)\mathrm{d}x$，即 $\int_a^b f(x)\mathrm{d}x=\lim\limits_{\Delta x\to 0}\sum\limits_{i=1}^{n}f(\xi_i)\Delta x_i$。其中，①$\int$ 称为积分符号；②x 称为积分变量；③$f(x)$ 称为被积函数；④$f(x)\mathrm{d}x$ 称为被积

表达式；⑤ a,b 分别称为积分下限和上限；⑥ $[a,b]$ 称为积分区间。

在实际生活当中，只要所求的量可以通过“分割、近似代替、求和、取极限”的方法求得，就可以用定积分表示。

结论：

①定积分的值只与被积函数、积分区间有关，与积分变量的符号无关，

即 $\int_a^b f(x)\mathrm{d}x = \int_a^b f(t)\mathrm{d}t = \int_a^b f(u)\mathrm{d}u$ 。

②积分上限可以小于下限，并且规定 $\int_a^b f(x)\mathrm{d}x = -\int_b^a f(x)\mathrm{d}x$ 。

③ $\int_a^a f(x)\mathrm{d}x = 0$ 。

定理 7 若函数 $f(x)$ 在 $[a,b]$ 上连续，则 $f(x)$ 在 $[a,b]$ 上可积。

定理 8 若函数 $f(x)$ 在 $[a,b]$ 上有界，且只有有限个第一类间断点，则在 $[a,b]$ 上可积。

2. 定积分的几何意义

（1）若 $f(x)\geqslant 0$，曲边梯形的图形在 x 轴的上方，则定积分的值是正的，定积分就表示曲边梯形的面积，如图 1-26 所示，即 $A = \int_a^b f(x)\mathrm{d}x$ 。

（2）若 $f(x)\leqslant 0$，曲边梯形的图形在 x 轴的下方，则定积分的值是负的，定积分就表示曲边梯形的面积的相反数，如图 1-27 所示，即 $A = -\int_a^b f(x)\mathrm{d}x$ 。

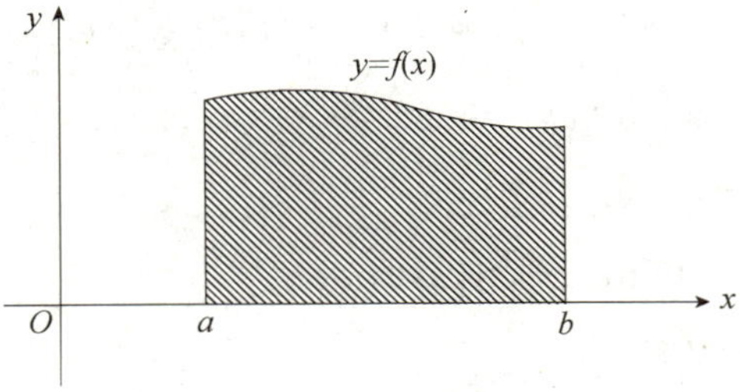

图 1-26

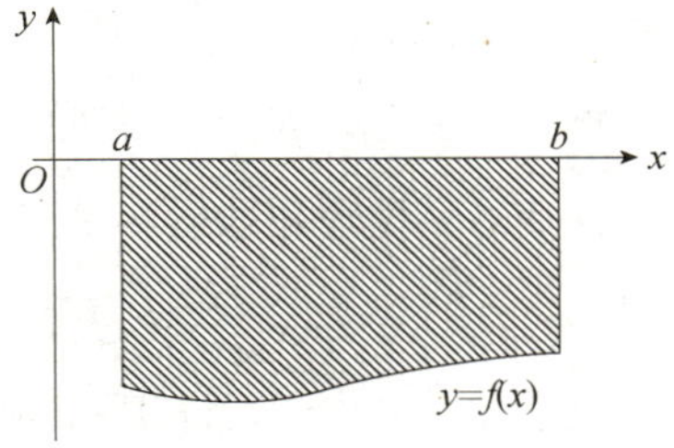

图 1-27

（3）若 $f(x)$ 在 $[a,b]$ 上有正也有负时，则定积分的值就表示曲线 $y = f(x)$ 在 x 轴上方和 x 轴下方的图形面积的代数和，如图 1-28 所示，即

$$\int_a^d f(x)\mathrm{d}x = A_1 - A_2 + A_3$$

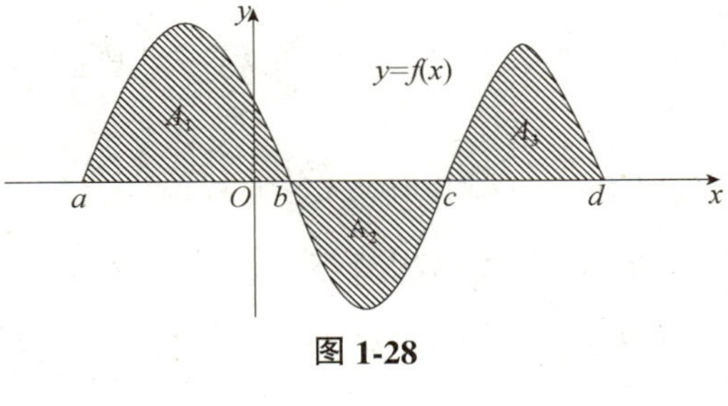

图 1-28

特别地，当 $f(x)=1$ 时，则 $\int_a^b f(x)\mathrm{d}x=\int_a^b \mathrm{d}x=b-a$，它表示以区间 $[a,b]$ 为底，高为 1 的矩形的面积。

例 1.33 利用定积分的几何意义求定积分：（1）$\int_0^2 x\mathrm{d}x$；（2）$\int_{-2}^2 \sqrt{4-x^2}\mathrm{d}x$。

解 （1）$\int_0^2 x\mathrm{d}x$ 的几何意义是由直线 $y=x$，$x=2$ 和 x 轴围成的直角三角形的面积，如图 1-29 所示，易求三角形的面积为 $A=2$，所以 $\int_0^2 x\mathrm{d}x=2$。

（2）$y=\sqrt{4-x^2}$ 在区间 $[-2,2]$ 上的图形是以原点为圆心、以 2 为半径的上半圆，$\int_{-2}^2 \sqrt{4-x^2}\mathrm{d}x$ 的几何意义就是上半圆的面积，如图 1-30 所示，故 $\int_{-2}^2 \sqrt{4-x^2}\mathrm{d}x=2\pi$。

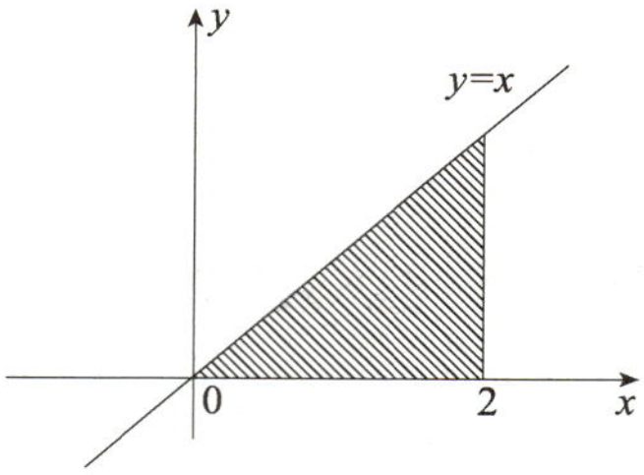

图 1-29

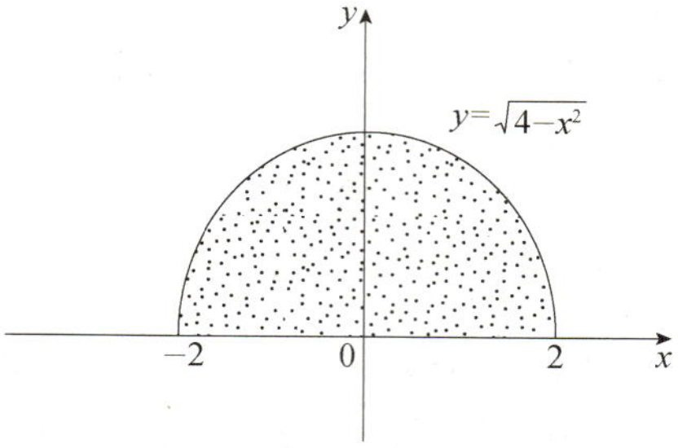

图 1-30

3. 定积分的性质

假设函数 $f(x)$，$g(x)$ 在区间 $[a,b]$ 上可积，则根据定积分的定义可得出如下性质。

性质 1 常数因子可以提到积分号前，即 $\int_a^b kf(x)\mathrm{d}x=k\int_a^b f(x)\mathrm{d}x$。

性质 2 代数和的定积分等于定积分的代数和，即

$$\int_a^b [f(x)\pm g(x)]\mathrm{d}x=\int_a^b f(x)\mathrm{d}x\pm\int_a^b g(x)\mathrm{d}x$$

该结论可以推广到有限个函数的代数和的情况。

性质 3 （定积分对积分区间的可加性）对任意的常数 c，有

$$\int_a^b f(x)\mathrm{d}x=\int_a^c f(x)\mathrm{d}x+\int_c^b f(x)\mathrm{d}x$$

由定积分的几何意义可以推证，无论 $c\in[a,b]$，还是 $c\notin[a,b]$，性质 3 均成立。

性质 4（比较性质） 在区间 $[a,b]$ 上，若 $f(x)\leqslant g(x)$，则

$$\int_a^b f(x)\mathrm{d}x\leqslant\int_a^b g(x)\mathrm{d}x$$

性质 5（估值定理） 设 M 及 m 分别是函数 $f(x)$ 在区间 $[a,b]$ 上的最大值及最小值，则

$$m(b-a)\leqslant\int_a^b f(x)\mathrm{d}x\leqslant M(b-a)$$

性质 6（积分中值定理） 如果 $f(x)$ 在区间 $[a,b]$ 上连续，则在区间 $[a,b]$ 上至少存在一点 ξ，使 $\int_a^b f(x)\mathrm{d}x=f(\xi)(b-a)$ 成立，这个公式称为**积分中值公式**。

其几何意义是：在区间$[a,b]$上至少存在一点ξ，使得以$[a,b]$为底，以$y=f(x)$为曲边的曲边梯形的面积等于同一底边而高为$f(\xi)$（$a\leqslant\xi\leqslant b$）的矩形面积，如图1-31所示。称$f(\xi)=\dfrac{1}{b-a}\int_a^b f(x)\mathrm{d}x$为函数$f(x)$在区间$[a,b]$上的积分平均值，简称为函数$f(x)$在闭区间$[a,b]$上的**平均值**，记为$\overline{\overline{y}}$。

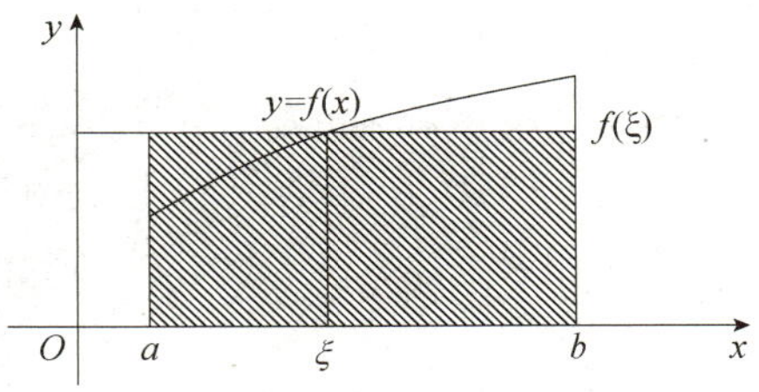

图 1-31

例 1.34 （1）不求定积分而比较$\int_1^2 \ln x\mathrm{d}x$与$\int_1^2 \ln^2 x\mathrm{d}x$的大小；（2）估计定积分$\int_1^3 \mathrm{e}^x\mathrm{d}x$的值。

解 （1）因为在$[0,1]$上，$0\leqslant\ln x<1$，所以$\ln x\geqslant\ln^2 x$，故$\int_1^2 \ln x\mathrm{d}x\geqslant\int_1^2 \ln^2 x\mathrm{d}x$。

（2）因为$f(x)=\mathrm{e}^x$是单调递增函数，因此在区间$[1,3]$上$\mathrm{e}\leqslant\mathrm{e}^x\leqslant\mathrm{e}^3$。

所以由积分估值定理可得$\mathrm{e}(3-1)\leqslant\int_1^3 \mathrm{e}^x\mathrm{d}x\leqslant\mathrm{e}^3(3-1)$，即$2\mathrm{e}\leqslant\int_1^3 \mathrm{e}^x\mathrm{d}x\leqslant 2\mathrm{e}^3$。

练习 1.6

1. 利用定积分的几何意义说明下列各式。

（1）$\int_{-\pi}^{\pi}\sin x\mathrm{d}x=0$；　　（2）$\int_{-1}^{1}\sqrt{1-x^2}\mathrm{d}x=\dfrac{1}{2}\pi$。

2. 不计算定积分，比较下列各组值的大小。

（1）$\int_0^1 x\mathrm{d}x$与$\int_0^1 x^2\mathrm{d}x$；　　（2）$\int_{-2}^{0}\left(\dfrac{1}{2}\right)^x\mathrm{d}x$与$\int_{-2}^{0}\left(\dfrac{1}{3}\right)^x\mathrm{d}x$。

3. 估计下列定积分的取值范围。

（1）$\int_0^{\frac{\pi}{4}}\tan x\mathrm{d}x$；　　（2）$\int_{-1}^{1}\mathrm{e}^{-x}\mathrm{d}x$。

4. 设由曲线$y=x^2$、直线$x=0$、$x=2$及x轴围成一曲边梯形（实际上是曲边三角形），试用定积分表示该图形的面积。

5. 设一辆汽车做直线运动，其速度为$v=3t^2+2t$（t的单位为秒；v的单位为米/秒），试用定积分表示汽车在[0，60]秒内所行驶的路程。

1.3.2 不定积分及公式

1. 原函数与不定积分

引例 已知曲线$y=F(x)$在任一点处的切线斜率为$k=2x$，求曲线方程$y=F(x)$。

分析： 由题意可得$F'(x)=2x$，根据此导数关系再求出曲线方程$y=F(x)$。像这种已知曲线的切线斜率，求曲线方程的问题，涉及以下原函数的概念。

定义 18 设 $f(x)$ 与 $F(x)$ 在区间 I 上都有定义，且对任一 $x \in I$，都有 $F'(x) = f(x)$ 或 $dF(x) = f(x)dx$，则称 $F(x)$ 为 $f(x)$ 在区间 I 上的一个原函数。

例如：由于 $(x^2)' = 2x$，所以 x^2 是 $2x$ 的一个原函数；又由于 $(x^2+1)' = 2x$，因而 x^2+1 也是 $2x$ 的一个原函数；显然，x^2+C（C 为任意常数）是 $2x$ 的所有原函数，有无穷多个。

由原函数的定义我们不难得出：在区间 I 上若 $F(x)$ 是 $f(x)$ 的一个原函数，则

（1）$F(x)+C$ 也是 $f(x)$ 的原函数，这里 C 是任意常数，而且 $F(x)+C$ 是 $f(x)$ 的全部原函数（有无穷多个）；

（2）$f(x)$ 的任意两个原函数之间相差一个常数。

结论：连续函数一定有原函数。

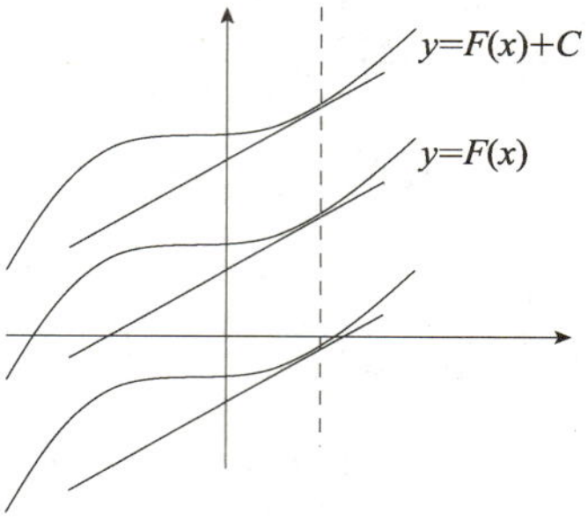

图 1-32

定义 19 $f(x)$ 在区间 I 上的全部原函数称为 $f(x)$ 在区间 I 上的不定积分，记作 $\int f(x)dx$。其中，$\int$ 为积分符号，$f(x)$ 称为被积函数，$f(x)dx$ 称为被积表达式，x 称为积分变量。

由定义 19 可见，不定积分与原函数是整体与个体的关系，若 $F(x)$ 是 $f(x)$ 的一个原函数，则 $F(x)+C$ 就是 $f(x)$ 的不定积分，通常记为 $\int f(x)dx = F(x)+C$，这里 C 是任意常数，称它为积分常数，如 $\int 2xdx = x^2+C$。

若 $F(x)$ 是 $f(x)$ 的一个原函数，则称 $y=F(x)$ 的图像为 $f(x)$ 的一条积分曲线。于是可得出不定积分的几何意义：$\int f(x)dx = F(x)+C$ 表示 $f(x)$ 的某一条积分曲线沿着 y 轴方向平行移动得到的所有积分曲线构成的积分曲线簇。显然，在每条积分曲线上横坐标相同的点处作切线，这些切线都是互相平行的，如图 1-32 所示。

2. 不定积分的性质

性质 1 $[\int f(x)dx]' = f(x)$ 或 $d[\int f(x)dx] = f(x)dx$。

性质 2 $\int F'(x)dx = F(x)+C$ 或 $\int dF(x) = F(x)+C$。

结论：求不定积分与求导数（或微分）（基本上）互为逆运算。即对一个函数先积分后微分，结果是两种运算互相抵消，仍等于被积函数（或被积表达式）；若先微分后积分，结果与原来函数相差一个常数。

性质 3 两个函数代数和的不定积分等于两个函数不定积分的代数和，即

$$\int [f(x) \pm g(x)]dx = \int f(x)dx \pm \int g(x)dx$$

性质 4 被积函数中不为零的常数因子可以提到积分号外面来，即

$$\int kf(x)dx = k\int f(x)dx \quad (k \neq 0)$$

3. 直接积分法

求不定积分是求导数（或微分）的逆运算，所以由基本导数公式可以得到基本

积分公式，见下表。

常函数的积分	1. $\int k\mathrm{d}x = kx + C$ （k 为常数）
幂函数的积分	2. $\int x^{\mu}\mathrm{d}x = \frac{1}{\mu+1}x^{\mu+1} + c$ （$\mu \neq -1$） 3. $\int \frac{1}{x}\mathrm{d}x = \ln\|x\| + C$
指数函数的积分	4. $\int a^x\mathrm{d}x = \frac{a^x}{\ln a} + C$　　5. $\int \mathrm{e}^x\mathrm{d}x = \mathrm{e}^x + C$
三角函数的积分	6. $\int \sin x\mathrm{d}x = -\cos x + C$　　7. $\int \cos x\mathrm{d}x = \sin x + C$ 8. $\int \sec^2 x\mathrm{d}x = \tan x + C$　　9. $\int \csc^2 x\mathrm{d}x = -\cot x + C$ 10. $\int \sec x\tan x\mathrm{d}x = \sec x + C$　　11. $\int \csc x\cot x\mathrm{d}x = -\csc x + C$
其他常用积分	12. $\int \frac{1}{1+x^2}\mathrm{d}x = \arctan x + C = -\mathrm{arccot}\, x + C$ 13. $\int \frac{1}{\sqrt{1-x^2}}\mathrm{d}x = \arcsin x + C = -\arccos x + C$

利用基本的积分公式和不定积分的性质，可以直接计算一些较简单的不定积分，这种方法一般称为直接积分法。

例 1.35　求下列积分。

（1）$\int x^2\sqrt{x}\mathrm{d}x$；　（2）$\int (2\mathrm{e}^x - 3\sin x)\mathrm{d}x$；　（3）$\int \frac{\mathrm{e}^{2x}-1}{\mathrm{e}^x+1}\mathrm{d}x$；

（4）$\int \frac{x^4}{1+x^2}\mathrm{d}x$；　（5）$\int \frac{1}{x^2(1+x^2)}\mathrm{d}x$。

解　（1）$\int x^2\sqrt{x}\mathrm{d}x = \int x^{\frac{5}{2}}\mathrm{d}x = \frac{x^{\frac{5}{2}+1}}{\frac{5}{2}+1} + C = \frac{2}{7}x^{\frac{7}{2}} + C$。

（2）$\int (2\mathrm{e}^x - 3\sin x)\mathrm{d}x = 2\int \mathrm{e}^x\mathrm{d}x - 3\int \sin x\mathrm{d}x = 2\mathrm{e}^x + 3\cos x + C$。

（3）$\int \frac{\mathrm{e}^{2x}-1}{\mathrm{e}^x+1}\mathrm{d}x = \int \frac{(\mathrm{e}^x+1)(\mathrm{e}^x-1)}{\mathrm{e}^x+1}\mathrm{d}x = \int (\mathrm{e}^x - 1)\mathrm{d}x = \mathrm{e}^x - x + C$。

（4）$\int \frac{x^4}{1+x^2}\mathrm{d}x = \int \frac{(x^4-1)+1}{1+x^2}\mathrm{d}x = \int (x^2 - 1 + \frac{1}{1+x^2})\mathrm{d}x = \frac{1}{3}x^3 - x + \arctan x + C$。

（5）$\int \frac{1}{x^2(1+x^2)}\mathrm{d}x = \int \left(\frac{1}{x^2} - \frac{1}{1+x^2}\right)\mathrm{d}x = -\frac{1}{x} - \arctan x + C$。

由例 1.35 可知，有些不定积分不能直接利用性质、基本积分公式求出，需要先对被积函数进行恒等变形才能进行直接积分。

常用的恒等变形有分解因式、加一项或减一项、拆项及三角恒等变形等。

例 1.36【结冰厚度】　若池塘结冰的速度由 $\frac{\mathrm{d}y}{\mathrm{d}t} = k\sqrt{t}$ 给出，其中 y（单位：cm）是自结冰起到时刻 t（单位：h）冰的厚度，k 是正常数，求结冰厚度 y 关于时间 t 的函数。

解 由 $\frac{\mathrm{d}y}{\mathrm{d}t}=k\sqrt{t}$，求不定积分，得 $y(t)=\int k\sqrt{t}\mathrm{d}t=k\int\sqrt{t}\mathrm{d}t=k\frac{2}{3}t^{\frac{3}{2}}+C$。

由于 $t=0$ 时池塘开始结冰，此时冰的厚度为 0，即有 $y(0)=0$，代入上式，得 $C=0$，所以有 $y(t)=\frac{2}{3}kt^{\frac{3}{2}}$。

练习 1.7

1. 填空

（1）函数 $f(x)=3^x$ 的一个原函数是________，全部原函数是________；

（2）若函数 $f(x)$ 的一个原函数是 $3x^2-5x$，则 $\int f(x)\mathrm{d}x=$________；

（3）若函数 $f(x)$ 是 $3x^2-5x$ 的一个原函数，则 $f(x)=$________；

（4）$\mathrm{d}\int x^2\sin x\ln x=$________，$\int\mathrm{d}(\mathrm{e}^{3x}\cos 2x)=$________；

（5）若 $\int f(x)\mathrm{d}x=\mathrm{e}^{3x}+\sqrt{x}+C$，则 $f(x)=$________。

2. 已知曲线上任一点的切线斜率为 $f'(x)=2x$，求满足此条件的所有曲线方程，并求出过点 $(2,5)$ 的曲线方程。

3. 求下列不定积分。

（1）$\int(1-x+x^3-\frac{1}{\sqrt[3]{x^2}})\mathrm{d}x$；（2）$\int(\sqrt{x}+\frac{1}{\sqrt{x}})\mathrm{d}x$；（3）$\int x^2(3-x)\mathrm{d}x$；

（4）$\int\frac{(t+1)^3}{t^2}\mathrm{d}t$；（5）$\int\frac{x^2}{1+x^2}\mathrm{d}x$；（6）$\int\frac{2x^2+1}{x^2(1+x^2)}\mathrm{d}x$。

4. 一电路中电流关于时间的变化率为 $\frac{\mathrm{d}i}{\mathrm{d}t}=4t-0.6t^2$，若 $t=0$ 时，$i=2\mathrm{A}$，求电流 i 关于时间 t 的函数。

1.3.3 微积分基本公式

1. 变上限函数及其导数

如图 1-33 所示，设 $f(x)$ 在区间 $[a,b]$ 上连续，并设 x 为 $[a,b]$ 内的任意一点，则 $f(x)$ 在 $[a,x]$ 上的定积分 $\int_a^x f(x)\mathrm{d}x$ 一定存在。为了便于理解，又因为定积分与积分变量的符号无关，将 $\int_a^x f(x)\mathrm{d}x$ 写成 $\int_a^x f(t)\mathrm{d}t$。这样对于任意的 $x\in[a,b]$，都有唯一的 $\int_a^x f(t)\mathrm{d}t$ 与之对应，因此 $\int_a^x f(t)\mathrm{d}t$ 是定义在区间 $[a,b]$ 上的函数，称为变上限函数，或者称为变上限的定积分，记作 $\phi(x)$，即 $\phi(x)=\int_a^x f(t)\mathrm{d}t,\ x\in[a,b]$。

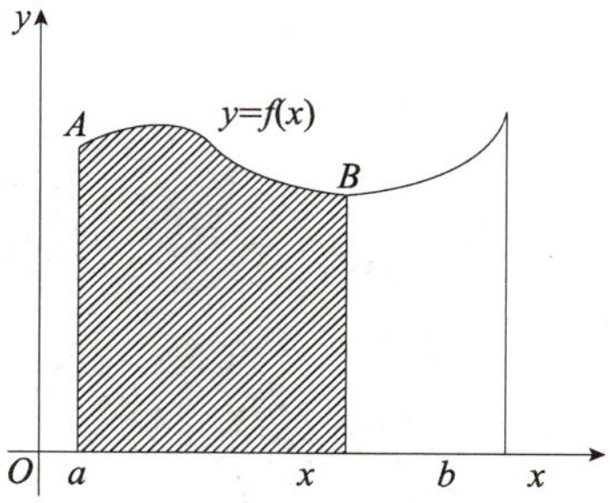

图 1-33

其几何意义是：当$f(x)\geqslant 0$时，$\phi(x)=\int_a^x f(t)\mathrm{d}t$，$x\in[a,b]$表示右侧一边可以平行移动的曲边梯形$aABx$的面积，如图1-33所示。

变上限函数$\phi(x)$有如下重要性质。

定理9 设函数$f(x)$在区间$[a,b]$上连续，则变上限函数$\phi(x)=\int_a^x f(t)\mathrm{d}t$在区间$[a,b]$上可导，且$\phi'(x)=[\int_a^x f(t)\mathrm{d}t]'=f(x)$。

这说明$\phi(x)$是连续函数$f(x)$的一个原函数，由此可得出原函数存在定理。

定理10 若函数$f(x)$在区间$[a,b]$上连续，则函数$\phi(x)=\int_a^x f(t)\mathrm{d}t$是函数$f(x)$在区间$[a,b]$上的一个原函数。

这个定理既肯定了连续函数的原函数是存在的，又揭示了定积分与原函数之间的联系。

例1.37 求下列函数的导数。

（1）$\phi(x)=\int_a^x \sin t\mathrm{d}t$；　　（2）$\phi(x)=\int_a^{x^2}(1+\mathrm{e}^t)\mathrm{d}t$。

解 （1）由定理8可知，$\phi'(x)=\left(\int_a^x \sin t\mathrm{d}t\right)'=\sin x$。

（2）由于积分上限是x的函数，所以该变上限函数是由$\phi(u)=\int_a^u(1+\mathrm{e}^t)\mathrm{d}t$与$u=x^2$复合而成的复合函数，由复合函数的求导法则有

$$\phi'(x)=[\int_a^u(1+\mathrm{e}^t)\mathrm{d}t]'\cdot(x^2)'=\left(1+\mathrm{e}^u\right)\cdot 2x=2x\left(1+\mathrm{e}^{x^2}\right)$$

一般地，若函数$g(x)$可导，则$\frac{\mathrm{d}}{\mathrm{d}x}\int_a^{g(x)}f(t)\mathrm{d}t=f\left[g(x)\right]\cdot g'(x)$。

例1.38 求下列极限。

（1）$\lim\limits_{x\to 0}\frac{\int_0^x t\sin t\mathrm{d}t}{x^3}$；　　（2）$\lim\limits_{x\to 0}\frac{x^4}{\int_0^{2x^2}\ln(1-t)\mathrm{d}t}$。

解 （1）此极限属$\frac{0}{0}$型，利用洛必达法则有$\lim\limits_{x\to 0}\frac{\int_0^x t\sin t\mathrm{d}t}{x^3}\overset{\frac{0}{0}}{=}\lim\limits_{x\to 0}\frac{\left[\int_0^x t\sin t\mathrm{d}t\right]'}{(x^3)'}=\lim\limits_{x\to 0}\frac{x\sin x}{3x^2}=\frac{1}{3}$。

（2）此极限属$\frac{0}{0}$型，利用洛必达法则有

$$\lim_{x\to 0}\frac{x^4}{\int_0^{2x^2}\ln(1-t)\mathrm{d}t}\overset{\frac{0}{0}}{=}\lim_{x\to 0}\frac{(x^4)'}{\left[\int_0^{2x^2}\ln(1-t)\mathrm{d}t\right]'}=\lim_{x\to 0}\frac{4x^3}{4x\ln(1-2x^2)}\overset{\text{替换}}{=}\lim_{x\to 0}\frac{x^2}{-2x^2}=-\frac{1}{2}。$$

说明：

$\frac{0}{0}$型的洛必达法则

设函数 $f(x)$和 $F(x)$满足

（1）$\lim\limits_{x\to\Delta} f(x)=0$，$\lim\limits_{x\to\Delta} F(x)=0$；

（2）$x\to\Delta$ 时 $f'(x)$和 $F'(x)$都存在，且 $F'(x)\neq 0$；

（3）$\lim\limits_{x\to\Delta}\frac{f'(x)}{F'(x)}=A$（或$\lim\limits_{x\to\Delta}\frac{f'(x)}{F'(x)}=\infty$）；

则 $\lim\limits_{x\to\Delta}\frac{f(x)}{F(x)}=\lim\limits_{x\to\Delta}\frac{f'(x)}{F'(x)}$.

2. 牛顿-莱布尼兹公式

定理 11 如果函数 $F(x)$ 是连续函数 $f(x)$ 在区间 $[a,b]$ 上的一个原函数，则

$$\int_a^b f(x)\mathrm{d}x=F(b)-F(a)$$

上式称为牛顿-莱布尼兹公式，也称为**微积分基本公式**，它把计算定积分问题转化为计算不定积分问题，即 $f(x)$ 在区间 $[a,b]$ 上的定积分等于 $f(x)$ 的任一原函数在 $[a,b]$ 上的增量，为定积分的计算提供了简捷有效的方法和途径。

为了书写方便，通常记为 $\int_a^b f(x)\mathrm{d}x=F(x)\Big|_a^b=F(b)-F(a)$。

例 1.39 求下列定积分。

（1）$\int_0^2 x^2\mathrm{d}x$；　　（2）$\int_0^{\frac{\pi}{2}}(3\sin x+2\cos x)\mathrm{d}x$；　　（3）$\int_0^2|1-x|\mathrm{d}x$。

解 （1）$\int_0^2 x^2\mathrm{d}x=\frac{1}{3}x^3\Big|_0^2=\frac{1}{3}\times 2^3-0=\frac{8}{3}$。

（2）$\int_0^{\frac{\pi}{2}}(3\sin x+2\cos x)\mathrm{d}x=3\int_0^{\frac{\pi}{2}}\sin x\mathrm{d}x+2\int_0^{\frac{\pi}{2}}\cos x\mathrm{d}x$

$$=3(-\cos x)\Big|_0^{\frac{\pi}{2}}+2\sin x\Big|_0^{\frac{\pi}{2}}=0+3+2-0=5$$。

（3）因为$|1-x|=\begin{cases}1-x & x\leqslant 1\\ x-1 & x>1\end{cases}$，所以

$$\int_0^2|1-x|\mathrm{d}x=\int_0^1(1-x)\mathrm{d}x+\int_1^2(x-1)\mathrm{d}x=\left(x-\frac{x^2}{2}\right)\Bigg|_0^1+\left(\frac{x^2}{2}-x\right)\Bigg|_1^2=1$$。

说明：（1）被积函数在积分区间上应满足积分存在的充分条件，否则牛顿-莱布尼兹公式失效。如 $\int_{-2}^1\frac{1}{x^2}\mathrm{d}x=-\frac{1}{x}\Big|_{-2}^1=-1-\frac{1}{2}=-\frac{3}{2}$，这种做法是错误的，因为$\frac{1}{x^2}$在区间 $[-2,1]$ 内有无穷间断点 $x=0$。这种问题属于广义积分，在此不能解决。

（2）若被积函数在积分区间的不同子区间上的函数表达式不同，应利用积分的可加性，化整个积分区间上的定积分为各个子区间上的定积分的和的形式。

例 1.40 设 $f(x)=\begin{cases}\dfrac{1}{1+x^2} & x\geqslant -1\\ \dfrac{1}{x^2} & x<-1\end{cases}$，求 $\int_{-2}^{1}f(x)\mathrm{d}x$。

解 $\int_{-2}^{1}f(x)\mathrm{d}x=\int_{-2}^{-1}f(x)\mathrm{d}x+\int_{-1}^{1}f(x)\mathrm{d}x=\int_{-2}^{-1}\frac{1}{x^2}\mathrm{d}x+\int_{-1}^{1}\frac{1}{1+x^2}\mathrm{d}x$

$$=-\frac{1}{x}\bigg|_{-2}^{-1}+\arctan x\bigg|_{-1}^{1}=1-\frac{1}{2}+\frac{\pi}{4}-\left(-\frac{\pi}{4}\right)=\frac{1}{2}+\frac{\pi}{2}。$$

例 1.41 计算正弦曲线 $y=\sin x$ 与 $x=0,x=\pi$ 及 x 轴所围成的图形的面积。

解 $A=\int_0^{\pi}\sin x\mathrm{d}x=-\cos x\big|_0^{\pi}=-(-1)+1=2$。

例 1.42【保管费支付】 公司每天要支付的仓库租金、保险费、保证金等都与商品的库存量有关。现有一家公司，该公司每 30 天会收到 1200 箱巧克力，随后，它每天以一定的比例售给零售商。已知到货后的 x 天，公司的库存量是 $f(x)=1200-40\sqrt{3x}$ 箱。一箱巧克力的保管费是 0.05 元，问公司每天平均要支付多少保管费？

解 首先算出平均每天的库存量 y 是多少。因为把每天的库存量加起来再除以 30 即为 y，所以应用积分中值定理有

$$y=\frac{1}{30}\int_0^{30}\left(1200-40\sqrt{30x}\right)\mathrm{d}x=\frac{1}{30}\left(1200x-40\sqrt{30}\cdot\frac{2}{3}x^{\frac{3}{2}}\right)\bigg|_0^{30}=400\text{（箱）。}$$

故公司每天平均要支付 $0.05\times 400=20$（元）保管费。

例 1.43【汽车刹车路程】 一辆汽车在直线上正以 10m/s 的速度匀速行驶，突然发现一障碍物，于是以 -1m/s^2 的加速度匀减速停下，求汽车的刹车路程。

解 因为 $v'(t)=a=-1$，两边同时积分，有 $\int v'(t)\mathrm{d}t=\int -1\mathrm{d}t$，得 $v(t)=-t+C$，将 $v(0)=10$ 代入上式，得 $C=10$，所以 $v(t)=10-t$。

当汽车速度为零时汽车停下，此时 $v(t)=10-t=0$，得汽车的刹车时间为 $t=10\text{s}$，再由速度与路程之间的关系，得汽车的刹车路程为

$$s=\int_0^{10}v(t)\mathrm{d}t=\int_0^{10}(10-t)\mathrm{d}t=\left(10t-\frac{1}{2}t^2\right)\bigg|_0^{10}=50(\text{m})$$，即汽车的刹车路程为 50m。

由此方法可知，若物体做匀加速直线运动，初速度为 v_0，加速度为 a，则其速度方程为 $v(t)=v_0+at$，运动方程为 $s=v_0t+\frac{1}{2}at^2$。

例 1.44 设 $f(x)$ 是连续函数，且 $f(x)=x+2\int_0^1 f(x)\mathrm{d}x$，求 $f(x)$。

解 设 $\int_0^1 f(x)\mathrm{d}x=a$，则 $f(x)=x+2a$。

两边在 $[0,1]$ 上积分得 $a=\int_0^1 f(x)\mathrm{d}x=\int_0^1(x+2a)\mathrm{d}x=\left(\frac{x^2}{2}+2ax\right)\bigg|_0^1=\frac{1}{2}+2a$。

所以得 $a=-\frac{1}{2}$，故 $f(x)=x-1$。

练习 1.8

1. 填空。

（1）若 $\int_k^2 3x^2\mathrm{d}x=7$，则 $k=$________；（2）若 $\int_0^1(2x+k)\mathrm{d}x=2$，则 $k=$________；

（3）设 $f(x)$ 是连续函数，且 $f(x)=2x+3\int_0^1 f(x)\mathrm{d}x$，则 $\int_0^1 f(x)\mathrm{d}x=$________。

2. 求下列函数的导数。

（1）$f(x)=\int_x^0 t\mathrm{e}^{-t}\mathrm{d}t$；　　（2）$g(x)=\int_0^{x^2}\frac{1}{\sqrt{1+t^2}}\mathrm{d}t$。

3. 求下列极限。

（1）$\lim\limits_{x\to 0}\frac{\int_0^x \cos t^2\mathrm{d}t}{x}$；　　（2）$\lim\limits_{x\to 0}\frac{\int_0^x t(\mathrm{e}^t-1)\mathrm{d}t}{\sin^3 x}$。

4. 计算下列定积分。

（1）$\int_1^2\frac{2}{\sqrt{x}}\mathrm{d}x$；　（2）$\int_{-1}^0\frac{3x^4+3x^2+1}{x^2+1}\mathrm{d}x$；　（3）$\int_{-\frac{1}{2}}^{\frac{1}{2}}\frac{1}{\sqrt{1-x^2}}\mathrm{d}x$；

（4）$\int_{-1}^1 x|x|\mathrm{d}x$；　（5）$\int_0^{\pi}\cos^2\frac{x}{2}\mathrm{d}x$；　（6）$\int_0^{2\pi}|\sin x|\mathrm{d}x$；

（7）设 $f(x)=\begin{cases}\sqrt{x}, & 0\leqslant x\leqslant 1\\ \mathrm{e}^x, & 1<x\leqslant 3\end{cases}$，求 $\int_0^3 f(x)\mathrm{d}x$。

5.【产品销售总量】某公司一个新销售商发现，他在第 t 个月销售的商品数量为 $2t+5$，求该销售商一年的销售总量。

6.【城市人口总数】在一圆形城市中，离市中心越近，人口密度越大，而离市中心越远，人口密度越小。设该城市半径为 50km，距市中心 r（单位：km）处的人口密度为 $100000(50-r)$，求这一城市的人口总数。

7.【功率与功】在物理学中，功 W 与功率 P 之间的关系为 $P=\frac{\mathrm{d}W}{\mathrm{d}t}$，或 $\mathrm{d}W=P\mathrm{d}t$。如果功率 $P=12t-4t^2$，求 3s 内的功。

1.3.4　常用积分方法

1. 不定积分的换元积分法

1）第一类换元积分法

定理 12　若 $\int f(u)\mathrm{d}u=F(u)+C$，且 $u=\phi(x)$ 可导，则

$$\int f[\phi(x)]\phi'(x)\mathrm{d}x=F[\phi(x)]+C$$

下面给出几个符合定理 12 情形的例子：

① $\int \mathrm{e}^{f(x)}\cdot f'(x)\mathrm{d}x=\int \mathrm{e}^{f(x)}\mathrm{d}f(x)=\mathrm{e}^{f(x)}+C$　　(*)

② $\int\frac{f'(x)}{\sqrt{f(x)}}\mathrm{d}x=\int\frac{1}{\sqrt{f(x)}}\mathrm{d}f(x)=2\sqrt{f(x)}+C$　　(**)

③ $\int \frac{f'(x)}{1+f^2(x)}dx = \int \frac{1}{1+f^2(x)}df(x) = \arctan f(x) + C$　　（***）

如果在上述几例中设 $f(x)=u$，显而易见，它们的形式与基本积分公式形式完全相同。所以定理 12 提供的积分方法，极大地扩展了基本积分公式的使用范围。

例 1.45　求下列积分。

（1）$\int \frac{1}{2x+3}dx$；　（2）$\int (ax+b)^{10}dx\ (a \neq 0)$；　（3）$\int xe^{x^2}dx$；

（4）$\int \frac{1}{x\ln x}dx$；　（5）$\int \frac{e^x}{1+e^x}dx$；　（6）$\int \frac{1}{x^2+a^2}dx\ (a \neq 0)$。

解　（1）由于 $d(2x+3)=2dx$，$dx=\frac{1}{2}d(2x+3)$。

所以 $\int \frac{1}{2x+3}dx = \frac{1}{2}\int \frac{1}{2x+3}d(2x+3) \xlongequal{\text{回代}u=2x+3} \frac{1}{2}\ln|2x+3|+C$。

（2）由于 $dx=\frac{1}{a}d(ax+b)$。

所以 $\int (ax+b)^{10}dx = \frac{1}{a}\int (ax+b)^{10}d(ax+b) = \frac{1}{11a}(ax+b)^{11}+C$。（把 $ax+b$ 看作 u）

（3）由于 $xdx=\frac{1}{2}d(x^2)$，所以 $\int xe^{x^2}dx = \frac{1}{2}\int e^{x^2}d(x^2) = \frac{1}{2}e^{x^2}+C$。（把 x^2 看作 u）

（4）由于 $\frac{1}{x}dx = d\ln x$，所以 $\int \frac{1}{x\ln x}dx = \int \frac{1}{\ln x}d\ln x = \ln|\ln x|+C$。（把 $\ln x$ 看作 u）

（5）由于 $e^x dx = d(e^x+1)$，所以 $\int \frac{e^x}{1+e^x}dx = \int \frac{d(1+e^x)}{1+e^x} = \ln(1+e^x)+C$。

（6）$\int \frac{1}{x^2+a^2}dx = \frac{1}{a}\int \frac{1}{1+\left(\frac{x}{a}\right)^2}d\left(\frac{x}{a}\right) = \frac{1}{a}\arctan\frac{x}{a}+C$。

从上面的例子可见，第一类换元积分法的关键就是把被积表达式“凑成” $f(\phi(x))$ 与 $d\phi(x)$ 的乘积，只要 $\phi(x)$ 选取恰当，问题就迎刃而解了。所以**第一类换元积分法**也叫**凑微分法**。

常见的凑微分公式：

（1）$dx=d(x+b)$；（2）$dx=\frac{1}{a}d(ax+b)$；（3）$xdx=\frac{1}{2}d(x^2+b)$；

（4）$\frac{1}{\sqrt{x}}dx=2d\sqrt{x}$；（5）$\frac{1}{x^2}dx=-d\left(\frac{1}{x}\right)$；（6）$\frac{1}{x}dx=d(\ln x)$；

（7）$e^x dx=d(e^x)$；（8）$\sin x dx=-d(\cos x)$；（9）$\cos x dx=d(\sin x)$；

（10）$\frac{1}{1+x^2}dx=d(\arctan x)$。

常见的凑微分类型：

（1）$\int f(ax+b)dx=\frac{1}{a}\int f(ax+b)d(ax+b)\ (a\neq 0)$；

（2）$\int f\left(ax^2+b\right)\cdot x\mathrm{d}x=\frac{1}{2a}\int f(ax^2+b)\mathrm{d}\left(ax^2+b\right)\left(a\neq 0\right)$；

（3）$\int f\left(x^n\right)\cdot x^{n-1}\mathrm{d}x=\frac{1}{n}\int f\left(x^n\right)\mathrm{d}\left(x^n\right)$；

（4）$\int f\left(\ln x\right)\cdot\frac{1}{x}\mathrm{d}x=\int f\left(\ln x\right)\mathrm{d}\left(\ln x\right)$；

（5）$\int f\left(a\mathrm{e}^x+b\right)\cdot \mathrm{e}^x\mathrm{d}x=\frac{1}{a}\int f(a\mathrm{e}^x+b)\mathrm{d}\left(a\mathrm{e}^x+b\right)\left(a\neq 0\right)$；

（6）$\int f\left(\sin x\right)\cdot\cos x\mathrm{d}x=\int f\left(\sin x\right)\mathrm{d}\left(\sin x\right)$；

（7）$\int f\left(\cos x\right)\cdot\sin x\mathrm{d}x=-\int f\left(\cos x\right)\mathrm{d}\left(\cos x\right)$；

（8）$\int f\left(\arctan x\right)\cdot\frac{1}{1+x^2}\mathrm{d}x=\int f\left(\arctan x\right)\mathrm{d}\left(\arctan x\right)$。

例 1.46 求下列积分。

（1）$\int\cos^3 x\mathrm{d}x$；　　（2）$\int\sin^2 x\mathrm{d}x$；　　（3）$\int\frac{1}{x^2-a^2}\mathrm{d}x\left(a\neq 0\right)$。

解 （1）$\int\cos^3 x\mathrm{d}x=\int\cos^2 x\cos x\mathrm{d}x=\int\left(1-\sin^2 x\right)\mathrm{d}(\sin x)=\sin x-\frac{1}{3}\sin^3 x+C$。

（2）$\int\sin^2 x\mathrm{d}x=\int\frac{1-\cos 2x}{2}\mathrm{d}x=\frac{1}{2}\left[\int\mathrm{d}x-\frac{1}{2}\int\cos 2x\mathrm{d}\left(2x\right)\right]=\frac{1}{2}x-\frac{1}{4}\sin 2x+C$。

（3）$\int\frac{1}{x^2-a^2}\mathrm{d}x=\int\frac{1}{(x-a)(x+a)}\mathrm{d}x=\frac{1}{2a}\int\left(\frac{1}{x-a}-\frac{1}{x+a}\right)\mathrm{d}x$

$=\frac{1}{2a}\left(\ln\left|x-a\right|-\ln\left|x+a\right|\right)+C=\frac{1}{2a}\ln\left|\frac{x-a}{x+a}\right|+C$。

类似地可得$\int\frac{1}{\sqrt{a^2-x^2}}\mathrm{d}x=\arcsin\frac{x}{a}+C$。

注：同一积分，由于凑微分的方式不同，所得结果在形式上可能不一样，但实际上它们都只差一个常数。例如$\int\sin x\cos x\mathrm{d}x$，

解法一 $\int\sin x\cos x\mathrm{d}x=\int\sin x\mathrm{d}\left(\sin x\right)=\frac{1}{2}\sin^2 x+C$；

解法二 $\int\sin x\cos x\mathrm{d}x=-\int\cos x\mathrm{d}\left(\cos x\right)=-\frac{1}{2}\cos^2 x+C$；

解法三 $\int\sin x\cos x\mathrm{d}x=\frac{1}{2}\int\sin 2x\mathrm{d}x=\frac{1}{4}\int\sin 2x\mathrm{d}\left(2x\right)=-\frac{1}{4}\cos 2x+C$。

利用三角公式可以证明以上三种结果仅相差一个常数，也可以运用不定积分的性质验证。

读者可以自己证明（1）$\int\tan x\mathrm{d}x=-\ln\left|\cos x\right|+C$；（2）$\int\cot x\mathrm{d}x=\ln\left|\sin x\right|+C$。

2）第二类换元积分法

引例 求$\int\frac{1}{1+\sqrt{x}}\mathrm{d}x$。

这个积分用前面介绍的方法不易求解，若令 $\sqrt{x}=t\geqslant 0$，则 $x=t^2(t\geqslant 0)$，单调可导，于是 $\int\frac{1}{1+\sqrt{x}}\mathrm{d}x=\int\frac{1}{1+t}\cdot 2t\mathrm{d}t=2\left(\int\mathrm{d}t-\int\frac{1}{1+t}\mathrm{d}t\right)=2\left(t-\ln|t+1|\right)+C$，再将 $t=\sqrt{x}$ 代入上式，得 $\int\frac{1}{1+\sqrt{x}}\mathrm{d}x=2\left[\sqrt{x}-\ln\left(1+\sqrt{x}\right)\right]+C$。

对这种积分方法，我们给出如下定理。

定理 13 设函数 $x=\phi(t)$ 单调可导，且 $\phi'(t)\neq 0$，其反函数为 $t=\phi^{-1}(x)$，若 $\int f\left[\phi(t)\right]\phi'(t)\mathrm{d}t=F(t)+C$，则 $\int f(x)\mathrm{d}x=F\left[\phi^{-1}(x)\right]+C$。

定理 13 的使用和定理 12 恰恰相反，若 $\int f(x)\mathrm{d}x$ 不易积出，将变量 x 用单调可导函数 $x=\phi(t)$ 代换，原积分化为容易积出的 $\int f\left[\phi(t)\right]\phi'(t)\mathrm{d}t=F(t)+C$，再利用反函数 $t=\phi^{-1}(x)$ 代回原积分变量。这种积分方法叫作**第二换元积分法**。

第二换元积分法常常用于被积函数含有根式的积分，通过积分变量代换使被积函数有理化，从而把要求的积分化简积出。

① 根式代换：若被积函数中含有根式 $\sqrt[n]{ax+b}$（n 为正整数），通常令 $\sqrt[n]{ax+b}=t$。

例 1.47 求 $\int\frac{x}{1+\sqrt{x+1}}\mathrm{d}x$。

解 令 $\sqrt{x+1}=t$，则 $x=t^2-1$，$\mathrm{d}x=2t\mathrm{d}t$，于是

$$\int\frac{x}{1+\sqrt{x+1}}\mathrm{d}x=\int\frac{t^2-1}{1+t}\cdot 2t\mathrm{d}t=2\int(t^2-t)\mathrm{d}t=\frac{2}{3}t^3-t^2+C$$

$$=\frac{2}{3}(x+1)^{\frac{3}{2}}-(x+1)+C=\frac{2}{3}(x+1)^{\frac{3}{2}}-x+C_1\ (C_1=C-1)$$

② 三角代换：一般地，若被积函数中含有 $\sqrt{a^2-x^2}$，$\sqrt{a^2+x^2}$，$\sqrt{x^2-a^2}\,(a>0)$，可做以下三角代换：

（I）对 $\sqrt{a^2-x^2}$，可设 $x=a\sin t$（如图 1-34 所示），$-\frac{\pi}{2}<t<\frac{\pi}{2}$；

（II）对 $\sqrt{a^2+x^2}$，可设 $x=a\tan t$，$-\frac{\pi}{2}<t<\frac{\pi}{2}$（$1+\tan^2 x=\sec^2 x$）；

（III）对 $\sqrt{x^2-a^2}$，可设 $x=a\sec t$，$0<t<\frac{\pi}{2}$（$\sec^2 x-1=\tan^2 x$）。

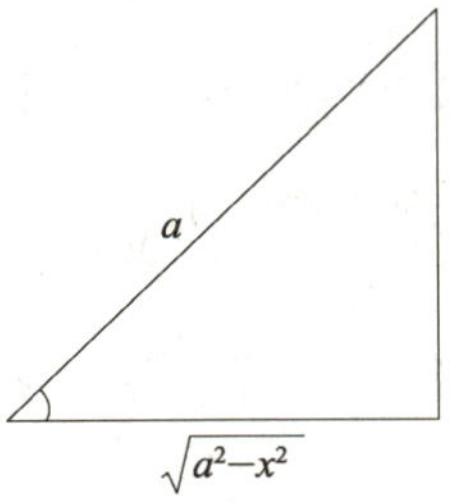

图 1-34

补充积分公式：

1. $\int\tan x\mathrm{d}x=-\ln|\cos x|+C$；
2. $\int\cot x\mathrm{d}x=\ln|\sin x|+C$；
3. $\int\sec x\mathrm{d}x=\ln|\sec x+\tan x|+C$；
4. $\int\csc x\mathrm{d}x=\ln|\csc x-\cot x|+C$；

5. $\int \frac{1}{x^2-a^2}\mathrm{d}x = \frac{1}{2a}\ln\left|\frac{x-a}{x+a}\right| + C$；　　6. $\int \frac{1}{x^2+a^2}\mathrm{d}x = \frac{1}{a}\arctan x + C$；

7. $\int \frac{1}{\sqrt{a^2-x^2}}\mathrm{d}x = \arcsin\frac{x}{a} + C$；　　8. $\int \frac{1}{\sqrt{x^2 \pm a^2}}\mathrm{d}x = \ln\left|x+\sqrt{x^2 \pm a^2}\right| + C$。

2. 定积分的换元积分法

定理 14　设函数 $f(x)$ 在区间 $[a,b]$ 上连续，作代换 $x=\varphi(t)$，它满足下列条件：

（1）$\varphi(t)$ 是区间 $[\alpha,\beta]$ 上的单调连续函数；

（2）$\varphi(\alpha)=a, \varphi(\beta)=b$；

（3）$x=\varphi(t)$ 在区间 $[\alpha,\beta]$ 上有连续的导数 $\varphi'(t)$。

则 $\int_a^b f(x)\mathrm{d}x = \int_\alpha^\beta f[\varphi(t)]\varphi'(t)\mathrm{d}t$。

定理 14 为我们提供了定积分的换元积分方法，它与不定积分的第二类换元法类似，但在换元的同时，增加了换“限”过程，也就是根据代换函数，来确定新的积分上下限，这使得我们对含有新变量的积分结果，直接代入新变量对应的积分上下限计算就可以了。

例 1.48　求定积分（1）$\int_0^{\frac{\pi}{2}} \cos^3 x \sin x\mathrm{d}x$；（2）$\int_1^{\mathrm{e}} \frac{1+\ln x}{x}\mathrm{d}x$。

解　（1）$\int_0^{\frac{\pi}{2}} \cos^3 x \sin x\mathrm{d}x = -\int_0^{\frac{\pi}{2}} \cos^3 x\mathrm{d}(\cos x) = -\frac{1}{4}\left(\cos^4 x\right)\Big|_0^{\frac{\pi}{2}} = \frac{1}{4}$。

（2）$\int_1^{\mathrm{e}} \frac{1+\ln x}{x}\mathrm{d}x = \int_1^{\mathrm{e}} (1+\ln x)\mathrm{d}(1+\ln x) = \frac{1}{2}\left[(1+\ln x)^2\right]\Big|_1^{\mathrm{e}} = \frac{3}{2}$。

结论：若函数 $f(x)$ 在区间 $[-a,a]$ 上连续，则 $f(x)$ 在对称区间上的定积分有以下结论。

（1）$f(x)$ 为奇函数时，$\int_{-a}^{a} f(x)\mathrm{d}x = 0$；

（2）$f(x)$ 为偶函数时，$\int_{-a}^{a} f(x)\mathrm{d}x = 2\int_0^a f(x)\mathrm{d}x$。

这个结论常用于求对称区间上奇函数或偶函数的定积分。

例 1.49　求 $\int_{-1}^{1} \frac{\sin^3 x + (\arctan x)^2}{1+x^2}\mathrm{d}x$。

解　因为 $\frac{\sin^3 x}{1+x^2}$ 为奇函数，$\frac{(\arctan x)^2}{1+x^2}$ 为偶函数，

所以 $\int_{-1}^{1} \frac{\sin^3 x + (\arctan x)^2}{1+x^2}\mathrm{d}x = \int_{-1}^{1} \frac{\sin^3 x}{1+x^2}\mathrm{d}x + \int_{-1}^{1} \frac{(\arctan x)^2}{1+x^2}\mathrm{d}x = 2\int_0^1 \frac{(\arctan x)^2}{1+x^2}\mathrm{d}x$

$$= 2\int_0^1 (\arctan x)^2\mathrm{d}(\arctan x) = \frac{2}{3}(\arctan x)^3\Big|_0^1$$

$$= \frac{2}{3}\left(\frac{\pi}{4}\right)^3 = \frac{\pi^3}{96}。$$

3. 不定积分的分部积分

观察不定积分 $\int xe^x dx$、$\int x\sin x dx$、$\int x\ln x dx$、$\int e^x \sin x dx$，尽管前文已介绍了直接积分法和换元积分法，但对这些形式的积分，仍然无法解决。所以我们需要讨论新的积分方法。

设函数 $u=u(x)$，$v=v(x)$ 具有连续导数，则由乘积的微分运算法则得

$$d(uv)=udv+vdu$$

从而 $udv=d(uv)-vdu$，两边积分得 $\int udv=uv-\int vdu$。

这个公式叫作不定积分的分部积分公式。

原理：把不易求的积分 $\int udv$，转化为容易求的积分 $\int vdu$。

把被积表达式 $f(x)dx$ 分成 u 与 dv，然后代入分部积分公式求不定积分 $\int f(x)dx$ 的方法称为分部积分法。

一般地，若被积函数是两类基本初等函数的乘积，多数情况下，可按“反三角函数、对数函数、幂函数、三角函数、指数函数”的顺序，将排在前面的那类函数选作 u，排在后面的那类函数选作 v'。

例 1.50 求积分（1）$\int xe^x dx$；（2）$\int x\sin x dx$；（3）$\int x^6 \ln x dx$；（4）$\int e^x \sin x dx$。

解 （1）$\int xe^x dx=\int xde^x=xe^x-\int e^x dx=xe^x-e^x+C$。

（2）$\int x\sin x dx=-\int xd\cos x=-x\cos x+\int \cos x dx=-x\cos x+\sin x+C$。

（3）$\int x^6\ln x dx=\frac{1}{7}\int \ln x dx^7=\frac{1}{7}x^7\ln x-\frac{1}{7}\int x^7 d\ln x=\frac{1}{7}x^7\ln x-\frac{1}{7}\int x^7\left(\frac{1}{x}\right)dx$

$$=\frac{1}{7}x^7\ln x-\frac{1}{49}x^7+C。$$

（4）$\int e^x\sin x dx=\int \sin x de^x=e^x\sin x-\int e^x d\sin x=e^x\sin x-\int e^x\cos x dx$

$$=e^x\sin x-\int \cos x de^x=e^x\sin x-e^x\cos x+\int e^x d\cos x$$

$$=e^x\sin x-e^x\cos x-\int e^x\sin x dx。$$

解得 $\int e^x\sin x dx=\frac{1}{2}(e^x\sin x-e^x\cos x)+C$。

4. 定积分的分部积分

定理 15 设函数 $u=u(x)$，$v=v(x)$ 具有连续的导数，则有 $\int_a^b udv=uv\Big|_a^b-\int_a^b vdu$。

例 1.51【石油总产量】 已知一口新井的原油生产速度 $R(t)=1-0.02t\sin(2\pi t)$（t 的单位为年），求该井前 3 年的石油总产量。

解 设该井前 3 年的石油总产量为 W，由变化率求总改变量得

$$W=\int_0^3[1-0.02t\sin(2\pi t)]\mathrm{d}t=\int_0^3\mathrm{d}t-\frac{1}{2\pi}\int_0^3 0.02t\sin(2\pi t)\mathrm{d}(2\pi t)$$
$$=t\Big|_0^3+\frac{1}{2\pi}\int_0^3 0.02t\mathrm{d}\cos(2\pi t)=3+\frac{0.01}{\pi}\left[t\cos(2\pi t)\right]\Big|_0^3-\frac{0.01}{\pi}\int_0^3\cos(2\pi t)\mathrm{d}t$$
$$=3+\frac{0.03}{\pi}-\frac{0.01}{2\pi^2}\sin(2\pi t)\Big|_0^3=3+\frac{0.03}{\pi}\approx 3.0095。$$

练习 1.9

1. 填空。

（1）$\int x\cos x\mathrm{d}x=$____________；（2）$\int x\mathrm{e}^{2x}\mathrm{d}x=$____________。

2. 求下列不定积分。

（1）$\int(2x+3)^5\mathrm{d}x$；　（2）$\int\frac{\ln x}{x}\mathrm{d}x$；　（3）$\int\sin x\mathrm{e}^{\cos x}\mathrm{d}x$；

（4）$\int\frac{1}{\sqrt{x}(1+x)}\mathrm{d}x$；　（5）$\int\frac{\mathrm{e}^{2x}}{1+\mathrm{e}^x}\mathrm{d}x$；　（6）$\int\frac{1}{x^2-4}\mathrm{d}x$。

3. 求下列定积分。

（1）$\int_0^1 x\mathrm{e}^{-x}\mathrm{d}x$；　（2）$\int_0^1\frac{\mathrm{e}^x}{1+\mathrm{e}^{2x}}\mathrm{d}x$；　（3）$\int_0^{\frac{\pi}{4}}\frac{\cos x}{\sqrt{\sin x}}\mathrm{d}x$。

4.【产品总产量】已知某一计算机公司研发了一套用于生产一种新型计算器的生产线，第 t 周的生产速度为 $\frac{\mathrm{d}y}{\mathrm{d}t}=5000\left[1-\frac{100}{(t+2)^2}\right]$（单位：个/周）（注意：当时间足够长时，生产量接近 5000 个周；但是由于工人不熟悉技术，使得开始的生产量很低）。

求从第三周开始到第四周结束时生产计算器的个数。

5.【传染病分析】在传染病流行期间，人们被传染患病的速度可以近似地表示为 $r=1000t\mathrm{e}^{-0.5t}$（$r$ 的单位：人/天），t 为传染病开始流行的天数。

（1）什么时候人们患病速度最快？（2）前 10 天共有多少人患病？

思政聚焦 3

你知道赵州桥的拱形横截面的面积怎样计算吗？赵州桥截面面积可以用定积分的知识来求解，把截面划分为无数块近似于小矩形的曲边梯形，分别计算出面积后累加求极限，也就是求定积分。

赵州桥的设计在我国桥梁技术史上有多项创新，开创了中国桥梁建造的崭新局面，是古代劳动人民智慧的结晶。桥梁采用圆弧拱形式，改变了我国大石桥多为半圆形拱的传统，采用敞肩、单孔设计，对古代传统建筑方法做了很大的改进。赵州桥不仅设计独特，而且建造技术也非常出色。

赵州桥的敞肩圆弧拱形式是我国劳动人民的一大创造，西方在 14 世纪才出现敞肩圆弧石拱桥，已经比我国晚了600多年。英国著名中国科学技术史专家李约瑟博士在其巨著《中国科学技术史》中曾经列举了26项从1世纪到18世纪先后由我国传到欧洲和其他地区的科学技术成果，其中第18项就是弧形拱桥。赵州桥建成后成为中国北南交通的要冲，有“坦途箭直千人过，驿使驰驱万国通”的美誉。这座大桥自建成至今已有1300多年，这期间经历了8次以上地震的影响，8次以上战争的考验；承受了无数次人畜车辆的重压，饱经无数次风刀霜剑、冰雪雨水的冲蚀，却雄姿不减当年，仍巍然屹立。

赵州桥的建造是不是体现了精益求精的“工匠精神”呢？工匠精神不仅表现为注重细节、精雕细琢、追求完美，而且包括与时俱进、勇于创新。我们在工作中也要传承工匠精神，大大方方做人，斤斤计较做事，将工匠精神体现到一件件精品上，在打造更多享誉世界的中国品牌中成就自己的精彩人生。

拓展阅读一

刘徽的割圆术

刘徽（生于公元250年左右，见图1-35），三国后期魏末晋初人，是中国古代杰出的数学家，也是中国古典数学理论的奠基者之一，其生卒年月、生平事迹，史书上很少记载。据有限史料推测，刘徽是山东邹平人，终生未做官。他在数学上的重大贡献之一是发明了割圆术，相应的方法是“割之弥细，所失弥少，割之又割，以至于不可割，则与圆周合体而无所失矣。”他计算到正192边形，这时候π的近似值是3.141024。他的思想后来得到祖冲之父子的发扬，从而使我国古代的数学放出了异彩。

图 1-35

把刘徽的割圆术用现代数学语言可描述为：有一个半径是1的圆O，如图1-36所示，作内接正六边形$ABCDEF$，正六边形的面积是$\triangle ABO$面积的六倍。由于

$$AB=OA=1, OT=\frac{\sqrt{3}}{2}$$

所以六边形的面积是

$$6\times\frac{1}{2}\times AB\times OT=6\times\frac{1}{2}\times\frac{\sqrt{3}}{2}=\frac{3\sqrt{3}}{2}$$

再作内接正十二边形AR……于是四边形$ARBO$的面积是

$$\frac{1}{2}\times OR\times AB=\frac{1}{2}\times1\times1=\frac{1}{2}$$

所以十二边形的面积是

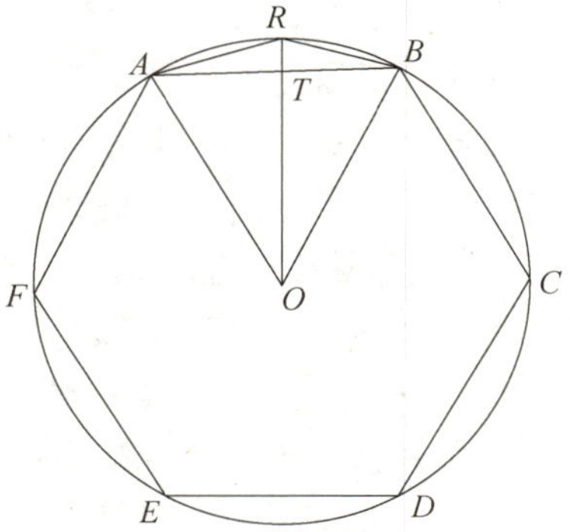

图 1-36

$$6\times\frac{1}{2}=3$$

同样可以算出二十四边形、四十八边形等的面积。

或许有人认为，刘徽的这种想法没有什么了不起。这种看法是不对的，因为它孕育了一个极其重要的思想——用有穷来逼近无穷的数学思想。圆的面积是未知的、要求的，而正多边形的面积是可求的、已知的。刘徽想法的可贵在于，第一是怎样用已知的、可求的来逼近未知的、要求的；第二是他把圆看作边数无穷的正多边形，而边数有限的正多边形的面积是已知的、可求的，使得用正多边形的面积来逼近圆的面积成为可能，也就是说，他是用有穷来逼近无穷的世界第一人。

这种想法，一直到近代在数学中还在起着极其重要的作用，而且我们相信，它将永远起着极其重要的作用，何况在1700年以前刘徽就用这种想法来解具体的数学问题，这是非常难能可贵的！刘徽除创造割圆术外，还在用无限分割的方法求解锥体体积时，提出了关于多面体体积计算的刘徽原理；在计算球的体积时引入了“牟合方盖”这一著名的几何模型；在解线性方程组时提出了比率算法的新方法；在其撰写的数学著作《海岛算经》中，他提出了重差术，采用了重表、连索和累矩等测高测远方法，运用“类推衍化”的方法，使重差术由两次测望，发展为“三望”“四望”。而印度在7世纪，欧洲在15～16世纪才开始研究两次测望的问题。刘徽的工作，不仅对中国古代数学发展产生了深远影响，而且在世界数学史上也具有崇高的地位。鉴于刘徽的巨大贡献，所以不少书上把他称作“中国数学史上的牛顿”。

拓展阅读二

中国古代科学家祖冲之

祖冲之

图 1-37

祖冲之（公元429—500年，见图1-37），字文远，是我国数学家、科学家，南北朝时期人。生于宋文帝元嘉六年，卒于齐昏侯永元二年。祖籍范阳郡遒县（今河北涞水县）。先世迁入江南，祖父掌管土木建筑，父亲学识渊博。祖冲之从小接受家传的科学知识。青年时进入华林学省，从事学术活动。一生先后任过南徐州（今镇江市）从事史、公府参军、娄县（今昆山县东北）令、谒者仆射、长水校尉等官职。其主要贡献集中在数学、天文历法和机械三方面。在数学方面，他撰写了《缀术》一书，被收入著名的《算经十书》，作为唐代国子监算学课本，可惜后来失传了。《隋书·律历志》留下一小段关于圆周率（π）的记载，祖冲之算出π的真值在3.1415926（朒数）和3.1415927（盈数）之间，相当于精确到小数点后第7位，成为当时世界上最先进的成就。这一纪录直到15世纪才由阿拉伯数学家卡西打破。

祖冲之还给出π的两个分数形式，即22/7（约率）和35/13（密率），其中密率精确到小数第7位，在西方直到16世纪才由荷兰数学家奥托重新发现。祖冲之还和儿子祖暅一起圆满地利用“牟合方盖”解决了球体积的计算问题，得到正确的球体积公式。在天文历法方面，祖冲之创制了《大明历》，最早将岁差引进历法；采用了391年加144个闰月的新闰周；首次精密测出交点月日数（27.21223）、回归年日数（365.2428）等数据，还发明了用圭表测量冬至前后若干天的正午太阳影长以定冬至时刻的方法。在机械学方面，他设计制造过水碓磨、铜制机件传动的指南车、千里船、定时器等。此外，他在音律、文学、考据方面也有造诣，他精通音律，擅长下棋，还写有小说《述异记》，是历史上少有的博学多才的人物。

为纪念这位伟大的古代科学家，人们将月球背面的一座环形山命名为“祖冲之环形山”，将小行星1888命名为“祖冲之小行星”。

单元 2　向量与矩阵

本单元教学课件

本单元介绍向量、矩阵的基本概念、基本运算及在二维图形变换中的矩阵方法。

2.1 节介绍向量的基本概念、基本运算和向量空间。

2.2 节介绍矩阵的基本概念、特殊矩阵、基本运算。

2.3 节介绍二阶行列式、三阶行列式、n 阶行列式、克莱姆法则和行列式的运算律。

2.4 节介绍逆矩阵的定义、方阵可逆条件、伴随矩阵法、逆矩阵的性质和逆矩阵的初步应用。

2.5 节介绍图形的坐标与向量表示、基本变换、平移变换与齐次坐标、组合变换和逆变换。

线性代数是一门应用性很强，而且理论非常抽象的数学学科。计算机图形学、计算机辅助设计、密码学、网络技术、经济学等无不以线性代数为基础。随着计算机软硬件的不断创新，计算机性能的不断提升，计算机并行处理和大规模计算迅猛发展，使得计算机技术和线性代数紧密联系在一起。本章将介绍线性代数中的三个数学工具：向量、矩阵、行列式及其应用。

2.1　向量

向量

2.1.1　向量的基本概念

物理量有矢量和标量之分，数学上分别称为向量和数量，如位移、速度、力等为矢量（向量），距离、时间、功等为标量（数量）。既有大小又有方向的量称为向量（Vector），只有大小没有方向的量称为数量。

当我们需要把几个数值放在一起，作为一个整体来处理时，就有了向量。几何直观上，向量是有大小和方向的有向线段，好似一支箭。有向线段的长度表示向量的大小，箭头的指向表示向量的方向，如图 2-1 所示。

向量 $\boldsymbol{AB}$ 的长度（模）记作$|AB|$，长度为 0 的向量叫**零向量**（zero vector），长度为 1 的向量叫**单位向量**（unit vector）。方向相同或相反的向量叫作**平行向量**。为方便起见，书写时也用 $\vec{a}$，$\vec{b}$ 表示向量，印刷用小写粗体字母 $\boldsymbol{a}$，$\boldsymbol{b}$ 表示向量。

在线性代数中，n 个数 a_1，a_2,⋯，a_n 组成的有序数组 $\boldsymbol{a}=(a_1,a_2,\cdots,a_i,\cdots,a_n)$，称为一个 n 维向量，其中 a_i 称为第 i 个分量。n 维向量写成一行，就是行向量（row vector）；n 维向量写成一列，就是列向量（column vector）。数组中包含的“数”的个数，称为向量的维数。

如，[3, 4]为二维行向量，[2, 8, 5, −3]为四维行向量，$\begin{bmatrix}-1\\2\\0\end{bmatrix}$为三维列向量。

一般情况下，提到向量，默认为列向量。但由于列向量写起来比较占位置，因此使用下面的写法。

$$\boldsymbol{\alpha}^{\mathrm{T}}=(a_1,a_2,\cdots,a_n)^{\mathrm{T}}=\begin{pmatrix}a_1\\a_2\\\vdots\\a_n\end{pmatrix}$$

其中，T 是转置 Transpose 的首字母。

$$(1,2,5,-3)^{\mathrm{T}}=\begin{pmatrix}1\\2\\5\\-3\end{pmatrix},\quad (1,0,0)^{\mathrm{T}}=\begin{pmatrix}1\\0\\0\end{pmatrix},\quad \begin{pmatrix}2\\4\\7\end{pmatrix}^{\mathrm{T}}=(2,4,7),\quad \begin{pmatrix}0\\0\\0\\0\end{pmatrix}^{\mathrm{T}}=(0,0,0,0)$$

2.1.2 向量的大小

线性代数中 n 维向量 $\boldsymbol{v}=[v_1,v_2,\cdots,v_n]$ 的大小用向量两边加双竖线表示，n 维向量大小的计算公式如下：

$$\|\boldsymbol{v}\|=\sqrt{v_1^2+v_2^2+\cdots+v_n^2}$$

对于二维向量 $\boldsymbol{v}=[v_x,v_y]$，$\|\boldsymbol{v}\|=\sqrt{v_x^2+v_y^2}$ 的几何意义是以向量为斜边的直角三角形，直角边长度分别为 $\boldsymbol{v_x}$，$\boldsymbol{v_y}$ 的绝对值，如图 2-2 所示。

注意 几何上的向量，即 n=2，3，是 n 维向量的特殊情形，当 n>3 时，n 维向量就没有直观的几何意义了。

图 2-1

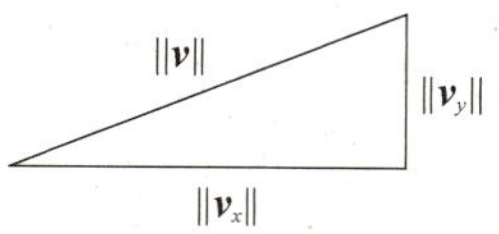

图 2-2

2.1.3 向量的基本运算

向量基本运算有：向量的加法、向量的减法、数乘以向量、向量标准化、向量投影、向量的数量积、向量的向量积。

1. 向量的加法

两个向量相加，将对应分量相加即可。

$$\begin{bmatrix} a_1 \\ a_2 \\ \vdots \\ a_n \end{bmatrix} + \begin{bmatrix} b_1 \\ b_2 \\ \vdots \\ b_n \end{bmatrix} = \begin{bmatrix} a_1 + b_1 \\ a_2 + b_2 \\ \vdots \\ a_n + b_n \end{bmatrix}$$

向量加法的几何解释是：

三角形法则：将向量 ***a*** 的尾与向量 ***b*** 的首连接，以 ***a*** 的首为起点、***b*** 的尾为终点的有向线段为 ***a***+***b***（见图 2-3）。

平行四边形法则：以向量 ***a*** 和 ***b*** 为邻边作平行四边形，同一起点的对角线的有向线段就是 ***a***+***b***（见图 2-4）。

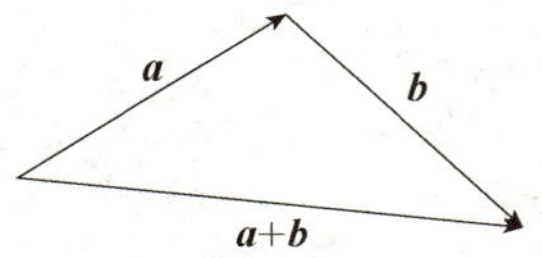

图 2-3

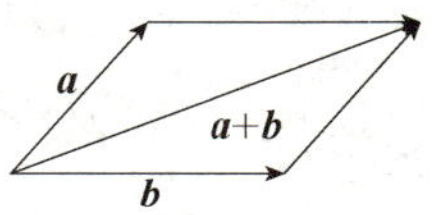

图 2-4

2. 向量的减法

两个向量相减，将对应分量相减即可。

$$\begin{bmatrix} a_1 \\ a_2 \\ \vdots \\ a_n \end{bmatrix} - \begin{bmatrix} b_1 \\ b_2 \\ \vdots \\ b_n \end{bmatrix} = \begin{bmatrix} a_1 - b_1 \\ a_2 - b_2 \\ \vdots \\ a_n - b_n \end{bmatrix}$$

向量减法的几何意义也可用三角形法则解释，以向量 ***a*** 和 ***b*** 为邻边作三角形，从 ***b*** 的尾指向 ***a*** 的尾的有向线段就是 ***a***−***b***（见图 2-5）。

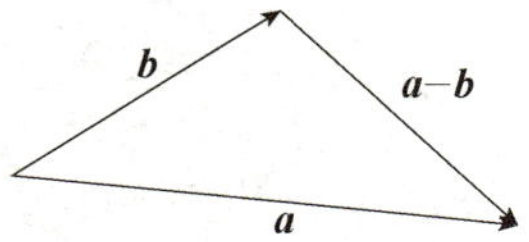

图 2-5

两点间的距离公式　定义距离为两点间线段的长度，点 ***a*** 与点 ***b*** 的距离表示为||***b***−***a***||。三维中的点 $\boldsymbol{a}(a_x,a_y,a_z)$，点 $\boldsymbol{b}(b_x,b_y,b_z)$，***a***，***b*** 的距离计算公式为

$$\|\boldsymbol{b}-\boldsymbol{a}\|=\sqrt{(b_x-a_x)^2+(b_y-a_y)^2+(b_z-a_z)^2}$$

二维中的点 $\boldsymbol{a}(a_x,a_y)$，点 $\boldsymbol{b}(b_x,b_y)$ 距离计算公式为

$$\|\boldsymbol{b}-\boldsymbol{a}\|=\sqrt{(b_x-a_x)^2+(b_y-a_y)^2}$$

3. 数乘以向量

数乘以向量，将向量的每个分量与数相乘即可。

$$k\begin{bmatrix}a_1\\a_2\\\vdots\\a_n\end{bmatrix}=\begin{bmatrix}ka_1\\ka_2\\\vdots\\ka_n\end{bmatrix}$$

注意

数量不能和向量相加。

数 k 乘以向量 $\boldsymbol{a}$ 的几何意义是将向量 $\boldsymbol{a}$ 的长度缩小或放大为 $k\|\boldsymbol{a}\|$，方向与 $\boldsymbol{a}$ 相同（$k>0$）或相反（$k<0$）（见图 2-6）。

4. 向量标准化

单位向量经常被称为标准化向量。所以，非零向量标准化就是将该向量长度变为 1，将向量除以它的模即可，公式如下：

$$\boldsymbol{\alpha}_{\text{norm}}=\frac{\boldsymbol{\alpha}}{\|\boldsymbol{\alpha}\|},\quad \boldsymbol{\alpha}\neq 0$$

5. 向量投影

设非零向量 $\boldsymbol{a}$ 和 $\boldsymbol{b}$，它们的夹角为 θ，从 $\boldsymbol{b}$ 的终点作 $\boldsymbol{a}$ 的垂线，$\boldsymbol{d}$ 就是 $\boldsymbol{b}$ 在 $\boldsymbol{a}$ 上的投影（见图 2-7），向量 $\boldsymbol{d}$ 的长度为 $\|\boldsymbol{b}\|\cos\theta$，$\boldsymbol{d}$ 与 $\boldsymbol{a}$ 的方向相同。

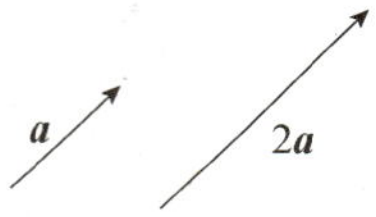

图 2-6

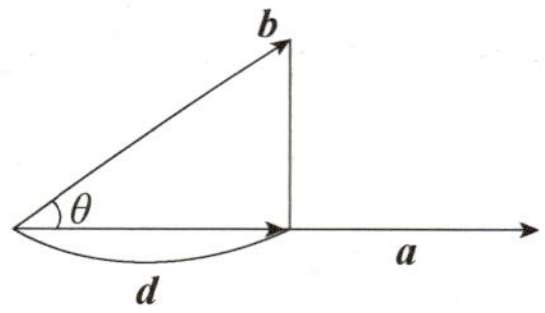

图 2-7

把 $\boldsymbol{a}$ 标准化，$\boldsymbol{a}_{\text{norm}}=\dfrac{\boldsymbol{a}}{\|\boldsymbol{a}\|}$，那么向量 $\boldsymbol{d}$ 的方向与 $\boldsymbol{a}_{\text{norm}}$ 相同，长度是 $\boldsymbol{a}_{\text{norm}}$ 的 $\|\boldsymbol{d}\|$ 倍，所以，$\boldsymbol{d}=\dfrac{\boldsymbol{a}}{\|\boldsymbol{a}\|}\|\boldsymbol{d}\|=\boldsymbol{a}_{\text{norm}}\|\boldsymbol{b}\|\cos\theta$。

6. 向量的数量积

向量的数量积也叫作向量的点积或内积，记作 $\boldsymbol{a}\cdot\boldsymbol{b}$ 或 $[\boldsymbol{a},\boldsymbol{b}]$，向量点积就是将对应分量相乘再相加。

$$\begin{bmatrix}a_1\\a_2\\\vdots\\a_n\end{bmatrix}\cdot\begin{bmatrix}b_1\\b_2\\\vdots\\b_n\end{bmatrix}=a_1b_1+a_2b_2+\cdots+a_nb_n$$

向量点积的几何意义是：$\boldsymbol{a}\cdot\boldsymbol{b}$ 等于 $\boldsymbol{a}$ 的长度与 $\boldsymbol{b}$ 在 $\boldsymbol{a}$ 方向上投影向量的长度 $\|\boldsymbol{b}\|\cos\theta$ 的乘积，即 $\boldsymbol{a}\cdot\boldsymbol{b}=\|\boldsymbol{a}\|\|\boldsymbol{b}\|\cos\theta$，$\theta$ 为向量 $\boldsymbol{a}$ 和 $\boldsymbol{b}$ 的夹角。

由此可计算两向量夹角：$\cos\theta=\dfrac{\boldsymbol{a}\cdot\boldsymbol{b}}{\|\boldsymbol{a}\|\times\|\boldsymbol{b}\|}$，$\theta=\arccos\left(\dfrac{\boldsymbol{a}\cdot\boldsymbol{b}}{\|\boldsymbol{a}\|\times\|\boldsymbol{b}\|}\right)$。

当$\theta=\dfrac{\pi}{2}$，即 $\boldsymbol{a}\cdot\boldsymbol{b}=0$ 时，称向量 $\boldsymbol{a}$ 与向量 $\boldsymbol{b}$ 正交。显然，零向量与任何向量正交。

7. 向量的向量积

向量的向量积也叫作向量的叉积或外积，记作 $\boldsymbol{a}\times\boldsymbol{b}$，向量积仍是一个向量。

若向量 $\boldsymbol{a}$ 和 $\boldsymbol{b}$ 不共线，$\boldsymbol{a}$ 与 $\boldsymbol{b}$ 的夹角为θ，$\boldsymbol{a}\times\boldsymbol{b}$ 是一个向量，其模是$\|\boldsymbol{a}\times\boldsymbol{b}\|=\|\boldsymbol{a}\|\|\boldsymbol{b}\|\sin\theta$，向量 $\boldsymbol{c}=\boldsymbol{a}\times\boldsymbol{b}$ 的方向为垂直于向量 $\boldsymbol{a}$ 和向量 $\boldsymbol{b}$，且 $\boldsymbol{a}$，$\boldsymbol{b}$ 和 $\boldsymbol{a}\times\boldsymbol{b}$ 指向依次如空间直角坐标系的 x 轴、y 轴、z 轴正向那样构成一个右手系（见图 2-8）。

若 $\boldsymbol{a}$ 和 $\boldsymbol{b}$ 共线，则 $\boldsymbol{a}\times\boldsymbol{b}=0$。

向量积的几何意义：$\|\boldsymbol{a}\times\boldsymbol{b}\|$是以 $\boldsymbol{a}$ 和 $\boldsymbol{b}$ 为邻边的平行四边形的面积，$\|\boldsymbol{a}\times\boldsymbol{b}\|=\|\boldsymbol{a}\|\|\boldsymbol{b}\|\sin\theta$，其中$\theta$为 $\boldsymbol{a}$ 和 $\boldsymbol{b}$ 的夹角。

若向量 $\boldsymbol{a}=\begin{bmatrix}a_1\\a_2\\a_3\end{bmatrix}$，$\boldsymbol{b}=\begin{bmatrix}b_1\\b_2\\b_3\end{bmatrix}$，定义 $\boldsymbol{a}\times\boldsymbol{b}=\begin{bmatrix}a_1\\a_2\\a_3\end{bmatrix}\times\begin{bmatrix}b_1\\b_2\\b_3\end{bmatrix}=\begin{bmatrix}a_2b_3-a_3b_2\\a_3b_1-a_1b_3\\a_1b_2-a_2b_1\end{bmatrix}$

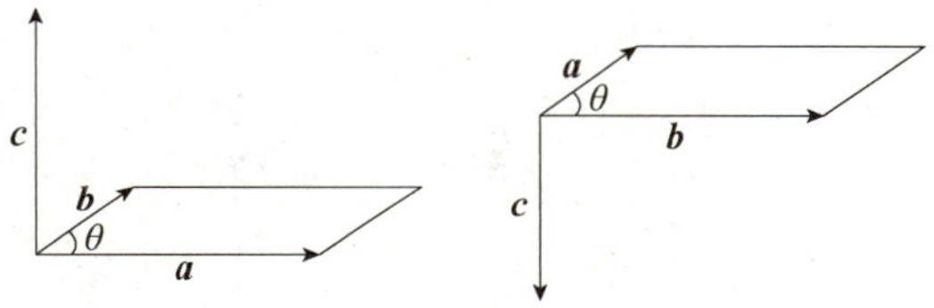

图 2-8

2.1.4 向量空间

在空间解析几何中，“空间”通常作为点的集合，称为点空间。因为空间的点 $P(x, y, z)$ 与三维向量 $\boldsymbol{a}=(x, y, z)^{\mathrm{T}}$ 有一一对应关系，故又把三维向量的全体所组成的集合 $R^3=\left\{\boldsymbol{a}=(x, y, z)^{\mathrm{T}}\,\middle|\,x, y, z\in\mathbf{R}\right\}$ 称为三维向量空间。

一般地，n 维向量的全体所组成的集合 $\boldsymbol{V}=\boldsymbol{R}^n=\{x=[x_1,x_2,\cdots,x_n]^{\mathrm{T}}\,|\,x_1,x_2,\cdots,x_n\in\mathbf{R}\}$，并且 $\boldsymbol{V}$ 中的任意向量作加法和数乘运算后得到的新向量仍在 $\boldsymbol{V}$ 中，即 $\boldsymbol{V}$ 对向量加法和数乘运算封闭，那么称集合 $\boldsymbol{V}$ 为向量空间。

一维向量空间 $\boldsymbol{R}^1$ 的几何意义是数轴上以坐标原点为起点的有向线段的全体，二维向量空间 $\boldsymbol{R}^2$ 的几何意义是平面内以坐标原点为起点的有向线段的全体，三维向量空间 $\boldsymbol{R}^3$ 的几何意义是空间中以坐标原点为起点的有向线段的全体。$n>3$ 时，$\boldsymbol{R}^n$ 没有直观的几何意义。

练习 2.1

1. 下列向量等式是否成立。

（1）$\boldsymbol{a}+(\boldsymbol{b}+\boldsymbol{c})=\boldsymbol{b}+(\boldsymbol{a}+\boldsymbol{c})$；（2）$k(\boldsymbol{a}+\boldsymbol{b})=k\boldsymbol{a}+k\boldsymbol{b}$；（3）$\|\boldsymbol{a}\|^2=\boldsymbol{a}^2$；

（4）$\|\boldsymbol{a}+\boldsymbol{b}\|^2=\|\boldsymbol{a}\|^2+\|\boldsymbol{b}\|^2$；（5）$\boldsymbol{a}\cdot\boldsymbol{b}=\boldsymbol{b}\cdot\boldsymbol{a}$。

2. 判断下列向量是否为单位向量，并把非单位向量标准化。

（1）$\boldsymbol{a}=[1, 0, 0]$；（2）$\boldsymbol{b}=[\sin\theta, -\cos\theta]$；（3）$\boldsymbol{c}=[-2, 1, 1, 0]$。

3. 设有 3 维向量 $\boldsymbol{a}=(2,3,1)^{\mathrm{T}}$，$\boldsymbol{b}=(-1,0,4)^{\mathrm{T}}$，计算$\|\boldsymbol{a}-2\boldsymbol{b}\|$，$\boldsymbol{a}\cdot\boldsymbol{b}$，$\|\boldsymbol{a}\times\boldsymbol{b}\|$。

思政聚焦 1

当向量集合满足向量加法和向量数乘的封闭性时，这个集合称为向量空间。把一组坚定的共产主义信仰者类比为一个向量集合，集合中任意一个人随着年龄增加，他的信仰不会变换（类比向量数乘）；集合中任意两个人培养出来的新人一定也是共产主义信仰者（类比向量加法），这样一组坚定的共产主义信仰者集合可以称为向量空间。一个人的信仰不应随时间的变化而发生变化，引出“不忘初心，牢记使命”，为中国的繁荣强盛而努力奋斗。

2.2 矩　　阵

矩阵

2.2.1 矩阵的基本概念

在线性代数中，由 $m\times n$ 个数排成 m 行 n 列的矩形数字块，称为 m 行 n 列矩阵，简称 $m\times n$ 矩阵。

$$\begin{bmatrix} a_{11} & a_{12} & \cdots & a_{1n} \\ a_{21} & a_{22} & \cdots & a_{2n} \\ \vdots & \vdots & \vdots & \vdots \\ a_{m1} & a_{m2} & \cdots & a_{mn} \end{bmatrix}$$

常用大写黑体字母 $\boldsymbol{A}$，$\boldsymbol{B}$ 等表示矩阵，a_{ij} 为矩阵 $\boldsymbol{A}$ 的第 i 行第 j 列元素，如 a_{23} 是第 2 行第 3 列元素。一个矩阵也可以用它的元素简记，如 $\boldsymbol{A}=\left(a_{ij}\right)_{m\times n}$。

- 若矩阵的行数与列数相同，则称为方阵 $\boldsymbol{A}$，记为 $\boldsymbol{A}_n$。
- 若两个矩阵具有相同的行数与相同的列数，称这两个矩阵为同型矩阵。
- 若 $\boldsymbol{A}=\left(a_{ij}\right)$ 和 $\boldsymbol{B}=\left(b_{ij}\right)$ 是同型矩阵，且对应的元素相等，即 $a_{ij}=b_{ij}$，则称矩阵 $\boldsymbol{A}$ 和矩阵 $\boldsymbol{B}$ 相等，记作 $\boldsymbol{A}=\boldsymbol{B}$。

对程序员而言，矩阵就是二维数组（二维的“二”来自矩阵的行、列），向量是一维数组。

2.2.2 几个特殊的矩阵

对于 m 行 n 列矩阵：

- 当 $m=1$ 时，$\boldsymbol{A}=[a_{11},a_{12},\cdots,a_{1n}]$，称为**行矩阵**（**或行向量**）。
- 当 $n=1$ 时，$\boldsymbol{A}=\begin{bmatrix}a_{11}\\a_{21}\\\vdots\\a_{m1}\end{bmatrix}$，称为**列矩阵**（**或列向量**）。
- 所有元素 $\boldsymbol{a}_{ij}$ 都为 0 的矩阵，称为**零矩阵**，记作 $\boldsymbol{O}_{mn}$ 或 $\boldsymbol{O}$。

方阵的对角线元素是方阵中行号和列号相同的元素 a_{ii}，其他位置上的元素称为非对角线元素。

$$\boldsymbol{A}=\begin{pmatrix}a_{11}&a_{12}&\cdots&a_{1n}\\a_{21}&a_{22}&\cdots&a_{2n}\\\vdots&\vdots&\ddots&\vdots\\a_{n1}&a_{n2}&\cdots&a_{nn}\end{pmatrix}$$

主对角线

- 主对角线上的元素为 1，其余元素均为零的 n 阶方阵，称为**单位矩阵**，记作 $\boldsymbol{E}_n$、$\boldsymbol{E}$ 或 $\boldsymbol{I}_n$、$\boldsymbol{I}$。如三阶单位矩阵，$\boldsymbol{E}_3=\begin{bmatrix}1&0&0\\0&1&0\\0&0&1\end{bmatrix}$。
- 三角矩阵。

三角矩阵是一种特殊的方阵，因其非零元素的排列呈三角形而得名。三角矩阵分上三角矩阵和下三角矩阵两种。

主对角线下方的各元素均为零的方阵，称为**上三角矩阵**。形如

$$\begin{bmatrix}a_{11}&a_{12}&\cdots&a_{1n}\\0&a_{22}&\cdots&a_{2n}\\\vdots&\vdots&\cdots&\vdots\\0&0&\cdots&a_{nn}\end{bmatrix}$$

主对角线上方的各元素均为零的方阵，称为**下三角矩阵**。形如

$$\begin{bmatrix}a_{11}&0&\cdots&0\\a_{21}&a_{22}&\cdots&0\\\vdots&\vdots&\vdots&\vdots\\a_{n1}&a_{n2}&\cdots&a_{nn}\end{bmatrix}$$

主对角线以外的元素全为零的方阵，称为**对角矩阵**，记作 $A=\text{diag}(\lambda_1,\lambda_2,\cdots,\lambda_n)$

$$\begin{bmatrix}\lambda_1&0&\cdots&0\\0&\lambda_2&\cdots&0\\\vdots&\vdots&\cdots&\vdots\\0&0&\cdots&\lambda_n\end{bmatrix}$$

如果一个矩阵中有许多相同元素或零元素，并且这些相同元素在矩阵中的分布有一定规律，那么这样的矩阵可视为特殊矩阵。计算机进行数据压缩存储时，为节约计算机存储空间，多个值相同的元素只分配一个存储空间，对零元素不分配存储空间。三角矩阵是最常用的一种特殊矩阵。三角矩阵中的重复元素可共享一个存储空间，其余的元素正好有 $1+2+3+\cdots+n=\dfrac{n(n+1)}{2}$ 个。因此，三角矩阵可压缩存储到 $\dfrac{n(n+1)}{2}+1$ 维向量中。

2.2.3 矩阵的基本运算

矩阵的基本运算可以认为是矩阵之间最基本的关系，包括矩阵的加法、矩阵的减法、矩阵与数的乘法、矩阵与向量的乘法、矩阵与矩阵的乘法、方阵的幂、矩阵的转置、方阵的行列式和逆矩阵。

1. 矩阵的加法

设有两个矩阵 $\boldsymbol{A}=(a_{ij})_{m\times n}$，$\boldsymbol{B}=(b_{ij})_{m\times n}$，那么矩阵 $\boldsymbol{A}$ 与 $\boldsymbol{B}$ 的和记作 $\boldsymbol{A}+\boldsymbol{B}$，规定：

$$\boldsymbol{A}+\boldsymbol{B}=\begin{bmatrix} a_{11}+b_{11} & a_{12}+b_{12} & \cdots & a_{1n}+b_{1n} \\ a_{21}+b_{21} & a_{22}+b_{22} & \cdots & a_{2n}+b_{2n} \\ \vdots & \vdots & \vdots & \vdots \\ a_{m1}+b_{m1} & a_{m2}+b_{m2} & \cdots & a_{mn}+b_{mn} \end{bmatrix}=(a_{ij}+b_{ij})_{m\times n}$$

2. 矩阵的减法

根据矩阵加法的定义，矩阵减法运算定义为两个同型矩阵相同位置元素相减。

$$\boldsymbol{A}-\boldsymbol{B}=\begin{bmatrix} a_{11}-b_{11} & a_{12}-b_{12} & \cdots & a_{1n}-b_{1n} \\ a_{21}-b_{21} & a_{22}-b_{22} & \cdots & a_{2n}-b_{2n} \\ \vdots & \vdots & \vdots & \vdots \\ a_{m1}-b_{m1} & a_{m2}-b_{m2} & \cdots & a_{mn}-b_{mn} \end{bmatrix}=(a_{ij}-b_{ij})_{m\times n}$$

注意

只有当两个矩阵同型时才能进行矩阵加减法运算。

3. 矩阵与数的乘法

数（标量）k 与矩阵 $\boldsymbol{A}$ 的乘积记作 $k\boldsymbol{A}$ 或 $\boldsymbol{A}k$，规定：

$$k\boldsymbol{A}=\boldsymbol{A}k=\begin{bmatrix} ka_{11} & ka_{12} & \cdots & ka_{1n} \\ ka_{21} & ka_{22} & \cdots & ka_{2n} \\ \vdots & \vdots & \vdots & \vdots \\ ka_{m1} & ka_{m2} & \cdots & ka_{mn} \end{bmatrix}$$

4. 矩阵与向量的乘法

我们先来算算生活中的小算术。王女士分别在三个超市购买了三种食品（food），

矩阵 $\boldsymbol{A}$ 表示三种食品的单价，向量 $\boldsymbol{b}$ 表示她购买的三种食品的数量，

$$\begin{array}{cc} & \begin{array}{ccc} f_1 & f_2 & f_3 \end{array} \\ \boldsymbol{A}= & \begin{bmatrix} 17 & 8.5 & 9.8 \\ 16.4 & 7.8 & 8.7 \\ 18 & 9.3 & 11 \end{bmatrix} \begin{array}{c} S_1 \\ S_2 \\ S_3 \end{array} \end{array}, \quad \boldsymbol{b}=\begin{bmatrix} 1.5 \\ 2 \\ 3 \end{bmatrix} \begin{array}{c} f_1 \\ f_2 \\ f_3 \end{array}$$

王女士在三家超市各花费了多少钱呢？显然是

$$\boldsymbol{Ab}=\begin{bmatrix} 17 & 8.5 & 9.8 \\ 16.4 & 7.8 & 8.7 \\ 18 & 9.3 & 11 \end{bmatrix}\begin{bmatrix} 1.5 \\ 2 \\ 3 \end{bmatrix}=\begin{bmatrix} 17\times1.5+8.5\times2+9.8\times3 \\ 16.4\times1.5+7.8\times2+8.7\times3 \\ 18\times1.5+9.3\times2+11\times3 \end{bmatrix}=\begin{bmatrix} 71.9 \\ 66.3 \\ 78.6 \end{bmatrix} \begin{array}{c} S_1 \\ S_2 \\ S_3 \end{array}$$

一般地，对于 $m\times n$ 矩阵和 n 维向量的乘积为

$$\begin{bmatrix} a_{11} & a_{12} & \cdots & a_{1n} \\ a_{21} & a_{22} & \cdots & a_{2n} \\ \vdots & \vdots & \cdots & \vdots \\ a_{m1} & a_{m2} & \cdots & a_{mn} \end{bmatrix}\begin{bmatrix} x_1 \\ x_2 \\ \vdots \\ x_n \end{bmatrix}=\begin{bmatrix} a_{11}x_1+a_{12}x_2+\cdots+a_{1n}x_n \\ a_{21}x_1+a_{22}x_2+\cdots+a_{2n}x_n \\ \vdots \\ a_{m1}x_1+a_{m2}x_2+\cdots+a_{mn}x_n \end{bmatrix}$$

上式表明，将一个 n 维向量乘以 $m\times n$ 矩阵 $\boldsymbol{A}$，得到了一个 m 维向量，记作 $\boldsymbol{y}=\boldsymbol{Ax}$。

对比函数关系式 $y=f(x)$，在 $\boldsymbol{y}=\boldsymbol{Ax}$ 中，矩阵 $\boldsymbol{A}$ 的作用类似函数定义中的对应法则 f，即映射。也就是说，指定了矩阵 $\boldsymbol{A}$，就确定了从一个向量到另一个向量的映射。从这个意义上说，矩阵就是映射。

例 2.1 计算（1）$\begin{bmatrix} 2 & -1 & 5 \\ 1 & 3 & -4 \end{bmatrix}\begin{bmatrix} 0 \\ 2 \\ 3 \end{bmatrix}$；　　（2）$\begin{bmatrix} 2 & 1 \\ -3 & 4 \\ 5 & 6 \end{bmatrix}\begin{bmatrix} -5 \\ 7 \end{bmatrix}$。

解 （1）$\begin{bmatrix} 2 & -1 & 5 \\ 1 & 3 & -4 \end{bmatrix}\begin{bmatrix} 0 \\ 2 \\ 3 \end{bmatrix}=\begin{bmatrix} 2\times0+(-1)\times2+5\times3 \\ 1\times0+3\times2+(-4)\times3 \end{bmatrix}=\begin{bmatrix} 13 \\ -6 \end{bmatrix}$；

（2）$\begin{bmatrix} 2 & 1 \\ -3 & 4 \\ 5 & 6 \end{bmatrix}\begin{bmatrix} -5 \\ 7 \end{bmatrix}=\begin{bmatrix} 2\times(-5)+1\times7 \\ (-3)\times(-5)+4\times7 \\ 5\times(-5)+6\times7 \end{bmatrix}=\begin{bmatrix} -3 \\ 43 \\ 17 \end{bmatrix}$。

注意

1. 矩阵与向量相乘就是将矩阵的每一行（行向量）分别与该向量进行向量的数量积运算，乘积结果仍是向量。但并非任意矩阵与向量都能相乘。矩阵的列数（宽度）要与“输入”向量的维数相同，矩阵的行数（高度）就是“输出”向量的维数。

2. $\boldsymbol{y}=\boldsymbol{Ax}$ 表明，矩阵的含义不仅仅是数的阵列，它还有一个非常重要的功能——映射。矩阵就是映射！

例 2.2 已知矩阵 $\boldsymbol{A}=\begin{bmatrix} 2 & 3 & -1 \\ 1 & -2 & 4 \\ -3 & 1 & 2 \end{bmatrix}$，向量 $\boldsymbol{X}=\begin{bmatrix} x \\ y \\ z \end{bmatrix}$，求 $\boldsymbol{AX}$。

解 $AX=\begin{bmatrix}2&3&-1\\1&-2&4\\-3&1&2\end{bmatrix}\begin{bmatrix}x\\y\\z\end{bmatrix}=\begin{bmatrix}2x+3y-z\\x-2y+4z\\-3x+y+2z\end{bmatrix}$

设向量 $\boldsymbol{b}=\begin{bmatrix}1\\-2\\4\end{bmatrix}$，若 $\boldsymbol{AX}=\boldsymbol{b}$，根据矩阵相等的定义，那么 $\begin{cases}2x+3y-z=1\\x-2y+4z=-2\\-3x+y+2z=4\end{cases}$。

$\boldsymbol{AX}=\boldsymbol{b}$ 称为三元一次方程组 $\begin{cases}2x+3y-z=1\\x-2y+4z=-2\\-3x+y+2z=4\end{cases}$ 的**矩阵方程**，$\boldsymbol{A}$ 称为方程组的系数矩阵，$\boldsymbol{X}$ 称为未知数向量，$\boldsymbol{b}$ 称为常数项向量。

如二元线性方程组 $\begin{cases}x+3y=2\\-4x+y=5\end{cases}$ 的矩阵方程为 $\begin{bmatrix}1&3\\-4&1\end{bmatrix}\begin{bmatrix}x\\y\end{bmatrix}=\begin{bmatrix}2\\5\end{bmatrix}$。

三元线性方程组 $\begin{cases}x+2y-3z=1\\5x-4y+2z=-3\\4x-y+z=6\end{cases}$ 的矩阵方程为 $\begin{bmatrix}1&2&-3\\5&-4&2\\4&-1&1\end{bmatrix}\begin{bmatrix}x\\y\\z\end{bmatrix}=\begin{bmatrix}1\\-3\\6\end{bmatrix}$。

一般地，n 元线性方程组 $\begin{cases}a_{11}x_1+a_{12}x_2+\cdots+a_{1n}x_n=b_1\\a_{21}x_1+a_{22}x_2+\cdots+a_{2n}x_n=b_2\\\quad\vdots\\a_{m1}x_1+a_{m2}x_2+\cdots+a_{mn}x_n=b_m\end{cases}$ 的矩阵方程为 $\boldsymbol{AX}=\boldsymbol{b}$，系数矩阵 $\boldsymbol{A}$，常数项向量 $\boldsymbol{b}$，未知数向量 $\boldsymbol{X}$ 分别如下

$$\boldsymbol{A}=\begin{bmatrix}a_{11}&a_{12}&\cdots&a_{1n}\\a_{21}&a_{22}&\cdots&a_{2n}\\\vdots&\vdots&\cdots&\vdots\\a_{m1}&a_{m2}&\cdots&a_{mn}\end{bmatrix},\ \boldsymbol{b}=\begin{bmatrix}b_1\\b_2\\\vdots\\b_m\end{bmatrix},\ \boldsymbol{X}=\begin{bmatrix}x_1\\x_2\\\vdots\\x_n\end{bmatrix}。$$

例 2.3 n 个变量 $x_1,x_2,\cdots,x_n$ 与 m 个变量 $y_1,y_2,\cdots,y_m$ 之间的关系式

$$\begin{cases}y_1=a_{11}x_1+a_{12}x_2+\cdots+a_{1n}x_n\\y_2=a_{21}x_1+a_{22}x_2+\cdots+a_{2n}x_n\\\quad\cdots\\y_m=a_{m1}x_1+a_{m2}x_2+\cdots+a_{mn}x_n\end{cases}\tag{2-1}$$

式（2-11）表示一个从变量 $x_1,x_2,\cdots,x_n$ 到变量 $y_1,y_2,\cdots,y_m$ 的线性变换，其中 a_{ij} 为常数，a_{ij} 构成的矩阵 $\boldsymbol{A}=(a_{ij})_{m\times n}$ 称为线性变换的系数矩阵。

显然，给定一个线性变换，可以确定它的系数矩阵。反过来，如果给出一个矩阵作为线性变换的系数矩阵，线性变换也就确定了。在这个意义上说，线性变换与矩阵之间存在一一对应关系。

线性变换（2-1）用矩阵形式可表示为

$$\begin{bmatrix} y_1 \\ y_2 \\ \vdots \\ y_m \end{bmatrix} = \begin{bmatrix} a_{11} & a_{12} & \cdots & a_{1n} \\ a_{21} & a_{22} & \cdots & a_{2n} \\ \vdots & \vdots & \cdots & \vdots \\ a_{m1} & a_{m2} & \cdots & a_{mn} \end{bmatrix} \begin{bmatrix} x_1 \\ x_2 \\ \vdots \\ x_n \end{bmatrix}$$

如矩阵$\begin{bmatrix} 1 & 0 \\ 0 & 0 \end{bmatrix}$对应的线性变换为$\begin{cases} x' = x \\ y' = 0 \end{cases}$。

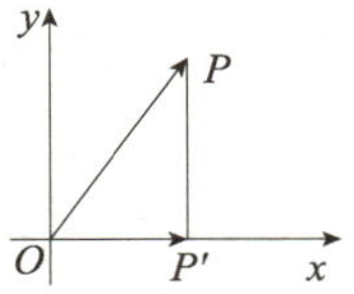

图 2-9

其几何意义是把向量$\overrightarrow{OP} = \begin{bmatrix} x \\ y \end{bmatrix}$变换为向量$\overrightarrow{OP'} = \begin{bmatrix} x' \\ y' \end{bmatrix} = \begin{bmatrix} x \\ 0 \end{bmatrix}$。由于向量$\overrightarrow{OP'}$是向量$\overrightarrow{OP}$在 x 轴上的投影向量，如图 2-9 所示，因此矩阵$\begin{bmatrix} 1 & 0 \\ 0 & 0 \end{bmatrix}$确定了一个投影变换。

5. 矩阵与矩阵的乘法

设矩阵 $\boldsymbol{A} = (a_{ij})_{m \times s} = \begin{bmatrix} a_{11} & a_{12} & \cdots & a_{1s} \\ a_{21} & a_{22} & \cdots & a_{2s} \\ \vdots & \vdots & \vdots & \vdots \\ a_{m1} & a_{m2} & \cdots & a_{ms} \end{bmatrix}$，$\boldsymbol{B} = (b_{ij})_{s \times n} = \begin{bmatrix} b_{11} & b_{12} & \cdots & b_{1n} \\ b_{21} & b_{22} & \cdots & b_{2n} \\ \vdots & \vdots & \vdots & \vdots \\ b_{s1} & b_{s2} & \cdots & b_{sn} \end{bmatrix}$。

矩阵 $\boldsymbol{A}$ 与矩阵 $\boldsymbol{B}$ 的乘积记作 $\boldsymbol{AB}$，读作 $\boldsymbol{A}$ 左乘 $\boldsymbol{B}$。规定：

$$\boldsymbol{AB} = (c_{ij})_{m \times n} = \begin{bmatrix} c_{11} & c_{12} & \cdots & c_{1n} \\ c_{21} & c_{22} & \cdots & c_{2n} \\ \vdots & \vdots & \vdots & \vdots \\ c_{m1} & c_{m2} & \cdots & c_{mn} \end{bmatrix}$$

其中，$c_{ij} = a_{i1}b_{1j} + a_{i2}b_{2j} + \cdots + a_{is}b_{sj} = \sum_{k=1}^{s} a_{ik}b_{kj} \ (i = 1,2,\cdots,m,\ j = 1,2,\cdots,n)$。即乘积矩阵 $\boldsymbol{AB}$ 的第 i 行第 j 列元素是矩阵 $\boldsymbol{A}$ 的第 i 行元素与矩阵 $\boldsymbol{B}$ 的第 j 列元素对应相乘之后再相加而得。

$$c_{ij} = [a_{i1}, a_{i2}, \cdots, a_{is}] \begin{bmatrix} b_{1j} \\ b_{2j} \\ \vdots \\ b_{sj} \end{bmatrix} = a_{i1}b_{1j} + a_{i2}b_{2j} + \cdots + a_{is}b_{sj}$$

所以，只有当**左边矩阵的列数等于右边矩阵的行数**时，两个矩阵才能进行乘法运算。

在几何应用中，特别关注的是二阶方阵的乘法和三阶方阵的乘法。

$$\boldsymbol{AB} = \begin{bmatrix} a_{11} & a_{12} \\ a_{21} & a_{22} \end{bmatrix} \begin{bmatrix} b_{11} & b_{12} \\ b_{21} & b_{22} \end{bmatrix} = \begin{bmatrix} a_{11}b_{11} + a_{12}b_{21} & a_{11}b_{12} + a_{12}b_{22} \\ a_{21}b_{11} + a_{22}b_{21} & a_{21}b_{12} + a_{22}b_{22} \end{bmatrix}$$

$$\boldsymbol{AB} = \begin{bmatrix} a_{11} & a_{12} & a_{13} \\ a_{21} & a_{22} & a_{23} \\ a_{31} & a_{32} & a_{33} \end{bmatrix} \begin{bmatrix} b_{11} & b_{12} & b_{13} \\ b_{21} & b_{22} & b_{23} \\ b_{31} & b_{32} & b_{33} \end{bmatrix}$$

$$=\begin{bmatrix} a_{11}b_{11}+a_{12}b_{21}+a_{13}b_{31} & a_{11}b_{12}+a_{12}b_{22}+a_{13}b_{32} & a_{11}b_{13}+a_{12}b_{23}+a_{13}b_{33} \\ a_{21}b_{11}+a_{22}b_{21}+a_{23}b_{31} & a_{21}b_{12}+a_{22}b_{22}+a_{23}b_{32} & a_{21}b_{13}+a_{22}b_{23}+a_{23}b_{33} \\ a_{31}b_{11}+a_{32}b_{21}+a_{33}b_{31} & a_{31}b_{12}+a_{32}b_{22}+a_{33}b_{32} & a_{31}b_{13}+a_{32}b_{23}+a_{33}b_{33} \end{bmatrix}$$

例 2.4 计算二阶方阵的乘积和三阶方阵的乘积。

$$\boldsymbol{AB}=\begin{bmatrix} 2 & -1 \\ 3 & 2 \end{bmatrix}\begin{bmatrix} -3 & 4 \\ -1 & 1 \end{bmatrix}=\begin{bmatrix} 2\times(-3)+(-1)\times(-1) & 2\times4+(-1)\times1 \\ 3\times(-3)+2\times(-1) & 3\times4+2\times1 \end{bmatrix}=\begin{bmatrix} -5 & 7 \\ -11 & 14 \end{bmatrix}$$

$$\boldsymbol{AB}=\begin{bmatrix} 1 & 2 & 3 \\ 0 & -1 & -5 \\ 4 & 2 & 1 \end{bmatrix}\begin{bmatrix} 2 & -2 & 1 \\ 3 & 4 & 0 \\ -1 & 6 & -7 \end{bmatrix}$$

$$=\begin{bmatrix} 1\times2+2\times3+3\times(-1) & 1\times(-2)+2\times4+3\times6 & 1\times1+2\times0+3\times(-7) \\ 0\times2+(-1)\times3+(-5)\times(-1) & 0\times(-2)+(-1)\times4+(-5)\times6 & 0\times1+(-1)\times0+(-5)\times(-7) \\ 4\times2+2\times3+1\times(-1) & 4\times(-2)+2\times4+1\times6 & 4\times1+2\times0+1\times(-7) \end{bmatrix}$$

$$=\begin{bmatrix} 5 & 24 & -20 \\ 2 & -34 & 35 \\ 13 & 6 & -3 \end{bmatrix}$$

例 2.5 已知两个线性变换

$$\begin{cases} z_1 = y_1 - 7y_2 \\ z_2 = 3y_1 + 4y_2 \\ z_3 = 2y_1 - y_2 \end{cases} \tag{2-2}$$

$$\begin{cases} y_1 = 2x_1 - 3x_2 + x_3 \\ y_2 = 4x_1 + x_2 - 5x_3 \end{cases} \tag{2-3}$$

求从 x_1, x_2, x_3 到 z_1, z_2, z_3 的线性变换。

解 将线性变换（2-2）写成矩阵形式，$\begin{bmatrix} z_1 \\ z_2 \\ z_3 \end{bmatrix}=\begin{bmatrix} 1 & -7 \\ 3 & 4 \\ 2 & -1 \end{bmatrix}\begin{bmatrix} y_1 \\ y_2 \end{bmatrix}$。

线性变换（2-3）的矩阵形式为$\begin{bmatrix} y_1 \\ y_2 \end{bmatrix}=\begin{bmatrix} 2 & -3 & 1 \\ 4 & 1 & -5 \end{bmatrix}\begin{bmatrix} x_1 \\ x_2 \\ x_3 \end{bmatrix}$。

则
$$\begin{bmatrix} z_1 \\ z_2 \\ z_3 \end{bmatrix}=\begin{bmatrix} 1 & -7 \\ 3 & 4 \\ 2 & -1 \end{bmatrix}\begin{bmatrix} y_1 \\ y_2 \end{bmatrix}=\begin{bmatrix} 1 & -7 \\ 3 & 4 \\ 2 & -1 \end{bmatrix}\times\begin{bmatrix} 2 & -3 & 1 \\ 4 & 1 & -5 \end{bmatrix}\begin{bmatrix} x_1 \\ x_2 \\ x_3 \end{bmatrix}$$

$$=\begin{bmatrix} 1\times2-7\times4 & 1\times(-3)-7\times1 & 1\times1-7\times(-5) \\ 3\times2+4\times4 & 3\times(-3)+4\times1 & 3\times1+4\times(-5) \\ 2\times2-1\times4 & 2\times(-3)-1\times1 & 2\times1-1\times(-5) \end{bmatrix}\begin{bmatrix} x_1 \\ x_2 \\ x_3 \end{bmatrix}$$

$$=\begin{bmatrix} -26 & -10 & 36 \\ 22 & -5 & -17 \\ 0 & -7 & 7 \end{bmatrix}\begin{bmatrix} x_1 \\ x_2 \\ x_3 \end{bmatrix}$$

所以，从 x_1,x_2,x_3 到 z_1,z_2,z_3 的变换为

$$\begin{cases} z_1 = -26x_1 - 10x_2 + 36x_3 \\ z_2 = 22x_1 - 5x_2 - 17x_3 \\ z_3 = -7x_2 + 7x_3 \end{cases} \tag{2-4}$$

把线性变换（2-4）看作是先作线性变换（2-2）再线性变换（2-3），则线性变换（2-4）称为线性变换（2-2）和（2-3）的乘积，即

$$\begin{bmatrix} 1 & -7 \\ 3 & 4 \\ 2 & -1 \end{bmatrix}\begin{bmatrix} 2 & -3 & 1 \\ 4 & 1 & -5 \end{bmatrix} = \begin{bmatrix} -26 & -10 & 36 \\ 22 & -5 & -17 \\ 0 & -7 & 7 \end{bmatrix}$$

若把从 y_1,y_2 到 z_1,z_2,z_3 的线性变换（2-2）的系数矩阵记为 $\boldsymbol{A}$，从 x_1,x_2,x_3 到 y_1,y_2 的线性变换（2-3）的系数矩阵记为 $\boldsymbol{B}$，那么 $\boldsymbol{AB}$ 表示了从 x_1,x_2,x_3 到 z_1,z_2,z_3 的线性变换（2-4）。矩阵乘法可表示一个复合变换。（对比复合函数概念来理解）

例 2.6 设二阶方阵 $\boldsymbol{A} = \begin{bmatrix} 1 & 1 \\ -1 & -1 \end{bmatrix}$，$\boldsymbol{B} = \begin{bmatrix} 1 & -1 \\ -1 & 1 \end{bmatrix}$，验算下列各式是否成立。

（1）$\boldsymbol{AB}=\boldsymbol{BA}$；　　（2）$(\boldsymbol{AB})^{\mathrm{T}}=\boldsymbol{B}^{\mathrm{T}}\boldsymbol{A}^{\mathrm{T}}$。

解

（1）$\boldsymbol{AB} = \begin{bmatrix} 1 & 1 \\ -1 & -1 \end{bmatrix}\begin{bmatrix} 1 & -1 \\ -1 & 1 \end{bmatrix} = \begin{bmatrix} 0 & 0 \\ 0 & 0 \end{bmatrix}, \boldsymbol{BA} = \begin{bmatrix} 1 & -1 \\ -1 & 1 \end{bmatrix}\begin{bmatrix} 1 & 1 \\ -1 & -1 \end{bmatrix} = \begin{bmatrix} 2 & 2 \\ -2 & -2 \end{bmatrix}$。

所以，$\boldsymbol{AB} \neq \boldsymbol{BA}$。

注意

矩阵乘法一般不满足交换律，即 $\boldsymbol{AB} \neq \boldsymbol{BA}$。

（2）$(\boldsymbol{AB})^{\mathrm{T}} = \begin{bmatrix} 0 & 0 \\ 0 & 0 \end{bmatrix}^{\mathrm{T}} = \begin{bmatrix} 0 & 0 \\ 0 & 0 \end{bmatrix}$。

$$\boldsymbol{B}^{\mathrm{T}}\boldsymbol{A}^{\mathrm{T}} = \begin{bmatrix} 1 & -1 \\ -1 & 1 \end{bmatrix}^{\mathrm{T}}\begin{bmatrix} 1 & 1 \\ -1 & -1 \end{bmatrix}^{\mathrm{T}} = \begin{bmatrix} 1 & -1 \\ -1 & 1 \end{bmatrix}\begin{bmatrix} 1 & -1 \\ 1 & -1 \end{bmatrix} = \begin{bmatrix} 0 & 0 \\ 0 & 0 \end{bmatrix}。$$

所以，$(\boldsymbol{AB})^{\mathrm{T}} = \boldsymbol{B}^{\mathrm{T}}\boldsymbol{A}^{\mathrm{T}}$。

从例 2.6（1）可以看出，两个非零矩阵相乘，结果可能是零矩阵，所以不能从 $\boldsymbol{AB}=0$，得出一定有 $\boldsymbol{A}=0$ 或 $\boldsymbol{B}=0$。

此外，与普通数的乘法相比，矩阵乘法一般也不满足消去律，即不能从 $\boldsymbol{AB}=\boldsymbol{AC}$，必然推出 $\boldsymbol{B}=\boldsymbol{C}$。

对于单位阵 $\boldsymbol{E}$，容易证明 $\boldsymbol{E}_m\boldsymbol{A}_{m\times n}=\boldsymbol{A}_{m\times n}$，$\boldsymbol{A}_{m\times n}\boldsymbol{E}_n=\boldsymbol{A}_{m\times n}$，简写为 $\boldsymbol{EA}=\boldsymbol{AE}=\boldsymbol{A}$。可见单位矩阵在矩阵乘法中的作用类似于 1 在数的乘法中的作用。

6. 方阵的乘方

和普通数的乘方含义一样，方阵 $\boldsymbol{A}$ 的乘方，有 $\boldsymbol{A}^2 = \boldsymbol{A}\times\boldsymbol{A}$，$\boldsymbol{A}^3 = \boldsymbol{A}\times\boldsymbol{A}\times\boldsymbol{A}$

$$A^n = \underbrace{A\times A\times\cdots\times A}_{n个A}$$

矩阵作为映射，A^2 表示“先 A 再 A”的操作，A^n 表示“反复 n 次 A”的操作。

规定：$A^0 = E$。E 为与 A 同阶的单位矩阵。

与数的乘方运算一样，下列乘方运算关系也是成立的。

$A^{i+j} = A^iA^j$ ——反复 $i+j$ 次=先反复 j 次再反复 i 次

$(A^i)^j = A^{ij}$ ——反复“反复 i 次”j 次=反复 ij 次

其中，i，j=1，2，3，……

类似于数的平方差、完全平方公式，想一想，下列关系是否成立？

$$(A+B)^2 = A^2 + 2AB + B^2$$

$$(A+B)(A-B) = A^2 - B^2$$

$$(AB)^2 = A^2B^2$$

例 2.7 设 $A=\begin{bmatrix}1 & 2\\ -1 & 3\end{bmatrix}$，$B=\begin{bmatrix}1 & 0\\ 2 & 1\end{bmatrix}$，判断下列各式是否成立。

（1）$(A+B)^2 = A^2 + 2AB + B^2$；

（2）$(A+B)(A-B) = A^2 - B^2$；

（3）$(AB)^2 = A^2B^2$。

解 $A+B=\begin{bmatrix}1 & 2\\ -1 & 3\end{bmatrix}+\begin{bmatrix}1 & 0\\ 2 & 1\end{bmatrix}=\begin{bmatrix}2 & 2\\ 1 & 4\end{bmatrix}$，$A-B=\begin{bmatrix}1 & 2\\ -1 & 3\end{bmatrix}-\begin{bmatrix}1 & 0\\ 2 & 1\end{bmatrix}=\begin{bmatrix}0 & 2\\ -3 & 2\end{bmatrix}$，

$AB=\begin{bmatrix}1 & 2\\ -1 & 3\end{bmatrix}\begin{bmatrix}1 & 0\\ 2 & 1\end{bmatrix}=\begin{bmatrix}5 & 2\\ 5 & 3\end{bmatrix}$，$A^2=\begin{bmatrix}1 & 2\\ -1 & 3\end{bmatrix}\times\begin{bmatrix}1 & 2\\ -1 & 3\end{bmatrix}=\begin{bmatrix}-1 & 8\\ -4 & 7\end{bmatrix}$，

$B^2=\begin{bmatrix}1 & 0\\ 2 & 1\end{bmatrix}\times\begin{bmatrix}1 & 0\\ 2 & 1\end{bmatrix}=\begin{bmatrix}1 & 0\\ 4 & 1\end{bmatrix}$

（1）$(A+B)^2=\begin{bmatrix}2 & 2\\ 1 & 4\end{bmatrix}\times\begin{bmatrix}2 & 2\\ 1 & 4\end{bmatrix}=\begin{bmatrix}6 & 12\\ 6 & 18\end{bmatrix}$，

$A^2+2AB+B^2=\begin{bmatrix}-1 & 8\\ -4 & 7\end{bmatrix}+2\begin{bmatrix}5 & 2\\ 5 & 3\end{bmatrix}+\begin{bmatrix}1 & 0\\ 4 & 1\end{bmatrix}=\begin{bmatrix}-1+10+1 & 8+4+0\\ -4+10+4 & 7+6+1\end{bmatrix}=\begin{bmatrix}10 & 12\\ 10 & 14\end{bmatrix}$

所以，$(A+B)^2 \neq A^2 + 2AB + B^2$。

（2）$(A+B)(A-B)=\begin{bmatrix}2 & 2\\ 1 & 4\end{bmatrix}\begin{bmatrix}0 & 2\\ -3 & 2\end{bmatrix}=\begin{bmatrix}-6 & 8\\ -12 & 10\end{bmatrix}$

$A^2-B^2=\begin{bmatrix}-1 & 8\\ -4 & 7\end{bmatrix}-\begin{bmatrix}1 & 0\\ 4 & 1\end{bmatrix}=\begin{bmatrix}-2 & 8\\ -8 & 6\end{bmatrix}$

所以，$(A+B)(A-B)\neq A^2-B^2$。

（3）$(AB)^2=\begin{bmatrix}5 & 2\\ 5 & 3\end{bmatrix}\times\begin{bmatrix}5 & 2\\ 5 & 3\end{bmatrix}=\begin{bmatrix}35 & 16\\ 40 & 19\end{bmatrix}$，$A^2B^2=\begin{bmatrix}-1 & 8\\ -4 & 7\end{bmatrix}\times\begin{bmatrix}1 & 0\\ 4 & 1\end{bmatrix}=\begin{bmatrix}31 & 8\\ 24 & 7\end{bmatrix}$

所以，$(AB)^2\neq A^2B^2$。

注意 矩阵乘法（乘方）与普通数的乘法（乘方）有许多相同之处。但有一个明显差异就是矩阵乘法一般不满足交换律。所以，凡建立在数的乘法交换律之上的公式和结论，在矩阵中都不一定成立。

7. 矩阵的转置（transpose）

把矩阵 $\boldsymbol{A}$ 的行换成对应的列得到的新矩阵，称为 $\boldsymbol{A}$ 的转置矩阵，记作 $\boldsymbol{A}^{\mathrm{T}}$。

若 $\boldsymbol{A}=\begin{bmatrix} a & b \\ c & d \end{bmatrix}$，则 $\boldsymbol{A}^{\mathrm{T}}=\begin{bmatrix} a & c \\ b & d \end{bmatrix}$；若 $\boldsymbol{A}=\begin{bmatrix} 1 & 2 & 3 \\ 4 & 5 & 6 \\ 7 & 8 & 9 \end{bmatrix}$，则 $\boldsymbol{A}^{\mathrm{T}}=\begin{bmatrix} 1 & 4 & 7 \\ 2 & 5 & 8 \\ 3 & 6 & 9 \end{bmatrix}$。

$$[x \quad y \quad z]^{\mathrm{T}}=\begin{bmatrix} x \\ y \\ z \end{bmatrix}, \begin{bmatrix} x \\ y \\ z \end{bmatrix}^{\mathrm{T}}=[x \quad y \quad z]。$$

转置使行向量变成列向量，使列向量变成行向量。矩阵的转置也是一种运算，满足表 2-1 中所列运算律。

8. 矩阵运算的性质

矩阵运算满足表 2-1 所列运算律（假设式中的矩阵能够满足矩阵运算条件）。

表 2-1

运算律	说明
$\boldsymbol{A}+\boldsymbol{B}=\boldsymbol{B}+\boldsymbol{A}$	矩阵加法交换律
$(\boldsymbol{A}+\boldsymbol{B})+\boldsymbol{C}=\boldsymbol{A}+(\boldsymbol{B}+\boldsymbol{C})$	矩阵加法结合律
$\boldsymbol{A}+0=\boldsymbol{A}$，$\boldsymbol{A}-\boldsymbol{A}=0$	0 为零矩阵
$1\boldsymbol{A}=\boldsymbol{A}$	
$k(h\boldsymbol{A})=(kh)\boldsymbol{A}$	矩阵数乘结合律
$(k+h)\boldsymbol{A}=k\boldsymbol{A}+h\boldsymbol{A}$ $k(\boldsymbol{A}+\boldsymbol{B})=k\boldsymbol{A}+k\boldsymbol{B}$	矩阵数乘分配律
满足以上 8 条性质的运算称为线性运算	
$(\boldsymbol{AB})\boldsymbol{C}=\boldsymbol{A}(\boldsymbol{BC})$ $k(\boldsymbol{AB})=(k\boldsymbol{A})\boldsymbol{B}=\boldsymbol{A}(k\boldsymbol{B})$	矩阵乘法结合律
$(\boldsymbol{A}+\boldsymbol{B})\boldsymbol{C}=\boldsymbol{AC}+\boldsymbol{BC}$ $\boldsymbol{C}(\boldsymbol{A}+\boldsymbol{B})=\boldsymbol{CA}+\boldsymbol{CB}$	矩阵乘法分配律
$\boldsymbol{A}^i\boldsymbol{A}^j=\boldsymbol{A}^{i+j}$ $(\boldsymbol{A}^i)^j=\boldsymbol{A}^{ij}$	方阵的乘方
$(\boldsymbol{A}^{\mathrm{T}})^{\mathrm{T}}=\boldsymbol{A}$	矩阵转置
$(\boldsymbol{A}+\boldsymbol{B})^{\mathrm{T}}=\boldsymbol{A}^{\mathrm{T}}+\boldsymbol{B}^{\mathrm{T}}$	
$(k\boldsymbol{A})^{\mathrm{T}}=k\boldsymbol{A}^{\mathrm{T}}$	
$(\boldsymbol{AB})^{\mathrm{T}}=\boldsymbol{B}^{\mathrm{T}}\boldsymbol{A}^{\mathrm{T}}$	

例 2.8 设 $A=\begin{bmatrix}1 & 2 & 3\end{bmatrix}$，$B=\begin{bmatrix}2\\-4\\1\end{bmatrix}$，利用矩阵运算律求矩阵 $(BA)^{10}$。

解

$$AB=\begin{bmatrix}1 & 2 & 3\end{bmatrix}\times\begin{bmatrix}2\\-4\\1\end{bmatrix}=1\times2+2\times(-4)+3\times1=-3$$

$$BA=\begin{bmatrix}2\\-4\\1\end{bmatrix}\times\begin{bmatrix}1 & 2 & 3\end{bmatrix}=\begin{bmatrix}2 & 4 & 6\\-4 & -8 & -12\\1 & 2 & 3\end{bmatrix}$$

$$(BA)^{10}=\underbrace{BA\times BA\times BA\times\cdots\times BA}_{10个BA}$$

根据矩阵乘法的结合律，有

$$(BA)^{10}=B(AB)^9A=(-3)^9BA=(-3)^9\begin{bmatrix}2 & 4 & 6\\-4 & -8 & -12\\1 & 2 & 3\end{bmatrix}$$

练习 2.2

1. 设 $A=\begin{bmatrix}3 & 4\\1 & 2\end{bmatrix}$，$B=\begin{bmatrix}1 & 3\\2 & 1\end{bmatrix}$，$C=\begin{bmatrix}-2 & 1\\3 & 2\end{bmatrix}$，求 $2A+BC$。

2. 判断下列运算是否有意义，并计算。

（1）$\begin{bmatrix}x & y & z\end{bmatrix}\begin{bmatrix}a_{11} & a_{12} & a_{13}\\a_{21} & a_{22} & a_{23}\\a_{31} & a_{32} & a_{33}\end{bmatrix}$；（2）$\begin{bmatrix}a_{11} & a_{12} & a_{13}\\a_{21} & a_{22} & a_{23}\\a_{31} & a_{32} & a_{33}\end{bmatrix}\begin{bmatrix}x & y & z\end{bmatrix}$；

（3）$\begin{bmatrix}x\\y\\z\end{bmatrix}\begin{bmatrix}a_{11} & a_{12} & a_{13}\\a_{21} & a_{22} & a_{23}\\a_{31} & a_{32} & a_{33}\end{bmatrix}$；（4）$\begin{bmatrix}a_{11} & a_{12} & a_{13}\\a_{21} & a_{22} & a_{23}\\a_{31} & a_{32} & a_{33}\end{bmatrix}\begin{bmatrix}x\\y\\z\end{bmatrix}$。

3. 设有矩阵 $A_{3\times4},B_{3\times3},C_{4\times3},D_{3\times1}$，下列运算中没有意义的是（　　）。

A. ACB　　B. $A^{\mathrm{T}}B+C$　　C. $AC+D^{\mathrm{T}}D$　　D. BAC

4. 写出坐标变换 $\begin{cases}x'=2x+3y\\y'=4x-5y\end{cases}$ 的矩阵形式。

5. 计算下列各式。

（1）$\begin{bmatrix}3 & -1 & 2\end{bmatrix}\begin{bmatrix}-2\\3\\-4\end{bmatrix}$；（2）$\begin{bmatrix}1\\-5\\2\end{bmatrix}\begin{bmatrix}-3 & 4\end{bmatrix}$；（3）$\begin{bmatrix}-1 & 3 & 2\end{bmatrix}\begin{bmatrix}2 & 1\\0 & -3\\5 & 4\end{bmatrix}\begin{bmatrix}7 & -5\\-4 & 2\end{bmatrix}$。

6. 设两个线性变换

$$\begin{cases} y_1 = 3x_1 - 2x_2 \\ y_2 = x_2 + x_3 \\ y_3 = x_1 + x_2 + x_3 \end{cases} \qquad \begin{cases} z_1 = y_1 - 2y_2 + 3y_3 \\ z_2 = y_1 - y_3 \\ z_3 = 3y_2 + y_3 \end{cases}$$

用矩阵乘法求从变量 x_1, x_2, x_3 到变量 z_1, z_2, z_3 的线性变换。

7. 设 $\boldsymbol{a} = \begin{pmatrix} 2 \\ 1 \\ -3 \end{pmatrix}$，$\boldsymbol{b} = \begin{pmatrix} 1 \\ 2 \\ 4 \end{pmatrix}$，$\boldsymbol{A} = \boldsymbol{a}\boldsymbol{b}^{\mathrm{T}}$，求 $\boldsymbol{A}^5$。

思政聚焦 2

单位矩阵 $\boldsymbol{E}$ 有以下运算特点：

$$\boldsymbol{AE}=\boldsymbol{A}，\boldsymbol{EB}=\boldsymbol{B}，(\boldsymbol{A}+\boldsymbol{E})\boldsymbol{B}=\boldsymbol{AB}+\boldsymbol{B}$$

从以上等式看单位矩阵似乎是一个“可有可无”“无关紧要”的角色，但从以下等式又可以看到单位矩阵 $\boldsymbol{E}$ 在矩阵运算中起到非常重要的作用：

$$|\boldsymbol{P}^{-1}\boldsymbol{AP}+\boldsymbol{E}|=|\boldsymbol{P}^{-1}\boldsymbol{AP}+\boldsymbol{P}^{-1}\boldsymbol{EP}|=|\boldsymbol{P}^{-1}(\boldsymbol{A}+\boldsymbol{E})\boldsymbol{P}|=|\boldsymbol{A}+\boldsymbol{E}|$$

在生活中有很多单位矩阵式人物，特别是共产党员，他们身上有一种“我是一颗螺丝钉，哪里需要哪里钻”的“螺丝钉精神”。每一个平凡人都应该做一颗螺丝钉，虽然毫不起眼但是默默奉献，在自己的岗位上兢兢业业做好本职工作，为国家建设发一分光添一分热。

矩阵乘法不满足交换律，即空间位置不能变，但时间次序可以变。就像我们做事、做人都要遵守规则、遵守法律一样，绝不能触犯道德和法律的底线。

另一方面，我们要善于利用规则，努力学习，提升能力，从“弯道超车”实现远大理想。

2.3　方阵的行列式

方阵的行列式

表面上看，向量是排成一列的数字，矩阵是排成矩形阵列的数字，但更本质的含义，向量是有向线段、空间内的点，矩阵表示空间到空间的映射。它们是线性代数故事中的经典“主角”。本节介绍一位在线性代数中经常出现的“大配角”——行列式。

2.3.1　二阶行列式

二阶行列式是由四个数排成两行两列，并且用两条竖线限制的符号 $\begin{vmatrix} a & b \\ c & d \end{vmatrix}$。

$\begin{vmatrix} a & b \\ c & d \end{vmatrix}$表示一个数（与矩阵不同），并且规定$\begin{vmatrix} a & b \\ c & d \end{vmatrix} = a \times d - b \times c$。

二阶行列式的展开式可用“对角线法则”来记忆。

二阶行列式等于主对角线上（实线）两元素之积减去次对角线上（虚线）两元素之积的差，如图 2-10 所示。

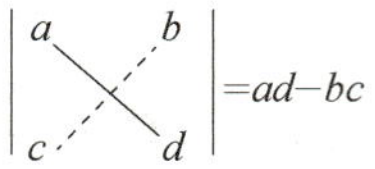

图 2-10

1. 二阶行列式与二元线性方程组的解

在中学阶段学习过用加减消元法解二元线性方程组$\begin{cases} a_{11}x_1 + a_{12}x_2 = b_1 \\ a_{21}x_1 + a_{22}x_2 = b_2 \end{cases}$，得到二元线性方程组的解的一般表达式：

$$x_1 = \frac{b_1a_{22} - a_{12}b_2}{a_{11}a_{22} - a_{12}a_{21}},\ x_2 = \frac{a_{11}b_2 - b_1a_{21}}{a_{11}a_{22} - a_{12}a_{21}} (a_{11}a_{22} - a_{12}a_{21} \neq 0)$$

以后，对于具体的二元线性方程组，只要它的系数 a_{ij} 满足$(a_{11}a_{22} - a_{12}a_{21} \neq 0)$，就可以使用这一表达式计算未知数，不必重复进行求解过程的推演。

所以，

$$x_1 = \frac{b_1a_{22} - a_{12}b_2}{a_{11}a_{22} - a_{12}a_{21}},\ x_2 = \frac{a_{11}b_2 - b_1a_{21}}{a_{11}a_{22} - a_{12}a_{21}}$$

可作为二元线性方程组$\begin{cases} a_{11}x_1 + a_{12}x_2 = b_1 \\ a_{21}x_1 + a_{22}x_2 = b_2 \end{cases}$的求解公式。

然而，这两个公式比较复杂，不易记忆，因此影响使用。利用二阶行列式可以很好地解决这一问题。令

$$\boldsymbol{D} = \begin{vmatrix} a_{11} & a_{12} \\ a_{21} & a_{22} \end{vmatrix} = a_{11}a_{22} - a_{12}a_{21},\ \boldsymbol{D}_1 = \begin{vmatrix} b_1 & a_{12} \\ b_2 & a_{22} \end{vmatrix} = b_1a_{22} - a_{12}b_2,\ \boldsymbol{D}_2 = \begin{vmatrix} a_{11} & b_1 \\ a_{21} & b_2 \end{vmatrix} = a_{11}b_2 - b_1a_{21}$$

所以二元线性方程组的解的表达式可以表示成如下形式：

$$x_1 = \frac{\begin{vmatrix} b_1 & a_{12} \\ b_2 & a_{22} \end{vmatrix}}{\begin{vmatrix} a_{11} & a_{12} \\ a_{21} & a_{22} \end{vmatrix}}, x_2 = \frac{\begin{vmatrix} a_{11} & b_1 \\ a_{21} & b_2 \end{vmatrix}}{\begin{vmatrix} a_{11} & a_{12} \\ a_{21} & a_{22} \end{vmatrix}},\ \text{即}\ x_1 = \frac{\boldsymbol{D}_1}{\boldsymbol{D}},\ x_2 = \frac{\boldsymbol{D}_2}{\boldsymbol{D}}。$$

分母中的行列式由各未知量的系数按照在二元线性方程组里的排列组成，称为**系数行列式**。分子中的行列式，是系数行列式中用常数列代替该未知量的系数列而成的，这种形式就好记忆了。

例 2.9　求解二元线性方程组$\begin{cases} 3x_1 - 2x_2 = 5 \\ 5x_1 - 4x_2 = 9 \end{cases}$。

解　$\boldsymbol{D} = \begin{vmatrix} 3 & -2 \\ 5 & -4 \end{vmatrix} = 3 \times (-4) - (-2) \times 5 = -2$；

$\boldsymbol{D}_1 = \begin{vmatrix} 5 & -2 \\ 9 & -4 \end{vmatrix} = 5 \times (-4) - (-2) \times 9 = -2$，$\boldsymbol{D}_2 = \begin{vmatrix} 3 & 5 \\ 5 & 9 \end{vmatrix} = 3 \times 9 - 5 \times 5 = 2$。

所以，$x_1=\dfrac{D_1}{D}=1$，$x_2=\dfrac{D_2}{D}=-1$。

2. 二阶行列式与平行四边形面积

二阶行列式$\begin{vmatrix} a_1 & a_2 \\ b_1 & b_2 \end{vmatrix}=a_1b_2-a_2b_1$的几何意义是以向量$\boldsymbol{a}=[a_1, a_2]$，$\boldsymbol{b}=[b_1, b_2]$为邻边的平行四边形**带符号**的面积，如图 2-11 所示。

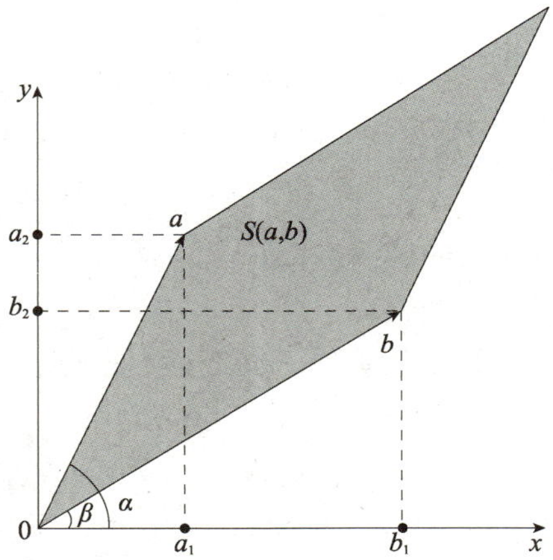

图 2-11

平行四边形的面积为

$$S_{平行四边形}=\|\boldsymbol{a}\|\|\boldsymbol{b}\|\sin(\boldsymbol{a},\boldsymbol{b})$$

其中，$\|\boldsymbol{a}\|=\sqrt{a_1^2+a_2^2}$，$\|\boldsymbol{b}\|=\sqrt{b_1^2+b_2^2}$，$(\boldsymbol{a},\boldsymbol{b})$为向量$\boldsymbol{a}$，$\boldsymbol{b}$的夹角。

$$\begin{aligned}\sin(\boldsymbol{a},\boldsymbol{b})&=\sin(\alpha-\beta)=\sin\alpha\cos\beta-\cos\alpha\sin\beta\\&=\frac{a_2}{\|\boldsymbol{a}\|}\frac{b_1}{\|\boldsymbol{b}\|}-\frac{a_1}{\|\boldsymbol{a}\|}\frac{b_2}{\|\boldsymbol{b}\|}\\&=\frac{a_2b_1-a_1b_2}{\|\boldsymbol{a}\|\|\boldsymbol{b}\|}\end{aligned}$$

整理得，

$$S_{平行四边形}=a_2b_1-a_1b_2=\begin{vmatrix} b_1 & b_2 \\ a_1 & a_2 \end{vmatrix}=-\begin{vmatrix} a_1 & a_2 \\ b_1 & b_2 \end{vmatrix}$$

行列式的值有正有负或者为零，如果行列式值为负时，表明平行四边形相对于原来位置发生了“翻转”，翻转后面积为负；如果行列式的值为零，则进行了投影变换。

2.3.2 三阶行列式

三阶行列式是由 9 个数排列成 3 行 3 列，并且用两条竖线限制的符号$\begin{vmatrix} a_{11} & a_{12} & a_{13} \\ a_{21} & a_{22} & a_{23} \\ a_{31} & a_{32} & a_{33} \end{vmatrix}$，并且定义：

$$\begin{vmatrix} a_{11} & a_{12} & a_{13} \\ a_{21} & a_{22} & a_{23} \\ a_{31} & a_{32} & a_{33} \end{vmatrix}=a_{11}a_{22}a_{33}+a_{21}a_{32}a_{13}+a_{31}a_{12}a_{23}-a_{31}a_{22}a_{13}-a_{21}a_{12}a_{33}-a_{11}a_{32}a_{23}$$

三阶行列式是一个数（不要与三阶方阵混淆），三阶行列式的展开式遵循“对角线法则”——三阶行列式是取自不同行不同列的 3 个元素的乘积的代数和，实线上的乘积取正，虚线上的乘积取负，如图 2-12 所示。

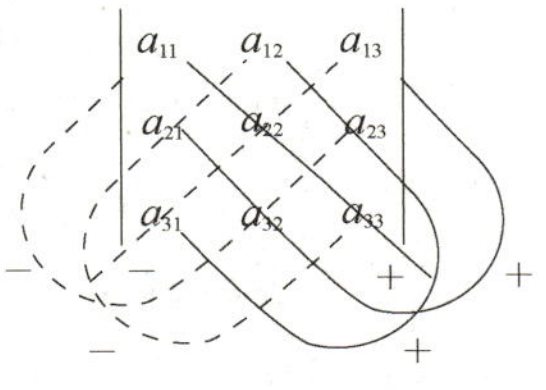

图 2-12

$$\begin{vmatrix} 2 & -1 & 3 \\ -2 & 1 & -5 \\ 4 & 0 & 6 \end{vmatrix} = 2\times1\times6+3\times(-2)\times0+(-1)\times(-5)\times4-$$

$$3\times1\times4-(-1)\times(-2)\times6-2\times0\times(-5)=8$$

1. 三阶行列式与三元线性方程组

现在我们看三元线性方程组 $\begin{cases} a_{11}x_1+a_{12}x_2+a_{13}x_3=b_1 \\ a_{21}x_1+a_{22}x_2+a_{23}x_3=b_2 \\ a_{31}x_1+a_{32}x_2+a_{33}x_3=b_3 \end{cases}$。

用消元法，可得到三个未知量求解的结果，这一结果也可以作为三元线性方程组解的公式。因其形式结构非常复杂不方便使用，利用三阶行列式可以解决这个难题。

类似地定义

$$\boldsymbol{D}=\begin{vmatrix} a_{11} & a_{12} & a_{13} \\ a_{21} & a_{22} & a_{23} \\ a_{31} & a_{32} & a_{33} \end{vmatrix},\quad \boldsymbol{D}_1=\begin{vmatrix} b_1 & a_{12} & a_{13} \\ b_2 & a_{22} & a_{23} \\ b_3 & a_{32} & a_{33} \end{vmatrix},\quad \boldsymbol{D}_2=\begin{vmatrix} a_{11} & b_1 & a_{13} \\ a_{21} & b_2 & a_{23} \\ a_{31} & b_3 & a_{33} \end{vmatrix},\quad \boldsymbol{D}_3=\begin{vmatrix} a_{11} & a_{12} & b_1 \\ a_{21} & a_{22} & b_2 \\ a_{31} & a_{32} & b_3 \end{vmatrix}$$

$\boldsymbol{D}$ 为三元线性方程组的系数组成的三阶行列式，将 $\boldsymbol{D}$ 的第 1 列（方程组中 x_1 的系数）换成常数项向量，就得到 $\boldsymbol{D}_1$；将 $\boldsymbol{D}$ 的第 2 列（方程组中 x_2 的系数）换成常数项向量，得到 $\boldsymbol{D}_2$；将 $\boldsymbol{D}$ 中第 3 列（方程组中 x_3 的系数）换成常数项向量得到 $\boldsymbol{D}_3$。

当 $\boldsymbol{D}\neq0$ 时，三元线性方程组有唯一解如下：

$$x_1=\frac{\boldsymbol{D}_1}{\boldsymbol{D}},\quad x_2=\frac{\boldsymbol{D}_2}{\boldsymbol{D}},\quad x_3=\frac{\boldsymbol{D}_3}{\boldsymbol{D}}$$

例 2.10 解三元线性方程组 $\begin{cases} 2x_1-3x_2+x_3=-1 \\ x_1+2x_2-x_3=4 \\ -2x_1-x_2+x_3=-3 \end{cases}$。

解 因为

$$\boldsymbol{D}=\begin{vmatrix} 2 & -3 & 1 \\ 1 & 2 & -1 \\ -2 & -1 & 1 \end{vmatrix}=4-1-6+4+3-2=2\neq0$$

$$\boldsymbol{D}_1=\begin{vmatrix} -1 & -3 & 1 \\ 4 & 2 & -1 \\ -3 & -1 & 1 \end{vmatrix}=4,\quad \boldsymbol{D}_2=\begin{vmatrix} 2 & -1 & 1 \\ 1 & 4 & -1 \\ -2 & -3 & 1 \end{vmatrix}=6,\quad \boldsymbol{D}_3=\begin{vmatrix} 2 & -3 & -1 \\ 1 & 2 & 4 \\ -2 & -1 & -3 \end{vmatrix}=8$$

所以

$$x_1=\frac{\boldsymbol{D}_1}{\boldsymbol{D}}=\frac{4}{2}=2,\quad x_2=\frac{\boldsymbol{D}_2}{\boldsymbol{D}}=\frac{6}{2}=3,\quad x_3=\frac{\boldsymbol{D}_3}{\boldsymbol{D}}=\frac{8}{2}=4$$

2. 三阶行列式与平行六面体（四棱柱）体积

三阶行列式 $\begin{vmatrix} a_{11} & a_{12} & a_{13} \\ a_{21} & a_{22} & a_{23} \\ a_{31} & a_{32} & a_{33} \end{vmatrix}$ 的几何意义是向量 $\boldsymbol{a}_1=[a_{11},a_{12},a_{13}]$, $\boldsymbol{a}_2=[a_{21},a_{22},a_{23}]$,

$\boldsymbol{a}_3=[a_{31},a_{32},a_{33}]$ 围成的平行六面体的体积，如图 2-13 所示。

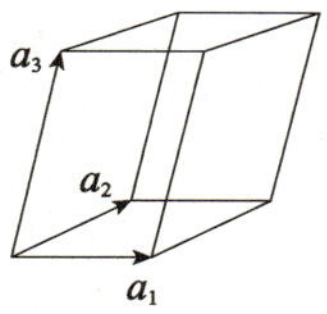

图 2-13

2.3.3 n 阶行列式

将方阵 $\boldsymbol{A}=\begin{bmatrix} a_{11} & a_{12} & \cdots & a_{1n} \\ a_{21} & a_{22} & \cdots & a_{2n} \\ \vdots & \vdots & \vdots & \vdots \\ a_{n1} & a_{n2} & \cdots & a_{nn} \end{bmatrix}$ 的括弧去掉，代之以两竖直线，

$\begin{vmatrix} a_{11} & a_{12} & \cdots & a_{1n} \\ a_{21} & a_{22} & \cdots & a_{2n} \\ \vdots & \vdots & \vdots & \vdots \\ a_{n1} & a_{n2} & \cdots & a_{nn} \end{vmatrix}$ 就是一个 n 阶行列式，称为**方阵 $\boldsymbol{A}$ 的行列式**，记作 $\det\boldsymbol{A}$ 或 $|\boldsymbol{A}|$。

$$\det \boldsymbol{A}=\begin{vmatrix} a_{11} & a_{12} & \cdots & a_{1n} \\ a_{21} & a_{22} & \cdots & a_{2n} \\ \vdots & \vdots & \vdots & \vdots \\ a_{n1} & a_{n2} & \cdots & a_{nn} \end{vmatrix} \text{或} |\boldsymbol{A}|=\begin{vmatrix} a_{11} & a_{12} & \cdots & a_{1n} \\ a_{21} & a_{22} & \cdots & a_{2n} \\ \vdots & \vdots & \vdots & \vdots \\ a_{n1} & a_{n2} & \cdots & a_{nn} \end{vmatrix}$$

n 阶行列式也是表示一个数，其展开式共有 $n!$ 项，n 每增加 1，需要计算的项数增加非常多，属于 $\boldsymbol{O}$（$n!$）复杂度。一般按某行展开，通过如下“降阶”来处理。

$$\boldsymbol{D}=\begin{vmatrix} a_{11} & a_{12} & \cdots & a_{1n} \\ a_{21} & a_{22} & \cdots & a_{2n} \\ \vdots & \vdots & \vdots & \vdots \\ a_{n1} & a_{n2} & \cdots & a_{nn} \end{vmatrix}=a_{i1}\boldsymbol{A}_{i1}+a_{i2}\boldsymbol{A}_{i2}+\cdots+a_{in}\boldsymbol{A}_{in}\,(i=1,2,\cdots,n)$$

其中，$\boldsymbol{A}_{ij}$ 为 $\boldsymbol{D}$ 的元素 a_{ij} 的**代数余子式**（cofactor），且 $\boldsymbol{A}_{ij}=(-1)^{i+j}\boldsymbol{M}_{ij}$，这里 $\boldsymbol{M}_{ij}$ 为元素 a_{ij} 的**余子式**（minor）。所谓余子式 $\boldsymbol{M}_{ij}$ 就是从 $\boldsymbol{D}$ 中划去元素 a_{ij} 所在的行与列后余下的元素按原来的顺序构成的 n–1 阶行列式。

***n* 阶行列式等于它的任一行各元素与它们对应的代数余子式的乘积之和。**行列式亦可以按第 j 列展开，**等于它的任一列各元素与它们对应的代数余子式的乘积之和**，即

$$\boldsymbol{D}=\begin{vmatrix} a_{11} & a_{12} & \cdots & a_{1n} \\ a_{21} & a_{22} & \cdots & a_{2n} \\ \vdots & \vdots & \vdots & \vdots \\ a_{n1} & a_{n2} & \cdots & a_{nn} \end{vmatrix}=a_{1j}\boldsymbol{A}_{1j}+a_{2j}\boldsymbol{A}_{2j}+\cdots+a_{nj}\boldsymbol{A}_{nj}\ (j=1,2,\cdots,n)$$

例 2.11 计算 4 阶行列式。

$$\boldsymbol{D}=\begin{vmatrix} 5 & 0 & 4 & 2 \\ 1 & -1 & 2 & 1 \\ 4 & 1 & 2 & 0 \\ 0 & 3 & -3 & 0 \end{vmatrix}$$

解 将行列式按第一行元素展开。$a_{11}=5$，$a_{12}=0$，$a_{13}=4$，$a_{14}=2$，各元素的余子式为

$$M_{11}=\begin{vmatrix}-1&2&1\\1&2&0\\3&-3&0\end{vmatrix},\quad M_{12}=\begin{vmatrix}1&2&1\\4&2&0\\0&-3&0\end{vmatrix},\quad M_{13}=\begin{vmatrix}1&-1&1\\4&1&0\\0&3&0\end{vmatrix},\quad M_{14}=\begin{vmatrix}1&-1&2\\4&1&2\\0&3&-3\end{vmatrix}$$

$$D=\begin{vmatrix}5&0&4&2\\1&-1&2&1\\4&1&2&0\\0&3&-3&0\end{vmatrix}=5\times(-1)^{1+1}\begin{vmatrix}-1&2&1\\1&2&0\\3&-3&0\end{vmatrix}+4\times(-1)^{1+3}\begin{vmatrix}1&-1&1\\4&1&0\\0&3&0\end{vmatrix}+2\times$$

$$(-1)^{1+4}\begin{vmatrix}1&-1&2\\4&1&2\\0&3&-3\end{vmatrix}=-3$$

按照第一行进行展开时，有一个三阶行列式 M_{12} 乘以 0，故没有出现。

也可以按第四列进行展开。第四列有两个元素为 0，不必计算与 0 相乘的余子式。

$$D=\begin{vmatrix}5&0&4&2\\1&-1&2&1\\4&1&2&0\\0&3&-3&0\end{vmatrix}=2\times(-1)^{1+4}\begin{vmatrix}1&-1&2\\4&1&2\\0&3&-3\end{vmatrix}+1\times(-1)^{2+4}\begin{vmatrix}5&0&4\\4&1&2\\0&3&-3\end{vmatrix}$$

$$=2\times(-3)+3=-3$$

注意 计算行列式时，选择按零元素多的行或列展开可大大简化计算，这是计算行列式常用的技巧之一。

例 2.12 常用的特殊行列式。

（1）证明下三角行列式

$$\begin{vmatrix}a_{11}&0&\cdots&0\\a_{21}&a_{22}&\cdots&0\\\vdots&\vdots&\vdots&\vdots\\a_{n1}&a_{n2}&\cdots&a_{nn}\end{vmatrix}=a_{11}a_{22}\cdots a_{nn}$$

证明 根据 n 阶行列式的按行展开的定义，每次均通过按第一行展开的方法来降低行列式的阶数，每次第一行都仅有第一项不为零，所以有

$$\begin{vmatrix}a_{11}&0&\cdots&0\\a_{21}&a_{22}&\cdots&0\\\vdots&\vdots&\cdots&\vdots\\a_{n1}&a_{n2}&\cdots&a_{nn}\end{vmatrix}=a_{11}\times(-1)^{1+1}\begin{vmatrix}a_{22}&0&\cdots&0\\a_{32}&a_{33}&\cdots&0\\\vdots&\vdots&\cdots&\vdots\\a_{n2}&a_{n3}&\cdots&a_{nn}\end{vmatrix}$$

$$=a_{11}a_{22}\times(-1)^{1+1}\begin{vmatrix}a_{33}&0&\cdots&0\\a_{43}&a_{44}&\cdots&0\\\vdots&\vdots&\cdots&\vdots\\a_{n3}&a_{n4}&\cdots&a_{nn}\end{vmatrix}=\cdots=a_{11}a_{22}\cdots a_{nn}$$

（2）证明上三角行列式

$$\begin{vmatrix} a_{11} & a_{12} & \cdots & a_{1n} \\ 0 & a_{22} & \cdots & a_{2n} \\ \vdots & \vdots & \vdots & \vdots \\ 0 & 0 & \cdots & a_{nn} \end{vmatrix} = a_{11}a_{22}\cdots a_{nn}$$

证明 对于上三角行列式，每一步骤均按第一列展开，行列式降一阶，每次第一列都仅有第一项不为零，最终计算出下三角行列式的值等于对角线上元素的乘积。

$$\begin{vmatrix} a_{11} & a_{12} & \cdots & a_{1n} \\ 0 & a_{22} & \cdots & a_{2n} \\ \vdots & \vdots & \cdots & \vdots \\ 0 & 0 & \cdots & a_{nn} \end{vmatrix} = a_{11} \times (-1)^{1+1} \begin{vmatrix} a_{22} & a_{23} & \cdots & a_{2n} \\ 0 & a_{33} & \cdots & a_{3n} \\ \vdots & \vdots & \cdots & \vdots \\ 0 & 0 & \cdots & a_{nn} \end{vmatrix}$$

$$= a_{11}a_{22} \times (-1)^{1+1} \begin{vmatrix} a_{33} & a_{34} & \cdots & a_{3n} \\ 0 & a_{44} & \cdots & a_{4n} \\ \vdots & \vdots & \cdots & \vdots \\ 0 & 0 & \cdots & a_{nn} \end{vmatrix} = \cdots = a_{11}a_{22}\cdots a_{nn}$$

（3）同样可得，对角行列式的值为

$$\begin{vmatrix} a_{11} & 0 & \cdots & 0 \\ 0 & a_{22} & \cdots & 0 \\ \vdots & \vdots & \vdots & \vdots \\ 0 & 0 & \cdots & a_{nn} \end{vmatrix} = a_{11}a_{22}\cdots a_{nn}$$

综上所述，**上三角行列式、下三角行列式和对角行列式的值都等于其主对角线上的元素之积**。

注意  方阵和行列式是两个不同的概念，n 阶方阵是 n^2 个数按一定方式排成的数表，而 n 阶行列式则是这些数按一定的运算法则所确定的一个数值。

2.3.4 克莱姆（Cramer）法则

讨论 n 元线性方程组

$$\begin{cases} a_{11}x_1 + a_{12}x_2 + \cdots + a_{1n}x_n = b_1 \\ a_{21}x_1 + a_{22}x_2 + \cdots + a_{2n}x_n = b_2 \\ \qquad \vdots \\ a_{n1}x_1 + a_{n2}x_2 + \cdots + a_{nn}x_n = b_n \end{cases}$$

解的公式，也需要引进 n 阶行列式这一工具。

定理（克莱姆法则） 若 n 元线性方程组

$$\begin{cases} a_{11}x_1 + a_{12}x_2 + \cdots + a_{1n}x_n = b_1 \\ a_{21}x_1 + a_{22}x_2 + \cdots + a_{2n}x_n = b_2 \\ \cdots \\ a_{n1}x_1 + a_{n2}x_2 + \cdots + a_{nn}x_n = b_n \end{cases}$$

的系数行列式

$$\boldsymbol{D} = \begin{vmatrix} a_{11} & a_{12} & \cdots & a_{1n} \\ a_{21} & a_{22} & \cdots & a_{2n} \\ \vdots & \vdots & \vdots & \vdots \\ a_{n1} & a_{n2} & \cdots & a_{nn} \end{vmatrix} \neq 0$$

则方程组有唯一解，且

$$x_1 = \frac{\boldsymbol{D}_1}{\boldsymbol{D}}, \quad x_2 = \frac{\boldsymbol{D}_2}{\boldsymbol{D}}, \quad \cdots, \quad x_n = \frac{\boldsymbol{D}_n}{\boldsymbol{D}}$$

其中，分子 $\boldsymbol{D}_j(j=1,2,3,\cdots,n)$ 是将系数行列式中第 j 列用常数项 b_1，b_2，$\cdots$，b_n 代替后得到的 n 阶行列式。

$$\boldsymbol{D}_j = \begin{vmatrix} a_{11} & \cdots & a_{1,j-1} & b_1 & a_{1,j+1} & \cdots & a_{1n} \\ a_{21} & \cdots & a_{2,j-1} & b_2 & a_{2,j+1} & \cdots & a_{2n} \\ \vdots & \cdots & \vdots & \vdots & \vdots & \cdots & \vdots \\ a_{n1} & \cdots & a_{n,j-1} & b_n & a_{n,j+1} & \cdots & a_{nn} \end{vmatrix}$$

当方程组右边的常数 b_j 不全为零时，方程组称为非齐次线性方程组；当 $b_1=b_2=\cdots=b_n=0$ 时，方程组称为**齐次线性方程组**。

例 2.13 利用克莱姆法则解线性方程组 $\begin{cases} 2x_1 - x_2 + 3x_3 = 1 \\ 4x_1 + 2x_2 + 5x_3 = 4 \\ x_1 + x_3 = 3 \end{cases}$。

解 方程组的系数行列式

$$\boldsymbol{D} = \begin{vmatrix} 2 & -1 & 3 \\ 4 & 2 & 5 \\ 1 & 0 & 1 \end{vmatrix} = -3 \neq 0$$

所以方程组有唯一解。

$$\boldsymbol{D}_1 = \begin{vmatrix} 1 & -1 & 3 \\ 4 & 2 & 5 \\ 3 & 0 & 1 \end{vmatrix} = -27, \quad \boldsymbol{D}_2 = \begin{vmatrix} 2 & 1 & 3 \\ 4 & 4 & 5 \\ 1 & 3 & 1 \end{vmatrix} = 3, \quad \boldsymbol{D}_3 = \begin{vmatrix} 2 & -1 & 1 \\ 4 & 2 & 4 \\ 1 & 0 & 3 \end{vmatrix} = 18$$

根据克莱姆法则，方程组的解如下：

$$x_1 = \frac{\boldsymbol{D}_1}{\boldsymbol{D}} = \frac{-27}{-3} = 9, \quad x_2 = \frac{\boldsymbol{D}_2}{\boldsymbol{D}} = \frac{3}{-3} = -1, \quad x_3 = \frac{\boldsymbol{D}_3}{\boldsymbol{D}} = \frac{18}{-3} = -6$$

2.3.5 行列式的运算律

设 $\boldsymbol{A}$，$\boldsymbol{B}$ 都是 n 阶方阵，不难验证，方阵的行列式满足下列运算律。

- $\det(A^T) = \det A$；
- $\det(kA) = k^n \det A$；
- $\det(AB) = \det A \det B$。

例 2.14 设 $A=\begin{bmatrix}2 & 3\\-1 & 1\end{bmatrix}$，$B=\begin{bmatrix}4 & -1\\2 & 0\end{bmatrix}$。验证：

（1）$\det(A^T)=\det A$；（2）$\det(3A)=3^2\det A$；（3）$\det(AB)=\det A\det B$。

解

（1）$\det A=\begin{vmatrix}2 & 3\\-1 & 1\end{vmatrix}=2\times1-(-1)\times3=5$

$A^T=\begin{bmatrix}2 & -1\\3 & 1\end{bmatrix}$　　$\det A^T=\begin{vmatrix}2 & -1\\3 & 1\end{vmatrix}=2\times1-(-1)\times3=5$

所以，$\det(A^T)=\det A$。

（2）$3A=3\times\begin{bmatrix}2 & 3\\-1 & 1\end{bmatrix}=\begin{bmatrix}6 & 9\\-3 & 3\end{bmatrix}$

$\det(3A)=\begin{vmatrix}6 & 9\\-3 & 3\end{vmatrix}=6\times3-(-3)\times9=45$　　$3^2\det A=9\times5=45$

所以，$\det(3A)=3^2\det A$。

（3）$AB=\begin{bmatrix}2 & 3\\-1 & 1\end{bmatrix}\begin{bmatrix}4 & -1\\2 & 0\end{bmatrix}=\begin{bmatrix}14 & -2\\-2 & 1\end{bmatrix}$

$\det(AB)=14\times1-(-2)\times(-2)=10$　　$\det A\det B=5\times2=10$

所以，$\det(AB)=\det A\det B$。

练习 2.3

1. 若 $D=\begin{vmatrix}4 & 3 & 1\\0 & 5 & 7\\1 & -2 & 3\end{vmatrix}$，求 A_{13}，A_{21}。

2. 计算（1）$\begin{vmatrix}1 & -1 & -2\\0 & 3 & -1\\-2 & 2 & -4\end{vmatrix}$；　（2）$\begin{vmatrix}2 & 0 & 6 & 3\\-4 & 3 & 2 & 0\\5 & 0 & 2 & 1\\7 & -2 & 0 & 0\end{vmatrix}$。

3. 已知四阶行列式 D 的第 3 列元素依次为−1，2，0，3，它们的余子式依次为 3，5，−7，4，求 D。

4. 设 $A=\begin{bmatrix}3 & -2\\5 & -4\end{bmatrix}$，$B=\begin{bmatrix}3 & 4\\1 & 2\end{bmatrix}$，求 $\det(A+B)$，$\det(AB)$。

5. 设矩阵 $A=\begin{bmatrix}1 & 2\\3 & 4\end{bmatrix}$，且 $\det(AB)=4$，求 $\det(2B)$。

6. 利用克莱姆法则解线性方程组 $\begin{cases} 3x_1 + x_2 - 5x_3 = 0 \\ 2x_1 - x_2 + 3x_3 = 3 \\ 4x_1 - x_2 + x_3 = 3 \end{cases}$。

7. 求以向量 $\boldsymbol{a}=[1, 2]$，$\boldsymbol{b}=[3, -9]$ 为邻边的平行四边形的面积。

8. 求以向量 $\boldsymbol{x}=(1,-2,3)^{\mathrm{T}}$，$\boldsymbol{y}=(3,4,2)^{\mathrm{T}}$，$\boldsymbol{z}=(-4,1,5)^{\mathrm{T}}$ 为棱的平行六面体的体积。

思政聚焦 3

本质与现象是揭示事物内部联系和外部表现相互关系的一对辩证主体。本质是事物的内部联系，是决定事物性质和发展趋向的东西。现象是事物的外部联系，是本质在各方面的外部表现。本质和现象是对立统一关系，任何事物都有本质和现象两个方面。

行列式与矩阵既有联系也有区别，虽然其外表形状很相似，但其本质完全不同，行列式本质是一个值，而矩阵本质是一个数表；在讲解两个向量的乘积时，行向量左乘列向量与列向量左乘行向量，表面很相似，但前者是一个值，后者是一个方阵，完全不同。在生活中也要学会透过现象看本质，抓住事物的本质特征才能更好地分析和解决问题。

2.4 逆 矩 阵

逆矩阵

2.4.1 逆矩阵的定义

我们知道线性方程组的矩阵形式为 $\boldsymbol{AX}=\boldsymbol{b}$，如何求解它？能否仿照解数的方程 $ax=b\ (a\neq 0)$？显然 $x=\dfrac{b}{a}$ 或写成 $x=a^{-1}b$，矩阵方程 $\boldsymbol{AX}=\boldsymbol{b}$ 的解能否写成 $\boldsymbol{X}=\dfrac{\boldsymbol{b}}{\boldsymbol{A}}$ 或 $\boldsymbol{X}=\boldsymbol{A}^{-1}\boldsymbol{b}$ 呢？数的除法是乘法的逆运算，矩阵乘法有没有逆运算？

事实上，当矩阵 $\boldsymbol{A}$ 为一个 n 阶方阵，且满足某些条件时，矩阵就可以进行逆运算。

定义 1 对于一个 n 阶方阵 $\boldsymbol{A}$，若存在另一个 n 阶方阵 $\boldsymbol{B}$，使得 $\boldsymbol{AB}=\boldsymbol{BA}=\boldsymbol{E}$，则称矩阵 $\boldsymbol{B}$ 为矩阵 $\boldsymbol{A}$ 的逆矩阵，记作 $\boldsymbol{A}^{-1}$，即 $\boldsymbol{AA}^{-1}=\boldsymbol{A}^{-1}\boldsymbol{A}=\boldsymbol{E}$，此时称方阵 $\boldsymbol{A}$ 为**可逆方阵**。

例 2.15 设 $\boldsymbol{A}=\begin{bmatrix} 1 & 2 \\ 2 & 3 \end{bmatrix}$，$\boldsymbol{B}=\begin{bmatrix} -3 & 2 \\ 2 & -1 \end{bmatrix}$，验证 $\boldsymbol{B}$ 是否为 $\boldsymbol{A}$ 的逆矩阵。

解 $\boldsymbol{AB}=\begin{bmatrix} 1 & 2 \\ 2 & 3 \end{bmatrix}\begin{bmatrix} -3 & 2 \\ 2 & -1 \end{bmatrix}=\begin{bmatrix} 1 & 0 \\ 0 & 1 \end{bmatrix}$，$\boldsymbol{BA}=\begin{bmatrix} -3 & 2 \\ 2 & -1 \end{bmatrix}\begin{bmatrix} 1 & 2 \\ 2 & 3 \end{bmatrix}=\begin{bmatrix} 1 & 0 \\ 0 & 1 \end{bmatrix}$

即有 $\boldsymbol{AB}=\boldsymbol{BA}=\boldsymbol{E}$，所以 $\boldsymbol{B}$ 是 $\boldsymbol{A}$ 的逆矩阵。

2.4.2 方阵可逆的充要条件

由 det（$\boldsymbol{AB}$）=det$\boldsymbol{A}$det$\boldsymbol{B}$，可知，det（$\boldsymbol{A}^{-1}\boldsymbol{A}$）=det$\boldsymbol{E}$=1，即 det（$\boldsymbol{A}^{-1}$）det$\boldsymbol{A}$=1，故有

$$\det \boldsymbol{A}^{-1}=\frac{1}{\det \boldsymbol{A}}$$

- 若方阵 $\boldsymbol{A}$ 可逆，则 det$\boldsymbol{A}\neq 0$；反之，不难证明。
- 若方阵 $\boldsymbol{A}$ 满足 det$\boldsymbol{A}\neq 0$，则 $\boldsymbol{A}$ 为可逆方阵。

综上，$\boldsymbol{A}$ 是**可逆矩阵的充分必要条件是** det$\boldsymbol{A}\neq 0$。

当 det$\boldsymbol{A}$=0 时，$\boldsymbol{A}$ 称为奇异矩阵（不可逆），否则称为非奇异矩阵（可逆）。

2.4.3 求逆矩阵——伴随矩阵法

令
$$\boldsymbol{A}^*=\begin{bmatrix} \boldsymbol{A}_{11} & \boldsymbol{A}_{21} & \cdots & \boldsymbol{A}_{n1} \\ \boldsymbol{A}_{12} & \boldsymbol{A}_{22} & \cdots & \boldsymbol{A}_{n2} \\ \vdots & \vdots & \vdots & \vdots \\ \boldsymbol{A}_{1n} & \boldsymbol{A}_{2n} & \cdots & \boldsymbol{A}_{nn} \end{bmatrix}$$

其中，$\boldsymbol{A}_{ij}$ 为 det$\boldsymbol{A}$ 中元素 a_{ij} 的代数余子式，$\boldsymbol{A}^*$ 称为矩阵 $\boldsymbol{A}$ 的伴随矩阵（adjugate matrix）。

因为

$$a_{i1}\boldsymbol{A}_{j1}+a_{i2}\boldsymbol{A}_{j2}+a_{i3}\boldsymbol{A}_{j3}+\cdots+a_{in}\boldsymbol{A}_{jn}=\begin{cases}\det\boldsymbol{A} & (i=j)\\ 0 & (i\neq j)\end{cases} \tag{2-5}$$

即行列式等于任意一行元素乘以该行每个元素对应的代数余子式之和。若一行元素所乘的是另一行元素的代数余子式，那它们的乘积之和为零。

由式（2-5）可得，
$$\boldsymbol{AA}^*=\boldsymbol{A}^*\boldsymbol{A}=\begin{bmatrix} \det \boldsymbol{A} & 0 & \cdots & 0 \\ 0 & \det \boldsymbol{A} & \cdots & 0 \\ \vdots & \vdots & \vdots & \vdots \\ 0 & 0 & \cdots & \det \boldsymbol{A} \end{bmatrix}=(\det \boldsymbol{A})\boldsymbol{E}$$

所以，

$$\boldsymbol{A}^{-1}=\frac{1}{\det \boldsymbol{A}}\boldsymbol{A}^* \tag{2-6}$$

式（2-6）给出了求逆矩阵的公式，套用这个公式求逆矩阵的方法称为**伴随矩阵法**。

由于伴随矩阵由方阵的行列式中元素的代数余子式组成，对高阶行列式，求其代数余子式的运算量很大，因而伴随矩阵法一般只用于求二阶方阵和三阶方阵的逆矩阵。

例 2.16 求二阶方阵 $\boldsymbol{A}=\begin{bmatrix} a & b \\ c & d \end{bmatrix}$ 的逆矩阵。

解 det$\boldsymbol{A}=ad-bc$，若 $ad-bc\neq 0$，则 $\boldsymbol{A}$ 可逆。

$\boldsymbol{A}_{11}=d$，$\boldsymbol{A}_{12}=-c$，$\boldsymbol{A}_{21}=-b$，$\boldsymbol{A}_{22}=a$，则 $\boldsymbol{A}^*=\begin{bmatrix} d & -b \\ -c & a \end{bmatrix}$。

根据逆矩阵公式（2-6），当 $\det A \neq 0$ 时，有

$$A^{-1}=\frac{1}{\det A}A^{*}=\frac{1}{ad-bc}\begin{bmatrix} d & -b \\ -c & a \end{bmatrix}$$

如，$\begin{bmatrix} 1 & 2 \\ 3 & 4 \end{bmatrix}^{-1}=\frac{1}{1\times 4-2\times 3}\begin{bmatrix} 4 & -2 \\ -3 & 1 \end{bmatrix}=-\frac{1}{2}\begin{bmatrix} 4 & -2 \\ -3 & 1 \end{bmatrix}=\begin{bmatrix} -2 & 1 \\ \frac{3}{2} & -\frac{1}{2} \end{bmatrix}$。

例 2.17 求矩阵 $A=\begin{bmatrix} 1 & 2 & 3 \\ 0 & 2 & 2 \\ 0 & 0 & 1 \end{bmatrix}$ 的逆矩阵。

解 因为矩阵 A 为上三角方阵，$\det A=1\times 2\times 1=2$，所以 A 可逆，利用伴随矩阵法求其逆矩阵。

$$A_{11}=(-1)^{1+1}\begin{vmatrix} 2 & 2 \\ 0 & 1 \end{vmatrix}=2,\quad A_{12}=(-1)^{1+2}\begin{vmatrix} 0 & 2 \\ 0 & 1 \end{vmatrix}=0,\quad A_{13}=(-1)^{1+3}\begin{vmatrix} 0 & 2 \\ 0 & 0 \end{vmatrix}=0,$$

$$A_{21}=(-1)^{2+1}\begin{vmatrix} 2 & 3 \\ 0 & 1 \end{vmatrix}=-2,\quad A_{22}=(-1)^{2+2}\begin{vmatrix} 1 & 3 \\ 0 & 1 \end{vmatrix}=1,\quad A_{23}=(-1)^{2+3}\begin{vmatrix} 1 & 2 \\ 0 & 0 \end{vmatrix}=0,$$

$$A_{31}=(-1)^{3+1}\begin{vmatrix} 2 & 3 \\ 2 & 2 \end{vmatrix}=-2,\quad A_{32}=(-1)^{3+2}\begin{vmatrix} 1 & 3 \\ 0 & 2 \end{vmatrix}=-2,\quad A_{33}=(-1)^{3+3}\begin{vmatrix} 1 & 2 \\ 0 & 2 \end{vmatrix}=2,$$

$$A^{-1}=\frac{1}{\det A}A^{*}=\frac{1}{\det A}\begin{bmatrix} A_{11} & A_{21} & A_{31} \\ A_{12} & A_{22} & A_{32} \\ A_{13} & A_{23} & A_{33} \end{bmatrix}=\frac{1}{2}\begin{bmatrix} 2 & -2 & -2 \\ 0 & 1 & -2 \\ 0 & 0 & 2 \end{bmatrix}=\begin{bmatrix} 1 & -1 & -1 \\ 0 & \frac{1}{2} & -1 \\ 0 & 0 & 1 \end{bmatrix}。$$

2.4.4 逆矩阵的性质

逆矩阵的性质如下：

（1）$(A^{-1})^{-1}=A$，$(A^{*})^{-1}=\frac{1}{|A|}A$。

（2）$(kA)^{-1}=\frac{1}{k}A^{-1}$。

（3）$(AB)^{-1}=B^{-1}A^{-1}$。

（4）$(A^{\mathrm{T}})^{-1}=(A^{-1})^{\mathrm{T}}$。

（5）$|A^{-1}|=\frac{1}{|A|}$，$|A^{*}|=|A|^{n-1}$。

***例 2.18** 设 A 为三阶方阵，且 $|A|=\frac{1}{2}$，求 $|(3A)^{-1}-2A^{*}|$。

解 $(3A)^{-1}-2A^{*}=\frac{1}{3}A^{-1}-2|A|A^{-1}=-\frac{2}{3}A^{-1}$

所以，$|(3A)^{-1}-2A^{*}|=\left|-\frac{2}{3}A^{-1}\right|=\left(-\frac{2}{3}\right)^{3}\frac{1}{|A|}=-\frac{8}{27}\times 2=-\frac{16}{27}$。

2.4.5 逆矩阵的初步应用

1. 解 $AX=B$，$XA=B$，$AXB=C$ 等形式的矩阵方程

例 2.19 解矩阵方程。

（1）$\begin{bmatrix}2 & 5\\1 & 3\end{bmatrix}X=\begin{bmatrix}1 & 1\\-1 & 0\end{bmatrix}$；

（2）$X\begin{bmatrix}1 & 2 & 3\\0 & 2 & 2\\0 & 0 & 1\end{bmatrix}=\begin{bmatrix}2 & 0 & -2\\0 & 1 & 3\end{bmatrix}$。

解

（1）设 $A=\begin{bmatrix}2 & 5\\1 & 3\end{bmatrix}$，$B=\begin{bmatrix}1 & 1\\-1 & 0\end{bmatrix}$，则 $AX=B$，在方程两边左乘 A^{-1}，得 $X=A^{-1}B$，我们可以利用伴随矩阵法求出 A^{-1}，再代入计算。

$$X=A^{-1}B=\begin{bmatrix}3 & -5\\-1 & 2\end{bmatrix}\begin{bmatrix}1 & 1\\-1 & 0\end{bmatrix}=\begin{bmatrix}8 & 3\\-3 & -1\end{bmatrix}$$

（2）令 $A=\begin{bmatrix}1 & 2 & 3\\0 & 2 & 2\\0 & 0 & 1\end{bmatrix}$，$B=\begin{bmatrix}2 & 0 & -2\\0 & 1 & 3\end{bmatrix}$。

与上题不同的是 A 在 X 的右边，$XA=B$，需要在方程两边右乘 A^{-1}，即 $X=BA^{-1}$，由例 2.17 得到 $A^{-1}=\begin{bmatrix}1 & -1 & -1\\0 & \frac{1}{2} & -1\\0 & 0 & 1\end{bmatrix}$。所以，$X=BA^{-1}=\begin{bmatrix}2 & 0 & -2\\0 & 1 & 3\end{bmatrix}\begin{bmatrix}1 & -1 & -1\\0 & \frac{1}{2} & -1\\0 & 0 & 1\end{bmatrix}=\begin{bmatrix}2 & -2 & -4\\0 & \frac{1}{2} & 2\end{bmatrix}$。

对矩阵方程 $AXB=C$，若 A^{-1}，B^{-1} 存在，在方程两边左乘 A^{-1}，右乘 B^{-1}，有

$$A^{-1}AXBB^{-1}=A^{-1}CB^{-1}$$

即

$$X=A^{-1}CB^{-1}$$

注意

设 A，B 是可逆方阵，矩阵方程的求解。

$$AX=C\xrightarrow{A^{-1}\text{左乘两边}}X=A^{-1}C$$

$$XA=C\xrightarrow{A^{-1}\text{右乘两边}}X=CA^{-1}$$

$$AXB=C\xrightarrow[B^{-1}\text{右乘两边}]{A^{-1}\text{左乘两边}}X=A^{-1}CB^{-1}$$

例 2.20 设矩阵 $A=\begin{bmatrix}1 & 0 & 1\\0 & 2 & 6\\1 & 6 & 1\end{bmatrix}$，满足 $AX+E=A^2+X$，求矩阵 X。

解 把 $\boldsymbol{AX}+\boldsymbol{E}=\boldsymbol{A}^2+\boldsymbol{X}$ 变形为 $(\boldsymbol{A}-\boldsymbol{E})\boldsymbol{X}=\boldsymbol{A}^2-\boldsymbol{E}$。

因为 $\boldsymbol{AE}=\boldsymbol{EA}=\boldsymbol{A}$，由矩阵乘法分配律，$(\boldsymbol{A}+\boldsymbol{E})(\boldsymbol{A}-\boldsymbol{E})=\boldsymbol{A}^2-\boldsymbol{E}$ 且 $(\boldsymbol{A}-\boldsymbol{E})(\boldsymbol{A}+\boldsymbol{E})=\boldsymbol{A}^2-\boldsymbol{E}$，

$$\boldsymbol{A}-\boldsymbol{E}=\begin{bmatrix}1&0&1\\0&2&6\\1&6&1\end{bmatrix}-\begin{bmatrix}1&0&0\\0&1&0\\0&0&1\end{bmatrix}=\begin{bmatrix}0&0&1\\0&1&6\\1&6&0\end{bmatrix}\quad \det(\boldsymbol{A}-\boldsymbol{E})=\begin{vmatrix}0&0&1\\0&1&6\\1&6&0\end{vmatrix}=-1\neq 0$$

所以，矩阵 $\boldsymbol{A}-\boldsymbol{E}$ 可逆，由 $(\boldsymbol{A}-\boldsymbol{E})\boldsymbol{X}=\boldsymbol{A}^2-\boldsymbol{E}=(\boldsymbol{A}-\boldsymbol{E})(\boldsymbol{A}+\boldsymbol{E})$，两边左乘 $(\boldsymbol{A}-\boldsymbol{E})^{-1}$，得

$$\boldsymbol{X}=\boldsymbol{A}+\boldsymbol{E}=\begin{bmatrix}1&0&1\\0&2&6\\1&6&1\end{bmatrix}+\begin{bmatrix}1&0&0\\0&1&0\\0&0&1\end{bmatrix}=\begin{bmatrix}2&0&1\\0&3&6\\1&6&2\end{bmatrix}$$

2. 逆矩阵公式与克莱姆法则的关系

由 n 个方程组成的 n 元线性方程组

$$\begin{cases}a_{11}x_1+a_{12}x_2+\cdots+a_{1n}x_n=b_1\\a_{21}x_1+a_{22}x_2+\cdots+a_{2n}x_n=b_2\\\qquad\vdots\\a_{n1}x_1+a_{n2}x_2+\cdots+a_{nn}x_n=b_n\end{cases}$$

其矩阵形式为 $\boldsymbol{AX}=\boldsymbol{b}$，若系数行列式 $\det\boldsymbol{A}\neq0$，则方程组存在唯一的解 $\boldsymbol{X}=\boldsymbol{A}^{-1}\boldsymbol{b}$。

将公式（2-6）代入，$\boldsymbol{X}=\boldsymbol{A}^{-1}\boldsymbol{b}=\dfrac{1}{|\boldsymbol{A}|}\boldsymbol{A}^*\boldsymbol{b}$。

$$\begin{bmatrix}x_1\\x_2\\\vdots\\x_n\end{bmatrix}=\frac{1}{|\boldsymbol{A}|}\begin{bmatrix}\boldsymbol{A}_{11}&\boldsymbol{A}_{21}&\cdots&\boldsymbol{A}_{n1}\\\boldsymbol{A}_{12}&\boldsymbol{A}_{22}&\cdots&\boldsymbol{A}_{n2}\\\vdots&\vdots&\vdots&\vdots\\\boldsymbol{A}_{1n}&\boldsymbol{A}_{2n}&\cdots&\boldsymbol{A}_{nn}\end{bmatrix}\begin{bmatrix}\boldsymbol{b}_1\\\boldsymbol{b}_2\\\vdots\\\boldsymbol{b}_n\end{bmatrix}=\frac{1}{|\boldsymbol{A}|}\begin{bmatrix}\boldsymbol{b}_1\boldsymbol{A}_{11}+\boldsymbol{b}_2\boldsymbol{A}_{21}+\cdots+\boldsymbol{b}_n\boldsymbol{A}_{n1}\\\boldsymbol{b}_1\boldsymbol{A}_{12}+\boldsymbol{b}_2\boldsymbol{A}_{22}+\cdots+\boldsymbol{b}_n\boldsymbol{A}_{n2}\\\vdots\\\boldsymbol{b}_1\boldsymbol{A}_{1n}+\boldsymbol{b}_2\boldsymbol{A}_{2n}+\cdots+\boldsymbol{b}_n\boldsymbol{A}_{nn}\end{bmatrix}$$

即

$$x_j=\frac{1}{|\boldsymbol{A}|}(\boldsymbol{b}_1\boldsymbol{A}_{1j}+\boldsymbol{b}_2\boldsymbol{A}_{2j}+\cdots+\boldsymbol{b}_n\boldsymbol{A}_{nj})=\frac{1}{|\boldsymbol{A}|}|\boldsymbol{A}_j| \tag{2-7}$$

式（2-7）就是克莱姆法则。

可见，克莱姆法则与逆矩阵公式是等价的。它解决的是方程个数与未知数个数相等并且系数行列式不等于 0 的线性方程组的求解。

例 2.21 利用逆矩阵解方程组 $\begin{cases}x_1+x_2-x_3=0\\2x_1+3x_2-3x_3=3\\-3x_2+x_3=-3\end{cases}$。

解 设方程组的系数矩阵 $\boldsymbol{A}=\begin{bmatrix}1&1&-1\\2&3&-3\\0&-3&1\end{bmatrix}$，$\boldsymbol{b}=\begin{bmatrix}0\\3\\-3\end{bmatrix}$，$\det\boldsymbol{A}=-2\neq0$，

所以，
$$X=A^{-1}b=\begin{bmatrix}3&-1&0\\1&-\frac{1}{2}&-\frac{1}{2}\\3&-\frac{3}{2}&-\frac{1}{2}\end{bmatrix}\begin{bmatrix}0\\3\\-3\end{bmatrix}=\begin{bmatrix}-3\\0\\-3\end{bmatrix}$$

例 2.22　加密解密是信息传输安全的重要手段，其中一种简单的密码法是基于可逆矩阵的方法。先在 26 个字母与数字之间建立一一对应：

$$\begin{matrix}A&B&C&D&\cdots&X&Y&Z\\\updownarrow&\updownarrow&\updownarrow&\updownarrow&\updownarrow&\updownarrow&\updownarrow&\updownarrow\\1&2&3&4&\cdots&24&25&26\end{matrix}$$

若要发出信息 matrix，使用上述代码，与 matrix 的字母对应的数字依次是 13，1，20，18，9，24，写成两个列向量$\begin{bmatrix}13\\1\\20\end{bmatrix}$，$\begin{bmatrix}18\\9\\24\end{bmatrix}$，然后任选一可逆矩阵 $A=\begin{bmatrix}1&2&3\\1&1&2\\0&1&2\end{bmatrix}$。

于是可将要传输的信息向量乘以 A 变成“密码”后发出：

$$\begin{bmatrix}1&2&3\\1&1&2\\0&1&2\end{bmatrix}\begin{bmatrix}13\\1\\20\end{bmatrix}=\begin{bmatrix}75\\54\\41\end{bmatrix},\begin{bmatrix}1&2&3\\1&1&2\\0&1&2\end{bmatrix}\begin{bmatrix}18\\9\\24\end{bmatrix}=\begin{bmatrix}108\\75\\57\end{bmatrix}$$

在收到信息 75，54，41，108，75，57 后，可用逆矩阵 A^{-1} 解密，从密码中恢复明码。

$$A^{-1}=\begin{bmatrix}0&1&-1\\0&-2&-1\\-1&1&1\end{bmatrix}\qquad A^{-1}\begin{bmatrix}75\\54\\41\end{bmatrix}=\begin{bmatrix}13\\1\\20\end{bmatrix},A^{-1}\begin{bmatrix}108\\75\\57\end{bmatrix}=\begin{bmatrix}18\\9\\24\end{bmatrix}$$

从而得到信息 matrix。

练习 2.4

1. 设 A，B，C 为 n 阶方阵，且 $ABC=E$，则必有（　　）。

A. $ACB=E$　　B. $CBA=E$　　C. $BAC=E$　　D. $BCA=E$

2. 设 A 是上（下）三角矩阵，则 A 可逆的充要条件是主对角线上元素（　　）。

A. 全为非负　　B. 不全为 0　　C. 全不为零　　D. 没有限制

3. 设 $A=\begin{bmatrix}a&b\\c&d\end{bmatrix}$，$\det A=-1$，则 $A^{-1}=$（　　）。

A. $\begin{bmatrix}d&b\\c&a\end{bmatrix}$　　B. $\begin{bmatrix}-d&b\\c&-a\end{bmatrix}$　　C. $\begin{bmatrix}d&-b\\-c&a\end{bmatrix}$　　D. $\begin{bmatrix}-d&c\\b&-a\end{bmatrix}$

4. 设对角矩阵 $A=\begin{bmatrix}2&0&0\\0&4&0\\0&0&1\end{bmatrix}$，求 A^{-1}。

5. 求解矩阵方程 $\begin{bmatrix}2 & 3\\1 & 2\end{bmatrix}\boldsymbol{X}\begin{bmatrix}3 & 4\\-1 & 2\end{bmatrix}=\begin{bmatrix}2 & -1\\1 & 3\end{bmatrix}$。

6. 利用逆矩阵求解线性方程组 $\begin{cases}x_1+x_2+2x_3=1\\2x_1-x_2+2x_3=-4\\4x_1+x_2+4x_3=-2\end{cases}$。

7. 设 $\boldsymbol{A}=\begin{bmatrix}1 & -1\\2 & -3\end{bmatrix}$，$\boldsymbol{AX}=2\boldsymbol{A}-3\boldsymbol{X}$，求 $\boldsymbol{X}$。

8. 设 $\boldsymbol{AP}=\boldsymbol{P\Lambda}$，其中 $\boldsymbol{P}=\begin{bmatrix}-1 & -4\\1 & 1\end{bmatrix}$，$\boldsymbol{\Lambda}=\begin{bmatrix}-1 & 0\\0 & 2\end{bmatrix}$，求 $\boldsymbol{A}^{12}$。

思政聚焦 4

你知道中国著名数学著作《九章算术》吗？《九章算术》成书于公元一世纪左右，书中第八章“方程”采用分离系数的方法表示线性方程组，相当于现在的矩阵；解线性方程组时使用的直除法，与矩阵的初等变换一致。这是世界上最早的完整的线性方程组的解法。在西方，直到 17 世纪才由莱布尼兹提出完整的线性方程的解法法则。中国传统文化处处闪耀着古人智慧的光芒，亦是古人艰辛探索的成果。新时代的青年，在数学的知识海洋遨游时，难道不应该为此而感到自豪吗？

2.5 二维图形变换中的矩阵方法

二维图形变换中的矩阵方法

图形分为二维（2D）图形和三维（3D）图形，通常由点、线、面、体等几何元素和灰度、色彩、线型、线宽等非几何属性组成。因此，图形通常用形状参数（数学表达式）和属性参数表示。

图形变换一般是指对图形的几何属性进行平移、缩放、旋转、翻折、错切、投影等操作后产生新图形的过程。

图形变换实质上是点的坐标值变换，已知道某一点的坐标，描述变换后该点新的坐标值，即为**坐标变换**。如果图形上每一个点都进行同一变换，即可得到该图形的变换。对于线框图形的变换，通常是变换每个顶点的坐标，连接新的顶点序列即可产生变换后的图形；对于曲线、曲面等图形变换，一般通过对其参数方程做变换来实现对整个图形的变换。那么，数学上如何表示图形变换呢？

2.5.1 图形的坐标表示与向量表示

1. 基底与坐标

我们在一个叫“线性空间”的范畴探讨图形变换问题。凡定义了线性运算的集合，可称为**线性空间**（对加法和数乘运算封闭）。线性空间中的任何一个对象及它在空间里的运动，该如何来描述和定位呢？——坐标、向量、矩阵就陆续登场了。

首先我们要确定空间的基准，如图 2-14 中的向量 $\boldsymbol{e}_1$ 和 $\boldsymbol{e}_2$。在选好基准之后，通过“沿着 $\boldsymbol{e}_1$ 走 3 步，沿着 $\boldsymbol{e}_2$ 走 2 步”来指定向量 $\boldsymbol{v}$ 的位置。换句话说，就是 $\boldsymbol{v}=3\boldsymbol{e}_1+2\boldsymbol{e}_2$。

这里作为基准的一组向量叫作**基底**（可理解为线性空间的一个坐标系），沿着基准向量走的“步数”叫作坐标。在基底 $(\boldsymbol{e}_1,\boldsymbol{e}_2)$ 下，$\boldsymbol{v}$ 的坐标为 $(3,2)^{\mathrm{T}}$。

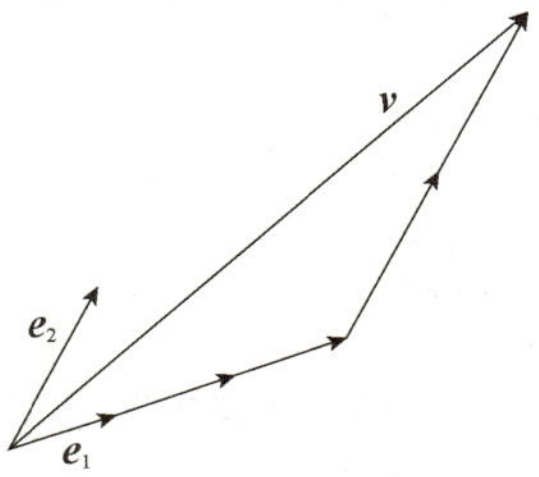

图 2-14

基底的选取有各种各样的方式（在线性空间可以建立各种坐标系）。我们非常熟悉的二维平面直角坐标系，基底选用了二维向量 $\boldsymbol{i}=\begin{bmatrix}1\\0\end{bmatrix}$，$\boldsymbol{j}=\begin{bmatrix}0\\1\end{bmatrix}$，平面上任一点 $\begin{bmatrix}x\\y\end{bmatrix}$ 都可由这组基向量线性表示，即 $\begin{bmatrix}x\\y\end{bmatrix}=x\begin{bmatrix}1\\0\end{bmatrix}+y\begin{bmatrix}0\\1\end{bmatrix}=x\boldsymbol{i}+y\boldsymbol{j}$。$\begin{bmatrix}x\\y\end{bmatrix}$ 称为在基底 $(\boldsymbol{i},\boldsymbol{j})$ 下点的坐标。

中学阶段已学过平面向量的基本定理：假设 $\boldsymbol{e}_1$ 和 $\boldsymbol{e}_2$ 是平面上**两个不共线**的向量，对于这个平面内的任意向量 $\boldsymbol{a}$，都可以用这组基向量线性表示，即 $\boldsymbol{a}=k_1\boldsymbol{e}_1+k_2\boldsymbol{e}_2$。$(k_1,k_2)^{\mathrm{T}}$ 是向量 $\boldsymbol{a}$ 在基底 $(\boldsymbol{e}_1,\boldsymbol{e}_2)$ 下的坐标。

三维单位向量 $\boldsymbol{i}=\begin{bmatrix}1\\0\\0\end{bmatrix}$，$\boldsymbol{j}=\begin{bmatrix}0\\1\\0\end{bmatrix}$，$\boldsymbol{k}=\begin{bmatrix}0\\0\\1\end{bmatrix}$ 是构造空间直角坐标系常用的基底，在这组基底下，空间任意一点 $\begin{bmatrix}x\\y\\z\end{bmatrix}$ 可由 $\boldsymbol{i}$，$\boldsymbol{j}$，$\boldsymbol{k}$ 线性表示，$\begin{bmatrix}x\\y\\z\end{bmatrix}=x\boldsymbol{i}+y\boldsymbol{j}+z\boldsymbol{k}$。同样地，假设 $\boldsymbol{e}_1$，$\boldsymbol{e}_2$，$\boldsymbol{e}_3$ 是三维空间三个不共面的三维向量，对于这个空间的任意向量 $\boldsymbol{v}$，都可以用这组基向量线性表示，即 $\boldsymbol{v}=k_1\boldsymbol{e}_1+k_2\boldsymbol{e}_2+k_3\boldsymbol{e}_3$。$(k_1,k_2,k_3)^{\mathrm{T}}$ 是向量 $\boldsymbol{v}$ 在基底 $(\boldsymbol{e}_1,\boldsymbol{e}_2,\boldsymbol{e}_3)$ 下的坐标。

实际上，任意两个二维不共线向量都可以构成一个平面坐标系，任意三个三维不共面向量可构成一个空间坐标系。平面或空间内同一个点在不同基底下的坐标是不同的。

2. 图形的向量表示和矩阵表示

线性空间中的任何一个点，在选取了空间的一组基底后，都有唯一的坐标，坐标值是向量的形式，那么用图形的顶点坐标组成矩阵就可以表示图形。

如图 2-15 所示的 ΔABC 用矩阵表示为 $\begin{bmatrix}1&3&3\\1&3&1\end{bmatrix}$。若用 n 维向量 $(x_1,x_2,\cdots,x_n)^{\mathrm{T}}$ 表示 n 维空间一个点的坐标，那么 n

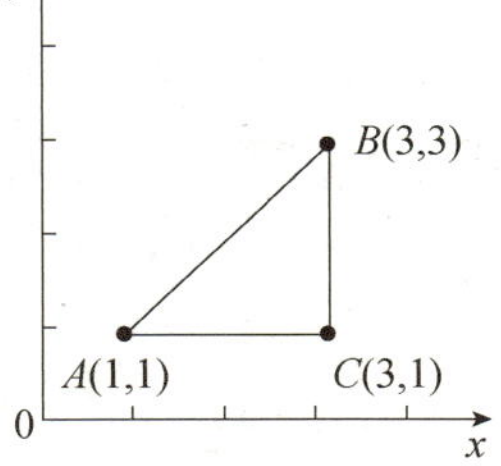

图 2-15

维空间 m 个点的坐标是 m 个 n 维列向量的集合，是一个 $n\times m$ 矩阵。

$$\begin{bmatrix} x_{11} & x_{21} & \cdots & x_{m1} \\ x_{12} & x_{22} & \cdots & x_{m2} \\ \vdots & \vdots & \vdots & \vdots \\ x_{1n} & x_{2n} & \cdots & x_{mn} \end{bmatrix}$$

我们知道矩阵最重要的机能是映射。若有 $\boldsymbol{Pa}=\boldsymbol{b}$，我们就说矩阵 $\boldsymbol{P}$ 将向量 $\boldsymbol{a}$ 映射（变换）到向量 $\boldsymbol{b}$。从这个角度看，“变换”和“乘法”是等价的，进行坐标变换等价于执行相应的矩阵乘法运算，数学上通过对表示图形的坐标矩阵进行乘法运算来实现图形变换。

$$\begin{bmatrix} \text{变换} \\ \text{矩阵} \end{bmatrix} \times \begin{bmatrix} \text{原来的} \\ \text{图形顶点} \\ \text{坐标矩阵} \end{bmatrix} = \begin{bmatrix} \text{变换后的} \\ \text{图形顶点} \\ \text{坐标矩阵} \end{bmatrix}$$

可见向量和矩阵的运算是计算机图形处理技术的数学基础。

2.5.2 二维图形的基本变换

设二维平面的点 $P(x,y)$，变换后点 $P'(x',y')$ 的坐标与点 P 的坐标关系如下

$$\begin{cases} x' = ax + cy \\ y' = bx + dy \end{cases} \tag{2-8}$$

其矩阵形式为 $\begin{bmatrix} x' \\ y' \end{bmatrix} = \begin{bmatrix} a & c \\ b & d \end{bmatrix}\begin{bmatrix} x \\ y \end{bmatrix}$。其中，$\begin{bmatrix} a & c \\ b & d \end{bmatrix}$ 称为**变换矩阵**，它是线性变换方程组（2-8）的系数矩阵。

1. 以坐标原点为基准点的缩放变换

缩放变换也称为比例变换，只改变图形的大小，不改变形状，称为均匀比例变换；图形的大小和形状都发生改变，称为非均匀比例变换。通过缩放系数 S_x 和 S_y 与点的坐标 $(x,y)^{\mathrm{T}}$ 相乘而得，缩放前后坐标关系为 $\begin{cases} x' = S_x x \\ y' = S_y y \end{cases}$，其矩阵形式为 $\begin{bmatrix} x' \\ y' \end{bmatrix} = \begin{bmatrix} S_x & 0 \\ 0 & S_y \end{bmatrix}\begin{bmatrix} x \\ y \end{bmatrix}$。

$S_x = S_y > 1$ 时，点的位置变了，图形均匀放大为原来的 S_x，如图 2-16 所示，ΔABC 变为 $\Delta A'B'C'$。

$S_x = S_y < 1$ 时，点的位置改变，图形均匀缩小原来的 S_x，如图 2-17 所示，ΔABC 变为 $\Delta A'B'C'$。

$S_x \neq S_y$ 时，图形沿两轴方向非均匀变化，产生畸形。

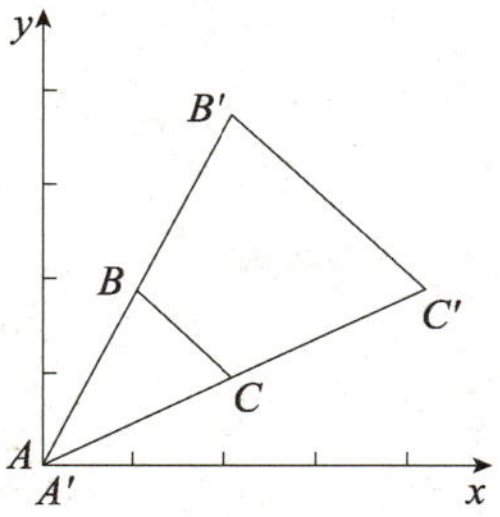

图 2-16

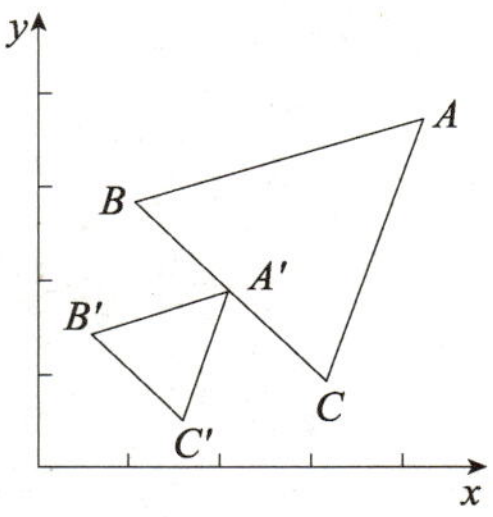

图 2-17

2. 绕坐标原点的旋转变换

旋转指图形绕**坐标原点**逆时针旋转一个角度 θ，r 是点 (x, y) 到原点的距离，φ 是点的原始角度，利用三角公式有

$$x' = r\cos(\varphi+\theta) = r\cos\varphi\cos\theta - r\sin\varphi\sin\theta$$

$$y' = r\sin(\varphi+\theta) = r\cos\varphi\sin\theta + r\sin\varphi\cos\theta$$

由于，$x = r\cos\varphi$，$y = r\sin\varphi$，所以，旋转前后坐标关系为（如图 2-18 所示）：

$$\begin{cases} x' = x\cos\theta - y\sin\theta \\ y' = x\sin\theta + y\cos\theta \end{cases}$$

其矩阵形式为：

$$\begin{bmatrix} x' \\ y' \end{bmatrix} = \begin{bmatrix} \cos\theta & -\sin\theta \\ \sin\theta & \cos\theta \end{bmatrix} \begin{bmatrix} x \\ y \end{bmatrix}$$

矩形绕坐标原点逆时针旋转示例如图 2-19 所示。

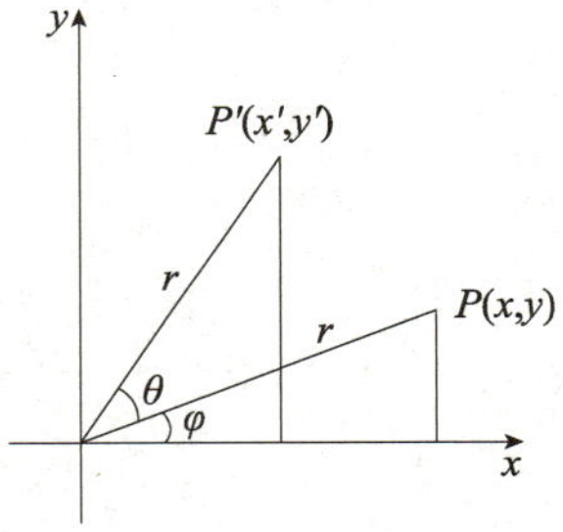

图 2-18

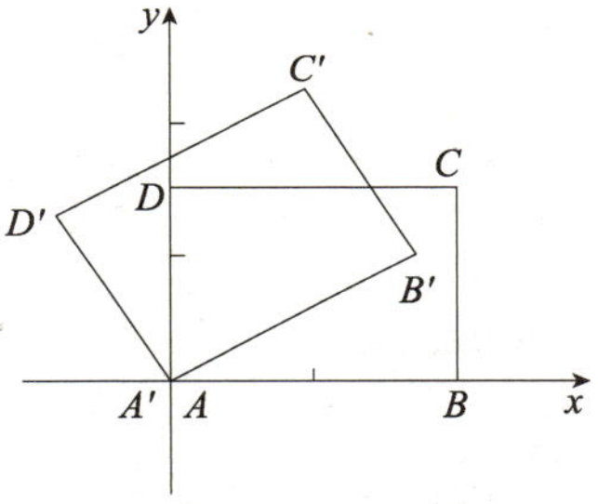

图 2-19

3. 翻折变换

翻折变换又称对称变换、镜像变换、反射变换。我们熟悉的关于 x 轴对称、关于 y 轴对称、关于直线 $y{=}x$ 对称、关于直线 $y{=}{-}x$ 对称，就是把图形沿坐标轴或直线翻折，从而产生镜像的效果。翻折变换前后坐标关系如下。

（1）关于 x 轴对称：$\begin{cases} x' = x \\ y' = -y \end{cases}$，即 $\begin{bmatrix} x' \\ y' \end{bmatrix} = \begin{bmatrix} 1 & 0 \\ 0 & -1 \end{bmatrix} \begin{bmatrix} x \\ y \end{bmatrix}$（横坐标不变，纵坐标取反），如图 2-20 所示。

（2）关于 y 轴对称：$\begin{cases} x' = -x \\ y' = y \end{cases}$，即 $\begin{bmatrix} x' \\ y' \end{bmatrix} = \begin{bmatrix} -1 & 0 \\ 0 & 1 \end{bmatrix} \begin{bmatrix} x \\ y \end{bmatrix}$（纵坐标不变，横坐标取反），

如图 2-21 所示。

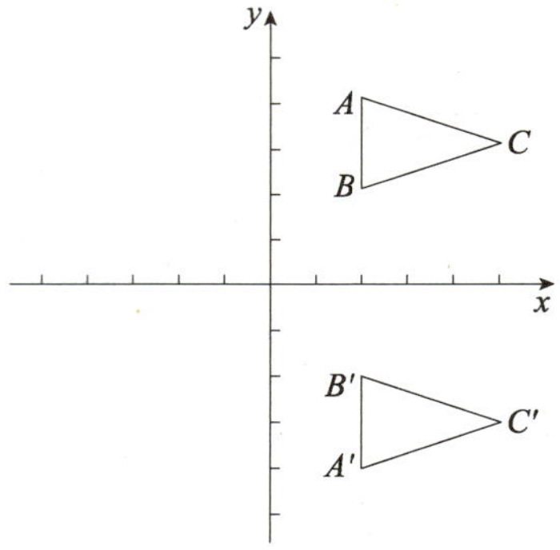

图 2-20

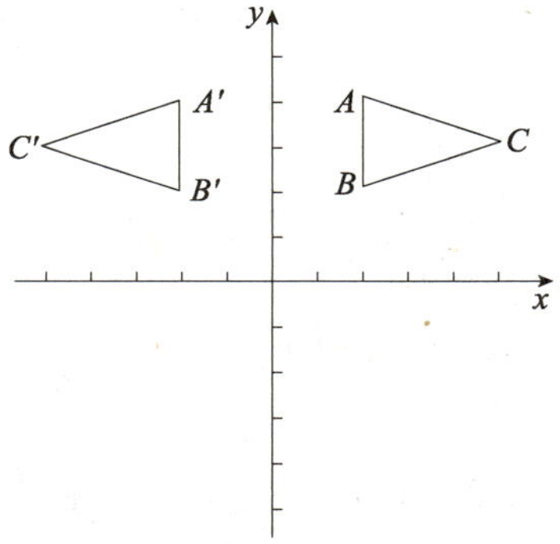

图 2-21

（3）关于原点对称：$\begin{cases} x' = -x \\ y' = -y \end{cases}$，即 $\begin{bmatrix} x' \\ y' \end{bmatrix} = \begin{bmatrix} -1 & 0 \\ 0 & -1 \end{bmatrix}\begin{bmatrix} x \\ y \end{bmatrix}$（横坐标、纵坐标取反），如图 2-22 所示。

（4）关于直线 $y=x$ 对称：$\begin{cases} x' = y \\ y' = x \end{cases}$，即 $\begin{bmatrix} x' \\ y' \end{bmatrix} = \begin{bmatrix} 0 & 1 \\ 1 & 0 \end{bmatrix}\begin{bmatrix} x \\ y \end{bmatrix}$（横坐标与纵坐标互换），如图 2-23 所示。

（5）关于直线 $y=-x$ 对称：$\begin{cases} x' = -y \\ y' = -x \end{cases}$，即 $\begin{bmatrix} x' \\ y' \end{bmatrix} = \begin{bmatrix} 0 & -1 \\ -1 & 0 \end{bmatrix}\begin{bmatrix} x \\ y \end{bmatrix}$（横坐标、纵坐标互换再取反），如图 2-24 所示。

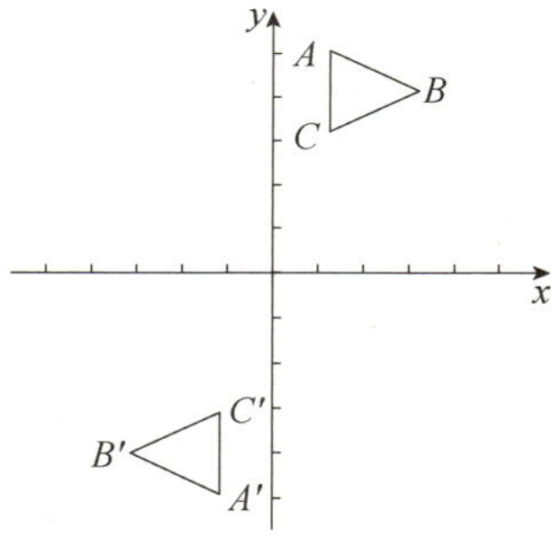

图 2-22

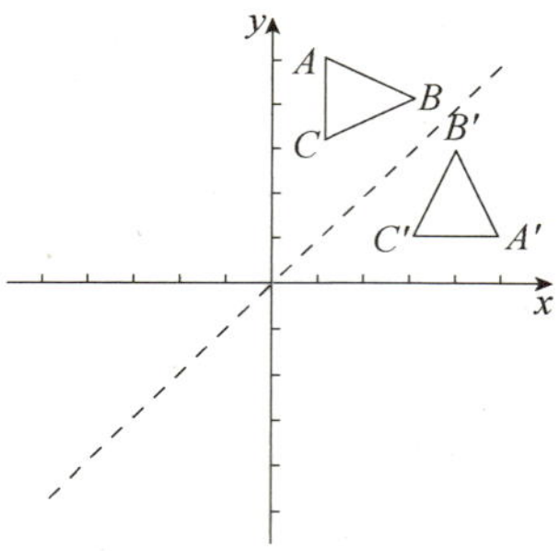

图 2-23

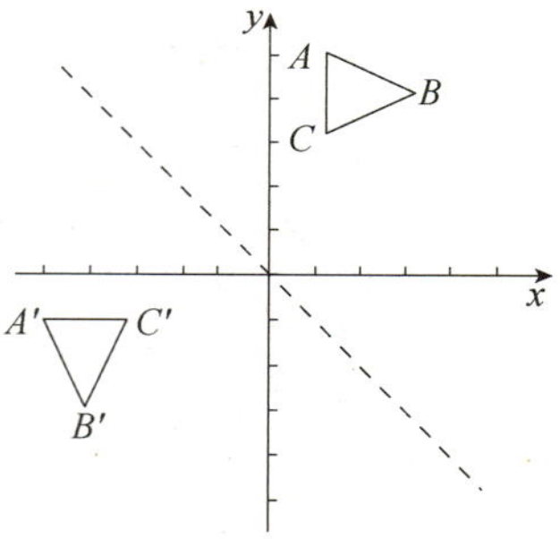

图 2-24

4. 错切变换

错切变换是图形沿某坐标方向产生不等量的移动而引起图形变形的一种变换。经过错切的对象好像是拉动互相滑动的组件而成，常用的错切变换是移动 x 坐标值的错切和移动 y 坐标值的错切。

沿 x 方向错切：y 乘以一个因子 c 加到 x 上，$\begin{cases} x' = x + cy \\ y' = y \end{cases}$，如图 2-25，沿 x 轴方向拉动图形，即 $\begin{bmatrix} x' \\ y' \end{bmatrix} = \begin{bmatrix} 1 & c \\ 0 & 1 \end{bmatrix}\begin{bmatrix} x \\ y \end{bmatrix}$。

沿 y 方向错切：x 乘以一个因子 b 加到 y 上，$\begin{cases} x' = x \\ y' = bx + y \end{cases}$，如图 2-26，沿 y 轴方向拉动图形，即 $\begin{bmatrix} x' \\ y' \end{bmatrix} = \begin{bmatrix} 1 & 0 \\ b & 1 \end{bmatrix}\begin{bmatrix} x \\ y \end{bmatrix}$。

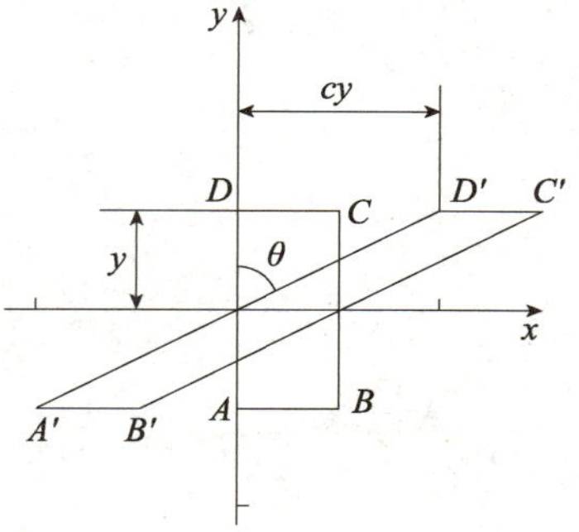

图 2-25

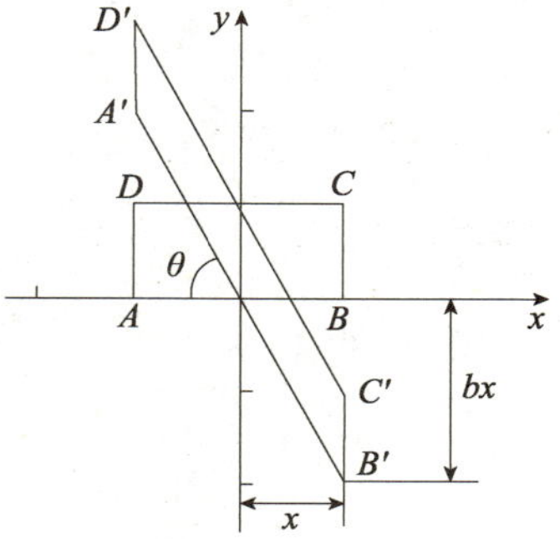

图 2-26

综上所述，二维图形的缩放、旋转、对称和错切变换如表 2-2 所列。

表 2-2

图形变换	变换矩阵	变换方程的矩阵形式
缩放变换	$\begin{bmatrix} a & 0 \\ 0 & d \end{bmatrix}$	$\begin{bmatrix} x' \\ y' \end{bmatrix} = \begin{bmatrix} a & 0 \\ 0 & d \end{bmatrix}\begin{bmatrix} x \\ y \end{bmatrix}$
旋转变换	$\begin{bmatrix} \cos\theta & -\sin\theta \\ \sin\theta & \cos\theta \end{bmatrix}$	$\begin{bmatrix} x' \\ y' \end{bmatrix} = \begin{bmatrix} \cos\theta & -\sin\theta \\ \sin\theta & \cos\theta \end{bmatrix}\begin{bmatrix} x \\ y \end{bmatrix}$
翻折变换	关于 x 轴对称：$\begin{bmatrix} 1 & 0 \\ 0 & -1 \end{bmatrix}$	$\begin{bmatrix} x' \\ y' \end{bmatrix} = \begin{bmatrix} 1 & 0 \\ 0 & -1 \end{bmatrix}\begin{bmatrix} x \\ y \end{bmatrix}$
	关于 y 轴对称：$\begin{bmatrix} -1 & 0 \\ 0 & 1 \end{bmatrix}$	$\begin{bmatrix} x' \\ y' \end{bmatrix} = \begin{bmatrix} -1 & 0 \\ 0 & 1 \end{bmatrix}\begin{bmatrix} x \\ y \end{bmatrix}$
	关于原点对称：$\begin{bmatrix} -1 & 0 \\ 0 & -1 \end{bmatrix}$	$\begin{bmatrix} x' \\ y' \end{bmatrix} = \begin{bmatrix} -1 & 0 \\ 0 & -1 \end{bmatrix}\begin{bmatrix} x \\ y \end{bmatrix}$
	关于直线 y=x 对称：$\begin{bmatrix} 0 & 1 \\ 1 & 0 \end{bmatrix}$	$\begin{bmatrix} x' \\ y' \end{bmatrix} = \begin{bmatrix} 0 & 1 \\ 1 & 0 \end{bmatrix}\begin{bmatrix} x \\ y \end{bmatrix}$
	关于直线 y=–x 对称：$\begin{bmatrix} 0 & -1 \\ -1 & 0 \end{bmatrix}$	$\begin{bmatrix} x' \\ y' \end{bmatrix} = \begin{bmatrix} 0 & -1 \\ -1 & 0 \end{bmatrix}\begin{bmatrix} x \\ y \end{bmatrix}$
错切变换	沿 x 方向错切：$\begin{bmatrix} 1 & c \\ 0 & 1 \end{bmatrix}$	$\begin{bmatrix} x' \\ y' \end{bmatrix} = \begin{bmatrix} 1 & c \\ 0 & 1 \end{bmatrix}\begin{bmatrix} x \\ y \end{bmatrix}$
	沿 y 方向错切：$\begin{bmatrix} 1 & 0 \\ b & 1 \end{bmatrix}$	$\begin{bmatrix} x' \\ y' \end{bmatrix} = \begin{bmatrix} 1 & 0 \\ b & 1 \end{bmatrix}\begin{bmatrix} x \\ y \end{bmatrix}$

2.5.3 平移变换与齐次坐标

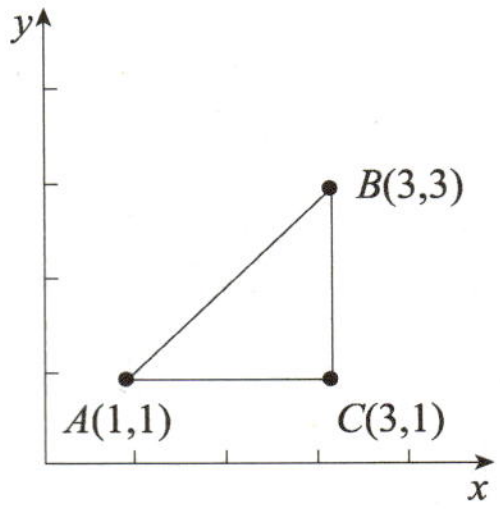

图 2-27

1. 平移变换

平移变换是指图形在坐标系的位置发生变化，而大小和形状不变。平移变换通过将平移量加到一个点的坐标上来生成一个新的坐标位置。点（x, y）沿平移向量（a, b）（即沿 x 轴方向平移 a，沿 y 轴方向平移 b）至点(x', y')，平移前后点的坐标关系为$\begin{cases} x' = x + a \\ y' = y + b \end{cases}$，如图 2-27 所示，点 A（1，1）沿向量$\overrightarrow{AB}=(2,2)$移至点 B（3, 3），沿向量$\overrightarrow{AC}=(2,0)$移至点 C（3, 1）。

在变换矩阵$\boldsymbol{T}=\begin{bmatrix} a & c \\ b & d \end{bmatrix}$的条件下，我们讨论了 2D 图形的缩放、旋转、对称和错切变换。为何没有平移变换呢？原因是变换矩阵$\begin{bmatrix} a & c \\ b & d \end{bmatrix}$不具备对图形进行平移的功能。那么我们对$\begin{bmatrix} a & c \\ b & d \end{bmatrix}$加以改进，增加一列，令$\boldsymbol{T}=\begin{bmatrix} a & c & l \\ b & d & m \end{bmatrix}$可表示平移变换，若进行$\begin{bmatrix} a & c & l \\ b & d & m \end{bmatrix}\begin{bmatrix} x \\ y \end{bmatrix}$，根据矩阵乘法规则是不能相乘的，解决的办法是给$\begin{bmatrix} x \\ y \end{bmatrix}$加个尾巴，变成$\begin{bmatrix} x \\ y \\ \alpha \end{bmatrix}$。

$$\begin{bmatrix} a & c & l \\ b & d & m \end{bmatrix}\begin{bmatrix} x \\ y \\ \alpha \end{bmatrix}=\begin{bmatrix} ax+cy+\alpha l \\ bx+dy+\alpha m \end{bmatrix}$$

因为在平移变换中，图形上任一点变换前后的坐标满足$\begin{cases} x' = x + l \\ y' = y + m \end{cases}$。

为得到$\begin{cases} ax+cy+\alpha l = x+l \\ bx+dy+\alpha m = y+m \end{cases}$，令 $a=d=1$，$b=c=0$，$\alpha=1$。则有

$$\begin{bmatrix} 1 & 0 & l \\ 0 & 1 & m \end{bmatrix}\begin{bmatrix} x \\ y \\ 1 \end{bmatrix}=\begin{bmatrix} x+l \\ y+m \end{bmatrix}$$

把向量$\begin{bmatrix} x \\ y \end{bmatrix}$改写成$\begin{bmatrix} x \\ y \\ 1 \end{bmatrix}$，$\begin{bmatrix} 1 & 0 & l \\ 0 & 1 & m \end{bmatrix}\begin{bmatrix} x \\ y \\ 1 \end{bmatrix}=\begin{bmatrix} x+l \\ y+m \end{bmatrix}$就可以表示平移量为$[l, m]$的平移变换了，$\begin{bmatrix} x \\ y \\ 1 \end{bmatrix}$称为$\begin{bmatrix} x \\ y \end{bmatrix}$的齐次坐标。

2. 齐次坐标

所谓**齐次坐标**就是用 n+1 维向量表示一个 n 维向量。设 n 维空间点对应一个 n 维向量 $(x_1,x_2,\cdots,x_n)^{\mathrm{T}}$，则对于 $h\neq0$，称 $(hx_1,hx_2,\cdots,hx_n,h)^{\mathrm{T}}$ 为这个 n 维向量的齐次坐标表示，h 称为齐次项，h 取 1 时，$(x_1,x_2,\cdots,x_n,1)^{\mathrm{T}}$ 称为标准化齐次坐标。

二维直角坐标（x, y）的点的齐次坐标为（hx, hy, h），三维空间点（x, y, z）的齐次坐标为（hx, hy, hz, h），h 为非零常数，h 取不同的数，就得到不同的齐次坐标。

如点（2, 3）的齐次坐标为（2, 3, 1），（4, 6, 2），（–2, –3, –1），（10, 15, 5），…，**一个点的齐次坐标不是唯一的**。

3. 齐次坐标与普通坐标之间的转换

（1）把平面一点普通坐标（x, y）转换成齐次坐标：x 和 y 乘以同一个非 0 数 h，加上第 3 个分量 h，即（hx, hy, h）。

（2）把一个齐次坐标转换成普通坐标：把前两个坐标除以第三个坐标，再去掉第三个分量，即 $(x,y,w)\Leftrightarrow\left(\dfrac{x}{w},\dfrac{y}{w}\right)$。

例 2.23　将齐次坐标转换成普通坐标，如表 2-3 所示。

表 2-3

齐次坐标	普通坐标
（1, 2, 3）	$\left(\frac{1}{3},\frac{2}{3}\right)$
（2, 4, 6）	$\left(\frac{2}{6},\frac{4}{6}\right)=\left(\frac{1}{3},\frac{2}{3}\right)$
（3, 6, 9）	$\left(\frac{3}{9},\frac{6}{9}\right)=\left(\frac{1}{3},\frac{2}{3}\right)$
（a, 2a, 3a）	$\left(\frac{a}{3a},\frac{2a}{3a}\right)=\left(\frac{1}{3},\frac{2}{3}\right)$

点（1, 2, 3）、（2, 4, 6）、（3, 6, 9）、（a, 2a, 3a）对应 2D 直角坐标系中的同一点 $\left(\frac{1}{3},\frac{2}{3}\right)$，因此这些点是“齐次”的，齐次坐标描述缩放不变性。

4. 二维图形变换的齐次矩阵

对平面任一点进行平移量为（l, m）的平移变换如下：

$$\begin{bmatrix}1 & 0 & l\\0 & 1 & m\end{bmatrix}\begin{bmatrix}x\\y\\1\end{bmatrix}=\begin{bmatrix}x+l\\y+m\end{bmatrix}$$

输入点 $\begin{bmatrix}x\\y\\1\end{bmatrix}$ 是三维向量，输出点 $\begin{bmatrix}x+l\\y+m\end{bmatrix}$ 是二维向量，它们的坐标形式不一致。

为此，将平移变换矩阵增加一行，扩充为3阶方阵。

$$\begin{bmatrix}1 & 0 & l\\0 & 1 & m\\0 & 0 & 1\end{bmatrix}\begin{bmatrix}x\\y\\1\end{bmatrix}=\begin{bmatrix}x+l\\y+m\\1\end{bmatrix}$$

输出点的坐标就是三维向量，这样输入坐标与输出坐标形式就一致了。

采用齐次坐标描述点，就能使得平移、缩放、对称、旋转和错切变换矩阵统一成$\boldsymbol{T}_{3\times3}$。

形如$\begin{bmatrix}a & c & l\\b & d & m\\p & q & s\end{bmatrix}$的矩阵称为二维直角坐标系中的齐次变换矩阵。其中，左上角的二阶方阵$\boldsymbol{A}=\begin{bmatrix}a & c\\b & d\end{bmatrix}$在变换功能上对图形进行放缩、旋转、对称、错切；左下角矩阵$\boldsymbol{B}=[p \quad q]$对图形进行投影；右上角矩阵$\boldsymbol{C}=\begin{bmatrix}l\\m\end{bmatrix}$对图形进行平移；右下角矩阵$\boldsymbol{D}=[s]$的作用是对**图形整体**进行伸缩变换。

因此，二维图形基本变换的齐次变换矩阵为表2-4中的形式。

表 2-4

图形变换	齐次变换矩阵	图形变换	齐次变换矩阵
平移变换 平移量为（l, m）	$\begin{bmatrix}1 & 0 & l\\0 & 1 & m\\0 & 0 & 1\end{bmatrix}$	关于x轴的对称变换	$\begin{bmatrix}1 & 0 & 0\\0 & -1 & 0\\0 & 0 & 1\end{bmatrix}$
放缩变换 比例系数为a，d	$\begin{bmatrix}a & 0 & 0\\0 & d & 0\\0 & 0 & 1\end{bmatrix}$	关于y轴的对称变换	$\begin{bmatrix}-1 & 0 & 0\\0 & 1 & 0\\0 & 0 & 1\end{bmatrix}$
旋转变换 绕原点逆时针旋转θ	$\begin{bmatrix}\cos\theta & -\sin\theta & 0\\\sin\theta & \cos\theta & 0\\0 & 0 & 1\end{bmatrix}$	关于原点轴的对称变换	$\begin{bmatrix}-1 & 0 & 0\\0 & -1 & 0\\0 & 0 & 1\end{bmatrix}$
比例系数为s的整体伸缩变换	$\begin{bmatrix}1 & 0 & 0\\0 & 1 & 0\\0 & 0 & \frac{1}{s}\end{bmatrix}$	关于直线$y=x$的对称变换	$\begin{bmatrix}0 & 1 & 0\\1 & 0 & 0\\0 & 0 & 1\end{bmatrix}$
沿x方向错切，错切系数为c	$\begin{bmatrix}1 & c & 0\\0 & 1 & 0\\0 & 0 & 1\end{bmatrix}$	关于直线$y=-x$的对称变换	$\begin{bmatrix}0 & -1 & 0\\-1 & 0 & 0\\0 & 0 & 1\end{bmatrix}$
沿y方向错切，错切系数为b	$\begin{bmatrix}1 & 0 & 0\\b & 1 & 0\\0 & 0 & 1\end{bmatrix}$		

例 2.24 给定点$(3,4)^T$，求经平移量（2, –1）平移之后点的坐标。

解 点$(3,4)^T$的齐次坐标为$(3,4,1)^T$，平移量为（2, –1）的平移矩阵为$\begin{bmatrix}1 & 0 & 2\\0 & 1 & -1\\0 & 0 & 1\end{bmatrix}$，

$$\begin{bmatrix}1 & 0 & 2\\0 & 1 & -1\\0 & 0 & 1\end{bmatrix}\begin{bmatrix}3\\4\\1\end{bmatrix}=\begin{bmatrix}5\\3\\1\end{bmatrix}$$

将$(5,3,1)^T$化为普通坐标$(5,3)^T$。

所以，点$(3,4)^T$经平移量（2, –1）平移之后的坐标为$(5,3)^T$。

2.5.4 组合变换

一个变换由单一矩阵描述，组合变换是一个接一个的变换序列，所以多个变换的组合应由表示每个变换的矩阵依次相乘（级联）描述。组合变换的**顺序**非常重要，矩阵乘法的**顺序**也很重要，要与变换顺序对应。如果变换 A 是旋转，变换 B 是缩放，变换 C 是平移，那么 ABC 表示组合变换，其变换顺序是先平移，然后缩放，再旋转。而组合变换 BCA 表示先旋转，然后平移，再缩放（点的坐标采用列向量形式）。通常情况下，ABC 与 BCA 的变换效果不同。

由于动画场景中许多位置用相同的顺序变换，比如在一个场景中有房屋和房屋前的苹果树，它们变换到另一个场景中相对位置关系没有变化，那么房屋与苹果树在同一次变换中的变换次序是相同的，以房屋为对象和以苹果树为对象所乘的多个变换矩阵是相同的。因此，先将所有变换矩阵相乘形成一个复合矩阵是一个高效率的方法。

已经证明：任何二维组合变换均可分解为多个基本变换的乘积。

例 2.25 将点$(3,3)^T$进行如下两次变换，求变换后对应点的坐标。

（1）按平移量（–2, 4）平移后，再逆时针旋转$\frac{\pi}{2}$。

（2）逆时针旋转$\frac{\pi}{2}$后，再按平移量（–2, 4）平移。

解 按平移量平移（–2, 4）的平移变换矩阵为

$$\boldsymbol{T}_1=\begin{bmatrix}1 & 0 & -2\\0 & 1 & 4\\0 & 0 & 1\end{bmatrix}$$

逆时针旋转$\frac{\pi}{2}$的变换矩阵为

$$T_2=\begin{bmatrix}\cos\frac{\pi}{2} & -\sin\frac{\pi}{2} & 0\\ \sin\frac{\pi}{2} & \cos\frac{\pi}{2} & 0\\ 0 & 0 & 1\end{bmatrix}=\begin{bmatrix}0 & -1 & 0\\ 1 & 0 & 0\\ 0 & 0 & 1\end{bmatrix}$$

（1）按平移量平移（–2, 4），再逆时针旋转 $\frac{\pi}{2}$ 的组合变换矩阵为

$$\boldsymbol{T}=\boldsymbol{T}_2\boldsymbol{T}_1=\begin{bmatrix}0 & -1 & 0\\ 1 & 0 & 0\\ 0 & 0 & 1\end{bmatrix}\begin{bmatrix}1 & 0 & -2\\ 0 & 1 & 4\\ 0 & 0 & 1\end{bmatrix}=\begin{bmatrix}0 & -1 & -4\\ 1 & 0 & -2\\ 0 & 0 & 1\end{bmatrix}$$

点 $(3,3)^{\mathrm{T}}$ 的齐次坐标为 $(3,3,1)^{\mathrm{T}}$，将它平移（–2, 4），再逆时针旋转 $\frac{\pi}{2}$ 变为

$$\boldsymbol{T}\times\begin{bmatrix}3\\3\\1\end{bmatrix}=\begin{bmatrix}0 & -1 & -4\\ 1 & 0 & -2\\ 0 & 0 & 1\end{bmatrix}\times\begin{bmatrix}3\\3\\1\end{bmatrix}=\begin{bmatrix}-7\\1\\1\end{bmatrix}$$

点 $(3,3)^{\mathrm{T}}$ 按平移量（–2, 4）平移，再逆时针旋转 $\frac{\pi}{2}$ 后坐标变为 $(-7,1)^{\mathrm{T}}$。

（2）先逆时针旋转 $\frac{\pi}{2}$，再按平移量（–2, 4）平移的组合变换矩阵为

$$\boldsymbol{P}=\boldsymbol{T}_1\boldsymbol{T}_2=\begin{bmatrix}1 & 0 & -2\\ 0 & 1 & 4\\ 0 & 0 & 1\end{bmatrix}\begin{bmatrix}0 & -1 & 0\\ 1 & 0 & 0\\ 0 & 0 & 1\end{bmatrix}=\begin{bmatrix}0 & -1 & -2\\ 1 & 0 & 4\\ 0 & 0 & 1\end{bmatrix}$$

$$\boldsymbol{P}\times\begin{bmatrix}3\\3\\1\end{bmatrix}=\begin{bmatrix}0 & -1 & -2\\ 1 & 0 & 4\\ 0 & 0 & 1\end{bmatrix}\times\begin{bmatrix}3\\3\\1\end{bmatrix}=\begin{bmatrix}-5\\7\\1\end{bmatrix}$$

将点 $(3,3)^{\mathrm{T}}$ 先逆时针旋转 $\frac{\pi}{2}$ 再平移（–2, 4）后坐标变为 $(-5,7)^{\mathrm{T}}$。

由此可以看出，先平移再旋转与先旋转再平移的效果不相同。

注意　表示组合变换的矩阵乘法的顺序很重要，是从右往左依次进行矩阵对应的变换。因为点的坐标采用列向量形式，列向量必须放在右边与矩阵依次相乘。

例 2.26　已知ΔABC各顶点坐标是 A（1, 2）、B（5, 2）、C（3, 5），关于直线 $y=4$ 对称变换后的点为 A'，B'，C'，利用齐次坐标变换矩阵计算 A'，B'，C'的坐标值。

解　ΔABC 各顶点的齐次坐标矩阵为 $\begin{bmatrix}1 & 5 & 3\\ 2 & 2 & 5\\ 1 & 1 & 1\end{bmatrix}$。

该图形变换可分解为如下 3 个基本变换。

（1）平移变换，将直线 y=4 向下平移至 x 轴，齐次坐标变换矩阵为

$$\boldsymbol{T}_1=\begin{bmatrix}1&0&0\\0&1&-4\\0&0&1\end{bmatrix}$$

（2）关于 x 轴作对称变换，齐次坐标变换矩阵为

$$\boldsymbol{T}_2=\begin{bmatrix}1&0&0\\0&-1&0\\0&0&1\end{bmatrix}$$

（3）平移变换，将直线向上移回原处，齐次坐标变换矩阵为

$$\boldsymbol{T}_3=\begin{bmatrix}1&0&0\\0&1&4\\0&0&1\end{bmatrix}$$

这 3 个变换的组合变换为

$$\boldsymbol{T}=\boldsymbol{T}_3\boldsymbol{T}_2\boldsymbol{T}_1=\begin{bmatrix}1&0&0\\0&1&4\\0&0&1\end{bmatrix}\begin{bmatrix}1&0&0\\0&-1&0\\0&0&1\end{bmatrix}\begin{bmatrix}1&0&0\\0&1&-4\\0&0&1\end{bmatrix}=\begin{bmatrix}1&0&0\\0&-1&8\\0&0&1\end{bmatrix}$$

所以，ΔABC 变换后对应点 A'，B'，C'的齐次坐标为

$$[A',B',C']=\boldsymbol{T}\times[A,B,C]=\begin{bmatrix}1&0&0\\0&-1&8\\0&0&1\end{bmatrix}\times\begin{bmatrix}1&5&3\\2&2&5\\1&1&1\end{bmatrix}=\begin{bmatrix}1&5&3\\6&6&3\\1&1&1\end{bmatrix}$$

即 ΔABC 各顶点坐标变换后对应点 A'，B'，C'的坐标为（1，6）、（5，6）、（3，3）。

例 2.27 求绕坐标原点以外的任意一点 $P(x_0,y_0)$ 逆时针旋转θ角的旋转变换矩阵。

解 绕坐标原点以外的任意一点 $P(x_0,y_0)$ 逆时针旋转θ角的变换可分解为如下基本变换。

（1）平移变换，平移量 $(-x_0,-y_0)$，使旋转中心平移到坐标原点。

$$\boldsymbol{T}_1=\begin{bmatrix}1&0&-x_0\\0&1&-y_0\\0&0&1\end{bmatrix}$$

（2）旋转变换，绕坐标原点逆时针旋转θ。

$$\boldsymbol{T}_2=\begin{bmatrix}\cos\theta&-\sin\theta&0\\\sin\theta&\cos\theta&0\\0&0&1\end{bmatrix}$$

（3）平移变换，平移量 (x_0,y_0)，将旋转中心 P 移回原处。

$$\boldsymbol{T}_3=\begin{bmatrix}1&0&x_0\\0&1&y_0\\0&0&1\end{bmatrix}$$

所以，它们的组合变换矩阵为

$$T = T_3T_2T_1 = \begin{bmatrix} 1 & 0 & x_0 \\ 0 & 1 & y_0 \\ 0 & 0 & 1 \end{bmatrix}\begin{bmatrix} \cos\theta & -\sin\theta & 0 \\ \sin\theta & \cos\theta & 0 \\ 0 & 0 & 1 \end{bmatrix}\begin{bmatrix} 1 & 0 & -x_0 \\ 0 & 1 & -y_0 \\ 0 & 0 & 1 \end{bmatrix}$$

$$= \begin{bmatrix} \cos\theta & -\sin\theta & x_0(1-\cos\theta)+y_0\sin\theta \\ \sin\theta & \cos\theta & -x_0\sin\theta+y_0(1-\cos\theta) \\ 0 & 0 & 1 \end{bmatrix}$$

2.5.5 逆变换

矩阵的“逆”在几何上非常有用，可以进行图形“反向”或“相反”变换。如果存在一个变换可“撤销”原变换，那么原变换是可逆的，即向量 $\boldsymbol{a}$ 用矩阵 $\boldsymbol{M}$ 进行变换，接着用 $\boldsymbol{M}$ 的逆 $\boldsymbol{M}^{-1}$ 进行变换，结果得到原向量 $\boldsymbol{a}$。

$$\boldsymbol{M}^{-1}(\boldsymbol{M}\boldsymbol{a}) = (\boldsymbol{M}^{-1}\boldsymbol{M})\boldsymbol{a} = \boldsymbol{E}\boldsymbol{a} = \boldsymbol{a}$$

求逆变换等价于求原变换矩阵的逆。图形的平移、缩放、旋转、对称、错切等基本变换都是可逆变换。

- 逆平移变换是通过对平移距离取负值而得到逆矩阵，因此平移变换 $\boldsymbol{T} = \begin{bmatrix} 1 & 0 & l \\ 0 & 1 & m \\ 0 & 0 & 1 \end{bmatrix}$ 的逆变换矩阵为 $\boldsymbol{T}^{-1} = \begin{bmatrix} 1 & 0 & -l \\ 0 & 1 & -m \\ 0 & 0 & 1 \end{bmatrix}$。
- 逆缩放变换是将缩放系数用其倒数代替得到缩放变换的逆矩阵，因此，缩放变换 $\boldsymbol{S} = \begin{bmatrix} a & 0 & 0 \\ 0 & d & 0 \\ 0 & 0 & 1 \end{bmatrix}$ 的逆变换矩阵为 $\boldsymbol{S}^{-1} = \begin{bmatrix} \frac{1}{a} & 0 & 0 \\ 0 & \frac{1}{d} & 0 \\ 0 & 0 & 1 \end{bmatrix}$。
- 逆旋转变换是通过用旋转角度的负值代替旋转角度来实现，因此旋转变换 $\boldsymbol{R} = \begin{bmatrix} \cos\theta & -\sin\theta & 0 \\ \sin\theta & \cos\theta & 0 \\ 0 & 0 & 1 \end{bmatrix}$ 的逆变换矩阵为 $\boldsymbol{R}^{-1} = \begin{bmatrix} \cos\theta & \sin\theta & 0 \\ -\sin\theta & \cos\theta & 0 \\ 0 & 0 & 1 \end{bmatrix}$。

练习 2.5

1. 写出点（5, −2）的三个齐次坐标。

2. 把齐次坐标（2, 4, 2）、（−3, −6, −3）、（4, 8, 4）、（3, 2, 1）、（−4, 2, 2）、（1.5, 3, 1.5）转换成普通坐标，是同一个点的齐次坐标吗？

3. 用矩阵方法计算下列图形变换。

（1）将点（2, 1）的横坐标伸长到原来的 3 倍，如图 2-28 所示。

（2）将点（2, 1）逆时针旋转 90°，如图 2-29 所示。

（3）将点（2, 1）关于 x 轴对称，如图 2-30 所示。

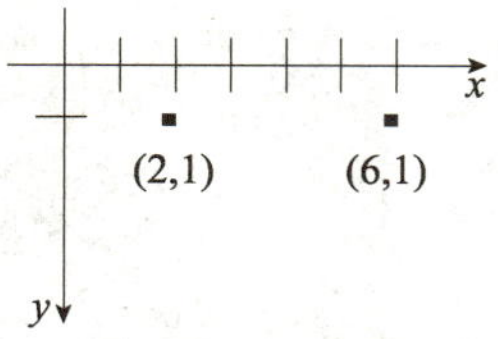

图 2-28

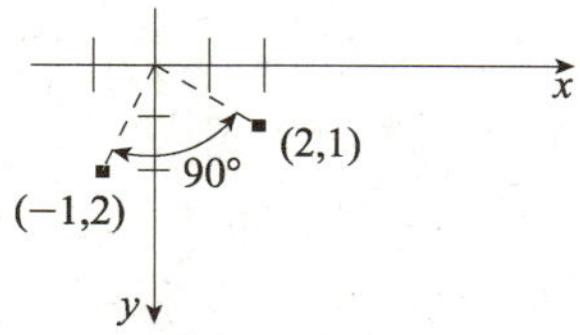

图 2-29

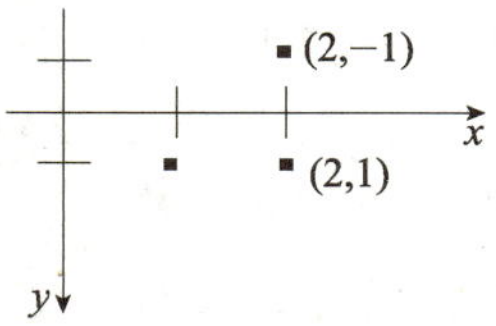

图 2-30

4. 对列向量 $\boldsymbol{a}$ 作矩阵 $\boldsymbol{P}$ 对应的变换，（　　）能撤销这个变换。

（A）$\boldsymbol{PP}^{-1}\boldsymbol{a}$　　（B）$\boldsymbol{aPP}^{-1}$　　（C）$\boldsymbol{PaP}^{-1}$　　（D）$\boldsymbol{P}^{-1}\boldsymbol{Pa}$

5. 将点（2, 1）沿 x 方向错切，错切系数为−2，可得到点（　　）。

（A）（2, −3）　　（B）（1, 0）　　（C）$\begin{bmatrix}0\\1\end{bmatrix}$　　（D）$\begin{bmatrix}2\\-3\end{bmatrix}$

6. 对图形作 $\boldsymbol{T}$ 变换，设 $\boldsymbol{T}=\boldsymbol{T}_1\boldsymbol{T}_2\boldsymbol{T}_3$，若要撤销对图形所做的变换，则乘以（　　）。

（A）$\boldsymbol{T}_1^{-1}\boldsymbol{T}_2^{-1}\boldsymbol{T}_3^{-1}$　　（B）$\boldsymbol{T}_2^{-1}\boldsymbol{T}_3^{-1}\boldsymbol{T}_1^{-1}$　　（C）$\boldsymbol{T}_3^{-1}\boldsymbol{T}_2^{-1}\boldsymbol{T}_1^{-1}$　　（D）$\boldsymbol{T}_3^{-1}\boldsymbol{T}_1^{-1}\boldsymbol{T}_2^{-1}$

7. 根据矩阵 $\boldsymbol{A}=\begin{pmatrix}\cos\theta & -\sin\theta\\ \sin\theta & \cos\theta\end{pmatrix}$ 的图形变换的含义，则 $\boldsymbol{A}^3=$（　　）。

（A）$\begin{pmatrix}\cos3\theta & -\sin3\theta\\ \sin3\theta & \cos3\theta\end{pmatrix}$　　（B）$\begin{pmatrix}3\cos\theta & -3\sin\theta\\ 3\sin\theta & 3\cos\theta\end{pmatrix}$

（C）$\begin{pmatrix}\cos3\theta & \sin3\theta\\ -\sin3\theta & \cos3\theta\end{pmatrix}$　　（D）$\begin{pmatrix}3\cos\theta & 3\sin\theta\\ -3\sin\theta & 3\cos\theta\end{pmatrix}$

8. 计算点（−2, 4）逆时针旋转 $\dfrac{\pi}{2}$，再沿两轴均匀放大 3 倍的坐标值。

9. 写出二维图形按照矩阵 $\boldsymbol{A}=\begin{pmatrix}1 & 0 & 2\\ 0 & 1 & -1\\ 0 & 0 & 1\end{pmatrix}$ 连续变换三次的变换矩阵。

10. 写出图形关于平面内任意一点 $P(x_0, y_0)$ 进行缩放的变换矩阵。

11. 绕原点逆时针旋转 $\dfrac{2\pi}{3}$ 的变换矩阵是什么？若要撤销这一变换的变换矩阵是什么？

12. 写出对图形关于直线 $y=x$ 对称变换的逆变换矩阵。

13. 写出对图形沿 y 轴方向错切系数为−2 的错切逆变换矩阵。

拓展阅读一

克莱姆法则

克莱姆法则，又译为克拉默法则（Cramer’s Rule），是线性代数中一个关于求解线性方程组的定理。它适用于求解变量和方程数目相等的线性方程组，是瑞士数学家克莱姆（Cramer Gabriel）于 1750 年在他的《线性代数分析导言》中首次发表的。

克莱姆（见图 2-31）1704 年 7 月 31 日生于日内瓦，早年在日内瓦读书，1724 年起在日内瓦加尔文学院任教，1734 年成为几何学教授，1750 年任哲学教授。他自 1727 年进行了为期两年的旅行访学，在巴塞尔与约翰·伯努利、欧拉等人一起学习、交流，结为挚友，后又到英国、荷兰、法国等地拜见了许多数学名家。回国后在与他们的长期通信中，克莱姆为数学宝库留下大量有价值的文献。他一生未婚，专心治学，平易近人且德高望重，先后当选为伦敦皇家学会等学会的成员。克莱姆的主要著作是《代数曲线的分析引论》（1750），首先定义了正则、非正则、超越曲线和无理曲线等概念，第一次正式引入坐标系的纵轴（Y 轴），然后讨论曲线变换，并依据曲线方程的阶数将曲线进行分类。为了确定经过 5 个点的一般二次曲线的系数，他应用了著名的“克莱姆法则”，即由线性方程组的系数确定方程组解的表达式。该法则于 1729 年由英国数学家马克劳林发现，1748 年发表，但克莱姆通过使用优越符号使之广为流传。

图 2-31

拓展阅读二

线性代数的妙用：在 Windows 画图软件中实现 28°旋转

在早期的小型图像编辑软件中，考虑到时间和空间的限制，再加上算法本身的难度，很多看似非常简单的功能都无法实现。比如说，很多图像编辑软件只允许用户把所选的内容旋转 90°、180°或者 270°，不支持任意度数的旋转。毕竟，如果我们只是旋转 90°的整数倍，那么所有像素仅仅是在做某些有规律的轮换，这甚至不需要额外的内存空间就能完成。但是，如果旋转任意度数，那么在采样和反锯齿等方面都将会有不小的挑战。

不过，Windows 自带的画图软件使用了 skew 功能（中文版翻译成“扭曲”）部分地填补了无法自由变形的缺陷。随便选中图中的一块区域，再在菜单栏上选择“图像”→“拉伸/扭曲”命令，然后在“水平扭曲”栏输入−89 到 89 之间的整数（表示一个角度值），再单击“确定”按钮，于是整个图形就会如图 2-33 所示那样被拉斜，其中 θ 就是刚才输入的度数。如果填入的 θ 是负数值，则倾斜的方向会与图 2-33 所示的方向相反。类似地，“垂直扭曲”功能可在竖直方向上对图形进行变换，如果角度值为正数，则整个图形会变得左低右高；如果角度值为负数，则整个图形会变得左高右低。

不过，估计 99%的人在使用画图软件的时候就从来没用过这个功能。下面就聚焦一个具体问题，即如何利用 Windows 画图软件中的扭曲功能（近似地）实现图形 28°旋转？

答案：如图 2-34 所示，首先水平扭曲−14°，然后垂直扭曲 25°，最后再水平扭曲

$-14°$即可。这样，画板中被选中的内容将会被逆时针旋转 28°。

图 2-33

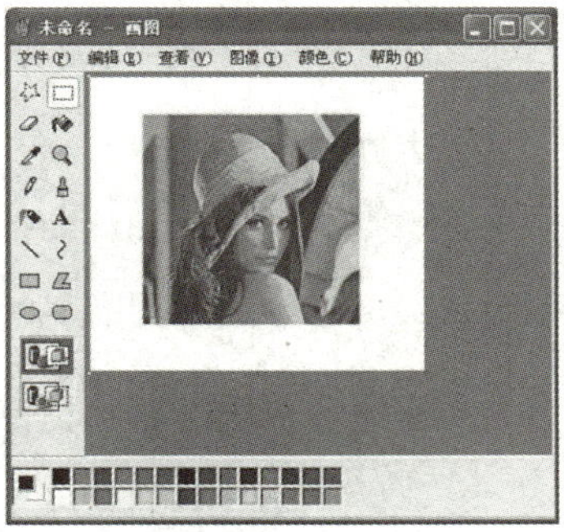

图 2-34

为什么？这是因为，扭曲的本质其实就是在原图上进行线性变换。水平扭曲实际上相当于是对图像各行进行平移，平移量与纵坐标的位置成正比。而这些又可以看作对每个点执行了图 2-35 所示的矩阵乘法操作。

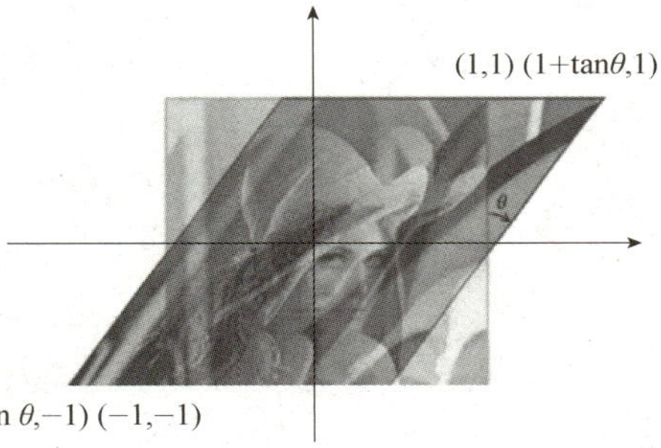

图 2-35

类似地，垂直扭曲则相当于对每个点执行了图 2-36 所示的矩阵乘法的操作。

另外，由于 $\tan\left(\frac{\theta}{2}\right)=\frac{\sin\theta}{1+\cos\theta}=\frac{1-\cos\theta}{\sin\theta}$。

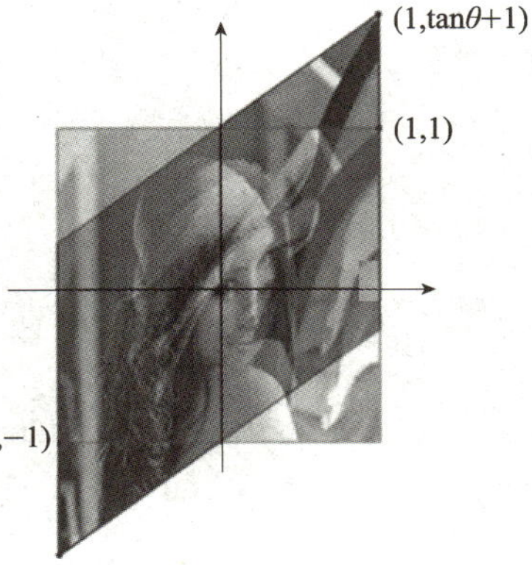

图 2-36

因此，

$$\begin{bmatrix}1 & -\tan\left(\dfrac{\theta}{2}\right)\\ 0 & 1\end{bmatrix}\begin{bmatrix}1 & 0\\ \sin\theta & 1\end{bmatrix}\begin{bmatrix}1 & -\tan\left(\dfrac{\theta}{2}\right)\\ 0 & 1\end{bmatrix}\begin{bmatrix}x\\ y\end{bmatrix}$$

$$=\begin{bmatrix}1-\sin\theta\tan\left(\dfrac{\theta}{2}\right) & -\tan\left(\dfrac{\theta}{2}\right)\\ \sin\theta & 1\end{bmatrix}\begin{bmatrix}1 & -\tan\left(\dfrac{\theta}{2}\right)\\ 0 & 1\end{bmatrix}\begin{bmatrix}x\\ y\end{bmatrix}$$

$$=\begin{bmatrix}\cos\theta & -\tan\left(\dfrac{\theta}{2}\right)\\ \sin\theta & 1\end{bmatrix}\begin{bmatrix}1 & -\tan\left(\dfrac{\theta}{2}\right)\\ 0 & 1\end{bmatrix}\begin{bmatrix}x\\ y\end{bmatrix}$$

$$=\begin{bmatrix}\cos\theta & -\cos\theta\tan\left(\dfrac{\theta}{2}\right)-\tan\left(\dfrac{\theta}{2}\right)\\ \sin\theta & -\sin\theta\tan\left(\dfrac{\theta}{2}\right)+1\end{bmatrix}\begin{bmatrix}x\\ y\end{bmatrix}$$

$$=\begin{bmatrix}\cos\theta & -\sin\theta\\ \sin\theta & \cos\theta\end{bmatrix}\begin{bmatrix}x\\ y\end{bmatrix}$$

最后一行就是大家非常熟悉的旋转矩阵。

也就是说，连续执行上式中的三次扭曲，就可以实现旋转 θ 角度了。其中，第一次扭曲和第三次扭曲都是水平扭曲 $-\theta/2$，当 $\theta=28°$ 时，在“水平扭曲”栏应输入的数字是 -14。麻烦的是第二次扭曲，因为它看上去并不符合垂直扭曲矩阵的标准形式。在垂直扭曲矩阵中，左下角那一项应该是 $\tan\theta$，并非 $\sin\theta$。不过，我们完全可以用正切值去模拟 $\sin\theta$。利用计算机可以解得，当 $\theta=28°$ 时，$\sin 28°$ 约为 0.469，离它最近的正切值是 $\tan 25° \approx 0.466$。因此，我们在第二步时应将垂直扭曲设置为 25°。

值得一提的是，实际上我们已经得到了一种非常高效并且非常容易编写的图像旋转算法：只需要连续进行三次扭曲操作即可。而每次扭曲操作本质上都是对各行或者各列的像素进行平移，因而整个算法完全不需要任何额外的内存空间。根据 Wikipedia 的描述，这种方法是由 Alan Paeth 在 1986 年提出的。

由于 $\tan 25°$ 并不精确地等于 $\sin 28°$，因而这里实现的 28° 旋转也并不是绝对精确的。不过，画图软件本身还提供了水平缩放和垂直缩放的功能，把它们也加进来，线性变换的复合将会变得更加灵活，这样我们就能设计出一些更复杂但却更精确的旋转方案了。

单元 3 线性方程组

本单元教学课件

本单元主要介绍线性方程组的高斯消元法与初等行变换。

3.1 节介绍线性方程组的高斯消元法。

3.2 节介绍线性方程组解的判断。

3.3 节介绍向量的线性相关性、齐次线性方程组和非齐次线性方程组解的结构。

3.4 节介绍矩阵的特征值与特征向量、几何意义与性质。

3.5 节介绍矩阵相似、矩阵对角化的条件。

3.6 节介绍马尔可夫链。

3.1 线性方程组的高斯消元法

线性方程组的高斯消元法

3.1.1 高斯消元法

在单元 2 中已介绍了求解线性方程组的克莱姆法则 $x_j=\dfrac{\boldsymbol{D}_j}{\boldsymbol{D}}$ 和公式 $\boldsymbol{x}=\boldsymbol{A}^{-1}\boldsymbol{b}$。但，应用该法则是有条件的，要求线性方程组中方程的个数与未知数的个数相等，并且系数行列式不等于 0。在许多实际问题中，所遇到的线性方程组常常不能满足这两个条件，故我们需要寻求一般线性方程组的解法。

中学阶段已经学过求解二元、三元线性方程组的消元法，这种方法也是求解一般线性方程组的有效方法。下面将通过具体例子来认识消元法的思想和消元的过程。

例 3.1 求解线性方程组。

$$\begin{cases}2x_1-x_2+3x_3=1\\4x_1+2x_2+5x_3=4\\2x_1+x_2+2x_3=5\end{cases}\tag{3-1}$$

解 第二个方程减去第一个方程的 2 倍，第三个方程减去第一个方程，得

$$\begin{cases}2x_1-x_2+3x_3=1\\4x_2-x_3=2\\2x_2-x_3=4\end{cases}\tag{3-2}$$

在方程组（3-2）中，把第二个方程与第三个方程的位置互换，可得

$$\begin{cases}2x_1 - x_2 + 3x_3 = 1\\2x_2 - x_3 = 4\\4x_2 - x_3 = 2\end{cases} \tag{3-3}$$

在方程组（3-3）中，第三个方程减去第二个方程的 2 倍，得

$$\begin{cases}2x_1 - x_2 + 3x_3 = 1\\2x_2 - x_3 = 4\\x_3 = -6\end{cases} \tag{3-4}$$

方程组（3-4）的形状如阶梯，称作阶梯形方程组，由最后一个方程得到 $x_3 = -6$ 。回代到它上面的方程，得 $x_2 = -1$ ，再将已得到的 $x_2 = -1$ ， $x_3 = -6$ 回代到第一个方程，解出 $x_1 = 9$ 。从而得到方程组的解： $x_1 = 9$， $x_2 = -1$， $x_3 = -6$ 。

在上述消元过程中，始终把方程组看作一个整体，不是着眼于某个方程的变形，而是着眼于整个方程组变成另一个方程组。其中共用到如下三种变换。

（1）数乘变换：用一非零数乘某一方程。

（2）消去变换：把一个方程的倍数加到另一个方程。

（3）互换变换：互换两个方程的位置。

这三种变换称为**线性方程组的初等变换**。这三种变换都是方程组的同解变换，所以最后求得的方程组（3-4）的解就是原方程组（3-1）的解。

德国数学家高斯（Gauss）对方程组消元过程做了程序化的规范性要求，即将原方程组通过初等变换转换为阶梯形方程组，这种方法称为高斯消元法（Gaussian elimination）。

$$\text{原方程组} \xrightarrow{\text{若干次初等行变换}} \text{阶梯形方程组} \xrightarrow{\text{回代}} \text{解}$$

在例 3.1 的消元过程中，实际上只对方程组的系数和常数项进行运算，未知数并未参与运算。如果记方程组（3-1）的系数矩阵为 $\boldsymbol{A}$，常数项为 $\boldsymbol{b}$，由系数和常数项组成矩阵 $\boldsymbol{B}=[\boldsymbol{A}, \boldsymbol{b}]$，则称 $\boldsymbol{B}$ 为线性方程组（3-1）的增广矩阵。那么，上述对方程组的变换完全可以转换为对其增广矩阵的变换。

定义 1 以下三种变换，称作**矩阵的初等行变换**。

（1）数乘变换：用一个非零数乘某一行，记作 kr_i 。

（2）消去变换：把某一行的倍数加到另一行上，记作 $kr_i + r_j$ 。

（3）互换变换：互换两行的位置，记作 $r_i \leftrightarrow r_j$ 。

下面用矩阵的初等行变换来解方程组（3-1），与例 3.1 的求解过程一一对照。

$$\begin{cases}2x_1 - x_2 + 3x_3 = 1\\4x_1 + 2x_2 + 5x_3 = 4\\2x_1 + x_2 + 2x_3 = 5\end{cases} \quad (3\text{-}1) \xleftrightarrow{\text{对应}} [\boldsymbol{A}, \boldsymbol{b}] = \begin{bmatrix}2 & -1 & 3 & 1\\4 & 2 & 5 & 4\\2 & 1 & 2 & 5\end{bmatrix} = \boldsymbol{B}_1$$

$$\begin{cases}2x_1 - x_2 + 3x_3 = 1\\4x_2 - x_3 = 2\\2x_2 - x_3 = 4\end{cases} \quad (3\text{-}2) \xleftrightarrow{\text{对应}} \xrightarrow[r_3 - r_1]{r_2 - 2r_1} \begin{bmatrix}2 & -1 & 3 & 1\\0 & 4 & -1 & 2\\0 & 2 & -1 & 4\end{bmatrix} = \boldsymbol{B}_2$$

$$\begin{cases}2x_1-x_2+3x_3=1\\2x_2-x_3=4\\4x_2-x_3=2\end{cases}\quad(3\text{-}3)\xleftrightarrow{\text{对应}}\xrightarrow{r_2\leftrightarrow r_3}\begin{bmatrix}2&-1&3&1\\0&2&-1&4\\0&4&-1&2\end{bmatrix}=\boldsymbol{B}_3$$

$$\begin{cases}2x_1-x_2+3x_3=1\\2x_2-x_3=4\\x_3=-6\end{cases}\quad(3\text{-}4)\xleftrightarrow{\text{对应}}\xrightarrow{r_3-2r_2}\begin{bmatrix}2&-1&3&1\\0&2&-1&4\\0&0&1&-6\end{bmatrix}=\boldsymbol{B}_4$$

高斯消元法将方程组（3-1）转换为阶梯形方程组（3-4）的过程等价于对其增广矩阵 $\boldsymbol{B}_1$ 进行若干次初等行变换换成阶梯形矩阵 $\boldsymbol{B}_4$ 的过程，然后回代求得方程组的解。回代过程也可用矩阵的初等行变换来完成。

$$\boldsymbol{B}_4=\begin{bmatrix}2&-1&3&1\\0&2&-1&4\\0&0&1&-6\end{bmatrix}\xrightarrow[r_1-3r_3]{r_2+r_3}\begin{bmatrix}2&-1&0&19\\0&2&0&-2\\0&0&1&-6\end{bmatrix}\xrightarrow{\frac{1}{2}\times r_2}\begin{bmatrix}2&-1&0&19\\0&1&0&-1\\0&0&1&-6\end{bmatrix}$$

$$\xrightarrow{r_1+r_2}\begin{bmatrix}2&0&0&18\\0&1&0&-1\\0&0&1&-6\end{bmatrix}\xrightarrow{\frac{1}{2}\times r_1}\begin{bmatrix}1&0&0&9\\0&1&0&-1\\0&0&1&-6\end{bmatrix}=\boldsymbol{B}_5$$

由矩阵 $\boldsymbol{B}_5$ 可以直接“读出”方程组的解：

$$\begin{cases}x_1=9\\x_2=-1\\x_3=-6\end{cases}$$

$\boldsymbol{B}_5$ 称为行最简阶梯形矩阵。

注意

利用初等行变换，把一个矩阵转换为阶梯形矩阵和行最简形矩阵，是一种很重要的运算。在解线性方程组时，只需把增广矩阵先转换为阶梯形矩阵，再转换为行最简形矩阵即可得线性方程组的解。

定义 2

（1）阶梯形矩阵。

如果矩阵满足如下条件：

① 若有零行（元素都为 0 的行），零行在非零行的下方。

② 行的首非零元的列标号随着行标号的增加而严格增大。

则称该矩阵为阶梯形矩阵。

（2）行最简阶梯形矩阵。

若阶梯形矩阵还满足如下条件：

① 非零行的首个非零元为 1。

② 首个非零元所在列的其余元素都为 0。

则称该矩阵为行最简阶梯形矩阵。

用归纳法不难证明：对于任何非零矩阵 $\boldsymbol{A}_{m\times n}$，总可以经过有限次初等行变换把它化成行阶梯形矩阵和行最简阶梯形矩阵，如图 3-1 所示。

图 3-1

例 3.2 解线性方程组

$$\begin{cases} x_1+2x_2-x_3+2x_4=1 \\ 2x_1+4x_2+x_3+x_4=5 \\ -x_1-2x_2-2x_3+x_4=-4 \end{cases}$$

解 对方程组的增广矩阵进行初等行变换，将其化为行阶梯形矩阵，再化为行最简形矩阵。

$$(\boldsymbol{A},\boldsymbol{b})=\begin{bmatrix} 1 & 2 & -1 & 2 & 1 \\ 2 & 4 & 1 & 1 & 5 \\ -1 & -2 & -2 & 1 & -4 \end{bmatrix} \xrightarrow[r_3+r_1]{r_2-2r_1} \begin{bmatrix} 1 & 2 & -1 & 2 & 1 \\ 0 & 0 & 3 & -3 & 3 \\ 0 & 0 & -3 & 3 & -3 \end{bmatrix}$$

$$\xrightarrow{r_3+r_2} \begin{bmatrix} 1 & 2 & -1 & 2 & 1 \\ 0 & 0 & 3 & -3 & 3 \\ 0 & 0 & 0 & 0 & 0 \end{bmatrix} \xrightarrow{\frac{1}{3}\times r_2} \begin{bmatrix} 1 & 2 & -1 & 2 & 1 \\ 0 & 0 & 1 & -1 & 1 \\ 0 & 0 & 0 & 0 & 0 \end{bmatrix} \xrightarrow{r_1+r_2} \begin{bmatrix} 1 & 2 & 0 & 1 & 2 \\ 0 & 0 & 1 & -1 & 1 \\ 0 & 0 & 0 & 0 & 0 \end{bmatrix}$$

行最简形矩阵对应的方程组为

$$\begin{cases} x_1+2x_2+x_4=2 \\ x_3-x_4=1 \end{cases}$$

即

$$\begin{cases} x_1=2-2x_2-x_4 \\ x_3=1+x_4 \end{cases}$$

其中 x_2，x_4 的取值没有限制，可以取任意常数 k_1，k_2，所以该方程组有无穷多个解。

$$\begin{cases} x_1=2-2k_1-k_2 \\ x_2=k_1 \\ x_3=1+k_2 \\ x_4=k_2 \end{cases}$$

例 3.3 解线性方程组。

$$\begin{cases} x_1+x_3=2 \\ x_1+2x_2-x_3=0 \\ 2x_1+x_2+x_3=6 \end{cases}$$

解 对方程组的增广矩阵进行初等行变换，将其化为行阶梯形矩阵，再化为行最简阶梯形矩阵。即

$$[\boldsymbol{A},\boldsymbol{b}]=\begin{bmatrix}1&0&1&2\\1&2&-1&0\\2&1&1&6\end{bmatrix}\xrightarrow[r_3-2r_1]{r_2-r_1}\begin{bmatrix}1&0&1&2\\0&2&-2&-2\\0&1&-1&2\end{bmatrix}\xrightarrow[r_3-r_2]{\frac{1}{2}\times r_2}\begin{bmatrix}1&0&1&2\\0&1&-1&-1\\0&0&0&3\end{bmatrix}$$

行最简阶梯形矩阵的第三行对应$0x_1+0x_2+0x_3=3$是一个矛盾方程，因此，原方程组无解。

由例 3.1、例 3.2、例 3.3 可以看出线性方程组解的三种情况：

（1）例 3.1 有唯一解，化成阶梯形矩阵后，方程个数与未知数个数一样多，即行阶梯形矩阵$\begin{bmatrix}2&-1&3&1\\0&2&-1&4\\0&0&1&-6\end{bmatrix}$非零行的行数与未知数个数一样。

（2）例 3.2 有无穷多解，化成阶梯形矩阵后，方程个数比未知数个数少，即行阶梯形矩阵$\begin{bmatrix}1&2&-1&2&1\\0&0&3&-3&3\\0&0&0&0&0\end{bmatrix}$非零行的行数比未知数个数少。

（3）例 3.3 无解，行阶梯形矩阵$\begin{bmatrix}1&0&1&2\\0&1&-1&-1\\0&0&0&3\end{bmatrix}$出现矛盾方程。

从上面的分析看出，阶梯形矩阵中非零行的行数、未知数个数对方程组解的情况有很重要的影响。为了能进一步讨论方程组解的问题，我们需要引入矩阵的秩的概念。

3.1.2 矩阵的秩

例 3.4 将矩阵$\boldsymbol{A}=\begin{bmatrix}8&4&2&1\\0&0&6&3\\1&1&0&0\end{bmatrix}$化成阶梯形矩阵。

解 $$\boldsymbol{A}=\begin{bmatrix}8&4&2&1\\0&0&6&3\\1&1&0&0\end{bmatrix}\xrightarrow{r_3-\frac{1}{8}r_1}\begin{bmatrix}8&4&2&1\\0&0&6&3\\0&\frac{1}{2}&-\frac{1}{4}&-\frac{1}{8}\end{bmatrix}\xrightarrow{r_2\leftrightarrow r_3}\begin{bmatrix}8&4&2&1\\0&\frac{1}{2}&-\frac{1}{4}&-\frac{1}{8}\\0&0&6&3\end{bmatrix}$$

也可以换种方式进行变换，即

$$\boldsymbol{A}=\begin{bmatrix}8&4&2&1\\0&0&6&3\\1&1&0&0\end{bmatrix}\xrightarrow{r_1\leftrightarrow r_3}\begin{bmatrix}1&1&0&0\\0&0&6&3\\8&4&2&1\end{bmatrix}\xrightarrow{r_3-8r_1}\begin{bmatrix}1&1&0&0\\0&0&6&3\\0&-4&2&1\end{bmatrix}$$

$$\xrightarrow{r_2 \leftrightarrow r_3} \begin{bmatrix} 1 & 1 & 0 & 0 \\ 0 & -4 & 2 & 1 \\ 0 & 0 & 6 & 3 \end{bmatrix}$$

将阶梯形矩阵$\begin{bmatrix} 8 & 4 & 2 & 1 \\ 0 & \frac{1}{2} & -\frac{1}{4} & -\frac{1}{8} \\ 0 & 0 & 6 & 3 \end{bmatrix}$化为行最简阶梯形矩阵为$\begin{bmatrix} 1 & 0 & 0 & 0 \\ 0 & 1 & 0 & 0 \\ 0 & 0 & 1 & \frac{1}{2} \end{bmatrix}$。

将阶梯形矩阵$\begin{bmatrix} 1 & 1 & 0 & 0 \\ 0 & -4 & 2 & 1 \\ 0 & 0 & 6 & 3 \end{bmatrix}$化为行最简阶梯形矩阵也是$\begin{bmatrix} 1 & 0 & 0 & 0 \\ 0 & 1 & 0 & 0 \\ 0 & 0 & 1 & \frac{1}{2} \end{bmatrix}$。

我们看到如下情况：

（1）一个矩阵的阶梯形矩阵不是唯一的，但其行最简阶梯形矩阵是唯一的；

（2）一个矩阵的阶梯形矩阵中所含非零行的行数是唯一的。

由此我们可以对这个唯一的非零行数进行定义——矩阵的秩。

定义 3　矩阵 $\boldsymbol{A}$ 的阶梯形矩阵非零行的行数，称为**矩阵 $\boldsymbol{A}$ 的秩**，记作 $r(\boldsymbol{A})$ 或 $R(\boldsymbol{A})$、$\mathrm{rank}(\boldsymbol{A})$。

例 3.5　求矩阵 $\boldsymbol{A}$ 的秩

$$\boldsymbol{A} = \begin{bmatrix} 3 & 2 & 0 & 5 & 0 \\ 3 & -2 & 3 & 2 & 7 \\ 2 & 0 & 1 & 5 & -3 \\ 1 & 6 & -4 & -1 & 4 \end{bmatrix}$$

解　由定义 3 可知，矩阵的秩就是将矩阵化成阶梯形后非零行的行数。

$$\boldsymbol{A} = \begin{bmatrix} 3 & 2 & 0 & 5 & 0 \\ 3 & -2 & 3 & 2 & 7 \\ 2 & 0 & 1 & 5 & -3 \\ 1 & 6 & -4 & -1 & 4 \end{bmatrix} \xrightarrow{r_1 \leftrightarrow r_4} \begin{bmatrix} 1 & 6 & -4 & -1 & 4 \\ 3 & -2 & 3 & 2 & 7 \\ 2 & 0 & 1 & 5 & -3 \\ 3 & 2 & 0 & 5 & 0 \end{bmatrix}$$

$$\xrightarrow[\frac{1}{5}r_2]{\substack{r_2-3r_1 \\ r_3-2r_1 \\ r_4-3r_1}} \begin{bmatrix} 1 & 6 & -4 & -1 & 4 \\ 0 & -4 & 3 & 1 & -1 \\ 0 & -12 & 9 & 7 & -11 \\ 0 & -16 & 12 & 8 & -12 \end{bmatrix} \xrightarrow{\substack{r_3-3r_2 \\ r_4-4r_2}} \begin{bmatrix} 1 & 6 & -4 & -1 & 4 \\ 0 & -4 & 3 & 1 & -1 \\ 0 & 0 & 0 & 4 & -8 \\ 0 & 0 & 0 & 4 & -8 \end{bmatrix}$$

$$\xrightarrow{r_4-r_3} \begin{bmatrix} 1 & 6 & -4 & -1 & 4 \\ 0 & -4 & 3 & 1 & -1 \\ 0 & 0 & 0 & 4 & -8 \\ 0 & 0 & 0 & 0 & 0 \end{bmatrix}$$

阶梯形矩阵有三个非零行，所以$r(\boldsymbol{A})=3$。

例 3.6 设矩阵

$$\boldsymbol{A}=\begin{bmatrix}1 & 1 & 2 & -2\\1 & 3 & a & 2a\\1 & -1 & 6 & 0\end{bmatrix}$$

若$r(\boldsymbol{A})=2$，求a的值。

解 先用初等行变换求出$\boldsymbol{A}$的阶梯形矩阵。

$$\boldsymbol{A}=\begin{bmatrix}1 & 1 & 2 & -2\\1 & 3 & a & 2a\\1 & -1 & 6 & 0\end{bmatrix}\xrightarrow[r_3-r_1]{r_2-r_1}\begin{bmatrix}1 & 1 & 2 & -2\\0 & 2 & a-2 & 2a+2\\0 & -2 & 4 & 2\end{bmatrix}\xrightarrow{r_3+r_2}\begin{bmatrix}1 & 1 & 2 & -2\\0 & 2 & a-2 & 2a+2\\0 & 0 & a+2 & 2a+4\end{bmatrix}$$

因$r(\boldsymbol{A})=2$，则第三行必须是零行，所以有$\begin{cases}a+2=0\\2a+4=0\end{cases}$，解得$a=-2$。

- 矩阵等价

定义 4 如果矩阵$\boldsymbol{A}$经过有限次初等行变换可以化为矩阵$\boldsymbol{B}$，就称矩阵$\boldsymbol{A}$与$\boldsymbol{B}$等价，记作$\boldsymbol{A}\sim\boldsymbol{B}$。

因此也可以用$\boldsymbol{A}\sim\boldsymbol{B}$来表示对矩阵$\boldsymbol{A}$施行有限次初等行变换化为矩阵$\boldsymbol{B}$的变换过程。

矩阵之间的等价关系具有下列性质。

（1）反身性：$\boldsymbol{A}\sim\boldsymbol{A}$。

（2）对称性：如果$\boldsymbol{A}\sim\boldsymbol{B}$，那么$\boldsymbol{B}\sim\boldsymbol{A}$。

（3）传递性：如果$\boldsymbol{A}\sim\boldsymbol{B}$，$\boldsymbol{B}\sim\boldsymbol{C}$，那么$\boldsymbol{A}\sim\boldsymbol{C}$。

数学上把一个集合中具有上述三个性质的元素之间的关系称为该集合的一个等价关系。例如，当两个线性方程组有相同的解集合时，就称这两个线性方程组等价。在几何中，三角形相似是等价关系，直线平行是等价关系，数相等是等价关系。但大于、小于和不相等不是数的等价关系。

矩阵的初等变换是矩阵的一种最基本的运算，其深刻意义在于它不改变矩阵的秩，即有如下定理。

定理 1 若有$\boldsymbol{A}\sim\boldsymbol{B}$，则$r(\boldsymbol{A})=r(\boldsymbol{B})$。

注意反之不一定成立。

练习 3.1

1. $\boldsymbol{B}=\begin{bmatrix}2 & -1 & 0 & 3 & -2\\0 & 3 & 1 & -2 & 5\\0 & 0 & 0 & 4 & -3\\0 & 0 & 0 & 0 & 0\end{bmatrix}$，求矩阵的秩$r(\boldsymbol{B})$。

2. 求矩阵 $\boldsymbol{A}=\begin{bmatrix}3 & 1 & 0 & 2\\1 & -1 & 2 & -1\\1 & 3 & -4 & -4\end{bmatrix}$ 的秩。

3. 当λ为何值时，矩阵 $\boldsymbol{A}=\begin{bmatrix}1 & -1 & 2 & 1\\2 & -1 & 7 & 2\\-1 & 2 & 1 & \lambda\end{bmatrix}$ 的秩等于 2。

4. 求矩阵 $\boldsymbol{B}=\begin{bmatrix}1 & -1 & 3 & -4 & 3\\3 & -3 & 5 & -4 & 1\\2 & -2 & 3 & -2 & 0\\3 & -3 & 4 & -2 & -1\end{bmatrix}$ 的秩，并用初等行变换把 $\boldsymbol{B}$ 化为行最简阶梯形矩阵，再求以 $\boldsymbol{B}$ 为增广矩阵的线性方程组的解。

思政聚焦 1

消元法作为解线性方程组的基本方法，与克拉默法则相比，其优越性之一就是可以处理方程的个数与未知量的个数不相等的方程组。卫星导航系统在定位时，就需要解一个含 3 个方程和 4 个未知量的线性方程组。

北斗卫星导航系统（以下简称北斗系统）是中国着眼于国家安全和经济社会发展需要，自主建设运行的全球卫星导航系统，是为全球用户提供全天候、全天时、高精度的定位、导航和授时服务的重要时空基础设施。北斗卫星导航系统是全球四大导航系统之一，2020 年 7 月 31 日，北斗三号全球卫星导航系统正式开通，举国振奋。

北斗系统秉承“中国的北斗，世界的北斗，一流的北斗”发展理念，愿与世界各国共享北斗系统建设发展成果，促进全球卫星导航事业蓬勃发展，为服务全球、造福人类贡献中国智慧和力量。北斗系统为经济社会发展提供重要时空信息保障，是中国实施改革开放 40 余年来取得的重要成就之一，是新中国成立 70 余年来重大科技成就之一，是中国贡献给世界的全球公共服务产品。

卫星导航系统是一个国家综合国力的体现，是大国强国的标志。北斗系统在研制过程中出现各种困难，但科学家们不畏艰难，顽强拼搏，最终取得成功。经过长期的努力拼搏，我们攻克全部核心技术，建立自主的时空基准，实现了宇航能力由单星研制到组批生产、由单星在轨工作到多星组网运行的整体跃升。这是我们推进自主创新、建设创新型国家的生动写照。

实践证明，只有坚持自主发展，我们才可能取得优异的成绩；同样，只要下定决心，齐心协力，就没有我们干不成的事。北斗卫星导航系统的成功建设和应用是我们坚持道路自信、制度自信、理论自信、文化自信的重大成果。全体北斗人心怀强国强军梦想，形成了“自主创新，团结协作，攻坚克难，追求卓越”的北斗精神。这是“两弹一星”精神的传承和发扬，是中华民族精神家园的宝贵财富。

线性方程组解的判断

3.2 线性方程组解的判断

一个含 n 个未知数和 m 个方程的线性方程组

$$\begin{cases} a_{11}x_1 + a_{12}x_2 + \cdots a_{1n}x_n = b_1 \\ a_{21}x_1 + a_{22}x_2 + \cdots a_{2n}x_n = b_2 \\ \vdots \\ a_{m1}x_1 + a_{m2}x_2 + \cdots a_{mn}x_n = b_m \end{cases} \tag{3-5}$$

系数矩阵 $\boldsymbol{A}$，常数项向量 $\boldsymbol{b}$，未知数向量 $\boldsymbol{x}$ 分别如下

$$\boldsymbol{A} = \begin{bmatrix} a_{11} & a_{12} & \cdots & a_{1n} \\ a_{21} & a_{22} & \cdots & a_{2n} \\ \vdots & \vdots & \vdots & \vdots \\ a_{m1} & a_{m2} & \cdots & a_{mn} \end{bmatrix}, \quad \boldsymbol{b} = \begin{bmatrix} b_1 \\ b_2 \\ \vdots \\ b_m \end{bmatrix}, \quad \boldsymbol{x} = \begin{bmatrix} x_1 \\ x_2 \\ \vdots \\ x_n \end{bmatrix}$$

则方程组（3-5）对应的矩阵方程为 $\boldsymbol{Ax}=\boldsymbol{b}$。当常数项全为 0 时，$\boldsymbol{Ax}=\boldsymbol{0}$ 称为**齐次线性方程组**；当常数项不全为 0 时，$\boldsymbol{Ax}=\boldsymbol{b}$ 称为**非齐次线性方程组**。

解线性方程组的一般步骤如图 3-2 所示。

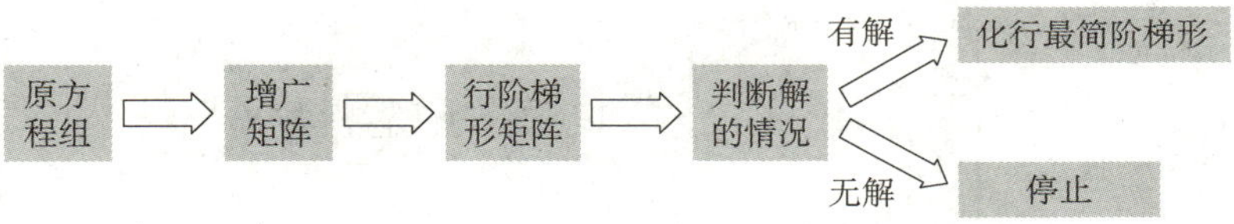

图 3-2

回顾例 3.1、例 3.2、例 3.3，其方程组分别有唯一解、无穷多解和无解，从它们的增广矩阵的阶梯形矩阵看出：例 3.1 中 $r(\boldsymbol{A})=r(\boldsymbol{A}\ \ \boldsymbol{b})=3=n$，例 3.2 中 $r(\boldsymbol{A})=r(\boldsymbol{A}\ \ \boldsymbol{b})=2<n$，例 3.3 中 $r(\boldsymbol{A})\neq r(\boldsymbol{A}\ \ \boldsymbol{b})$。所以，由系数矩阵的秩、增广矩阵的秩、方程组未知数个数可判断线性方程组解的情况。

定理 2　n 元线性方程组 $\boldsymbol{Ax}=\boldsymbol{b}$，其增广矩阵 $\boldsymbol{B}=(\boldsymbol{A}\ \boldsymbol{b})$，$\boldsymbol{A}$ 为系数矩阵。

若 $r(\boldsymbol{A})=r(\boldsymbol{B})=n$，则 $\boldsymbol{Ax}=\boldsymbol{b}$ 有解，且解唯一。

若 $r(\boldsymbol{A})=r(\boldsymbol{B})=r<n$，则方程组有无穷多个解。

若 $r(\boldsymbol{A})\neq r(\boldsymbol{B})$，则方程组无解。

例 3.7　解非齐次线性方程组。

$$\begin{cases} x_1 + x_2 - x_3 + 2x_4 = 3 \\ 2x_1 + x_2 - 3x_4 = 1 \\ -2x_1 - 2x_3 + 10x_4 = 4 \end{cases}$$

解　对线性方程组的增广矩阵做初等行变换。

$$[\boldsymbol{A},\boldsymbol{b}]=\begin{bmatrix}1&1&-1&2&3\\2&1&0&-3&1\\-2&0&-2&10&4\end{bmatrix}\xrightarrow[r_3+2r_1]{r_2-2r_1}\begin{bmatrix}1&1&-1&2&3\\0&-1&2&-7&-5\\0&2&-4&14&10\end{bmatrix}$$

$$\xrightarrow{r_3+2r_2}\begin{bmatrix}1&1&-1&2&3\\0&-1&2&-7&-5\\0&0&0&0&0\end{bmatrix}\xrightarrow[-1\times r_2]{r_1+r_2}\begin{bmatrix}1&0&1&-5&-2\\0&1&-2&7&5\\0&0&0&0&0\end{bmatrix}$$

此时 $r(\boldsymbol{A})=r(\boldsymbol{A},\boldsymbol{b})=2<n(n=4)$，方程组有无穷个多解。得到同解方程组

$$\begin{cases}x_1+x_3-5x_4=-2\\x_2-2x_3+7x_4=5\end{cases}$$

将行最简阶梯形矩阵中首个非零元素对应的未知数 x_1和x_2 作取值受约束的，x_3，x_4 作取值不受约束的（称为自由未知数），即可取任意常数。将自由未知数移至方程右端，即

$$\begin{cases}x_1=-2-x_3+5x_4\\x_2=5+2x_3-7x_4\end{cases}$$

但为保持方程组的解，应给出每个自由未知数的值的习惯，可在上述方程组中补两个等式 $x_3=x_3$，$x_4=x_4$。由于 x_3 和 x_4 取任意常数，故变换一下形式：$x_3=k_1$，$x_4=k_2$。

于是方程组全部的解（或称通解）为

$$\begin{cases}x_1=-2-k_1+5k_2\\x_2=5+2k_1-7k_2\\x_3=k_1\\x_4=k_2\end{cases}\quad（k_1，k_2\text{ 为任意常数}）$$

写成向量形式为

$$\begin{bmatrix}x_1\\x_2\\x_3\\x_4\end{bmatrix}=\begin{bmatrix}-2\\5\\0\\0\end{bmatrix}+k_1\begin{bmatrix}-1\\2\\1\\0\end{bmatrix}+k_2\begin{bmatrix}5\\-7\\0\\1\end{bmatrix}\quad（k_1，k_2\text{ 为任意常数}）\tag{3-6}$$

例 3.8 解齐次线性方程组

$$\begin{cases}x_1+2x_2+4x_3+x_4=0\\2x_1+4x_2+8x_3+2x_4=0\\3x_1+6x_2+2x_3=0\end{cases}$$

解 用矩阵初等行变换将方程组的增广矩阵化成阶梯形矩阵，即

$$[\boldsymbol{A},\boldsymbol{b}]=[\boldsymbol{A},\boldsymbol{0}]=\begin{bmatrix}1&2&4&1&0\\2&4&8&2&0\\3&6&2&0&0\end{bmatrix}\xrightarrow[r_3-3r_1]{r_2-2r_1}\begin{bmatrix}1&2&4&1&0\\0&0&0&0&0\\0&0&-10&-3&0\end{bmatrix}$$

$$\xrightarrow{r_2 \leftrightarrow r_3}\begin{bmatrix}1 & 2 & 4 & 1 & 0\\0 & 0 & -10 & -3 & 0\\0 & 0 & 0 & 0 & 0\end{bmatrix}$$

由增广矩阵的阶梯形矩阵看出，$r(\boldsymbol{A})=r(\boldsymbol{A},0)=2<n$（$n$=4），有无穷多解。为求通解，进一步将阶梯形矩阵化为行最简阶梯形矩阵。即

$$\begin{bmatrix}1 & 2 & 4 & 1 & 0\\0 & 0 & -10 & -3 & 0\\0 & 0 & 0 & 0 & 0\end{bmatrix}\xrightarrow{-\frac{1}{10}\times r_2}\begin{bmatrix}1 & 2 & 4 & 1 & 0\\0 & 0 & 1 & \frac{3}{10} & 0\\0 & 0 & 0 & 0 & 0\end{bmatrix}\xrightarrow{r_1-4r_2}\begin{bmatrix}1 & 2 & 0 & -\frac{1}{5} & 0\\0 & 0 & 1 & \frac{3}{10} & 0\\0 & 0 & 0 & 0 & 0\end{bmatrix}$$

对应的同解方程组为

$$\begin{cases}x_1+2x_2-\dfrac{1}{5}x_4=0\\x_3+\dfrac{3}{10}x_4=0\end{cases}$$

将行最简阶梯形矩阵中首个非零元素对应的未知数 x_1 和 x_3 作取值受约束的未知数，x_2 和 x_4 作自由未知数，令 $x_2=k_1$，$x_4=k_2$。将自由未知数移至方程右端，于是方程组的全部解为

$$\begin{cases}x_1=-2k_1+\dfrac{1}{5}k_2\\x_2=k_1\\x_3=-\dfrac{3}{10}k_2\\x_4=k_2\end{cases}\quad（k_1，\ k_2 \text{为任意常数}）$$

表示成向量形式为

$$\begin{bmatrix}x_1\\x_2\\x_3\\x_4\end{bmatrix}=k_1\begin{bmatrix}-2\\1\\0\\0\end{bmatrix}+k_2\begin{bmatrix}\frac{1}{5}\\0\\-\frac{3}{10}\\1\end{bmatrix}=k_1\boldsymbol{\beta}_1+k_2\boldsymbol{\beta}_2 \quad（k_1，k_2 \text{为任意常数}）\tag{3-7}$$

齐次线性方程组可看作是常数项为 0 的特殊非齐次线性方程组。在利用初等行变换将齐次线性方程组的增广矩阵转换为行阶梯形矩阵和行最简阶段形矩阵的过程中，最右边一列常数项始终为 0，没有变化。因此，为表述简便，对齐次线性方程组作初等行变换时，一般只对其系数矩阵 $\boldsymbol{A}$ 作初等行变换。显然 r（$\boldsymbol{A}\ \boldsymbol{O}$）=$r$（$\boldsymbol{A}$），因而齐次线性方程组不会出现无解情况，至少有一个零解，即 $\boldsymbol{x}=\boldsymbol{O}$。关于齐次线性方程组，只需研究在什么情况有非零解。

关于齐次线性方程组的解有如下定理。

定理 3 如果 n 元齐次线性方程组 $\boldsymbol{Ax}=\boldsymbol{O}$ 的系数矩阵 $\boldsymbol{A}$ 的秩为 r，

（1）若 $r<n$，则 $\boldsymbol{Ax}=\boldsymbol{O}$ 除了零解外还有非零解。齐次线性方程组若有非零解，则必有无穷多解。

（2）若 $r=n$，则 $\boldsymbol{Ax}=\boldsymbol{O}$ 只有零解。

例 3.9 解齐次线性方程组

$$\begin{cases} x_1-2x_2+x_3-x_4+x_5=0 \\ 2x_1+x_2-x_3+2x_4-3x_5=0 \\ 3x_1-2x_2-x_3+x_4-2x_5=0 \\ 2x_1-5x_2+x_3-2x_4+2x_5=0 \end{cases}$$

解 把系数矩阵化为阶梯形矩阵和行最简阶梯形矩阵。

$$\boldsymbol{A}=\begin{bmatrix} 1 & -2 & 1 & -1 & 1 \\ 2 & 1 & -1 & 2 & -3 \\ 3 & -2 & -1 & 1 & -2 \\ 2 & -5 & 1 & -2 & 2 \end{bmatrix} \xrightarrow[r_4-2r_1]{\substack{r_2-2r_1 \\ r_3-3r_1}} \begin{bmatrix} 1 & -2 & 1 & -1 & 1 \\ 0 & 5 & -3 & 4 & -5 \\ 0 & 4 & -4 & 4 & -5 \\ 0 & -1 & -1 & 0 & 0 \end{bmatrix}$$

$$\xrightarrow[r_2\leftrightarrow r_4]{-1\times r_4} \begin{bmatrix} 1 & -2 & 1 & -1 & 1 \\ 0 & 1 & 1 & 0 & 0 \\ 0 & 4 & -4 & 4 & -5 \\ 0 & 5 & -3 & 4 & -5 \end{bmatrix} \xrightarrow[r_4-5r_2]{r_3-4r_2} \begin{bmatrix} 1 & -2 & 1 & -1 & 1 \\ 0 & 1 & 1 & 0 & 0 \\ 0 & 0 & -8 & 4 & -5 \\ 0 & 0 & -8 & 4 & -5 \end{bmatrix}$$

$$\xrightarrow{r_4-r_3} \begin{bmatrix} 1 & -2 & 1 & -1 & 1 \\ 0 & 1 & 1 & 0 & 0 \\ 0 & 0 & -8 & 4 & -5 \\ 0 & 0 & 0 & 0 & 0 \end{bmatrix} \xrightarrow{-\frac{1}{8}\times r_3} \begin{bmatrix} 1 & -2 & 1 & -1 & 1 \\ 0 & 1 & 1 & 0 & 0 \\ 0 & 0 & 1 & -\frac{1}{2} & \frac{5}{8} \\ 0 & 0 & 0 & 0 & 0 \end{bmatrix}$$

$$\xrightarrow[r_2-r_3]{r_1-r_3} \begin{bmatrix} 1 & -2 & 0 & -\frac{1}{2} & \frac{3}{8} \\ 0 & 1 & 0 & \frac{1}{2} & -\frac{5}{8} \\ 0 & 0 & 1 & -\frac{1}{2} & \frac{5}{8} \\ 0 & 0 & 0 & 0 & 0 \end{bmatrix} \xrightarrow{r_1+2r_2} \begin{bmatrix} 1 & 0 & 0 & \frac{1}{2} & -\frac{7}{8} \\ 0 & 1 & 0 & \frac{1}{2} & -\frac{5}{8} \\ 0 & 0 & 1 & -\frac{1}{2} & \frac{5}{8} \\ 0 & 0 & 0 & 0 & 0 \end{bmatrix}$$

由于 $r(A)=3<n(n=5)$，方程组有非零解，取 x_4 和 x_5 作自由未知数，令 $x_4=c_1$，$x_5=c_2$，通解为

$$
\begin{cases}
x_1 = -\dfrac{1}{2}c_1 + \dfrac{7}{8}c_2 \\
x_2 = -\dfrac{1}{2}c_1 + \dfrac{5}{8}c_2 \\
x_3 = \dfrac{1}{2}c_1 - \dfrac{5}{8}c_2 \\
x_4 = c_1 \\
x_5 = c_2
\end{cases}
$$

向量形式为

$$
\begin{bmatrix} x_1 \\ x_2 \\ x_3 \\ x_4 \\ x_5 \end{bmatrix} = c_1 \begin{bmatrix} -\dfrac{1}{2} \\ -\dfrac{1}{2} \\ \dfrac{1}{2} \\ 1 \\ 0 \end{bmatrix} + c_2 \begin{bmatrix} \dfrac{7}{8} \\ \dfrac{5}{8} \\ -\dfrac{5}{8} \\ 0 \\ 1 \end{bmatrix} = c_1\boldsymbol{\beta}_1 + c_2\boldsymbol{\beta}_2 \quad （c_1，\ c_2\text{为任意常数}） \qquad (3\text{-}8)
$$

例 3.10 讨论 p，q 为何值时，线性方程组

$$
\begin{cases}
x_1 + x_2 + x_3 + x_4 + x_5 = 1 \\
3x_1 + 2x_2 + x_3 + x_4 - 3x_5 = p \\
x_2 + 2x_3 + 2x_4 + 6x_5 = 3 \\
5x_1 + 4x_2 + 3x_3 + 3x_4 - x_5 = q
\end{cases}
$$

有解、无解，有解时求出其通解。

解 对方程组的增广矩阵做初等行变换化为阶梯形矩阵。

$$
[\boldsymbol{A},\boldsymbol{b}] = \begin{bmatrix} 1 & 1 & 1 & 1 & 1 & 1 \\ 3 & 2 & 1 & 1 & -3 & p \\ 0 & 1 & 2 & 2 & 6 & 3 \\ 5 & 4 & 3 & 3 & -1 & q \end{bmatrix} \xrightarrow[r_4-5r_1]{r_2-3r_1} \begin{bmatrix} 1 & 1 & 1 & 1 & 1 & 1 \\ 0 & -1 & -2 & -2 & -6 & p-3 \\ 0 & 1 & 2 & 2 & 6 & 3 \\ 0 & -1 & -2 & -2 & -6 & q-5 \end{bmatrix}
$$

$$
\xrightarrow[r_4-r_2]{r_3+r_2} \begin{bmatrix} 1 & 1 & 1 & 1 & 1 & 1 \\ 0 & -1 & -2 & -2 & -6 & p-3 \\ 0 & 0 & 0 & 0 & 0 & p \\ 0 & 0 & 0 & 0 & 0 & q-p-2 \end{bmatrix}
$$

考虑上面的阶梯形矩阵后两行对应的方程，当 $p \neq 0$ 或 $q-p-2 \neq 0$ 时，至少有一个方程不能成立，此时 r（$\boldsymbol{A}$）=2，r（$\boldsymbol{A},\boldsymbol{b}$）=3，$r(\boldsymbol{A}) \neq r(\boldsymbol{A},\boldsymbol{b})$，所以原方程组无解。

当 p=0 且 q=2 时，$r(\boldsymbol{A}) = r(\boldsymbol{A},\boldsymbol{b}) = 2 < n(n=5)$，方程组有无穷多解。

再化为行最简阶梯形矩阵，有

$$\begin{bmatrix}1&1&1&1&1&1\\0&-1&-2&-2&-6&-3\\0&0&0&0&0&0\\0&0&0&0&0&0\end{bmatrix}\xrightarrow[-1\times r_2]{r_1+r_2}\begin{bmatrix}1&0&-1&-1&-5&-2\\0&1&2&2&6&3\\0&0&0&0&0&0\\0&0&0&0&0&0\end{bmatrix}$$

对应的同解方程组为$\begin{cases}x_1=-2+x_3+x_4+5x_5\\x_2=3-2x_3-2x_4-6x_5\end{cases}$，其中 x_3，x_4，x_5 是自由未知数。

使自由未知数 x_3，x_4，x_5 取任意常数 c_1，c_2，c_3，则方程组的无穷多解为

$$\begin{cases}x_1=-2+c_1+c_2+5c_3\\x_2=3-2c_1-2c_2-6c_3\\x_3=c_1\\x_4=c_2\\x_5=c_3\end{cases}$$

综上所述，当 $p\neq0$ 或 $q-p-2\neq0$ 时，方程组无解。

当 p=0 且 q=2 时，方程组有无穷多解，方程组的通解的向量形式为

$$\begin{bmatrix}x_1\\x_2\\x_3\\x_4\\x_5\end{bmatrix}=\begin{bmatrix}-2\\3\\0\\0\\0\end{bmatrix}+c_1\begin{bmatrix}1\\-2\\1\\0\\0\end{bmatrix}+c_2\begin{bmatrix}1\\-2\\0\\1\\0\end{bmatrix}+c_3\begin{bmatrix}5\\-6\\0\\0\\1\end{bmatrix}$$

令

$$\boldsymbol{x}=\begin{bmatrix}x_1\\x_2\\x_3\\x_4\\x_5\end{bmatrix},\boldsymbol{\beta}_0=\begin{bmatrix}-2\\3\\0\\0\\0\end{bmatrix},\boldsymbol{\beta}_1=\begin{bmatrix}1\\-2\\1\\0\\0\end{bmatrix},\boldsymbol{\beta}_2=\begin{bmatrix}1\\-2\\0\\1\\0\end{bmatrix},\boldsymbol{\beta}_3=\begin{bmatrix}5\\-6\\0\\0\\1\end{bmatrix}$$

那么，$\boldsymbol{x}=\boldsymbol{\beta}_0+c_1\boldsymbol{\beta}_1+c_2\boldsymbol{\beta}_2+c_3\boldsymbol{\beta}_3$（$c_1$，$c_2$，$c_3$ 为任意常数）。 （3-9）

练习 3.2

1. 判断下列说法是否正确。

（1）若 x_1，x_2 是齐次方程组 $\boldsymbol{Ax=O}$ 的解，则 x_1+x_2，kx_1 也是 $\boldsymbol{Ax=O}$ 的解。

（2）若 x_1，x_2 是非齐次方程组 $\boldsymbol{Ax=b}$ 的解，则 x_1-x_2 是 $\boldsymbol{Ax=O}$ 的解。

（3）若 $\boldsymbol{Ax=b}$ 有唯一解，则 $\boldsymbol{Ax=O}$ 只有零解。

（4）若 $\boldsymbol{Ax=b}$ 有无穷多解，则 $\boldsymbol{Ax=O}$ 有非零解。

（5）上面（3）、（4）的说法反之也成立。

2. 若线性方程组 $\boldsymbol{Ax=b}$ 的增广矩阵$[\boldsymbol{A}, \boldsymbol{b}]$经初等变换为

$$[\boldsymbol{A},\boldsymbol{b}] \to \cdots \to \begin{bmatrix} 0 & 0 & 1 & 1 \\ 1 & 0 & 0 & 3 \\ 0 & 1 & 0 & 2 \end{bmatrix}$$

求出此线性方程组的解。

3. 设线性方程组 $\boldsymbol{Ax}=\boldsymbol{b}$ 的增广矩阵 $[\boldsymbol{A}\ \ \boldsymbol{b}]$ 经过一系列初等变换化为如下形式：

$$[\boldsymbol{A}\ \ \boldsymbol{b}] \to \cdots \to \begin{bmatrix} 1 & 0 & 1 & 4 & -1 \\ 0 & 1 & 3 & 2 & 1 \\ 0 & 0 & 0 & \lambda(\lambda+1) & \lambda(\lambda-1) \end{bmatrix}$$

λ 为何值时，线性方程组无解？λ 为何值时，线性方程组有无穷多解？

4. 若矩阵 $\boldsymbol{B}=\begin{bmatrix} 1 & 2 & -1 & 3 \\ 0 & 0 & 1 & 2 \\ 2 & 4 & -1 & 8 \\ 1 & -2 & 0 & 0 \end{bmatrix}$ 是一个非齐次线性方程组的增广矩阵，求出此线性方程组的解。

5. 设 $\boldsymbol{A}=\begin{bmatrix} 1 & 2 & 1 \\ 2 & 3 & t+2 \\ 1 & t & -2 \end{bmatrix}, \boldsymbol{b}=\begin{bmatrix} 1 \\ 3 \\ 0 \end{bmatrix}, \boldsymbol{x}=\begin{bmatrix} x_1 \\ x_2 \\ x_3 \end{bmatrix}$。

（1）齐次方程组 $\boldsymbol{Ax}=\boldsymbol{O}$ 只有零解，则 t 值是多少？

（2）线性方程组 $\boldsymbol{Ax}=\boldsymbol{b}$ 无解，则 t 值是多少？

线性相关性

*3.3 线性相关性

关于线性方程组，有三个核心问题：方程组有没有解？如何求解？求解结果如何表示？利用矩阵的初等行变换、行阶梯形矩阵、行最简阶梯形矩阵和矩阵的秩我们已经解决了前两个问题。回顾 3.2 节例 3.7～例 3.10 线性方程组有无穷多解，全部的解可以由已知向量的线性关系式表示。如例 3.8 齐次线性方程组全部的解为

$$\begin{bmatrix} x_1 \\ x_2 \\ x_3 \\ x_4 \end{bmatrix} = k_1 \begin{bmatrix} -2 \\ 1 \\ 0 \\ 0 \end{bmatrix} + k_2 \begin{bmatrix} \frac{1}{5} \\ 0 \\ -\frac{3}{10} \\ 1 \end{bmatrix} = k_1\boldsymbol{\beta}_1 + k_2\boldsymbol{\beta}_2$$

即
$$\boldsymbol{x}=k_1\boldsymbol{\beta}_1+k_2\boldsymbol{\beta}_2$$

它表示任意常数 k_1 和 k_2 一经确定一组值，$k_1\boldsymbol{\beta}_1+k_2\boldsymbol{\beta}_2$ 就是方程组的一个具体的解了。

而向量 $\boldsymbol{\beta}_1=\begin{bmatrix}-2\\1\\0\\0\end{bmatrix}$，$\boldsymbol{\beta}_2=\begin{bmatrix}\frac{1}{5}\\0\\-\frac{3}{10}\\1\end{bmatrix}$ 也是方程组的解。为了能清晰描述线性方程组解的结构，我们需要了解线性相关性的概念。

3.3.1 向量的线性相关性

定义 5 给出向量组 $\boldsymbol{\alpha}_1,\boldsymbol{\alpha}_2,\cdots,\boldsymbol{\alpha}_m$ 和向量 $\boldsymbol{b}$，如果存在一组数 $\lambda_1,\lambda_2,\cdots,\lambda_m$，使

$$\boldsymbol{b}=\lambda_1\boldsymbol{\alpha}_1+\lambda_2\boldsymbol{\alpha}_2+\cdots+\lambda_m\boldsymbol{\alpha}_m$$

则称向量 $\boldsymbol{b}$ 是向量组 $\boldsymbol{\alpha}_1,\boldsymbol{\alpha}_2,\cdots,\boldsymbol{\alpha}_m$ 的线性组合，或向量 $\boldsymbol{b}$ 能由向量组 $\boldsymbol{\alpha}_1,\boldsymbol{\alpha}_2,\cdots,\boldsymbol{\alpha}_m$ 线性表示。

对于线性方程组（3-5），令 $\boldsymbol{\alpha}_i=\begin{bmatrix}a_{1i}\\a_{2i}\\\vdots\\a_{mi}\end{bmatrix}(i=1,2,\cdots,n)$，即 $\boldsymbol{\alpha}_i$ 为线性方程组中未知数 x_i 的系数向量，则方程组（3-5）可表示为如下向量形式：

$$\boldsymbol{\alpha}_1x_1+\boldsymbol{\alpha}_2x_2+\cdots+\boldsymbol{\alpha}_nx_n=\boldsymbol{b} \tag{3-10}$$

由式（3-10）可见，向量 $\boldsymbol{b}$ 能否由向量组 $\boldsymbol{\alpha}_1,\boldsymbol{\alpha}_2,\cdots,\boldsymbol{\alpha}_n$ 线性表示等价于线性方程组（3-5）是否有解的问题。我们知道，线性方程组 $\boldsymbol{Ax}=\boldsymbol{b}$ 有解的充要条件是 $r(\boldsymbol{A})=r(\boldsymbol{A},\boldsymbol{b})$。故有如下定理。

定理 4 向量 $\boldsymbol{b}$ 能由向量组 $\boldsymbol{\alpha}_1,\boldsymbol{\alpha}_2,\cdots,\boldsymbol{\alpha}_n$ 线性表示的充分必要条件是矩阵 $\boldsymbol{A}=[\boldsymbol{\alpha}_1,\boldsymbol{\alpha}_2,\cdots,\boldsymbol{\alpha}_n]$ 的秩与矩阵 $[\boldsymbol{A},\boldsymbol{b}]=[\boldsymbol{\alpha}_1,\boldsymbol{\alpha}_2,\cdots,\boldsymbol{\alpha}_n,\boldsymbol{b}]$ 的秩相等。

例 3.11 设向量 $\boldsymbol{\alpha}_1=\begin{bmatrix}1\\2\\-1\\5\end{bmatrix}$，$\boldsymbol{\alpha}_2=\begin{bmatrix}2\\-1\\1\\1\end{bmatrix}$，$\boldsymbol{b}=\begin{bmatrix}4\\3\\-1\\11\end{bmatrix}$，

证明向量 $\boldsymbol{b}$ 能由向量组 $\boldsymbol{\alpha}_1$和$\boldsymbol{\alpha}_2$ 线性表示，并求出表达式。

证明 根据定理 4，要证矩阵 $\boldsymbol{A}=[\boldsymbol{\alpha}_1,\boldsymbol{\alpha}_2]$ 与矩阵 $[\boldsymbol{A},\boldsymbol{b}]=[\boldsymbol{\alpha}_1,\boldsymbol{\alpha}_2,\boldsymbol{b}]$ 的秩相等。为此，把矩阵 $[\boldsymbol{\alpha}_1,\boldsymbol{\alpha}_2,\boldsymbol{b}]$ 化为行最简阶梯形矩阵。

$$[\boldsymbol{\alpha}_1,\boldsymbol{\alpha}_2,\boldsymbol{b}]=\begin{bmatrix}1&2&4\\2&-1&3\\-1&1&-1\\5&1&11\end{bmatrix}\sim\begin{bmatrix}1&2&4\\0&-5&-5\\0&3&3\\0&-9&-9\end{bmatrix}\sim\begin{bmatrix}1&2&4\\0&1&1\\0&0&0\\0&0&0\end{bmatrix}\sim\begin{bmatrix}1&0&2\\0&1&1\\0&0&0\\0&0&0\end{bmatrix}$$

得 $r(\boldsymbol{A})=r(\boldsymbol{A},\boldsymbol{b})=2$。因此，向量 $\boldsymbol{b}$ 能由向量组 $\boldsymbol{\alpha}_1$ 和 $\boldsymbol{\alpha}_2$ 线性表示。此时，设 $\boldsymbol{b}=x_1\boldsymbol{\alpha}_1+x_2\boldsymbol{\alpha}_2$，由行最简阶梯形矩阵可知，$x_1=2$，$x_2=1$，所以，$\boldsymbol{b}=2\boldsymbol{\alpha}_1+\boldsymbol{\alpha}_2$。

定义 6　给定向量组 $\boldsymbol{\alpha}_1,\boldsymbol{\alpha}_2,\cdots,\boldsymbol{\alpha}_m$，如果存在一组不全为零的数 $\lambda_1,\lambda_2,\cdots,\lambda_m$，使

$$\lambda_1\boldsymbol{\alpha}_1+\lambda_2\boldsymbol{\alpha}_2+\cdots+\lambda_m\boldsymbol{\alpha}_m=0$$

则称向量组 $\boldsymbol{\alpha}_1,\boldsymbol{\alpha}_2,\cdots,\boldsymbol{\alpha}_m$ 线性相关，否则称它们线性无关。

向量组线性相关与线性无关的概念可以移用到线性方程组。当方程组中某个方程可以由其他方程表示时，这个方程就是多余的，此时，称方程组的各个方程是线性相关的；当方程组中没有多余方程，就称方程组的各个方程是线性无关的（或线性独立）。显然，线性方程组 $\boldsymbol{Ax}=\boldsymbol{b}$ 线性相关的充分必要条件是增广矩阵 $[\boldsymbol{A},\boldsymbol{b}]$ 的行向量组线性相关。

3.3.2　基础解系与齐次线性方程组解的结构

定义 7　设 $\xi_1,\xi_2,\cdots,\xi_s$ 是齐次线性方程组 $\boldsymbol{Ax}=0$ 的一组解向量，并且

（1）$\xi_1,\xi_2,\cdots,\xi_s$ 线性无关；

（2）方程组 $\boldsymbol{Ax}=0$ 的任一解向量 ξ 都可以由向量组 $\xi_1,\xi_2,\cdots,\xi_s$ 线性表示。

则称 $\xi_1,\xi_2,\cdots,\xi_s$ 是齐次线性方程组 $\boldsymbol{Ax}=0$ 的一个基础解系。

定理 5　若 n 元齐次线性方程组 $\boldsymbol{Ax}=0$ 系数矩阵 $\boldsymbol{A}$ 的秩 $r(\boldsymbol{A})<n$，那么 $\boldsymbol{Ax}=0$ 有基础解系，且基础解系所含的解向量的个数等于 $n-r$。$\boldsymbol{Ax}=0$ 的全部解可由它的一个基础解系 $\xi_1,\xi_2,\cdots,\xi_{n-r}$ 线性表示。

$$\boldsymbol{x}=k_1\xi_1+k_2\xi_2+\cdots+k_{n-r}\xi_{n-r} \tag{3-11}$$

其中，$k_1,k_2,\cdots,k_{n-r}$ 为任意常数。

注意

1. 式（3-11）表示了齐次线性方程组解的结构。所以，要求齐次线性方程组的通解，只需求出它的一个基础解系。

2. 齐次线性方程组 $\boldsymbol{Ax}=\boldsymbol{0}$ 的基础解系不唯一，但它们包含的解向量的个数相同。

例 3.12　求齐次线性方程组

$$\begin{cases} x_1+2x_2-x_3+x_4=0 \\ 2x_1-3x_2+x_3-2x_4=0 \\ 4x_1+x_2-x_3=0 \end{cases}$$

的基础解系。

解　对系数矩阵作初等行变换化为行最简阶梯形矩阵。

$$A=\begin{bmatrix}1&2&-1&1\\2&-3&1&-2\\4&1&-1&0\end{bmatrix}\xrightarrow[r_3-4r_1]{r_2-2r_1}\begin{bmatrix}1&2&-1&1\\0&-7&3&-4\\0&-7&3&-4\end{bmatrix}\xrightarrow[-\frac{1}{7}\times r_2]{r_3-r_2}\begin{bmatrix}1&2&-1&1\\0&1&-\frac{3}{7}&\frac{4}{7}\\0&0&0&0\end{bmatrix}$$

$$\xrightarrow{r_1-2r_2}\begin{bmatrix}1&0&-\frac{1}{7}&-\frac{1}{7}\\0&1&-\frac{3}{7}&\frac{4}{7}\\0&0&0&0\end{bmatrix}$$

此时，$r(A)=2<n=4$，故 $Ax=0$ 有基础解系，且基础解系包含 2 个（$n-r=4-2=2$）解向量。

行最简阶梯形矩阵对应的同解方程组为

$$\begin{cases}x_1=\frac{1}{7}x_3+\frac{1}{7}x_4\\x_2=\frac{3}{7}x_3-\frac{4}{7}x_4\end{cases}\tag{3-12}$$

令自由未知数 $\begin{bmatrix}x_3\\x_4\end{bmatrix}=\begin{bmatrix}1\\0\end{bmatrix},\begin{bmatrix}0\\1\end{bmatrix}$，代入式（3-12），得 $\begin{bmatrix}x_1\\x_2\end{bmatrix}=\begin{bmatrix}\frac{1}{7}\\\frac{3}{7}\end{bmatrix},\begin{bmatrix}\frac{1}{7}\\-\frac{4}{7}\end{bmatrix}$，所以，基础解系为

$$\xi_1=\begin{bmatrix}\frac{1}{7}\\\frac{3}{7}\\1\\0\end{bmatrix},\quad \xi_2=\begin{bmatrix}\frac{1}{7}\\-\frac{4}{7}\\0\\1\end{bmatrix}$$

方程组的全部解为

$$x=k_1\begin{bmatrix}\frac{1}{7}\\\frac{3}{7}\\1\\0\end{bmatrix}+k_2\begin{bmatrix}\frac{1}{7}\\-\frac{4}{7}\\0\\1\end{bmatrix}=k_1\xi_1+k_2\xi_2\quad（k_1，k_2\text{为任意常数}）$$

也可以令自由未知数 $\begin{bmatrix}x_3\\x_4\end{bmatrix}=\begin{bmatrix}7\\0\end{bmatrix},\begin{bmatrix}0\\7\end{bmatrix}$，代入式（3-12），得 $\begin{bmatrix}x_1\\x_2\end{bmatrix}=\begin{bmatrix}1\\3\end{bmatrix},\begin{bmatrix}1\\-4\end{bmatrix}$，此时

基础解系为

$$\xi_1=\begin{bmatrix}1\\3\\7\\0\end{bmatrix},\quad \xi_2=\begin{bmatrix}1\\-4\\0\\7\end{bmatrix}$$

所以方程组的全部解为

$$\boldsymbol{x}=k_1\begin{bmatrix}1\\3\\7\\0\end{bmatrix}+k_2\begin{bmatrix}1\\-4\\0\\7\end{bmatrix}\quad（k_1，k_2\text{ 为任意常数}）$$

注意 例 3.12 提供了求基础解系的一种方法。在行最简阶梯形矩阵对应的方程组中，分别令一个自由未知数不为零（如取 1 或其他整数），其余自由未知数为零，便可得到基础解系。

3.3.3 非齐次线性方程组解的结构

观察例 3.7、例 3.10 的通解，都是由两部分组成：带任意常数部分及不带常数部分。不带常数的部分 $\boldsymbol{\beta}_0$ 是当任意常数均为 0 时方程组的解。带任意常数部分 $\boldsymbol{\beta}_1$，$\boldsymbol{\beta}_2$，$\boldsymbol{\beta}_3$ 不是方程组的解，而是对应的齐次方程组的解，并且构成齐次方程组的基础解系。

关于非齐次线性方程组的解的结构，有如下定理。

定理 6 设 $\boldsymbol{\beta}_0$ 是非齐次线性方程组 $\boldsymbol{Ax=b}$ 的一个解，$\boldsymbol{\beta}_1,\boldsymbol{\beta}_2,\cdots,\boldsymbol{\beta}_{n-r}$ 是对应的齐次方程组 $\boldsymbol{Ax=O}$ 的基础解系，则非齐次线性方程组 $\boldsymbol{Ax=b}$ 的通解为：

$$\boldsymbol{x}=\boldsymbol{\beta}_0+k_1\boldsymbol{\beta}_1+k_2\boldsymbol{\beta}_2+\cdots+k_{n-r}\boldsymbol{\beta}_{n-r}\quad（k_1,k_2,\cdots,k_{n-r}\text{ 为任意常数}）$$

练习 3.3

1. 若非齐次线性方程组 $\boldsymbol{Ax=b}$ 的增广矩阵 $[\boldsymbol{A},\boldsymbol{b}]$ 经过一系列初等行变换后，化为 $\begin{bmatrix}1&1&1&2\\0&0&1&1\\0&0&0&0\\0&0&0&0\end{bmatrix}$。由此可得 $r(\boldsymbol{A})=$ ________，基础解系包含________个线性无关的向量，$\boldsymbol{Ax=b}$ 的通解为________________。

2. 判断向量组 $\boldsymbol{\alpha}_1=\begin{bmatrix}1\\0\\1\end{bmatrix},\boldsymbol{\alpha}_2=\begin{bmatrix}0\\0\\-1\end{bmatrix},\boldsymbol{\alpha}_3=\begin{bmatrix}1\\-2\\0\end{bmatrix}$ 是否线性相关？

3. 求齐次线性方程组 $\begin{cases}x_1-8x_2+10x_3+2x_4=0\\2x_1+4x_2+5x_3-x_4=0\\3x_1+8x_2+6x_3-2x_4=0\end{cases}$ 的基础解系，并写出通解。

4. 求解非齐次线性方程组 $\begin{cases}x_1+2x_2=5\\2x_1+x_2+x_3+2x_4=1\\5x_1+3x_2+2x_3+2x_4=3\end{cases}$ 。

3.4 特征值与特征向量

特征值与特征向量

线性代数，依其内容可分为两部分。第一部分，通过引进各种数学工具，如向量、矩阵、行列式、初等变换等，对线性方程组进行求解，研究它有解的条件和解的结构。第二部分，对第一部分引进的数学工具和一些概念，如向量、向量空间等做进一步的研究发展，发展出特征值与特征向量、相似矩阵与相似对角化、二次型的标准型与规范型、合同变换与合同矩阵等更深层次的知识和应用。第二部分不仅丰富了数学知识体系本身，而且是物理学、信息技术研究中不可缺少的有力工具。

3.4.1 特征值与特征向量的含义

例 2.3 介绍了线性变换 $\boldsymbol{y}=\boldsymbol{A}\boldsymbol{x}$，通过 $\boldsymbol{y}=\boldsymbol{A}\boldsymbol{x}$ 有可能使向量 $\boldsymbol{x}$ 往各个方向变化。但通常会存在某些特殊向量 $\boldsymbol{A}$，通过这些特殊向量使原向量发生一定转变。

如，$\boldsymbol{A}=\begin{bmatrix}1&6\\5&2\end{bmatrix}$，$\boldsymbol{x}_1=\begin{bmatrix}6\\-5\end{bmatrix}$，$\boldsymbol{x}_2=\begin{bmatrix}1\\1\end{bmatrix}$，$\boldsymbol{x}_3=\begin{bmatrix}3\\-2\end{bmatrix}$则

$$\boldsymbol{A}\boldsymbol{x}_1=\begin{bmatrix}1&6\\5&2\end{bmatrix}\begin{bmatrix}6\\-5\end{bmatrix}=\begin{bmatrix}-24\\20\end{bmatrix}=-4\begin{bmatrix}6\\-5\end{bmatrix}=-4\boldsymbol{x}_1$$

$$\boldsymbol{A}\boldsymbol{x}_2=\begin{bmatrix}1&6\\5&2\end{bmatrix}\begin{bmatrix}1\\1\end{bmatrix}=\begin{bmatrix}7\\7\end{bmatrix}=7\begin{bmatrix}1\\1\end{bmatrix}=7\boldsymbol{x}_2$$

$$\boldsymbol{A}\boldsymbol{x}_3=\begin{bmatrix}1&6\\5&2\end{bmatrix}\begin{bmatrix}3\\-2\end{bmatrix}=\begin{bmatrix}-9\\11\end{bmatrix}\neq k\begin{bmatrix}3\\-2\end{bmatrix}$$

从计算结果可以看出，线性变换 $\boldsymbol{y}=\boldsymbol{A}\boldsymbol{x}$ 对向量 $\boldsymbol{x}_1$和$\boldsymbol{x}_2$ 的作用仅仅是“拉伸”了向量长度，而没有改变它们的方向；却把向量 $\boldsymbol{x}_3$ 变成了另一个长度和方向都不同的新向量。

在这一节中，我们将研究只拉伸向量 $\boldsymbol{x}$ 长度的线性变换，即 $\boldsymbol{A}\boldsymbol{x}=\lambda\boldsymbol{x}$，并寻找这

样的向量 $\boldsymbol{x}$。

定义 8 设 $\boldsymbol{A}$ 是 n 阶方阵，如果数 λ 和 n 维非零向量 $\boldsymbol{x}$ 使

$$\boldsymbol{Ax}=\lambda\boldsymbol{x}$$

成立，则称数 λ 为方阵 $\boldsymbol{A}$ 的**特征值**（characteristic value）或**本征值**（eigenvalue），非零向量 $\boldsymbol{x}$ 称为方阵 $\boldsymbol{A}$ 相应于特征值 λ 的**特征向量**（characteristic vector）或**本征向量**（eigenvector）。

例 3.13 验证向量 $\boldsymbol{x}_1=\begin{bmatrix}3\\1\end{bmatrix}$，$\boldsymbol{x}_2=\begin{bmatrix}-1\\1\end{bmatrix}$ 是矩阵 $\boldsymbol{A}=\begin{bmatrix}2 & -3\\-1 & 4\end{bmatrix}$ 分别属于特征值 $\lambda_1=1$ 和 $\lambda_2=5$ 的特征向量。

解 $\boldsymbol{Ax}_1=\begin{bmatrix}2 & -3\\-1 & 4\end{bmatrix}\begin{bmatrix}3\\1\end{bmatrix}=\begin{bmatrix}3\\1\end{bmatrix}=1\boldsymbol{x}_1$

$$\boldsymbol{Ax}_2=\begin{bmatrix}2 & -3\\-1 & 4\end{bmatrix}\begin{bmatrix}-1\\1\end{bmatrix}=\begin{bmatrix}-5\\5\end{bmatrix}=5\begin{bmatrix}-1\\1\end{bmatrix}=5\boldsymbol{x}_2$$

根据特征值、特征向量的定义，$\boldsymbol{x}_1$、$\boldsymbol{x}_2$ 是矩阵 $\boldsymbol{A}$ 分别属于特征值 $\lambda_1=1$ 和 $\lambda_2=5$ 的特征向量。

给定方阵 $\boldsymbol{A}=(a_{ij})_{n\times n}$，如何求 $\boldsymbol{A}$ 的特征值和特征向量呢？把定义式 $\boldsymbol{Ax}=\lambda\boldsymbol{x}$ 改写成：

$$(\boldsymbol{A}-\lambda\boldsymbol{E})\boldsymbol{x}=\boldsymbol{0}$$

这是一个齐次线性方程组，n 阶方阵 $\boldsymbol{A}$ 的特征值 λ，就是使齐次线性方程组 $(\boldsymbol{A}-\lambda\boldsymbol{E})\boldsymbol{x}=\boldsymbol{0}$ 有非零解的值。齐次线性方程组有非零解的条件是系数矩阵的秩小于未知数的个数，即 $r(\boldsymbol{A})<n$，等价于系数行列式等于零，即

$$|\boldsymbol{A}-\lambda\boldsymbol{E}|=\begin{vmatrix}a_{11}-\lambda & a_{12} & \cdots & a_{1n}\\ a_{21} & a_{22}-\lambda & \cdots & a_{2n}\\ \vdots & \vdots & \cdots & \vdots\\ a_{n1} & a_{n2} & \cdots & a_{nn}-\lambda\end{vmatrix}=0$$

$|\boldsymbol{A}-\lambda\boldsymbol{E}|=0$ 称为方阵 $\boldsymbol{A}$ 的特征方程。解特征方程求出的全部根，就是 $\boldsymbol{A}$ 的特征值，然后解齐次线性方程组 $(\boldsymbol{A}-\lambda\boldsymbol{E})\boldsymbol{x}=\boldsymbol{0}$ 的非零解就是 $\boldsymbol{A}$ 的特征向量。

注意 特征方程 $|\lambda\boldsymbol{E}-\boldsymbol{A}|=0$ 与 $|\boldsymbol{A}-\lambda\boldsymbol{E}|=0$ 有相同的解，$\boldsymbol{A}$ 对应于特征值 λ 的特征向量是齐次线性方程组 $(\boldsymbol{A}-\lambda\boldsymbol{E})\boldsymbol{x}=\boldsymbol{0}$ 的非零解，也是 $(\lambda\boldsymbol{E}-\boldsymbol{A})\ \boldsymbol{x}=\boldsymbol{0}$ 的非零解。在实际计算特征值和特征向量时，为了避免特征多项式 λ 的最高次数项系数是负的，常采用 $(\lambda\boldsymbol{E}-\boldsymbol{A})\boldsymbol{x}=\boldsymbol{0}$。

例 3.14 求矩阵 $\boldsymbol{A}=\begin{bmatrix}3 & 1\\5 & -1\end{bmatrix}$ 的特征值和特征向量。

解 $\boldsymbol{A}$ 的特征方程如下：

$$|\lambda E-A|=\begin{vmatrix}\lambda-3 & -1\\ -5 & \lambda+1\end{vmatrix}=(\lambda-4)(\lambda+2)=0$$

所以 A 的特征值为 $\lambda_1=4$，$\lambda_2=-2$。

当 $\lambda_1=4$ 时，

$$\lambda E-A=\begin{bmatrix}1 & -1\\ -5 & 5\end{bmatrix}\to\begin{bmatrix}1 & -1\\ 0 & 0\end{bmatrix}$$

同解方程为 $x_1-x_2=0$，求得通解 $\begin{cases}x_1=k_1\\ x_2=k_1\end{cases}(k_1\neq 0)$，即 $x=\begin{bmatrix}x_1\\ x_2\end{bmatrix}=k_1\begin{bmatrix}1\\ 1\end{bmatrix}$，得基础解系 $p_1=\begin{bmatrix}1\\ 1\end{bmatrix}$，故矩阵 A 属于 $\lambda_1=4$ 的全部特征向量为 $k_1p_1=k_1\begin{bmatrix}1\\ 1\end{bmatrix}(k_1\neq 0)$。

当 $\lambda_2=-2$ 时，

$$\lambda E-A=\begin{bmatrix}-5 & -1\\ -5 & -1\end{bmatrix}\to\begin{bmatrix}5 & 1\\ 0 & 0\end{bmatrix}$$

同解方程为 $5x_1+x_2=0$，求得通解 $\begin{cases}x_1=k_2\\ x_2=-5k_2\end{cases}(k_2\neq 0)$，即 $x=\begin{bmatrix}x_1\\ x_2\end{bmatrix}=k_2\begin{bmatrix}1\\ -5\end{bmatrix}$，基础解系 $p_2=\begin{bmatrix}1\\ -5\end{bmatrix}$，故矩阵 A 属于 $\lambda_2=-2$ 的全部特征向量为 $k_2p_2=k_2\begin{bmatrix}1\\ -5\end{bmatrix}(k_2\neq 0)$。

例 3.15 设 $A=\begin{bmatrix}2 & 1 & -1\\ 0 & 3 & 2\\ 0 & 0 & -4\end{bmatrix}$，求 A 的特征值和特征向量。

解 $|\lambda E-A|=\begin{vmatrix}\lambda-2 & -1 & 1\\ 0 & \lambda-3 & -2\\ 0 & 0 & \lambda+4\end{vmatrix}=(\lambda-2)(\lambda-3)(\lambda+4)$

由 $(\lambda-2)(\lambda-3)(\lambda+4)=0$，得 A 的特征值为 $\lambda_1=2$，$\lambda_2=3$，$\lambda_3=-4$。

当 $\lambda_1=2$ 时，

$$2E-A=\begin{bmatrix}0 & -1 & 1\\ 0 & -1 & -2\\ 0 & 0 & 6\end{bmatrix}\xrightarrow{r_2-r_1}\begin{bmatrix}0 & -1 & 1\\ 0 & 0 & -3\\ 0 & 0 & 6\end{bmatrix}\xrightarrow[-1/3\times r_2]{r_3+2r_2,\ -1\times r_1}\begin{bmatrix}0 & 1 & -1\\ 0 & 0 & 1\\ 0 & 0 & 0\end{bmatrix}\xrightarrow{r_1+r_2}\begin{bmatrix}0 & 1 & 0\\ 0 & 0 & 1\\ 0 & 0 & 0\end{bmatrix}$$

同解方程组为 $\begin{cases}x_2=0\\ x_3=0\end{cases}$，得通解 $\begin{cases}x_1=k_1\\ x_2=0\\ x_3=0\end{cases}$（$k_1\neq 0$），即 $x=\begin{bmatrix}x_1\\ x_2\\ x_3\end{bmatrix}=k_1\begin{bmatrix}1\\ 0\\ 0\end{bmatrix}$，基础解系 $p_1=\begin{bmatrix}1\\ 0\\ 0\end{bmatrix}$，则矩阵 A 属于 $\lambda_1=2$ 的全部特征向量为 $k_1p_1(k_1\neq 0)$。

当 $\lambda_2=3$ 时，

$$3\boldsymbol{E}-\boldsymbol{A}=\begin{bmatrix}1&-1&1\\0&0&-2\\0&0&7\end{bmatrix}\xrightarrow[-1/2\times r_2]{r_3+7/2\times r_2}\begin{bmatrix}1&-1&1\\0&0&1\\0&0&0\end{bmatrix}\xrightarrow{r_1-r_2}\begin{bmatrix}1&-1&0\\0&0&1\\0&0&0\end{bmatrix}$$

对应的齐次线性方程组为$\begin{cases}x_1-x_2=0\\x_3=0\end{cases}$，通解为$\begin{cases}x_1=k_2\\x_2=k_2\\x_3=0\end{cases}$（$k_2\neq0$），即$\boldsymbol{x}=\begin{bmatrix}x_1\\x_2\\x_3\end{bmatrix}=k_2\begin{bmatrix}1\\1\\0\end{bmatrix}$，

得基础解系$\boldsymbol{p}_2=\begin{bmatrix}1\\1\\0\end{bmatrix}$，则矩阵$\boldsymbol{A}$属于$\lambda_2=3$的全部特征向量为$k_2\boldsymbol{p}_2(k_2\neq0)$。

当$\lambda_3=-4$时，

$$-4\boldsymbol{E}-\boldsymbol{A}=\begin{bmatrix}-6&-1&1\\0&-7&-2\\0&0&0\end{bmatrix}\xrightarrow{-1/7\times r_2}\begin{bmatrix}-6&-1&1\\0&1&\frac{2}{7}\\0&0&0\end{bmatrix}\xrightarrow{r_1+r_2}\begin{bmatrix}-6&0&\frac{9}{7}\\0&1&\frac{2}{7}\\0&0&0\end{bmatrix}$$

$$\xrightarrow{-1/6\times r_1}\begin{bmatrix}1&0&-\frac{3}{14}\\0&1&\frac{2}{7}\\0&0&0\end{bmatrix}$$

同解方程组为$\begin{cases}x_1-\dfrac{3}{14}x_3=0\\x_2+\dfrac{2}{7}x_3=0\end{cases}$，得通解为$\begin{cases}x_1=\dfrac{3}{14}k_3\\x_2=-\dfrac{2}{7}k_3\\x_3=k_3\end{cases}$（$k_3\neq0$），即$\boldsymbol{x}=\begin{bmatrix}x_1\\x_2\\x_3\end{bmatrix}=k_3\begin{bmatrix}\frac{3}{14}\\-\frac{2}{7}\\1\end{bmatrix}$，

基础解系$\boldsymbol{p}_3=\begin{bmatrix}\frac{3}{14}\\-\frac{2}{7}\\1\end{bmatrix}$，矩阵$\boldsymbol{A}$属于$\lambda_3=-4$的全部特征向量为$k_3\boldsymbol{p}_3(k_3\neq0)$。

注意　一般地，上三角矩阵、下三角矩阵、对角矩阵的特征值分别等于其主对角线上的元素。

例 3.16　设$\boldsymbol{A}=\begin{bmatrix}3&-1&-2\\2&0&-2\\2&-1&-1\end{bmatrix}$，求$\boldsymbol{A}$的特征值和特征向量。

解 $|\lambda \boldsymbol{E}-\boldsymbol{A}|=\begin{vmatrix}\lambda-3 & 1 & 2\\ -2 & \lambda & 2\\ -2 & 1 & \lambda+1\end{vmatrix}=\lambda^3-2\lambda^2+\lambda=\lambda(\lambda-1)^2$

由 $\lambda(\lambda-1)^2=0$，得 $\boldsymbol{A}$ 的特征值为 $\lambda_1=0$，$\lambda_2=\lambda_3=1$。

当 $\lambda_1=0$ 时，

$$0\boldsymbol{E}-\boldsymbol{A}=\begin{bmatrix}-3 & 1 & 2\\ -2 & 0 & 2\\ -2 & 1 & 1\end{bmatrix}\xrightarrow[-1/2r_1]{r_1\leftrightarrow r_2}\begin{bmatrix}1 & 0 & -1\\ -3 & 1 & 2\\ -2 & 1 & 1\end{bmatrix}\xrightarrow[r_3+2r_1]{r_2+3r_1}\begin{bmatrix}1 & 0 & -1\\ 0 & 1 & -1\\ 0 & 1 & -1\end{bmatrix}\xrightarrow{r_3-r_2}\begin{bmatrix}1 & 0 & -1\\ 0 & 1 & -1\\ 0 & 0 & 0\end{bmatrix}$$

同解方程组为 $\begin{cases}x_1=x_3\\ x_2=x_3\end{cases}$，求得通解 $\begin{cases}x_1=k_1\\ x_2=k_1\ (k_1\neq 0)\\ x_3=k_1\end{cases}$，即 $\boldsymbol{x}=\begin{bmatrix}x_1\\ x_2\\ x_3\end{bmatrix}=k_1\begin{bmatrix}1\\ 1\\ 1\end{bmatrix}$，基础解系 $\boldsymbol{p}_1=\begin{bmatrix}1\\ 1\\ 1\end{bmatrix}$，矩阵 $\boldsymbol{A}$ 属于 $\lambda_1=0$ 的全部特征向量为 $k_1\boldsymbol{p}_1(k_1\neq 0)$。

当 $\lambda_2=\lambda_3=1$ 时，

$$\boldsymbol{E}-\boldsymbol{A}=\begin{bmatrix}-2 & 1 & 2\\ -2 & 1 & 2\\ -2 & 1 & 2\end{bmatrix}\xrightarrow[r_3-r_1]{r_2-r_1}\begin{bmatrix}-2 & 1 & 2\\ 0 & 0 & 0\\ 0 & 0 & 0\end{bmatrix}$$

同解方程为 $-2x_1+x_2+2x_3=0$，求得通解 $\begin{cases}x_1=k_2\\ x_2=2k_2-2k_3\\ x_3=k_3\end{cases}$（$k_2$，$k_3$ 不全为 0），即 $\boldsymbol{x}=\begin{bmatrix}x_1\\ x_2\\ x_3\end{bmatrix}=k_2\begin{bmatrix}1\\ 2\\ 0\end{bmatrix}+k_3\begin{bmatrix}0\\ -2\\ 1\end{bmatrix}$，得基础解系 $\boldsymbol{p}_2=\begin{bmatrix}1\\ 2\\ 0\end{bmatrix}$、$\boldsymbol{p}_3=\begin{bmatrix}0\\ -2\\ 1\end{bmatrix}$，则矩阵 $\boldsymbol{A}$ 属于 $\lambda_2=\lambda_3=1$ 的全部特征向量为 $k_2\boldsymbol{p}_2+k_3\boldsymbol{p}_3$（$k_2$，$k_3$ 不全为 0）。

注意 一般地，n 阶矩阵的特征方程有 n 个根，可以只有单根，也可能出现重根或复数根。

3.4.2 特征值和特征向量的几何意义

特征值、特征向量的定义为 $\boldsymbol{Ax}=\lambda\boldsymbol{x}$，从几何意义上讲，特征向量乘上矩阵 $\boldsymbol{A}$ 之后，除了长度有伸缩变化，方向不发生改变。长度变化倍率，就是特征值 λ。所以，如果矩阵对某个向量或某些向量只发生伸缩变换，那么这些向量就是这个矩阵的特征向量，伸缩的比例就是矩阵的特征值。

在图形识别的研究中，面对对象的诸多特征，需要分析哪些是主要特征，哪些是次要特征。如果矩阵特征向量线性无关，它们就可以作为空间的坐标轴，特征值代表轴的长短，越长的轴特征越显性，可作主要方向，短轴就是次要方向，属于隐性特征。

3.4.3 特征值和特征向量的性质

可以证明，矩阵 $\boldsymbol{A}$ 的特征值有以下性质：

（1）$\boldsymbol{A}$ 和 $\boldsymbol{A}^{\mathrm{T}}$ 有相同的特征值。

（2）若λ是 $\boldsymbol{A}$ 的特征值，那么 λ^k 是 $\boldsymbol{A}^k$ 的特征值；当 $\boldsymbol{A}$ 可逆时，$\dfrac{1}{\lambda}$ 是 $\boldsymbol{A}^{-1}$ 的特征值。

（3）矩阵的特征值可以不等于零也可以等于零，当矩阵 $\boldsymbol{A}$ 有特征值零时，$\det(\boldsymbol{A})=0$，$\boldsymbol{A}$ 不可逆。

（4）矩阵 $\boldsymbol{A}$ 的 n 个特征值 λ_1，λ_2，…，λ_n 满足：$\boldsymbol{A}$ 的全体特征值的和等于 $\boldsymbol{A}$ 的主对角线上元素之和，而 $\boldsymbol{A}$ 的全体特征值的积等于 $\boldsymbol{A}$ 的行列式值。即

$$\lambda_1+\lambda_2+\cdots+\lambda_n=a_{11}+a_{22}+\cdots+a_{nn} \qquad \lambda_1\lambda_2\cdots\lambda_n=|\boldsymbol{A}|$$

$\boldsymbol{A}$ 的全体特征值之和 $a_{11}+a_{22}+\cdots+a_{nn}$ 称为**矩阵 $\boldsymbol{A}$ 的迹**（trace），记作 tr（$\boldsymbol{A}$）。

（5）不同特征值与所对应的特征向量线性无关。

例 3.17 已知矩阵 $\boldsymbol{A}=\begin{bmatrix}-2 & 1 & 1\\ 0 & 2 & 0\\ -4 & 1 & x\end{bmatrix}$ 的特征值为−1，2，2，试求 x 的值。

解 因为矩阵 $\boldsymbol{A}$ 的特征值为−1，2，2，由特征值性质（4），得 $|\boldsymbol{A}|=-1\times2\times2=-4$

$$|\boldsymbol{A}|=\begin{vmatrix}-2 & 1 & 1\\ 0 & 2 & 0\\ -4 & 1 & x\end{vmatrix}=-4x+8$$

所以，$-4x+8=-4$，得 $x=3$。

练习 3.4

1. 证明：5 不是 $\boldsymbol{A}=\begin{bmatrix}6 & -3 & 1\\ 3 & 0 & 5\\ 2 & 2 & 6\end{bmatrix}$ 的特征值。

2. 如果三阶方阵 $\boldsymbol{A}$ 的特征值为 1，−2，3，求 $\boldsymbol{A}^{\mathrm{T}}$、$\boldsymbol{A}^2$、$\boldsymbol{A}^{-1}$ 的特征值。

3. 求矩阵 $\boldsymbol{A}=\begin{bmatrix}3 & 4\\ 5 & 2\end{bmatrix}$ 的特征值和特征向量。

4. 求矩阵 $\boldsymbol{A}=\begin{bmatrix}-2 & 1 & 1\\ 0 & 2 & 0\\ -4 & 1 & 3\end{bmatrix}$ 的特征值和特征向量。

5. 已知 $\lambda_1=0$ 是矩阵 $\boldsymbol{A}=\begin{bmatrix}1 & 0 & 1\\ 0 & 2 & 0\\ 1 & 0 & a\end{bmatrix}$ 的特征值，求 a 及 $\boldsymbol{A}$ 的特征值 λ_2 和 λ_3。

思政聚焦 2

当前流行的人脸识别技术，大家知道它的原理吗？同一张脸，在不同的照明、不同的角度会呈现不同的特征。人脸识别技术的功能是：抓住人脸的主要特征，如鼻子的高度和宽度、眼睛的宽度和两眼间的距离、颧骨的高度等；忽略五官细微的变形，人脸照片灰度可以细微变化。如何做到抓住主要特征，忽略次要特征呢？只是定性地分析就达不到要求了，需要量化，在量化的基础上进行识别。这就要用到数学的知识，抓住主要特征，就是指要找到一个变换矩阵的特征值、特征向量。

华为在人脸识别技术方面取得了重大突破，走在世界前列。华为珠海智慧视觉联合创新中心由珠海市高新区与华为公司联合建设，意在展示珠海高新区的实时动态智慧视觉应用成果及华为公司机器视觉新产品、新技术，推动智慧视觉行业创新与发展，建设联合开发实验室，共同推进智慧视觉产品创新设计、整机系统开发及创新成果孵化，培育智慧视觉产业成为珠海市创造产业新活力。

华为珠海智慧视觉联合创新中心含联合创新中心展厅、联合实验室及行业人才培育基地，其中联合创新中心展厅全面展现了珠海智慧视觉创新示范城的建设成果，当中展示的珠海七大智慧视觉创新示范工程最为瞩目。

七大智慧视觉创新示范工程包含高新雪亮示范工程、全息视觉示范道路、智感安防示范小区、智慧管理示范园区、智慧连接示范学校、智慧工地示范区域、环境感知示范体系。通过七大示范工程，将视频数据和高新区数字高新指挥中心的多维感知数据深度融合，打造更加立体的城市感知入口。

未来，智慧视觉联合创新中心将作为珠海与华为在智慧视觉产业合作的核心窗口和重要抓手，充分发挥双方各自优势，结合重点产业，开展信息技术的应用创新，合力将珠海建设成为新一代智慧视觉产业领域行业生态完整、核心技术领先、高端人才集聚、应用场景丰富、竞争力突出的示范城市。

3.5 相似矩阵与矩阵对角化

相似矩阵与矩阵对角化

我们知道对角矩阵是一类最简单的矩阵，其运算性质与数的运算性质类似，它的行列式、逆矩阵、幂、特征值及特征向量的计算非常简便。能否借助对角矩阵来简化方阵的相关运算？它们之间需要建立什么关系呢？我们引入矩阵相似的概念来讨论矩阵对角化问题。

3.5.1 矩阵相似

定义 9 设 $\boldsymbol{A}$，$\boldsymbol{B}$ 都是 n 阶方阵，若存在可逆矩阵 $\boldsymbol{P}$，使

$$\boldsymbol{P}^{-1}\boldsymbol{A}\boldsymbol{P}=\boldsymbol{B}$$

则称 $\boldsymbol{B}$ 是 $\boldsymbol{A}$ 的相似矩阵，并称矩阵 $\boldsymbol{A}$ 与 $\boldsymbol{B}$ 相似，记作 $\boldsymbol{A}\sim\boldsymbol{B}$。

对 $\boldsymbol{A}$ 进行 $\boldsymbol{P}^{-1}\boldsymbol{AP}$ 运算称为对矩阵 $\boldsymbol{A}$ 进行相似变换，称可逆矩阵 $\boldsymbol{P}$ 为相似变换矩阵。

矩阵的相似关系，满足

（1）自反性。对任意 n 阶方阵 $\boldsymbol{A}$，有 $\boldsymbol{A}$ 与 $\boldsymbol{A}$ 相似。

（2）对称性。若矩阵 $\boldsymbol{A}$ 与 $\boldsymbol{B}$ 相似，则矩阵 $\boldsymbol{B}$ 与 $\boldsymbol{A}$ 相似。

（3）传递性。若矩阵 $\boldsymbol{A}$ 与 $\boldsymbol{B}$ 相似，矩阵 $\boldsymbol{B}$ 与 $\boldsymbol{C}$ 相似，则矩阵 $\boldsymbol{A}$ 与 $\boldsymbol{C}$ 相似。

例 3.18 设有矩阵 $\boldsymbol{A}=\begin{bmatrix}3 & 1\\5 & -1\end{bmatrix}$，$\boldsymbol{B}=\begin{bmatrix}4 & 0\\0 & -2\end{bmatrix}$，试验证可逆矩阵 $\boldsymbol{P}=\begin{bmatrix}1 & 1\\1 & -5\end{bmatrix}$，使得 $\boldsymbol{A}$ 与 $\boldsymbol{B}$ 相似。

证明 $\boldsymbol{P}$ 可逆，$\boldsymbol{P}^{-1}=\begin{bmatrix}1 & 1\\1 & -5\end{bmatrix}^{-1}=\begin{bmatrix}\frac{5}{6} & \frac{1}{6}\\ \frac{1}{6} & -\frac{1}{6}\end{bmatrix}$，由

$$\boldsymbol{P}^{-1}\boldsymbol{AP}=\begin{bmatrix}\frac{5}{6} & \frac{1}{6}\\ \frac{1}{6} & -\frac{1}{6}\end{bmatrix}\begin{bmatrix}3 & 1\\5 & -1\end{bmatrix}\begin{bmatrix}1 & 1\\1 & -5\end{bmatrix}=\begin{bmatrix}4 & 0\\0 & -2\end{bmatrix}=\boldsymbol{B}$$

故 $\boldsymbol{A}$ 与 $\boldsymbol{B}$ 相似。

注意

1. 矩阵间的相似关系实质上是考虑矩阵的一种分解。特别地，若矩阵 $\boldsymbol{A}$ 与对角矩阵 $\boldsymbol{\Lambda}$ 相似，则有 $\boldsymbol{A}=\boldsymbol{P}^{-1}\boldsymbol{\Lambda P}$，这种分解对于计算 $|\boldsymbol{A}|$ 和 $\boldsymbol{A}^k$ 十分方便，这也是线性代数很多应用中的一个基本思想。

2. 矩阵相似关系是一种等价关系，相似矩阵一定有相似的性质。

相似矩阵的性质如下。

若 n 阶矩阵 $\boldsymbol{A}$ 与 $\boldsymbol{B}$ 相似，则

（1）$\boldsymbol{A}$ 与 $\boldsymbol{B}$ 有相同的特征多项式，从而它们有相同的特征值，即 $|\boldsymbol{A}-\lambda\boldsymbol{E}|=|\boldsymbol{B}-\lambda\boldsymbol{E}|$；

（2）相似矩阵的行列式相等，即 $|\boldsymbol{A}|=|\boldsymbol{B}|$；

（3）相似矩阵的秩相等，即 $r(\boldsymbol{A})=r(\boldsymbol{B})$；

（4）相似矩阵具有相同的可逆性，当它们可逆时，它们的逆矩阵也相似；

（5）若矩阵 $\boldsymbol{A}$ 与对角矩阵 $\boldsymbol{\Lambda}=\mathrm{diag}(\lambda_1,\lambda_2,\cdots,\lambda_n)$ 相似，则 $\lambda_1,\lambda_2,\cdots,\lambda_n$ 一定是矩阵 $\boldsymbol{A}$ 的全部特征值。

例 3.19 证明性质（1）。

证明 因为 $\boldsymbol{A}$ 与 $\boldsymbol{B}$ 相似，故存在可逆矩阵 $\boldsymbol{P}$ 使得 $\boldsymbol{P}^{-1}\boldsymbol{AP}=\boldsymbol{B}$，则

$$\begin{aligned}|\boldsymbol{B}-\lambda\boldsymbol{E}|&=|\boldsymbol{P}^{-1}\boldsymbol{AP}-\boldsymbol{P}^{-1}(\lambda\boldsymbol{E})\boldsymbol{P}|=|\boldsymbol{P}^{-1}(\boldsymbol{A}-\lambda\boldsymbol{E})\boldsymbol{P}|\\&=|\boldsymbol{P}^{-1}|\times|\boldsymbol{A}-\lambda\boldsymbol{E}|\times|\boldsymbol{P}|=|\boldsymbol{A}-\lambda\boldsymbol{E}|\end{aligned}$$

即 $\boldsymbol{A}$ 与 $\boldsymbol{B}$ 有相同的特征多项式，因而也有相同的特征值。

注意　证明中常用到如下变换

$$P^{-1}ABP=\left(P^{-1}AP\right)\left(P^{-1}BP\right),\ \lambda E=P^{-1}(\lambda E)P$$

3.5.2　矩阵与对角矩阵相似的条件

定义 10　对于 n 阶矩阵 A，若存在可逆矩阵 P，使得 $P^{-1}AP=\Lambda$，其中 Λ 为对角矩阵，则称矩阵 A 可相似对角化。

定理 7　n 阶矩阵 A 与对角矩阵 $\Lambda=\mathrm{diag}(\lambda_1,\lambda_2,\cdots,\lambda_n)$ 相似的充要条件是矩阵 A 有 n 个线性无关的特征向量。

证明　必要性。若 A 与 Λ 相似，则存在可逆矩阵 P，使得 $P^{-1}AP=\Lambda$。

设 $P=(p_1,p_2,\ldots,p_n)$，则由 $P^{-1}AP=\Lambda$ 得 $AP=P\Lambda$。

所以，

$$A(p_1,p_2,\cdots,p_n)=(p_1,p_2,\cdots,p_n)\begin{bmatrix}\lambda_1 & & & \\ & \lambda_2 & & \\ & & \ddots & \\ & & & \lambda_n\end{bmatrix}$$

即

$$Ap_i=\lambda_i p_i\quad(i=1,2,\cdots,n)$$

因 P 可逆，则 $|P|\neq 0$，得 p_i 都是非零向量，故 $p_1,p_2,\cdots,p_n$ 都是 A 的特征向量，且它们线性无关。

充分性。设 $p_1,p_2,\cdots,p_n$ 为 A 的 n 个线性无关的特征向量，它们的特征值分别是 $\lambda_1,\lambda_2,\cdots,\lambda_n$，则有

$$Ap_i=\lambda_i p_i\quad(i=1,2,\cdots,n)$$

令 $P=(p_1,p_2,\cdots,p_n)$，因 $p_1,p_2,\cdots,p_n$ 线性无关，故 $|P|\neq 0$，P 可逆，且

$$\begin{aligned}AP&=A(p_1,p_2,\cdots,p_n)=(Ap_1,Ap_2,\cdots,Ap_n)\\&=(\lambda_1p_1,\lambda_2p_2,\cdots,\lambda_np_n)=(p_1,p_2,\cdots,p_n)\begin{bmatrix}\lambda_1 & & & \\ & \lambda_2 & & \\ & & \ddots & \\ & & & \lambda_n\end{bmatrix}=P\Lambda\end{aligned}$$

用 P^{-1} 左乘上式两边得 $P^{-1}AP=\Lambda$，即 A 与 Λ 相似。证毕。

推论　若 n 阶矩阵 A 有 n 个互不相同的特征值 $\lambda_1,\lambda_2,\cdots,\lambda_n$，则 A 与对角矩阵 $\Lambda=\mathrm{diag}(\lambda_1,\lambda_2,\cdots,\lambda_n)$ 相似。

利用矩阵 A 与对角矩阵 Λ 相似的关系，可方便计算 A^n。若有可逆矩阵 P，使得 $P^{-1}AP=\Lambda$。

那么，$A=P\Lambda P^{-1}$，有 $A^n=P\Lambda^nP^{-1}$。

$$\Lambda^n=\begin{bmatrix}\lambda_1 & & & \\ & \lambda_2 & & \\ & & \ddots & \\ & & & \lambda_n\end{bmatrix}^n=\begin{bmatrix}\lambda_1^n & & & \\ & \lambda_2^n & & \\ & & \ddots & \\ & & & \lambda_n^n\end{bmatrix}$$

注意

定理的证明过程实际上已经给出了把矩阵 $\boldsymbol{A}$ 对角化的方法，其步骤为

（1）求矩阵 $\boldsymbol{A}$ 的全部特征值，即求 $|\lambda\boldsymbol{E}-\boldsymbol{A}|=0$ 的根 $\lambda_1,\lambda_2,\cdots,\lambda_n$。

（2）对于每一个特征值 λ_i，由 $(\lambda\boldsymbol{E}-\boldsymbol{A})\boldsymbol{x}=0$ 求出基础解系 $\boldsymbol{p}_1,\boldsymbol{p}_2,\cdots,\boldsymbol{p}_n$。

（3）作 $\boldsymbol{P}=(\boldsymbol{p}_1,\boldsymbol{p}_2,\cdots,\boldsymbol{p}_n)$，则

$$\boldsymbol{P}^{-1}\boldsymbol{A}\boldsymbol{P}=\Lambda=\begin{bmatrix}\lambda_1 & & & \\ & \lambda_2 & & \\ & & \ddots & \\ & & & \lambda_n\end{bmatrix}$$

相似对角变换矩阵 $\boldsymbol{P}$ 由矩阵 $\boldsymbol{A}$ 的特征向量构成，$\boldsymbol{P}$ 中列向量的次序要与对角矩阵 Λ 对角线上的特征值的次序相对应。

例 3.20 设矩阵 $\boldsymbol{A}=\begin{bmatrix}3 & 1\\ 5 & -1\end{bmatrix}$，判断 $\boldsymbol{A}$ 是否可以对角化，若可以，求出相似对角化变换矩阵 $\boldsymbol{P}$，并求出 $\boldsymbol{A}^5$。

解 例 3.14 求得矩阵 $\boldsymbol{A}=\begin{bmatrix}3 & 1\\ 5 & -1\end{bmatrix}$ 有两个互不相同的特征值 $\lambda_1=4$，$\lambda_2=-2$，其对应的基础解系分别为

$$\boldsymbol{p}_1=\begin{bmatrix}1\\1\end{bmatrix},\ \boldsymbol{p}_2=\begin{bmatrix}1\\-5\end{bmatrix}$$

$\boldsymbol{A}$ 有两个线性无关的特征向量 $\boldsymbol{p}_1$ 和 $\boldsymbol{p}_2$，由定理 7 可知 $\boldsymbol{A}$ 可以对角化，相似对角化变换矩阵为 $\boldsymbol{P}=[\boldsymbol{p}_1,\boldsymbol{p}_2]=\begin{bmatrix}1 & 1\\ 1 & -5\end{bmatrix}$。

$$\boldsymbol{P}^{-1}\boldsymbol{A}\boldsymbol{P}=\begin{bmatrix}1 & 1\\ 1 & -5\end{bmatrix}^{-1}\begin{bmatrix}3 & 1\\ 5 & -1\end{bmatrix}\begin{bmatrix}1 & 1\\ 1 & -5\end{bmatrix}=-\frac{1}{6}\begin{bmatrix}-5 & -1\\ -1 & 1\end{bmatrix}\begin{bmatrix}3 & 1\\ 5 & -1\end{bmatrix}\begin{bmatrix}1 & 1\\ 1 & -5\end{bmatrix}$$

$$=-\frac{1}{6}\begin{bmatrix}-20 & -4\\ 2 & -2\end{bmatrix}\begin{bmatrix}1 & 1\\ 1 & -5\end{bmatrix}=-\frac{1}{6}\begin{bmatrix}-24 & 0\\ 0 & 12\end{bmatrix}=\begin{bmatrix}4 & 0\\ 0 & -2\end{bmatrix}=\Lambda$$

所以，

$$\boldsymbol{A}=\boldsymbol{P}\Lambda\boldsymbol{P}^{-1}$$

$$\boldsymbol{A}^5=\left(\boldsymbol{P}\Lambda\boldsymbol{P}^{-1}\right)^5=\boldsymbol{P}\Lambda\boldsymbol{P}^{-1}\boldsymbol{P}\Lambda\boldsymbol{P}^{-1}\boldsymbol{P}\Lambda\boldsymbol{P}^{-1}\boldsymbol{P}\Lambda\boldsymbol{P}^{-1}\boldsymbol{P}\Lambda\boldsymbol{P}^{-1}=\boldsymbol{P}\Lambda^5\boldsymbol{P}^{-1}$$

由于

$$\boldsymbol{P}^{-1}=-\frac{1}{6}\begin{bmatrix}-5 & -1\\ -1 & 1\end{bmatrix}$$

所以

$$A^5=\begin{bmatrix}1&1\\1&-5\end{bmatrix}\begin{bmatrix}4&0\\0&-2\end{bmatrix}^5\times\left(-\frac{1}{6}\right)\begin{bmatrix}-5&-1\\-1&1\end{bmatrix}=-\frac{1}{6}\begin{bmatrix}1&1\\1&-5\end{bmatrix}\begin{bmatrix}4^5&0\\0&(-2)^5\end{bmatrix}\begin{bmatrix}-5&-1\\-1&1\end{bmatrix}$$

$$=-\frac{1}{6}\begin{bmatrix}-5\times4^5-(-2)^5&-4^5+(-2)^5\\-5\times4^5+5\times(-2)^5&-1\times4^5-5\times(-2)^5\end{bmatrix}=\begin{bmatrix}848&176\\880&144\end{bmatrix}$$

例 3.21 设矩阵 $A=\begin{bmatrix}2&1&-1\\0&3&2\\0&0&-4\end{bmatrix}$，判断 A 是否可以对角化，并求出 A^n。

解 例 3.15 求得矩阵 A 的三个特征值为 $\lambda_1=2$，$\lambda_2=3$，$\lambda_3=-4$，对应的特征向量依次为

$$p_1=\begin{bmatrix}1\\0\\0\end{bmatrix},\ p_2=\begin{bmatrix}1\\1\\0\end{bmatrix},\ p_3=\begin{bmatrix}3\\-4\\14\end{bmatrix}$$

这三个特征向量线性无关，所以 A 能对角化，这时

$$P=\begin{bmatrix}1&1&3\\0&1&-4\\0&0&14\end{bmatrix}$$

矩阵 A 相似于对角矩阵

$$\Lambda=\begin{bmatrix}2&0&0\\0&3&0\\0&0&-4\end{bmatrix}$$

由于

$$P^{-1}=\begin{bmatrix}1&-1&-\frac{1}{2}\\0&1&\frac{2}{7}\\0&0&\frac{1}{14}\end{bmatrix}$$

所以

$$A^n=P\Lambda^nP^{-1}=\begin{bmatrix}1&1&3\\0&1&-4\\0&0&14\end{bmatrix}\begin{bmatrix}2^n&0&0\\0&3^n&0\\0&0&(-4)^n\end{bmatrix}\begin{bmatrix}1&-1&-\frac{1}{2}\\0&1&\frac{2}{7}\\0&0&\frac{1}{14}\end{bmatrix}$$

$$=\begin{bmatrix} 2^n & -2^n+3^n & -\frac{1}{2}\times 2^n+\frac{2}{7}\times 3^n+\frac{3}{14}(-4)^n \\ 0 & 3^n & \frac{2}{7}\times 3^n-\frac{2}{7}\times(-4)^n \\ 0 & 0 & (-4)^n \end{bmatrix}$$

练习 3.5

1. 若方阵 $\boldsymbol{A}$ 与对角矩阵 $\begin{bmatrix} 2 & & \\ & 1 & \\ & & 3 \end{bmatrix}$ 相似，则 $\boldsymbol{A}$ 的特征值分别为__________。

2. 设矩阵 $\boldsymbol{A}=\begin{bmatrix} 2 & 0 & 1 \\ 3 & 1 & x \\ 4 & 0 & 5 \end{bmatrix}$ 可以对角化，求 x。

3. 设三阶方阵 $\boldsymbol{A}$ 的特征值为 $\lambda_1=2$，$\lambda_2=-2$，$\lambda_3=1$，对应的特征向量依次为

$$\boldsymbol{p}_1=\begin{bmatrix} 0 \\ 1 \\ 1 \end{bmatrix},\ \boldsymbol{p}_2=\begin{bmatrix} 1 \\ 1 \\ 1 \end{bmatrix},\ \boldsymbol{p}_3=\begin{bmatrix} 1 \\ 1 \\ 0 \end{bmatrix}$$

求矩阵 $\boldsymbol{A}$。

4. 用相似对角化法求矩阵 $\boldsymbol{A}=\begin{bmatrix} 2 & 1 \\ 2 & 3 \end{bmatrix}$ 的 $\boldsymbol{A}^k$。

马尔可夫链

3.6 马尔可夫链

现实世界中有很多这样的现象：某一系统在已知现在情况的条件下，系统未来时刻的情况只与现在有关，而与过去的历史无直接关系。

比如，研究一个商店的累计销售额，如果现在时刻的累计销售额已知，则未来某一时刻的累计销售额与现在时刻以前的任一时刻累计销售额无关。

又如人口普查，下一次人口普查的数据只依赖于本次人口普查的数据结果，与本次之前的普查数据无关。描述这类随机现象的数学模型称为马尔可夫链（Markov Chain）。马尔可夫链广泛用于处理概率状态的转移情况。下面通过例子介绍马尔可夫链的相关概念。

例 3.22 根据统计资料，了解到某地区人口流动状况是：每年城市 A 有 10%的人口流向城市 B，城市 B 有 20%的人口流向城市 A。假定人口总数及迁移比例均不变，经过许多年后该地区人口将会怎样？

解 设城市 A 和城市 B 的原有人口分别是 a_0，b_0，根据题意，一年后城市 A 的人口 a_1、城市 B 的人口 b_1 分别为

$$a_1 = 0.9a_0 + 0.2b_0\text{，}\quad b_1 = 0.1a_0 + 0.8b_0$$

用矩阵形式表示为

$$\begin{bmatrix} a_1 \\ b_1 \end{bmatrix} = \begin{bmatrix} 0.9 & 0.2 \\ 0.1 & 0.8 \end{bmatrix} \begin{bmatrix} a_0 \\ b_0 \end{bmatrix} \tag{3-13}$$

依题意，两年、三年、四年后城市 A、城市 B 的人口分别为

$$\begin{bmatrix} a_2 \\ b_2 \end{bmatrix} = \begin{bmatrix} 0.9 & 0.2 \\ 0.1 & 0.8 \end{bmatrix} \begin{bmatrix} a_1 \\ b_1 \end{bmatrix},\quad \begin{bmatrix} a_3 \\ b_3 \end{bmatrix} = \begin{bmatrix} 0.9 & 0.2 \\ 0.1 & 0.8 \end{bmatrix} \begin{bmatrix} a_2 \\ b_2 \end{bmatrix},\quad \begin{bmatrix} a_4 \\ b_4 \end{bmatrix} = \begin{bmatrix} 0.9 & 0.2 \\ 0.1 & 0.8 \end{bmatrix} \begin{bmatrix} a_3 \\ b_3 \end{bmatrix} \tag{3-14}$$

由此，n 年后城市 A 的人口 a_n、城市 B 的人口 b_n 为

$$\begin{aligned} \begin{bmatrix} a_n \\ b_n \end{bmatrix} &= \begin{bmatrix} 0.9 & 0.2 \\ 0.1 & 0.8 \end{bmatrix} \begin{bmatrix} a_{n-1} \\ b_{n-1} \end{bmatrix} \\ &= \begin{bmatrix} 0.9 & 0.2 \\ 0.1 & 0.8 \end{bmatrix}^n \begin{bmatrix} a_0 \\ b_0 \end{bmatrix} \end{aligned} \tag{3-15}$$

令 $\boldsymbol{M} = \begin{bmatrix} 0.9 & 0.2 \\ 0.1 & 0.8 \end{bmatrix}$，可求得矩阵 $\boldsymbol{M}$ 的特征值为 1 和 0.7，且 $\boldsymbol{M}$ 对应于特征值 1 的特征向量为 $\boldsymbol{p}_1 = \begin{bmatrix} \frac{2}{3} \\ \frac{1}{3} \end{bmatrix}$，$\boldsymbol{M}$ 对应于特征值 0.7 的特征向量为 $\boldsymbol{p}_2 = \begin{bmatrix} \frac{1}{3} \\ -\frac{1}{3} \end{bmatrix}$，令 $\boldsymbol{P} = \begin{bmatrix} \frac{2}{3} & \frac{1}{3} \\ \frac{1}{3} & -\frac{1}{3} \end{bmatrix}$，则 $\boldsymbol{P}$ 为可逆矩阵，且 $\boldsymbol{P}^{-1} = \begin{bmatrix} 1 & 1 \\ 1 & -2 \end{bmatrix}$，$\boldsymbol{P}^{-1}\boldsymbol{MP} = \begin{bmatrix} 1 & 0 \\ 0 & 0.7 \end{bmatrix}$，所以有

$$\begin{aligned} \boldsymbol{M}^n &= \begin{bmatrix} 0.9 & 0.2 \\ 0.1 & 0.8 \end{bmatrix}^n = \boldsymbol{P} \begin{bmatrix} 1 & 0 \\ 0 & 0.7 \end{bmatrix}^n \boldsymbol{P}^{-1} = \begin{bmatrix} \frac{2}{3} & \frac{1}{3} \\ \frac{1}{3} & -\frac{1}{3} \end{bmatrix} \begin{bmatrix} 1 & 0 \\ 0 & 0.7^n \end{bmatrix} \begin{bmatrix} 1 & 1 \\ 1 & -2 \end{bmatrix} \\ &= \frac{1}{3} \begin{bmatrix} 2+0.7^n & 2-2\times 0.7^n \\ 1-0.7^n & 1+2\times 0.7^n \end{bmatrix} \end{aligned}$$

当 $n \to \infty$ 时，$0.7^n \to 0$，$\boldsymbol{M}^n = \frac{1}{3} \begin{bmatrix} 2+0.7^n & 2-2\times 0.7^n \\ 1-0.7^n & 1+2\times 0.7^n \end{bmatrix} = \frac{1}{3} \begin{bmatrix} 2 & 2 \\ 1 & 1 \end{bmatrix}$。

所以

$$\begin{bmatrix} a_\infty \\ b_\infty \end{bmatrix} = \frac{1}{3} \begin{bmatrix} 2 & 2 \\ 1 & 1 \end{bmatrix} \begin{bmatrix} a_0 \\ b_0 \end{bmatrix} = \begin{bmatrix} \frac{2}{3}(a_0 + b_0) \\ \frac{1}{3}(a_0 + b_0) \end{bmatrix} \tag{3-16}$$

这说明，经过许多年后该地区城市 A 与城市 B 的人口之比是 2∶1，趋于稳定的分布状态。

例 3.22 是一个关于人口迁移的马尔可夫链，其中矩阵 $\boldsymbol{M} = \begin{bmatrix} 0.9 & 0.2 \\ 0.1 & 0.8 \end{bmatrix}$ 由 A 和 B

城市之间人口迁移比例组成，如图 3-3 所示。矩阵 $\boldsymbol{M}$ 称为**转移概率矩阵**，$\boldsymbol{M}$ 的第一列为城市 A 的迁出人口比例，第二列为城市 B 的迁出人口比例，并且每一列比例值的和等于 1，如图 3-4 所示。

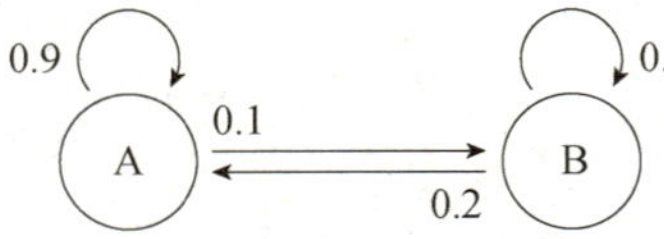

图 3-3

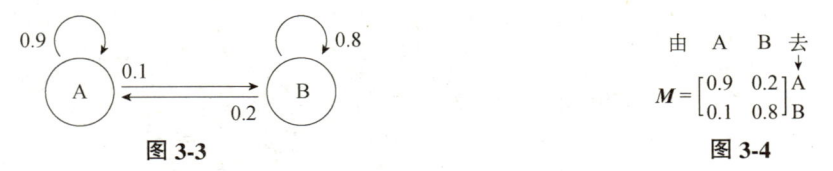

$$\begin{matrix} & \text{由} & \text{A} & \text{B} & \text{去} \\ \boldsymbol{M}= & & \begin{bmatrix} 0.9 & 0.2 \\ 0.1 & 0.8 \end{bmatrix} & & \begin{matrix}\text{A}\\ \text{B}\end{matrix} \end{matrix}$$

图 3-4

若转移概率矩阵记作 $\boldsymbol{P}$，$\boldsymbol{P}$ 有以下特征：

（1）每一个元素是不大于 1 的非负数，即 $0 \leqslant p_{ij} \leqslant 1$。

（2）矩阵中每一列概率之和等于 1，即 $\sum\limits_{i=1}^{n} p_{ij} = 1$。

式（3-14）、式（3-15）表示了一个马尔可夫链。式（3-13）中 a_0，b_0 分别表示 A 和 B 城市原有的人口数，也可以是原有人口数的比例。

马尔可夫链是一个状态向量序列 $\boldsymbol{x}_0, \boldsymbol{x}_1, \boldsymbol{x}_2, \cdots$ 和一个转移概率矩阵 $\boldsymbol{P}$，使得

$$\boldsymbol{x}_1 = \boldsymbol{P}\boldsymbol{x}_0,\quad \boldsymbol{x}_2 = \boldsymbol{P}\boldsymbol{x}_1,\quad \boldsymbol{x}_3 = \boldsymbol{P}\boldsymbol{x}_2,\quad \boldsymbol{x}_4 = \boldsymbol{P}\boldsymbol{x}_3,\quad \cdots$$

一般地

$$\boldsymbol{x}_{k+1} = \boldsymbol{P}\boldsymbol{x}_k \quad (k = 0,1,2,3,\cdots)$$

因此，有

$$\boldsymbol{x}_{k+1} = \boldsymbol{P}^{k+1}\boldsymbol{x}_0 \quad (k = 0,1,2,3,\cdots)$$

建立了马尔可夫链，就可以探讨该链长期$(k \to \infty \text{时})$行为的结果。式（3-16）表明无论原有人口 a_0 和 b_0 情况如何，经过许多年，城市 A 与城市 B 的人口比例将稳定于 2∶1。这种无论初始分布如何，只要经过一定时间，总能趋于某个平稳的分布，称为极限分布。

例 3.23 民主投票。

假设我们用三维向量 $\boldsymbol{x}$ 表示在某一固定选区每两年进行的国会选举投票结果。

$$\boldsymbol{x} = \begin{bmatrix} \text{D党得票率} \\ \text{R党得票率} \\ \text{L党得票率} \end{bmatrix}$$

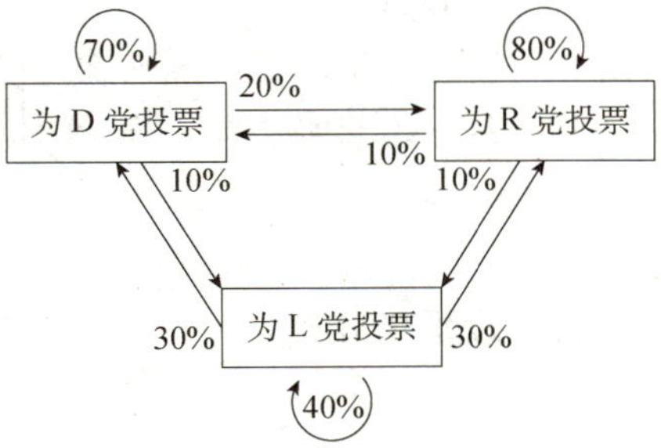

图 3-5

每次选举结果仅依赖前一次选举结果。在一次选举中为某党投票的人在下一次选举时将如何投票的百分比如图 3-5 所示。

可得转移概率矩阵为 $\boldsymbol{P}$

$$\begin{matrix} & \text{从} \quad \text{D} & \text{R} & \text{L} & \text{到} \\ \boldsymbol{P}= & \begin{bmatrix} 0.70 & 0.10 & 0.30 \\ 0.20 & 0.80 & 0.30 \\ 0.10 & 0.10 & 0.40 \end{bmatrix} & & & \begin{matrix}\text{D}\\ \text{R}\\ \text{L}\end{matrix} \end{matrix}$$

如果这些转移百分比保持为常数，则每一次投票结果向量构成马尔可夫链。假设在一次选举中结果为

$$x_0=\begin{bmatrix}0.55\\0.40\\0.05\end{bmatrix}$$

求出下一次选举可能的结果和再下一次选举可能的结果。

解 下一次、再下一次选举结果分别用状态向量 $\boldsymbol{x}_1$，$\boldsymbol{x}_2$ 表示，有

$$\boldsymbol{x}_1=\boldsymbol{P}\boldsymbol{x}_0=\begin{bmatrix}0.70&0.10&0.30\\0.20&0.80&0.30\\0.10&0.10&0.40\end{bmatrix}\begin{bmatrix}0.55\\0.40\\0.05\end{bmatrix}=\begin{bmatrix}0.440\\0.445\\0.115\end{bmatrix}$$

即下一次有 44%将投D的票，44.5%将投R的票，11.5%将投L的票，有

$$\boldsymbol{x}_2=\boldsymbol{P}\boldsymbol{x}_1=\begin{bmatrix}0.70&0.10&0.30\\0.20&0.80&0.30\\0.10&0.10&0.40\end{bmatrix}\begin{bmatrix}0.440\\0.445\\0.115\end{bmatrix}=\begin{bmatrix}0.3870\\0.4785\\0.1345\end{bmatrix}$$

再下一次有 38.7%将投 D 的票，47.85%将投 R 的票，13.45%将投 L 的票。

马尔可夫链最让人感兴趣的方面是对该链长期行为的研究。我们想知道经过多次选举后，投票的情况会怎样变化？各党得票率会不会逐步趋于某种平稳状态？

通常，分布是随时间的变化而变化的。但有些分布较为特殊，它们从初始分布起就始终不变，我们把这类初始分布称为**平稳分布**。就是说，如果向量 $\boldsymbol{q}$ 满足 $\boldsymbol{P}\boldsymbol{q}=\boldsymbol{q}$，它就属于平稳分布，或称 $\boldsymbol{q}$ 是 $\boldsymbol{P}$ 的一个**稳态向量**。

事实上，任何一个转移概率矩阵 $\boldsymbol{P}$ 都存在相应的平稳分布。

定理 8 若 $\boldsymbol{P}$ 是一个 n 阶转移概率矩阵，则 $\boldsymbol{P}$ 具有唯一的平稳分布 $\boldsymbol{q}$。

或者说，若 $\boldsymbol{x}_0$ 是任一个起始状态，且 $\boldsymbol{x}_{k+1}=\boldsymbol{P}\boldsymbol{x}_k$，$k=0,1,2,\cdots$，则当 $k\to\infty$ 时，马尔可夫链收敛于 $\boldsymbol{q}$。

例 3.24 求转移概率矩阵 $\boldsymbol{P}=\begin{bmatrix}1/2&0&1/5\\1/2&2/3&0\\0&1/3&4/5\end{bmatrix}$ 的平稳分布。

解 设平稳分布为 $\boldsymbol{x}_0=\begin{bmatrix}a\\b\\c\end{bmatrix}$，代入 $\boldsymbol{P}\boldsymbol{x}_0=\boldsymbol{x}_0$，有

$$\begin{bmatrix}1/2&0&1/5\\1/2&2/3&0\\0&1/3&4/5\end{bmatrix}\begin{bmatrix}a\\b\\c\end{bmatrix}=\begin{bmatrix}a\\b\\c\end{bmatrix}$$

得到方程组
$$\begin{cases}\dfrac{1}{2}a+\dfrac{1}{5}c=a\\ \dfrac{1}{2}a+\dfrac{2}{3}b=b\\ \dfrac{1}{3}b+\dfrac{4}{5}c=c\end{cases}$$

化简得
$$a=\frac{2}{5}c,\ b=\frac{3}{5}c$$

还要考虑 $\boldsymbol{x}_0$ 应当满足 $a+b+c=1$，将 $a=\dfrac{2}{5}c$，$b=\dfrac{3}{5}c$ 代入这个条件式，求得
$$a=0.2,\ b=0.3,\ c=0.5$$
所以，转移概率矩阵 $\boldsymbol{P}$ 的平稳分布为 $\boldsymbol{x}_0=\begin{bmatrix}0.2\\0.3\\0.5\end{bmatrix}$。

同理，我们可以计算例 3.23 民主投票中的平稳分布。令 $\boldsymbol{x}_0=\begin{bmatrix}a\\b\\c\end{bmatrix}$，代入 $\boldsymbol{Px}_0=\boldsymbol{x}_0$，有
$$\begin{bmatrix}0.70&0.10&0.30\\0.20&0.80&0.30\\0.10&0.10&0.40\end{bmatrix}\begin{bmatrix}a\\b\\c\end{bmatrix}=\begin{bmatrix}a\\b\\c\end{bmatrix}$$
即
$$\begin{cases}-0.3a+0.1b+0.3c=0\\0.2a-0.2b+0.3c=0\\0.1a+0.1b-0.6c=0\end{cases}$$

每个方程两边乘以 10，得
$$\begin{cases}-3a+b+3c=0\\2a-2b+3c=0\\a+b-6c=0\end{cases}$$

该方程组有无穷多解，即
$$\begin{cases}a=\dfrac{9}{4}k\\ b=\dfrac{15}{4}k\\ c=k\end{cases}$$

向量 $\boldsymbol{x}_0$ 还应当满足 $a+b+c=1$，所以得到 $a=0.32$，$b=0.54$，$c=0.14$。

向量 $\boldsymbol{x}_0=\begin{bmatrix}0.32\\0.54\\0.14\end{bmatrix}$ 的元素刻画了由现在开始多年之后进行的一次选举中的得票分布。因此，可以说最终 D 党得票率大约是 32%，R 党得票率大约是 54%，L 党得票

率大约是 14%。

例 3.25 PageRank 的计算方法。

大家可能知道，Google 革命性的发明是名为“PageRank”的网页算法，这项技术在 1998 年前后圆满解决了以往搜索的相关性排序不好问题。Google 的“PageRank”及其网页算法详细介绍请查询相关资料。

佩奇和布林他们先假定所有网页排名是相同的，根据这个初始值，算出各网页的第一次迭代排名，然后再根据第一次迭代排名算出第二次迭代排名，依次类推。他们俩从理论上证明了不论初始值如何选取，这种算法都保证了网页排名的估计值能收敛于排名的真实值，并且这种算法完全没有人工干预。

$$\text{设向量 } \boldsymbol{B}=(b_1,b_2,\cdots,b_N)^{\mathrm{T}} \tag{3-17}$$

为第一、第二、…、第 N 个网页排名，矩阵

$$\boldsymbol{A}=\begin{bmatrix} a_{11} & \cdots & a_{1n} & \cdots & a_{1N} \\ \vdots & \cdots & \vdots & \cdots & \vdots \\ a_{m1} & \cdots & a_{mn} & \cdots & a_{mN} \\ \vdots & \cdots & \vdots & \cdots & \vdots \\ a_{N1} & \cdots & a_{Nn} & \cdots & a_{NN} \end{bmatrix} \tag{3-18}$$

为网页之间的链接数目，其中 a_{mn} 表示第 m 个网页指向第 n 个网页的链接数。$\boldsymbol{A}$ 是已知的，$\boldsymbol{B}$ 是所要计算的。

假定 $\boldsymbol{B}_i$ 是第 i 次迭代结果，那么

$$\boldsymbol{B}_i=\boldsymbol{A}\boldsymbol{B}_{i-1} \tag{3-19}$$

初始假设所有网页的排名都是 $\frac{1}{N}$，即 $\boldsymbol{B}_0=\left(\frac{1}{N},\frac{1}{N},\cdots,\frac{1}{N}\right)^{\mathrm{T}}$。显然通过式（3-19）可以得到 $\boldsymbol{B}_1,\boldsymbol{B}_2,\cdots$。可以证明 $\boldsymbol{B}_i$ 最终会收敛于 $\boldsymbol{B}$，此时 $\boldsymbol{B}=\boldsymbol{A}\times\boldsymbol{B}$。当两次迭代的结果 $\boldsymbol{B}_i$ 和 $\boldsymbol{B}_{i-1}$ 之间的差异非常小，接近于零时，停止迭代运算，算法结束。一般来讲，只要 10 次左右的迭代基本上就收敛了。

练习 3.6

1. 写出如图 3-6 所示的转移概率矩阵和它的平稳分布。

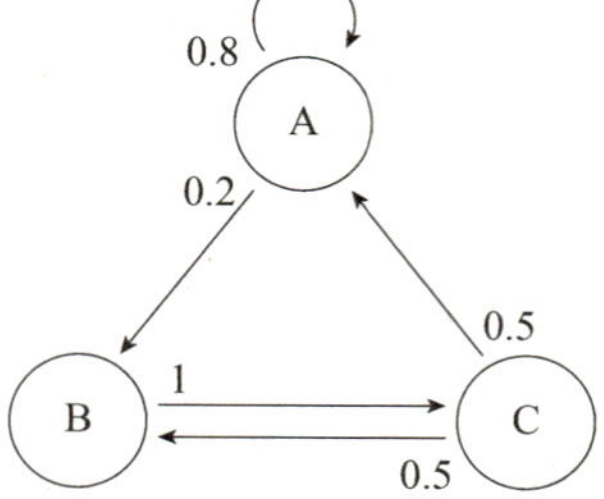

图 3-6

2. 在某国，每年有比例为 p 的农村居民移居城镇，有比例为 q 的城镇居民移居农村。假设该国人口总数不变，且上述人口迁移的比例规律也不变，把 n 年后农村人口和城镇人口占总人口的比例依次记为 x_n 和 y_n（$x_n+y_n=1$）。

（1）求 $\begin{bmatrix} x_{n+1} \\ y_{n+1} \end{bmatrix} = \boldsymbol{A}\begin{bmatrix} x_n \\ y_n \end{bmatrix}$ 中转移概率矩阵 $\boldsymbol{A}$。

（2）设目前农村人口和城镇人口相等，即 $\begin{bmatrix} x_0 \\ y_0 \end{bmatrix}=\begin{bmatrix} 0.5 \\ 0.5 \end{bmatrix}$，$p=0.03$，$q=0.05$，求 $\begin{bmatrix} x_n \\ y_n \end{bmatrix}$。

（3）$n\to\infty$ 时，求 $\begin{bmatrix} x_n \\ y_n \end{bmatrix}$。

（4）求 $\boldsymbol{A}$ 的平稳分布。

拓展阅读一

约翰·卡尔·弗里德里希·高斯

约翰·卡尔·弗里德里希·高斯（Johann Carl Friedrich Gauss，1777—1855）是德国著名数学家、物理学家、天文学家、大地测量学家，如图 3-7 所示。高斯是近代数学奠基者之一，被认为是历史上最重要的数学家之一，并享有“数学王子”之称。高斯和阿基米德、牛顿、欧拉并列为“世界四大数学家”。高斯一生成就极为丰硕，以他名字“高斯”命名的成果达 110 项，属数学家中之最。他对数论、代数、统计、分析、微分几何、大地测量学、地球物理学、力学、静电学、天文学、矩阵理论和光学皆有贡献。

高斯是一对贫穷夫妇唯一的孩子。他的母亲罗捷雅是一个贫穷石匠的女儿，虽然十分聪明，但却没有接受过教育。在成为高斯父亲的第二任妻子之前，她从事女佣工作。他的父亲格尔恰尔德·迪德里赫曾做过园丁、工头、商人的助手和一个小保险公司的评估师。

高斯三岁时便能够纠正他父亲的借债账目的错误，这已经成为一件轶事流传至今。他曾说，他在麦仙翁堆上学会计算，能够在头脑中进行复杂的计算，是上帝赐予他一生的天赋。

父亲对高斯要求极为严厉，甚至有些过分。高斯尊重他的父亲，并且秉承了其诚实、谨慎的性格。高斯很幸运地有一位鼎力支持他成才的母亲。高斯一生下来，就对一切现象和事物十分好奇，而且决心弄个水落石出。当丈夫为此训斥高斯时，母亲总是支持他，坚决反对顽固的丈夫把儿子变得跟他一样无知。

在成长过程中，幼年高斯的成长主要得力于他的母亲罗捷雅和舅舅弗利德里希。

弗利德里希富有智慧，为人热情而又聪明能干，投身于纺织贸易颇有成就。他发现姐姐的儿子聪明伶俐，因此他就把一部分精力花在这位小天才身上，用生动活泼的方式开发高斯的智力。

若干年后，已成年并成就显赫的高斯回想起舅舅为他所做的一切，深感对他成才之重要。他想到舅舅多才的思想，不无伤感地说，舅舅去世使“我们失去了一位天才”。正是由于弗利德里希慧眼识英才，经常劝导姐夫让孩子向学者方面发展，才使得高斯没有成为园丁或者泥瓦匠。高斯家乡的纪念雕像如图 3-8 所示。

图 3-7

图 3-8

罗捷雅真的希望儿子能干出一番伟大的事业，她对高斯的才华极为珍视。然而，她也不敢轻易地让儿子投入不能养家糊口的数学研究中。在高斯 19 岁那年，尽管他已取得了许多伟大的数学成就，但母亲仍向数学界的朋友 W. 波尔约问道：高斯将来会有出息吗？波尔约说她的儿子将是“欧洲最伟大的数学家”，为此她激动得热泪盈眶。

高斯 7 岁开始上学。10 岁的时候，他进入了学习数学的班级，这是一个首次创办的班级，孩子们在这之前都没有听说过数学这么一门课程。数学教师是布特纳，他对高斯的成长也起了一定作用。

一天，老师布置了一道题：1+2+3+…+100 等于多少？

高斯很快就给出了答案，起初高斯的老师布特纳并不相信高斯算出了正确答案：“你一定是算错了，回去再算算。”高斯说答案就是 5050，他是这样计算的：1+100=101，2+99=101，…加到 100 有 50 组这样的数，所以 50×101=5050。

布特纳对他刮目相看。他特意从汉堡买了最好的算术书送给高斯，说：“你已经超过了我，我没有什么东西可以教你了。”之后，高斯与布特纳的助手巴特尔斯建立了真诚的友谊，直到巴特尔斯逝世。他们一起学习，互相帮助，高斯由此开始了真正的数学研究。

1788 年，11 岁的高斯进入了文科学校，他在新的学校里，所有的功课都极好，其中古典文学、数学尤为突出。他的教师们把他推荐给布伦兹维克公爵，希望公爵能资助这位聪明的孩子上学。

布伦兹维克公爵卡尔召见了 14 岁的高斯。这位朴实、聪明但家境贫寒的孩子赢得了公爵的同情，公爵慷慨地表示愿意作高斯的资助人，让他继续学习。

高斯对于数字具有非凡的记忆力，他既是一个深刻的理论家，又是一个杰出的数学实践家。教学是他最讨厌的事，因此他只有少数几个学生。但他的那些影响数学发展进程的论著（大约 155 篇）却使他呕心沥血。有 3 个原则指导他的工作：少说些，但要成熟些；不留下进一步要做的事；极为严格的要求。高斯遗像和高斯之墓分别如图 3-9 和图 3-10 所示。

图 3-9

图 3-10

从他死后出版的著作中可以看出，他有许多重要和内容广泛的论文从未发表，因为按他的意见，它们都不符合这些原则。高斯所追求的数学研究题目都是那些他能在其中预见到具有某种有意义联系的概念和结果，它们由于优美和普遍而值得称道。

高斯对代数学的重要贡献是证明了代数基本定理，他的“存在性证明”开创了数学研究的新途径。事实上在高斯之前就有许多数学家给出了这个结果的证明，可是没有一个证明是严密的。高斯把前人证明的缺失一一指出来，然后提出自己的见解。高斯在 1816 年左右提出了“非欧几何”原理。他还深入研究复变函数，建立了一些基本概念并发现了著名的“柯西积分定理”。他还发现椭圆函数的双周期性，但这些理论在他生前都没发表。

在物理学方面，高斯最引人注目的成就是在 1833 年和物理学家韦伯发明了有线电报，这使高斯的声望超出了学术圈而进入公众社会。除此以外，高斯在力学、测地学、水工学、电动学、磁学和光学等方面均有杰出的贡献。

高斯开辟了许多新的数学领域，从最抽象的代数数论到内蕴几何学，都留下了他的足迹。从研究风格、方法乃至所取得的具体成就方面，他都是 18、19 世纪的中坚人物。

如果我们把 18 世纪的数学家想象为一系列的高山峻岭，那么最后一个令人肃然起敬的巅峰就是高斯；如果把 19 世纪的数学家想象为一条条江河，那么其源头就是高斯。高斯头像和高斯的花体亲笔签名分别如图 3-11 和图 3-12 所示。

德国发行了三种邮票用以表彰和纪念高斯。第一种邮票（见图 3-13）发行于 1955 年——他死后的第 100 周年；另外两种邮票（第 1246 号和第 1811 号）发行于 1977 年——他诞辰 200 周年。从 1989 年到 2001 年年底，高斯的头像和他所发明的正态曲线被印制在德国 10 马克的钞票上，如图 3-14 所示。

图 3-11

图 3-12

图 3-13

图 3-14

拓展阅读二

线性方程组应用——投入产出模型

美国经济学家列昂惕夫（W.Leontief）于 1931 年开始研究投入产出模型，并于 1936 年发表第一篇研究成果，此后数十年间，其成果被越来越多的国家采用并取得良好效果，列昂惕夫因此获得 1973 年的诺贝尔经济学奖。投入产出模型是研究经济系统各部门的投入产出平衡关系的数学模型，经济系统中各部门的经济活动是相互依存、相互影响的。每个部门在生产过程中都要消耗自身和其他部门提供的产品或服务（称之为投入），同时每个部门也向其他部门或自身提供自己的产品或服务（称之为产出）。

例如，假设将某城市的煤矿、电力、铁路三个企业作为一个经济系统，每个部门都要利用系统内部各部门的产品来加工生成本部门产品，如电厂生产电的时候既要用煤还要用到一定的铁路运能，系统内部每个部门既是生产部门也是消耗部门，消耗系统内部的产品为投入，生产所得本部门产品为产出。某一周期内三个企业的投入产出数据如表 3-1 所示。

表 3-1

投入		产出				
		系统内部消耗（需求）			系统外部需求（订单等）	总产品
		煤矿	电力	铁路		
生产部门	煤矿	0.00	0.40	0.45	d_1	x_1
	电力	0.25	0.05	0.10	d_2	x_2
	铁路	0.35	0.20	0.10	d_3	x_3

表 3-1 中的数据称为直接消耗系数，用矩阵表示如下。

$$\boldsymbol{M}=\begin{bmatrix}0 & 0.40 & 0.45\\0.25 & 0.05 & 0.10\\0.35 & 0.20 & 0.10\end{bmatrix}$$

这个矩阵 $\boldsymbol{M}$ 称为**直接消耗矩阵**，其中 m_{ij} 表示每生产单位价值的第 j 种产品所要消耗的第 i 种产品价值。如 m_{32}=0.20 表示每生产单位价值的电力要直接消耗 0.20 元价值的地方铁路运能，第 3 列元素表示每生产单位价值的铁路运能要消耗掉 0.45 元价值的煤、0.10 元价值的电、0.10 元价值的铁路运能。

通常一个企业生产出的总产品首先是投入维持系统内部的正常运行，其次是满足系统外部的订单需求。假设某一周期这三个企业收到的订单分别是：煤矿 d_1，电力 d_2，铁路运能 d_3；三个企业应生产的总产出分别是 x_1、x_2、x_3，根据投入产出表可得到下列关系：

$$\begin{cases}x_1=0x_1+0.4x_2+0.45x_3+d_1\\x_2=0.25x_1+0.05x_2+0.1x_3+d_2\\x_3=0.35x_1+0.2x_2+0.1x_3+d_3\end{cases}\tag{3-20}$$

将各企业总产出和外部需求（如订单）用向量表示

$$\boldsymbol{x}=\begin{bmatrix}x_1\\x_2\\x_3\end{bmatrix},\quad \boldsymbol{d}=\begin{bmatrix}d_1\\d_2\\d_3\end{bmatrix}$$

则线性方程组（3-20）可表示为矩阵形式

$$\boldsymbol{x}=\boldsymbol{Mx}+\boldsymbol{d}\tag{3-21}$$

或写成

$$(\boldsymbol{E}-\boldsymbol{M})\boldsymbol{x}=\boldsymbol{d}\tag{3-22}$$

其中 $\boldsymbol{E}$ 是与直接消耗矩阵 $\boldsymbol{M}$ 同阶的单位矩阵，这个方程组表示总产出的一部分用于系统生产运作，另一部分用于满足订单，称为分配平衡方程，$(\boldsymbol{E}-\boldsymbol{M})$ 称为列昂惕夫矩阵。

直接消耗矩阵 $\boldsymbol{M}=\begin{bmatrix}0 & 0.4 & 0.45\\0.25 & 0.05 & 0.1\\0.35 & 0.2 & 0.1\end{bmatrix}$，则 $(\boldsymbol{E}-\boldsymbol{M})=\begin{bmatrix}1 & -0.4 & -0.45\\-0.25 & 0.95 & -0.1\\-0.35 & -0.2 & 0.9\end{bmatrix}$。

当已知企业订单数额，用高斯消元法或逆矩阵就可求出总产品向量。

$$\boldsymbol{x}=(\boldsymbol{E}-\boldsymbol{M})^{-1}\boldsymbol{d}$$

若已知煤矿、电力、铁路运力的订单需求为 $\boldsymbol{d}=\begin{bmatrix} d_1 \\ d_2 \\ d_3 \end{bmatrix}=\begin{bmatrix} 530 \\ 420 \\ 360 \end{bmatrix}$，那么总产品

$$\boldsymbol{x}=(\boldsymbol{E}-\boldsymbol{M})^{-1}\boldsymbol{d}=\begin{bmatrix} 1.4941 & 0.8052 & 0.8365 \\ 0.4652 & 1.3286 & 0.3802 \\ 0.6844 & 0.6084 & 1.5209 \end{bmatrix}\begin{bmatrix} 530 \\ 420 \\ 360 \end{bmatrix}=\begin{bmatrix} 1431.2 \\ 941.4 \\ 1165.8 \end{bmatrix}$$

即煤矿、电力、铁路应生产总产品分别为 1431.2 单位、941.4 单位、1165.8 单位。

只要矩阵方程（3-22）有非负解，这个经济系统就是可行的。

在实际生产过程中，经济系统各部门之间除了存在直接消耗关系外，还存在间接消耗关系。如生产 1 元的铁路运能要直接消耗 0.45 元的煤、0.10 元的电，而被消耗的 0.45 元煤和 0.10 元电又要消耗电，就有了一个确定每生产 1 元的铁路运能总共消耗多少电的完全消耗系数问题。

完全消耗系数为 c_{ij}，c_{ij} 表示每生产单位价值的第 j 种产品时消耗的第 i 种产品的总量，完全消耗是直接消耗与间接消耗之和。

完全消耗矩阵形式为：

$$\boldsymbol{C}=\begin{bmatrix} c_{11} & c_{12} & c_{13} \\ c_{21} & c_{22} & c_{23} \\ c_{31} & c_{32} & c_{33} \end{bmatrix}$$

直接消耗矩阵形式为：

$$\boldsymbol{M}=\begin{bmatrix} m_{11} & m_{12} & m_{13} \\ m_{21} & m_{22} & m_{23} \\ m_{31} & m_{32} & m_{33} \end{bmatrix}$$

间接消耗可理解为生产单位价值第 j 种产品要直接消耗第 r 种产品，即 m_{rj}，而为生产价值为 m_{rj} 的第 r 种产品完全消耗第 i 种产品价值为 $c_{ir}m_{rj}$

所以，$c_{ij}=m_{ij}+c_{i1}m_{1j}+c_{i2}m_{2j}+c_{i3}m_{3j}=m_{ij}+\sum\limits_{r=1}^{3}c_{ir}m_{rj}$。

用矩阵形式表示如下

$$\boldsymbol{C}=\boldsymbol{M}+\boldsymbol{C}\boldsymbol{M} \tag{3-23}$$

或

$$\boldsymbol{C}(\boldsymbol{E}-\boldsymbol{M})=\boldsymbol{M} \tag{3-24}$$

利用逆矩阵，由式（3-24）解得

$$\boldsymbol{C}=\boldsymbol{M}(\boldsymbol{E}-\boldsymbol{M})^{-1}=(\boldsymbol{E}-(\boldsymbol{E}-\boldsymbol{M}))(\boldsymbol{E}-\boldsymbol{M})^{-1}=(\boldsymbol{E}-\boldsymbol{M})^{-1}-\boldsymbol{E}$$

将$(\boldsymbol{E}-\boldsymbol{M})^{-1}$ 数据代入，得

$$
\boldsymbol{C}=\begin{bmatrix} 0.4941 & 0.8052 & 0.8365 \\ 0.4652 & 0.3286 & 0.3802 \\ 0.6844 & 0.6084 & 0.5209 \end{bmatrix}
$$

c_{32}=0.6084 表示生产 1 元的电要完全消耗铁路运能 0.6084 元。

为便于理解投入产出模型的概念和方法，表 3-1 是将实际问题和数字简化之后的投入产出表。一般地，经济系统的价值型投入产出表的结构如表 3-2 所示。

表 3-2

投入	部门间流量	产出								
		消耗部门（系统内部需求）				最终产品（系统外部需求）				总产品
		1	2	…	n	消费	积累	…	合计	
生产部门	1	x_{11}	x_{12}	…	x_{1n}				d_1	x_1
	2	x_{21}	x_{22}	…	x_{2n}				d_2	x_2
	⋮	⋮	⋮	⋮	⋮				⋮	⋮
	n	x_{n1}	x_{n2}	…	x_{nn}				d_n	x_n
净产值	劳动报酬	v_1	v_2	…	v_n					
	纯收入	m_1	m_2	…	m_n					
	合计	z_1	z_2	…	z_n					
总产值		x_1	x_2	…	x_n					

x_j 表示第 j 部门的总产品价值，x_{ij} 表示在生产过程中直接消耗第 i 部门的产品价值量，第 j 部门生产单位价值产品所消耗第 i 部门的产品价值量为 $\dfrac{x_{ij}}{x_j}$，称为第 j 部门对第 i 部门的直接消耗系数。

直接消耗系数矩阵的经济意义：若 $\boldsymbol{M}$ 表示直接消耗系数矩阵，那么系统为生产最终产品 $\boldsymbol{d}$ 所直接消耗的本系统产品为 $\boldsymbol{Md}$。

完全消耗系数矩阵的经济意义：若 $\boldsymbol{C}$ 表示完全消耗系数矩阵，那么系统为生产最终产品 $\boldsymbol{d}$ 所完全消耗的本系统产品为 $\boldsymbol{Cd}$。

单元 4 图与网络分析

本单元教学课件

本单元介绍图的基本概念和图的应用。

4.1 节介绍图的基本概念与模型、图的有关计算和欧拉图。

4.2 节介绍表示图的邻接矩阵和关联矩阵。

4.3 节介绍图的连通性、哈密尔顿图和旅行商问题。

4.4 节介绍最短路径问题的算法。

4.5 节介绍树、根树、二叉树的相关概念和计算。

4.6 节介绍最小连接问题的算法。

图论起源于 1736 年，这一年欧拉（Euler）研究了哥尼斯堡七桥问题（如图 4-1 所示），发表了图论的首篇论文。在俄罗斯一个叫哥尼斯堡的城内，有一条名为普雷格尔（Pregel）的河贯穿城内，河中有两个孤岛。为方便人们通行和游玩，河上架设有七座桥，从而使河中的两个小岛与河两岸城区连接起来。当时，当地居民热衷于这样一个游戏：从河岸或岛上任一地方出发，每一座桥恰好通过一次，能否再回到出发地？这就是著名的哥尼斯堡七桥问题。这虽然是一个游戏，但从它发展出了很有实际意义的数学模型。欧拉研究了这个游戏，他用四个点 A、B、C、D 表示两岸和两个小岛，用两点间的连线表示桥，如图 4-2 所示。于是问题转化为，在图 4-2 中，从任何一点出发，每条线段恰好通过一次，能否再回到出发点？这个问题相当于“一笔画问题”，即从任一点开始，能否一笔画出这个图而且落笔于开始点？

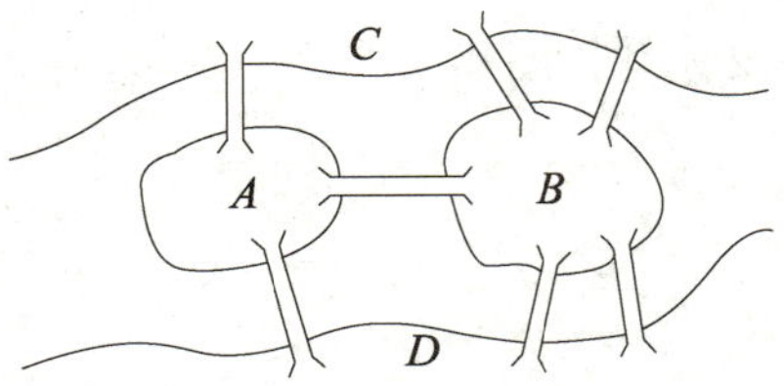

图 4-1

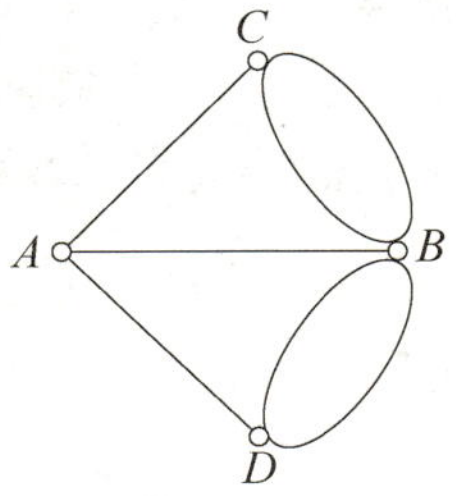

图 4-2

图论是采用图形的方式分析和处理问题的一种数学方法。在图论中用“结点”表示事物，用“边”表示事物之间的联系，由结点和边构成的逻辑结构和连通性表示所研究的问题。最短路径问题、中国邮路问题、旅行商问题、匹配问题、四色问题等都是体现图论思想的经典问题，数学建模中也常用到图论知识和方法解决网络最优化问题。

图的基本概念与模型

4.1　图的基本概念与模型

我们先通过几个直观的例子来感性地认识什么是图。

例 4.1　图 4-3 所示为某地区的铁路交通图。显然，对于一位只关心自甲站到乙站需经过哪些站的旅客来说，图 4-4 比图 4-3 更为清晰。但这两个图有很大的差异，图 4-4 中不仅略去了对了解铁路交通毫无关系的河流、湖泊，而且铁路线的长短、曲直及铁路上各站间的相对位置都有了改变。不过，我们可以看到，图 4-3 的连通关系在图 4-4 中丝毫没有改变。

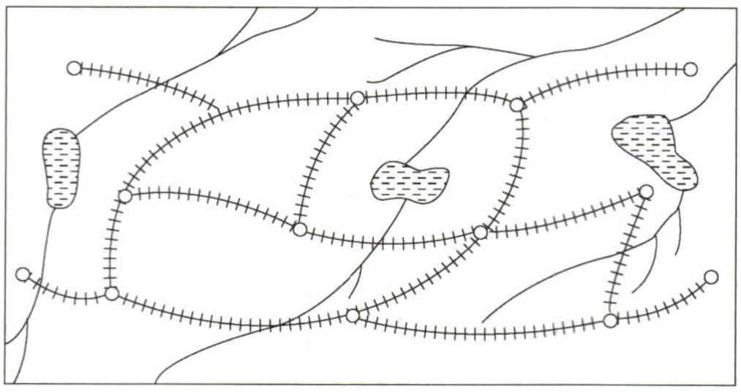

图 4-3

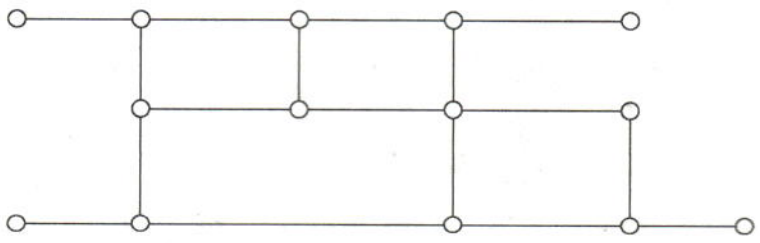

图 4-4

例 4.2　（描述企业之间的业务往来）有六家企业 1～6，相互之间的业务往来关系为 1 与 2、3、4 有业务往来；2 与 3、5 有业务往来；4 还与 5 有业务往来；6 不与任何企业有业务往来。

将六家企业用六个点表示，如果两个企业之间有业务往来，就用一条线连接，则六家企业业务往来关系如图 4-5 所示。因为要描述的是企业之间的业务往来，与每个点的位置无关，只与点线之间的关系有关，因此图 4-5 与图 4-6 是等价的。

例 4.3　若发货地 x_1 可运送物资到收货地 y_1 和 y_2，发货地 x_2 可运送物资到收货地 y_1、y_2 和 y_3，发货地 x_3 可运送物资到收货地 y_1 和 y_3，用点表示发货地和收货地，用带方向的线段表示物资运送方向，物资的收发关系如图 4-7 所示。

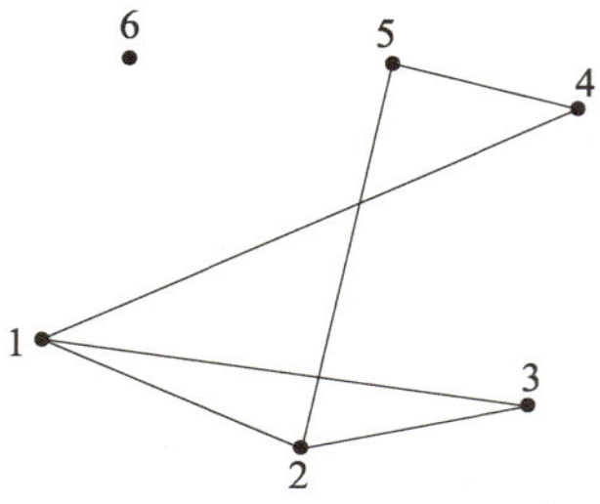

图 4-5

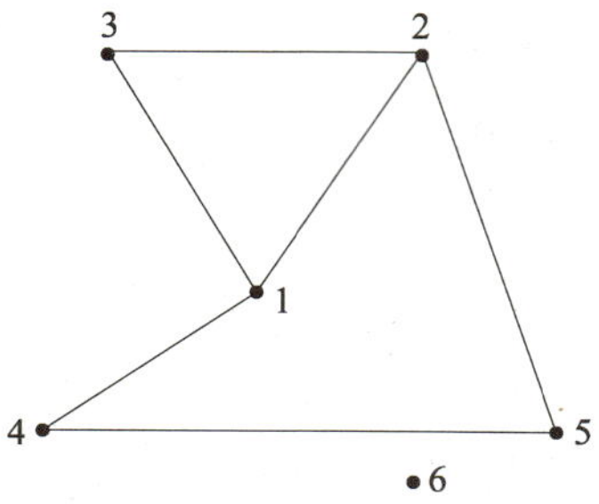

图 4-6

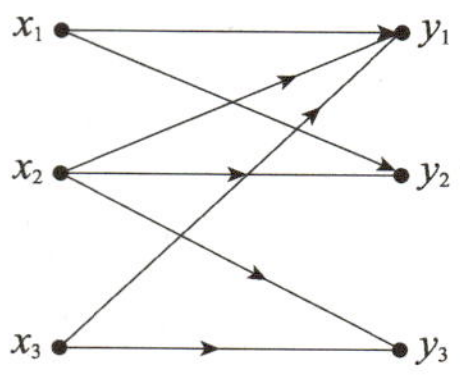

图 4-7

由以上几个例子可知，一个图由一个表示具体事物的点的集合和表示事物之间联系的边（线段）的集合组成。

4.1.1 图的基本概念

定义 1 所谓图 G(graph)是一个二元组，记作 $G=<V,E>$，其中 $V=\{v_1,v_2,\cdots,v_n\}$ 为非空点集，$E=\{e_1,e_2,\cdots,e_m\}$ 为边集。

图可以用集合、图形和矩阵表示。图用图形表示时，结点也称为顶点，用小圆圈或实心黑点表示，点与点之间的连线用直线段或曲线段表示为边。由 n 个顶点，m 条边组成的图称为（n, m）图。

例 4.4 如图 4-8 所示，$G=<V,E>$，G 是（6, 10）图，其中 $V=\{v_1,v_2,\cdots,v_6\}$，$E=\{e_1,\cdots,e_{10}\}$，每条边可用一对结点对表示，即

$e_1=<v_1,v_2>$、$e_2=<v_3,v_2>$、$e_3=(v_3,v_3)$、$e_4=<v_4,v_3>$、$e_5=<v_4,v_2>$、$e_6=<v_4,v_2>$、$e_7=<v_5,v_2>$、$e_8=<v_2,v_5>$、$e_9=(v_3,v_5)$、$e_{10}=(v_3,v_5)$。

尖括号< >结点对表示有向边，圆括号（）结点对表示无向边。

每条边都是无向边的图称为**无向图**，每条边都是有向边的图称为**有向图**。

若一条边的两个顶点相同，则称这条边为**环**（或自回路、圈）。在无向图中，若两个顶点之间有多条边，则称这些边为**平行边**。在有向图中，有**相同起点和终点**的多条边称为**平行边**。含有平行边的图称为**多重图**。如图 4-8 中，e_3 为环，e_9 和 e_{10} 是平行边，e_5 和 e_6 是平行边，而 e_7 和 e_8 因方向不同而不是平行边。

在图 G=（V，E）中，若结点集 V 可划分为两个不相交的子集 V_1 和 V_2，对于边集 E 中的任意一条边，与其关联的两个结点分别在 V_1 和 V_2 之中，则称图 G 为**偶图**，如图 4-9 所示。

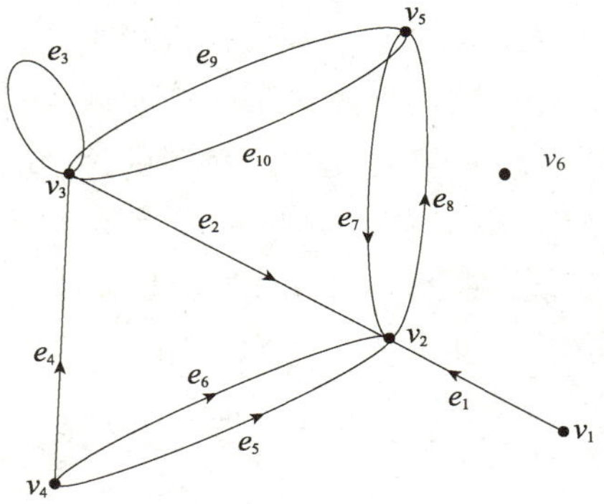

图 4-8

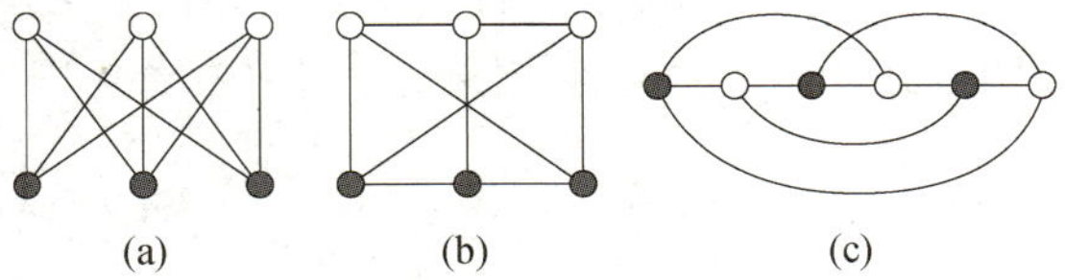

图 4-9

定义 2 对于图 $G=\langle V,E\rangle$ 与图 $G'=\langle V',E'\rangle$，如果有 $V'\subseteq V$ 及 $E'\subseteq E$，则称 G' 是 G 的子图。若 G' 是 G 的子图，并且 $V'=V$，则称 G' 为 G 的生成子图。

定义 3 设 $G=\langle V,E\rangle$ 与 $G'=\langle V',E'\rangle$ 是两个图，若在 V'与 V 之间存在一一映射 f：$V\to V'$，使得图 G 中任意的结点对 u 和 v 连接当且仅当 $f(u)$和$f(v)$ 在图 G' 中

连接，则称 G 和 G' 同构。

例 4.5 如图 4-10 所示，图 $G=\langle V,E\rangle$ 与图 $G'=\langle V',E'\rangle$ 是同构的。其中 $V=\{1,2,3,4,5\}$，$V'=\{a,b,c,d,e\}$，点集 V 与点集 V' 之间建立如下一一映射关系 f

$$f(1)=a,\ f(2)=b,\ f(3)=c,\ f(4)=d,\ f(5)=e$$

f 满足对于任意的边 $(u,v)\in E$，当且仅当 $(f(u),f(v))\in E'$。

两个同构的图，除了各点的符号不同、位置不同之外，本质上是一样的。如果用火柴杆摆放图形，一个图形就能变成另一个图形。图 4-9 中（a）、（b）、（c）是同构的。

两个图同构显然要满足：结点的数目相同、边数相同、度数相同的结点数目相同。

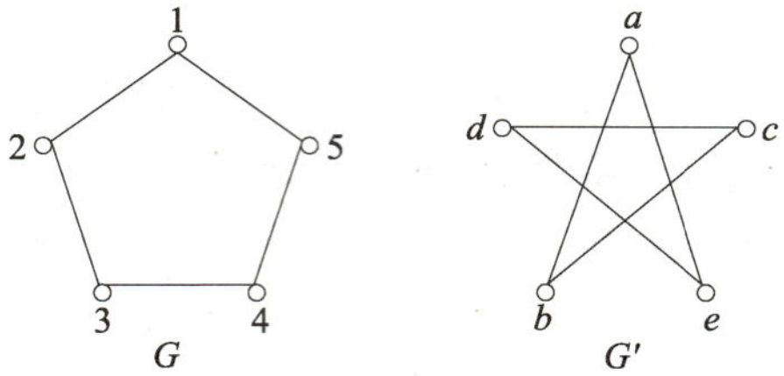

图 4-10

4.1.2 图的模型

例 4.6 线路图。

用图描述线路，结点表示道路交叉点，边表示道路，无向边表示双向道路，有向边表示单行道，多重无向边表示连接相同交叉路口的多条双向道路，多重有向边表示从一个交叉点开始到第二个交叉点结束的多条单行道，环表示环形路。

例 4.7 人的相识关系（拉姆齐问题）。

试证明：在任意六个人的聚会上，要么有三人曾相识，要么有三人不曾相识。

证明 我们用 A、B、C、D、E、F 代表这六个人，若二人曾相识，则代表这二人的两点间连一条实线边；否则连一条虚线边。于是原来的问题等价于证明这样得到的图必含有实线边或虚线边三角形。考察某一顶点，选点 F，与 F 关联的边中必有三条实线或虚线。不妨设它们是三条实线 FA、FB、FC，如图 4-11（a）所示。再看三角形 ABC，如果它有一条实线边，则 FAB 是实线三角形，如图 4-11（b）所示。如果三角形 ABC 没有实线边，则它本身是虚线三角形，如图 4-11（c）所示。

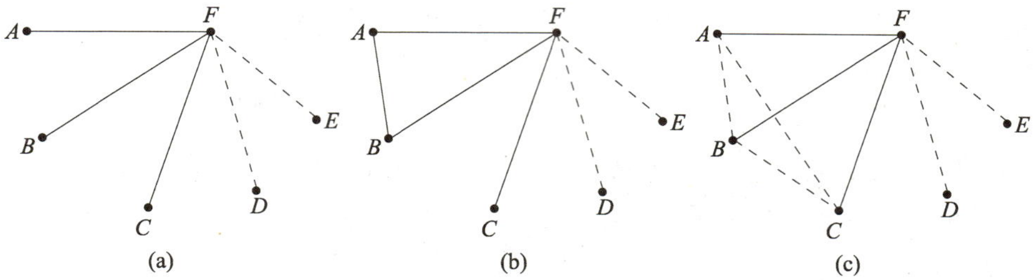

图 4-11

例 4.8 网络图。

互联网可以用有向图来建模，其中结点表示网页，并且若有从网页 a 指向网页 b 的链接，则用以 a 为起点、以 b 为终点的有向边表示。因为几乎每秒钟都有新页面在网络上某处产生，并且有其他页面被删除，所以网络图几乎是连续变化的。

例 4.9 任务分配。

假设某小组有 4 名员工 L、W、Z、H，他们要合作完成一个项目，这个项目有 4 种工作要做，即需求分析、架构、实现、测试。已知 L 可以完成需求分析和测试；W 可以完成架构、实现和测试；Z 可以完成需求分析、架构和实现；H 只能完成需求分析。为了完成这个项目，必须为员工分配任务，以满足每个任务都有一个员工接手，而且每个员工最多只能分配一个任务。用偶图建模，如图 4-12 所示，从图中可找到完成上述任务的一种分配方案。

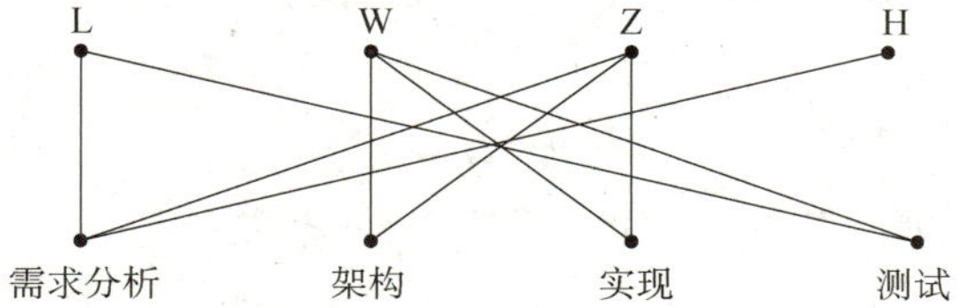

图 4-12

例 4.10 局域网。

在学校的机房里，教师机与学生机及像打印机和绘图仪等外部设备，都可以通过局域网进行连接。局域网有基于星形拓扑结构——其中所有设备都连接到中央设备；基于环形拓扑结构——所有计算机首尾相连，逐级传输数据，形成一个闭环；基于星形和环形结合的星形环拓扑结构——通常以环形拓扑结构为主干，将星形拓扑结构的网络作为结点接入环中，提升了环形拓扑的扩展性。如图 4-13 所示。

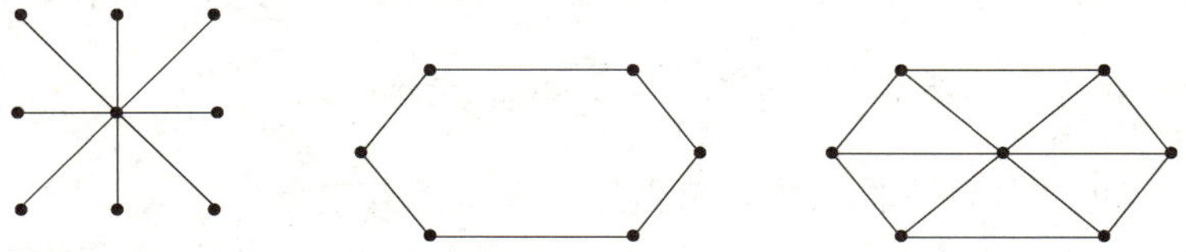

(a) 星形拓扑结构　(b) 环形拓扑结构　(c) 星形环拓扑结构

图 4-13

4.1.3 图的有关计算

定义 4 设 G 是任意图，v 为 G 的任一结点，与结点 v 关联的边数称为 v 的度（degree），记作 deg（v）。

设 D 是任意有向图，v 为 G 的任一结点，射入 v 的边数称为 v 的入度（in-degree），记作 $\deg^+(v)$；射出 v 的边数称为 v 的出度（out-degree），记作 $\deg^-(v)$。

定理 1 握手定理。

设图 $G=<V,E>$ 是（n，m）图，则所有结点度数的总和等于边数的二倍。

$$\sum_{i=1}^{n}\deg(v_i)=2m$$

显然，图中每条边都有两个端点，一条边提供 2 度，共有 m 条边，因而共提供 $2m$ 度。

由定理 1 可得到以下推论。

推论 一个图中度为奇数的结点的个数为偶数。

定理 2 在有向图中，各结点的出度之和等于入度之和，即

$$\sum_{i=1}^{n}\deg^{-}(v_i)=\sum_{i=1}^{n}\deg^{+}(v_i)=m$$

例 4.11 设 $V=\{u,v,w,x,y\}$，画出下列无向图和有向图，并计算各结点的总度数及入度与出度。

（1） $E=\{(u,v),(u,x),(v,y),(x,y),(w,x)\}$。

（2） $E=\{<u,v>,<v,y>,<w,x>,<w,y>,<x,y>\}$。

解 （1）由图 4-14（a）看出，

$\deg(x)=3$，$\deg(u)=\deg(v)=\deg(y)=2$，$\deg(w)=1$，$\deg(u)+\deg(v)+\deg(x)+\deg(y)+\deg(w)=2+2+3+2+1=10$，边数 $m=5$，满足 $\sum_{i=1}^{n}\deg(v_i)=2m$。

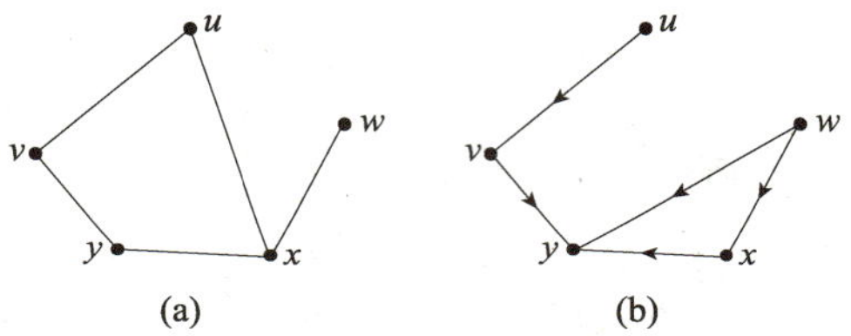

图 4-14

（2）由图 4-14（b）中看出

$\deg^{+}(u)=0,\deg^{-}(u)=1$； $\deg^{+}(v)=1,\deg^{-}(v)=1$； $\deg^{+}(x)=1,\deg^{-}(x)=1$； $\deg^{+}(y)=3$，$\deg^{-}(y)=0$； $\deg^{+}(w)=0,\deg^{-}(w)=2$。入度之和=0+1+1+3+0=5，出度之和=1+1+1+0+2=5，满足 $\sum_{i=1}^{n}\deg^{-}(v_i)=\sum_{i=1}^{n}\deg^{+}(v_i)=m$。

例 4.12 证明任何一群人中，有偶数个人认识其中奇数个人。

证明 用 n 个顶点表示 n 个人，如果两个人相识，就用一条线把对应两个顶点连起来，这样就得到了一个图 G。每一个人所认识的人的数目就是他对应的顶点的度，于是问题转化为证明图 G 中度为奇数的顶点有偶数个。

设这一群人为 v_1，v_2，v_3，…，v_n，每个人认识的人数分别为 $\deg(v_1)$、$\deg(v_2)$、$\deg(v_3)$、…、$\deg(v_n)$，其中度为奇数的顶点有 k 个，其余 $n-k$ 个顶点度则为偶数，并且这 $n-k$ 个顶点的度之和也是偶数。根据握手定理，$\sum_{i=1}^{n}\deg(v_i)$ 为偶数，所以 k 个奇数度顶点的度之和必为偶数。当且仅当偶数个奇数之和才是偶数，这说明 k 为偶数，证得图 G 中度为奇数的顶点有偶数个。

4.1.4 欧拉图

欧拉仔细研究了哥尼斯堡七桥问题，他的研究成果奠定了图论的基础，他被公认为图论之父。为纪念欧拉，人们把“从图的某个顶点出发，经过每条边一次且仅一次，最后回到起点”这样的问题，称为欧拉图问题。包含图中所有边一次且仅一次的回路，称为欧拉回路。欧拉找到了存在欧拉回路的充要条件，给出了一个非常简单有效的判断欧拉图的方法。

定理 3 无向图 G 为欧拉图，当且仅当 G 是连通的，且所有结点的度均为偶数。

由图 4-1 看出，$\deg(A)=3$，$\deg(B)=5$，$\deg(C)=3$，$\deg(D)=3$，由定理 3 可知不存在欧拉回路，所以，哥尼斯堡七桥问题无解。

“一笔画”的智力游戏与欧拉图有关。所谓一笔画即经过图中所有边一次，在画图过程中要求不重复且笔尖不离开纸面将图画完。

定理 4 无向图 G 能一笔画，当且仅当 G 是连通的，且图中奇数度结点的个数为 0 或 2。有两个奇数度结点时，两个奇数度结点是一笔画的起点和终点。

例 4.13 判断图 4-15、图 4-16 能否一笔画。

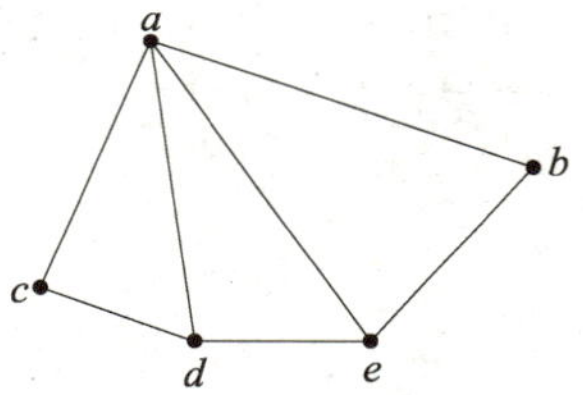

图 4-15

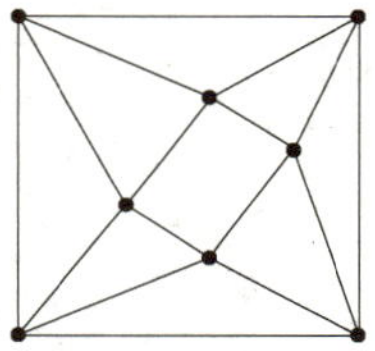

图 4-16

解 图 4-15 中，除了两个奇数度结点 d 和 e，其余结点均为偶数度，所以，从 d 开始存在一笔画的路线至 e 结束，且不止一条，如（*dcadeabe*），（*dabedcae*）。

图 4-16 中，所有结点的度数均为偶数，是欧拉图，可以一笔画，从任一点出发都可以最后在这点结束。

例 4.14 中国数学家管梅谷先生 1962 年提出与欧拉图密切相关的“中国邮路问题”。邮递员从邮局出发，在其分辖的投递区域内走遍每一条街道，把信件送到收件人手里，最后又回到邮局，要走怎样的路线才能使全程最短？这个问题可以用图表示，以街道为边，以街道交叉处为图的结点，问题就转化为从这样一个图中找到一条至少包含每边一次的总长最短的回路。

练习 4.1

1. 北京、上海、广州、西安的交通十分便利，任两个城市之间都有直飞航班，请用图表示四座城市的航空交通，并判断所画的图属于哪种图。

2. 设 $V=\{u,v,w,x,y\}$，$E=\{(u,v),(u,x),(v,w),(v,y),(x,y)\}$，画出无向图 $G=(V,E)$ 的图形。

3. 是否可以画出一个图，使各结点的度与下面序列一致，如可能，画出一个符合条件的图；如不能，说明原因。

（1）1，2，3，4，5；　（2）1，2，2，3，4；　（3）2，2，2，2，2，2。

4. 设有一个图有 10 个结点且所有结点的度都为 6，求该图的边数。

5. 判断图 4-17 中哪些图是同构的。

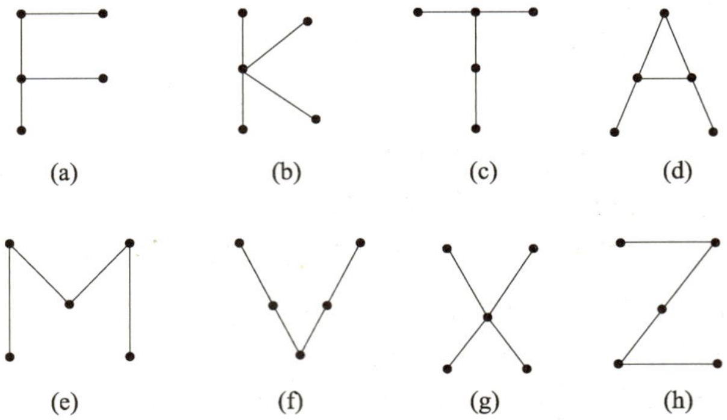

图 4-17

6. 邮递员从邮局 v_1 出发沿邮路投递信件，其邮路如图 4-18 所示。试问是否存在一条投递路线使邮递员从邮局出发经过所有路线而不重复地回到邮局。

7. 判断图 4-19 是否能一笔画。

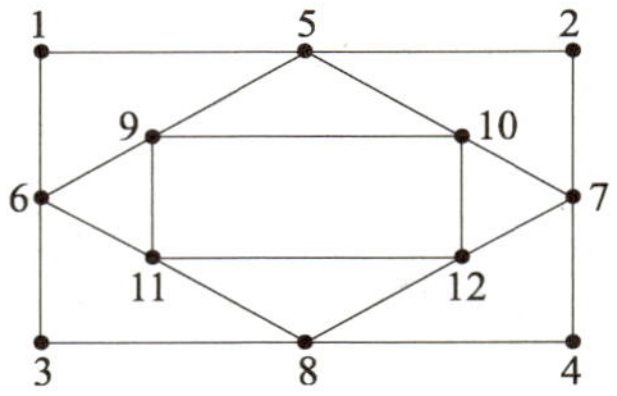

图 4-18

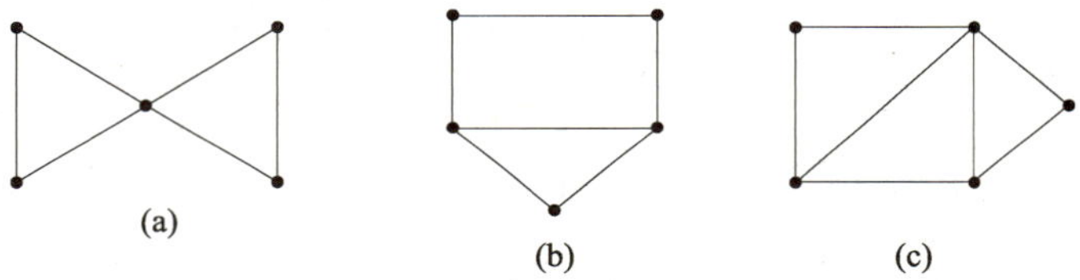

图 4-19

8. 在羽毛球比赛中，n 名选手中任意两名选手之间至多比赛一次，每个选手至少比赛一次。证明：一定能找到两名选手，他们的比赛次数相同。

思政聚焦 1

图论的产生和发展也是源于实践的，人们将哥尼斯堡七桥问题看作是图论的起源。

马克思主义认识论告诉我们，实践是认识的基础和源泉，又是推动认识发展的动力。正如恩格斯所阐述的“科学的发生和发展一开始就是由生产决定的”，数学的产生和发展源于实践，同时又指导实践。著名的数学大师华罗庚先生，把数学方法应用于实际，筛选出以提高工作效率为目标的优选法和统筹法，取得显著经济效益。

近年来，随着信息技术和互联网的飞速发展，大量大规模的实际问题得以求解，图数据作为一种重要的数据模型变得愈加重要。在很多领域，图数据刻画了不同实体之间的相互关系，如社交网络、道路交通网、生物信息网、计算机网络和 Web 网络等。这些问题的求解极大地促进了图论的发展，以及不同分支、理论的产生。如算法图论、代数图论、极值图论，以及匹配理论、网络流理论、有向图理论等，这些都是认识和发展源于实践的真实体现。

实践出真知。如果只知闭门造车而不结合实际，始终停留于理论阶段，那么前进的道路将越走越窄。无论是在学习中、工作中还是生活中，只有理论与实践相结合，才能找到前进的方向。否则理论学得再好也只是纸上谈兵，在实践中遇到问题也还是不知所措，不知下一步工作怎么展开。一个人只有勇于学习，不断积累经验，理论与实践相结合，才能在实践中不断修正和提升认识以获得成长，才能站在行业的最前沿，才能成为推动企业发展的先行者。

4.2　图的矩阵表示

图的矩阵表示

为便于计算机存储和处理图，将图的问题变为计算问题，需要用矩阵来表示图。常用于表示图的矩阵有：反映结点与结点之间相邻关系的**邻接矩阵**，反映结点与边之间关联关系的**关联矩阵**，反映图的连通性的**可达性矩阵**。

4.2.1　邻接矩阵

1. 结点与边关联、结点邻接、边邻接

若 $e_k=(v_i,v_j)$，不论 e_k 是有向边还是无向边，都称边 e_k 与结点 v_i 和结点 v_j 相**关联**，称点 v_i 与点 v_j **邻接**，若干条边关联于同一结点，称这些边**邻接**。

2. 无向图的邻接矩阵

定义 5　设无向图 $G=<V,E>$，它有 n 个结点 $V=<v_1,v_2,\cdots,v_n>$，如果 a_{ij} 表示 v_i 和 v_j 之间的边数，则 n 阶方阵 $\boldsymbol{A}(\boldsymbol{G})=(a_{ij})_n$ 称为无向图 G 的**邻接矩阵**。

特别地，对于无向简单图，$a_{ij}=\begin{cases}1 & (v_i,v_j)\in E\\0 & (v_i,v_j)\notin E\end{cases}$。

例 4.15　写出图 4-20 和图 4-21 所示的无向图的邻接矩阵。

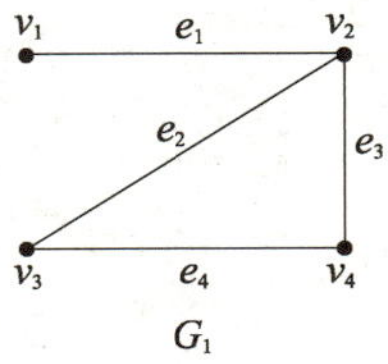

图 4-20

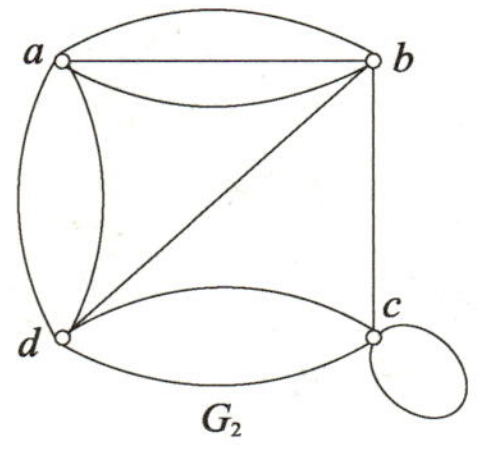

图 4-21

解　图 4-20 是无向简单图，它的邻接矩阵如下：

$$A(G_1)=\begin{bmatrix}0&1&0&0\\1&0&1&1\\0&1&0&1\\0&1&1&0\end{bmatrix}$$

图 4-21 有平行边和环，确定其邻接矩阵时，环计两次：

$$A(G_2)=\begin{bmatrix}0&3&0&2\\3&0&1&1\\0&1&2&2\\2&1&2&0\end{bmatrix}$$

注意　在带圈图中，计算与圈（环）关联的结点的度时，该结点度为 2，圈（环）计两次。

例 4.16　给定一个邻接矩阵，就能确定一个图。画出对应于结点顺序 a、b、c、d 的邻接矩阵的无向图。

$$A(G)=\begin{bmatrix}0&1&1&0\\1&0&1&1\\1&1&0&0\\0&1&0&0\end{bmatrix}$$

解　对应的无向图如图 4-22 所示。

无向图邻接矩阵有以下特征：

- 无向图的邻接矩阵为 n 阶对称方阵（即 $A=A^{\mathrm{T}}$），每行每列对应一个结点。
- 无向简单图的邻接矩阵主对角线上的元素全为 0。
- 每行元素之和为该行对应结点的度。

3. 有向图的邻接矩阵。

定义 6　设有向图 $G=<V,E>$，它有 n 个结点 $V=<v_1,v_2,\cdots,v_n>$，如果 a_{ij} 表示以 v_i 为起结点 v_j 为终结点的有向边的边数，则 n 阶方阵 $A(G)=(a_{ij})_n$ 称为**有向图 G 的邻接矩阵**。

例 4.17　写出图 4-23 所示的有向图的邻接矩阵。

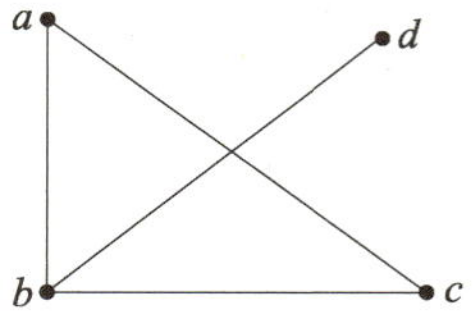

图 4-22

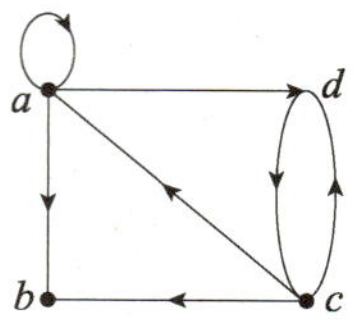

图 4-23

解　有向图 4-23 的邻接矩阵如下。

$$A(G)=\begin{bmatrix}1&1&0&1\\0&0&0&0\\1&1&0&1\\0&0&1&0\end{bmatrix}$$

有向图的邻接矩阵有以下特征：

- 邻接矩阵为 n 阶方阵，但不一定是对称方阵。
- 每行元素之和为该行对应结点的出度，每列元素之和为该列对应结点的入度。

4.2.2 关联矩阵

1. 无向图的关联矩阵。

定义 7 设无向图 $G=<V,E>$，它有 n 个结点 $V=\{v_1,v_2,\cdots,v_n\}$，m 条边 $E=\{e_1,e_2,\cdots,e_m\}$，如果 b_{ij} 表示结点 v_i 与边 e_j 关联的次数，则 $n\times m$ 矩阵 $\boldsymbol{M}(\boldsymbol{G})=(b_{ij})_{n\times m}$ 称为无向图 G 的**关联矩阵**。

例 4.18 写出图 4-24、图 4-25 的关联矩阵。

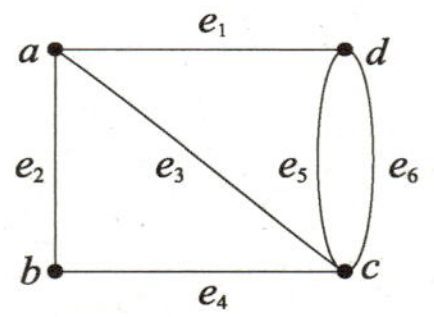

图 4-24

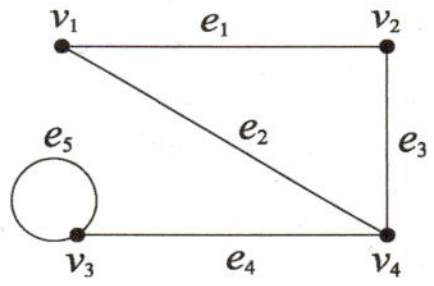

图 4-25

解 关联矩阵每一行对应一个结点，每一列对应一条边。每条边关联两个结点，环关联的两个结点重合，这个结点与环关联两次。

图 4-24 的关联矩阵如下：

$$\boldsymbol{M}(\boldsymbol{G})=\begin{matrix} & e_1 & e_2 & e_3 & e_4 & e_5 & e_6 & \\ & \left[\begin{matrix}1\\0\\0\\1\end{matrix}\right. & \begin{matrix}1\\1\\0\\0\end{matrix} & \begin{matrix}1\\0\\1\\0\end{matrix} & \begin{matrix}0\\1\\1\\0\end{matrix} & \begin{matrix}0\\0\\1\\1\end{matrix} & \left.\begin{matrix}0\\0\\1\\1\end{matrix}\right] & \begin{matrix}a\\b\\c\\d\end{matrix}\end{matrix}$$

图 4-25 中 e_5 是环，结点 v_3 与它关联算两次，关联矩阵如下：

$$\boldsymbol{M}(\boldsymbol{G})=\begin{matrix} & e_1 & e_2 & e_3 & e_4 & e_5 & \\ & \left[\begin{matrix}1\\1\\0\\0\end{matrix}\right. & \begin{matrix}1\\0\\0\\1\end{matrix} & \begin{matrix}0\\1\\0\\1\end{matrix} & \begin{matrix}0\\0\\1\\1\end{matrix} & \left.\begin{matrix}0\\0\\2\\0\end{matrix}\right] & \begin{matrix}v_1\\v_2\\v_3\\v_4\end{matrix}\end{matrix}$$

例 4.19 由关联矩阵可以确定一个图。若无向图的关联矩阵为 $\boldsymbol{M}(\boldsymbol{D}_1)$ 和 $\boldsymbol{M}(\boldsymbol{D}_2)$，画出对应于结点顺序为 v_1、v_2、v_3、v_4，边顺序为 e_1、e_2、e_3、e_4 的无向图。

$$M(D_1)=\begin{bmatrix}0&0&1&1\\0&1&1&1\\1&0&0&0\\1&1&0&0\end{bmatrix}\qquad M(D_2)=\begin{bmatrix}1&1&0&0\\1&0&1&0\\0&1&1&2\end{bmatrix}$$

解 关联矩阵的无向图分别如图 4-26 和图 4-27 所示。

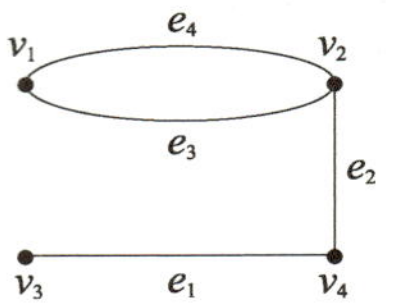

图 4-26

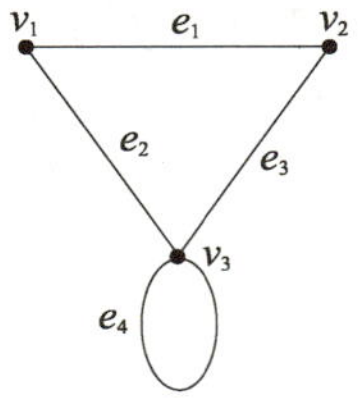

图 4-27

无向图的关联矩阵有如下特征：

- 每列元素之和等于 2。
- 每行元素之和等于该行对应结点的度。
- 无向图关联矩阵中所有元素之和等于图中边数的两倍。

2. 有向图的关联矩阵。

定义 8 设有向图 $D=<V,E>$，它有 n 个结点 $V=\{v_1,v_2,\cdots,v_n\}$，m 条有向边 $E=\{e_1,e_2,\cdots,e_m\}$，如果 m_{ij} 表示结点 v_i 与边 e_j 关联的次数，则 $n\times m$ 矩阵 $M(D)=(m_{ij})_{n\times m}$ 称为有向图 D 的**关联矩阵**，其中：

$$m_{ij}=\begin{cases}-2 & e_j\text{是环且关联}v_i\\ 1 & e_j\text{以}v_i\text{为起结点}\\ -1 & e_j\text{以}v_i\text{为终结点}\\ 0 & e_j\text{与}v_i\text{不关联}\end{cases}$$

例 4.20 写出有向图（见图 4-28）的关联矩阵。

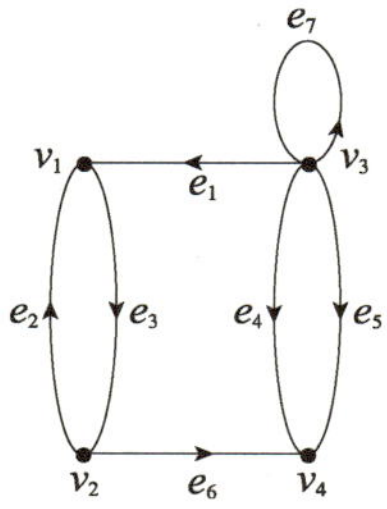

图 4-28

解 有向图的关联矩阵如下：

$$M(D)=\begin{bmatrix}-1&-1&1&0&0&0&0\\0&1&-1&0&0&1&0\\1&0&0&1&1&0&-2\\0&0&0&-1&-1&-1&0\end{bmatrix}$$

反过来，根据一个有向图的关联矩阵可以画出该有向图。

例 4.21 若图的关联矩阵如下，画出对应于结点顺序为 v_1、v_2、v_3、v_4，边顺序为 e_1、e_2、e_3、e_4 的有向图。

$$M(D)=\begin{bmatrix}1&-1&0&0\\0&1&0&1\\-1&0&-1&-1\\0&0&1&0\end{bmatrix}$$

解 $\boldsymbol{M(D)}$ 的有向图如图 4-29 所示。

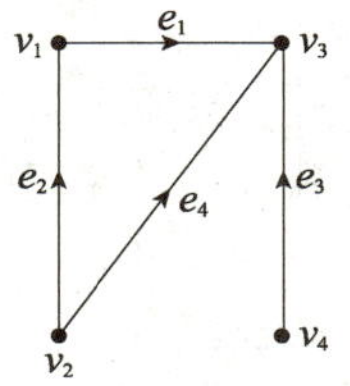

图 4-29

有向图的关联矩阵的特征：

♦ 有向无圈图每列对应一条有向边，恰有一个 1 和一个–1。

♦ 每行对应一个结点，1 的个数为该结点的出度，–1 的个数为入度。

♦ 有向无圈图关联矩阵中所有元素之和等于 0，1 的个数等于–1 的个数等于有向图的边数。

练习 4.2

1. 写出图 4-30 的邻接矩阵 $\boldsymbol{A}(\boldsymbol{D})$ 和关联矩阵 $\boldsymbol{M}(\boldsymbol{D})$。
2. 写出图 4-31 的邻接矩阵 $\boldsymbol{A}(\boldsymbol{D})$ 和关联矩阵 $\boldsymbol{M}(\boldsymbol{D})$。

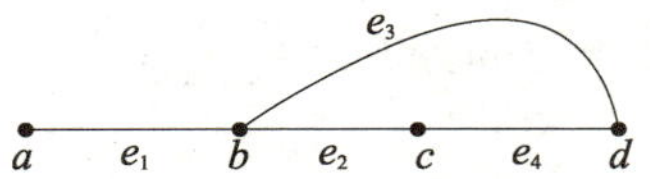

图 4-30

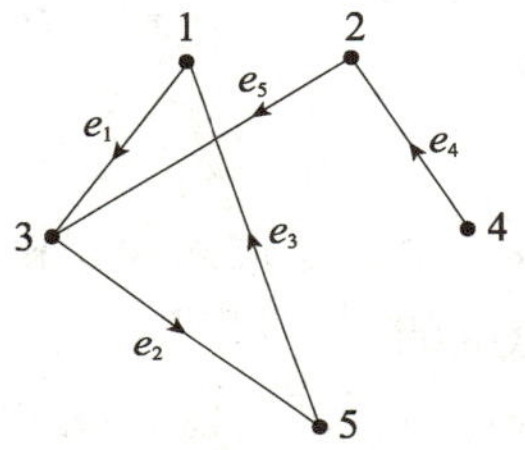

图 4-31

3. 画出邻接矩阵 $\boldsymbol{A}(\boldsymbol{G})=\begin{bmatrix}0&1&0&1&0\\1&2&1&0&1\\0&1&0&1&1\\1&0&1&0&1\\0&1&1&1&2\end{bmatrix}$ 对应的无向图，并从邻接矩阵求各结点的度。

4. 有向图 D 的结点为 v_1，v_2，v_3，v_4，它的邻接矩阵如下，画出这个图。

$$\boldsymbol{A}(\boldsymbol{D})=\begin{bmatrix}0&1&1&1\\0&0&1&0\\1&1&0&1\\1&0&0&0\end{bmatrix}$$

思政聚焦 2

你知道什么是对立统一吗？对立统一规律的基本内容是对立面的同一和斗争。同一性和斗争性是矛盾双方所固有的两种属性，同一性表现为对立面之间具有相互依存、相互渗透、相互贯通的性质；斗争性表现为对立面之间具有相互排斥、相互否定的性质。矛盾的同一性和斗争性是相互联结的，同一性是相对的，斗争性是绝对的。

马克思主义哲学认为，对立统一规律是宇宙的根本规律。数学和图论中处处都存在着对立统一的关系，比如有限图与无限图、无向图与有向图、子图与母图、结点染色与边染色、独立集与团、单色子图与彩虹子图等。这些看似对立矛盾的关系，实则是统一的，是可以相互转化的。比如，无向图通过添加方向可以转变为有向图，独立集在补图中是团，等等。正如恩格斯所说：“这种从一个形式到另一个相反形式的转变，并不是一种无聊的游戏，它是数学科学的最有力的杠杆之一。”总之，它们之间是彼此对立统一、相互依存、相互区别的。另外，研究方法上也是对立统一的，部分与整体的统一是数学中极为常见的。

在日常生活中矛盾也是无处不在无时不有的。我们要学会运用矛盾的观点分析和解决问题，既要看到矛盾双方的对立性，也要看到同一性。任何事物都有两面，对待任何问题都要一分为二地看待，一分为二地分析。只有这样我们才能准确地找到解决问题的路径和方法。

4.3 图的连通性与哈密尔顿图

图的连通性与哈密尔顿图

还有一个与欧拉图问题相似的著名问题——哈密尔顿问题，源于当时风靡的周游世界游戏。研究图的特性，最重要的就是其连通性，反映在客观问题中就是事物间有没有联系，有怎样的联系。

4.3.1 图连通的有关术语

1. 通道

设 v_0 和 v_n 是任意图 G 的结点，图 G 的一条结点和边交替序列 $v_0e_1v_1e_2\cdots e_nv_n$ 称为连接 v_0 到 v_n 结点的一条通道。其中，$e_i(1\leqslant i\leqslant n)$ 是关联于结点 v_{i-1} 和 v_i 的边，通道可简记为（$v_0v_1v_2\cdots v_n$）。通道中边的个数称为**通道的长度**。若 $v_0=v_n$，则称为闭通道。

直观地说，通道就是通过相连的若干条边从一个结点达到另一个结点的路线。通道上结点、边均可以重复出现。

2. 迹

无重复边的通道称为迹，无重复边的闭通道称为闭迹。

欧拉图就是包含了图中所有边的闭迹。包含所有边的一条迹，称为欧拉迹，具有欧拉迹的图称为半欧拉图。

3. 路

无重复点的通道称为路，除了端点外没有重复结点的闭通道称为回路。

如果长为 n 的通道上 $n+1$ 个结点各不相同，则相应的 n 条边也必然各不相同，因此，路一定是迹，回路一定是闭迹。但长为 n 的通道上 n 条边各不相同时，仍可能有重复点出现，因此，迹不一定是路，闭迹不一定是回路。在图 4-32 中，$v_1v_2v_4v_3v_2v_4v_6$ 是一条 v_1–v_6 的通道，$v_1v_2v_3v_5v_2v_4v_6$ 是一条 v_1–v_6 的

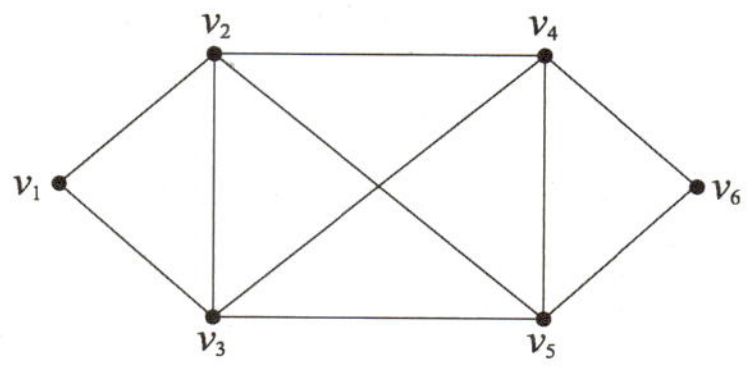

图 4-32

迹，但不是路；$v_1v_2v_4v_6$ 是一条 v_1–v_6 路，$v_1v_2v_4v_6v_5v_3v_1$ 是一条闭通道且是闭迹。

4. 无向图的连通性

无向图 G 中若存在一条 v_i–v_j 通道，则称 v_i 与 v_j 是**连通的**（connected）。如果图 G 中任何两个结点都是连通的，则称 G 是**连通图**（connected graph），否则称为**非连通图**（disconnected graph）。

连通子图：如果 H 是 G 的子图，且 H 是连通的，则称 H 为 G 的连通子图。

图 4-33 所示为连通图，图 4-34 所示为非连通图，有两个连通子图。

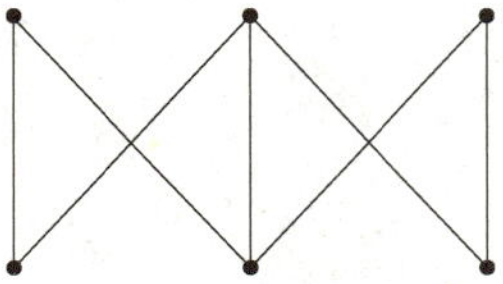
图 4-33

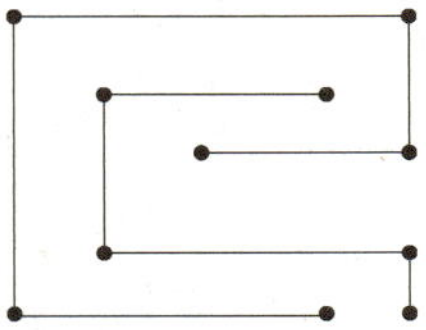
图 4-34

割点：如果删除一个结点 v 及与 v 关联的边，图将不连通，则称结点 v 为图的割点或关节点。

割边：如果删除一条边，图将不连通，则称这条边为割边或桥。

图 4-35 所示的割点是 b、c 和 e，删除这些结点中的一个及它的邻边，图就不连通。割边是（a, b）和（c, e），删除其中一条边，使得图不再连通。

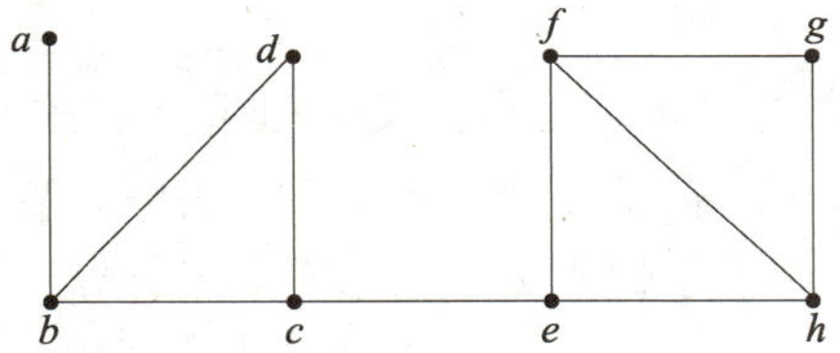

图 4-35

5. 有向图的连通性

有向图 D 中若存在一条 v_i 到 v_j 的有向路，称结点 v_i **可达结点** v_j。

规定：v_i 到自身总是可达的。

对于有向图，由于其边有方向性，可达关系不一定是对称的。u 可达 v 时，不一定 v 可达 u。即使 u 可达 v 且 v 也可达 u，从 u 到 v 的有向通道与从 v 到 u 的有向通道也是不同的。因此，有向图的连通性比无向图的连通性包含了更多内容。

设 D 是有向图，如果有向图 D 的任何一对结点 u、v 间，u 可达 v，同时 v 可达 u，则称这个有向图是**强连通**（strongly connected）。任何一对结点 u、v 间，或者 u 可达 v，或者 v 可达 u，则称这个有向图是**单侧连通**（unilateral connected）。若有向图 D 忽略方向后是连通图（一整块的），则称有向图 D 是**弱连通**（weakly connected）。

例如，互联网用结点表示网页，并且用有向边表示链接。整个超大的互联网不是连通的，它有一个非常大的巨型强连通分支和许多小的强连通分支。

4.3.2 哈密尔顿图

定义 9 通过图 G 中**每个结点**一次的通道，称为**哈密尔顿路**，通过图 G 中每个结点一次的闭通道，称为**哈密尔顿回路**，具有哈密尔顿回路的图，称为**哈密尔顿图**。具有哈密尔顿路而无哈密尔顿回路的图，称为**半哈密尔顿图**。

哈密尔顿图源于 1859 年英国数学家、天文学家哈密尔顿设计的一个名叫周游世界的游戏。其内容是用一个正十二面体的 20 个顶点代表地球上的 20 个城市，棱线看成连接城市的道路（见图 4-36），旅行者从一个城市出发，经过每个城市恰好一次，最后回到出发地。

将正十二面体投影在平面上得到图 4-37 所示的无向图。

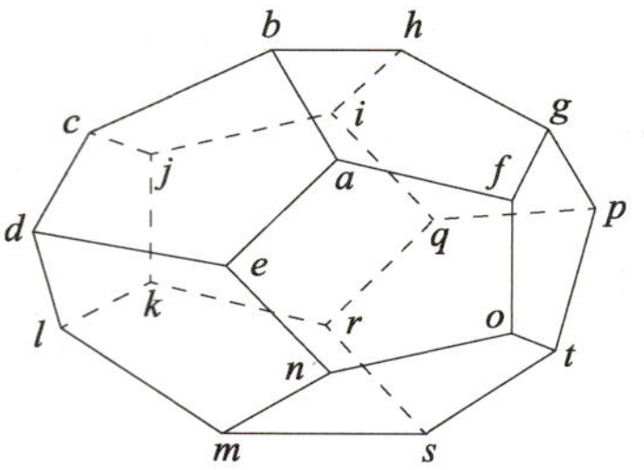

图 4-36

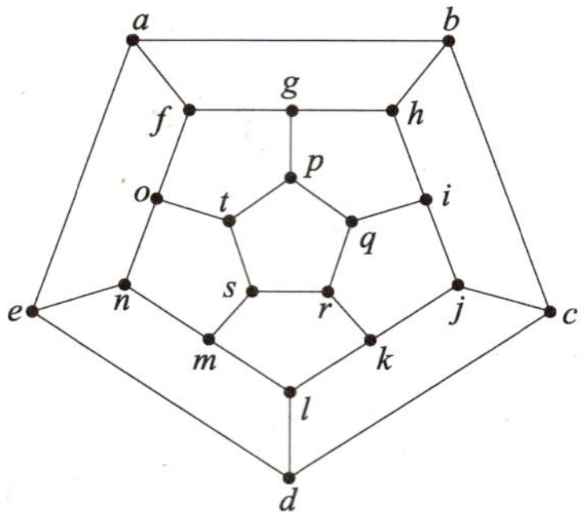

图 4-37

欧拉图和哈密尔顿图都是遍历问题，前者是遍历图的所有边，后者是遍历图的所有结点。欧拉图的判断方法简单，但哈密尔顿图的判断是至今尚未解决的问题，一般采用尝试的方法解决。哈密尔顿图实质上是能将图中所有的结点排在同一个圈上。

例 4.22 判断图 4-38、图 4-39 是否存在哈密尔顿路和哈密尔顿回路。

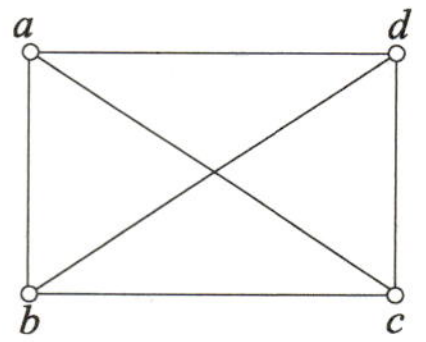

图 4-38

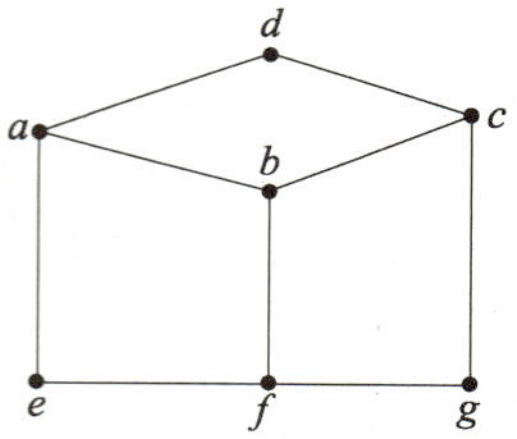

图 4-39

解 图 4-38 存在哈密尔顿路（a, b, c, d）和哈密尔顿回路（a, b, c, d, a）。

图 4-39 存在哈密尔顿路（d, a, e, f, g, c, b），但不存在哈密尔顿回路。假设存在一条哈密尔顿回路（即图中所有结点都能排在一个圈上），那么在这条哈密尔顿回路上每个结点的度均为 2。故图 4-39 中，需要删除度大于 2 的结点 a、b、c、f 关联的边。对结点 a 而言，只能删除边（a, b）；对结点 f 而言，可删除边（b, f），此时，结点 b 的度等于 1，所以不能形成哈密尔顿回路。

4.3.3 旅行商问题

旅行商问题（traveling salesman problem，TSP）：有 n 个城镇，其中任意两个城镇之间都有道路，一个销售商要去这 n 个城镇推销，从某城镇出发，依次访问其余 $n-1$ 个城镇且每个城镇只能访问一次，最后又回到原出发地。问销售商如何安排经过 n 个城镇的行走路线才能使他所走的路程最短。

该问题实质是给定一个加权完全图 $\boldsymbol{G}$（结点表示城市，边表示道路，权重表示距离或成本），找出图 $\boldsymbol{G}$ 中权值之和最小的哈密尔顿回路，如图 4-40 所示。

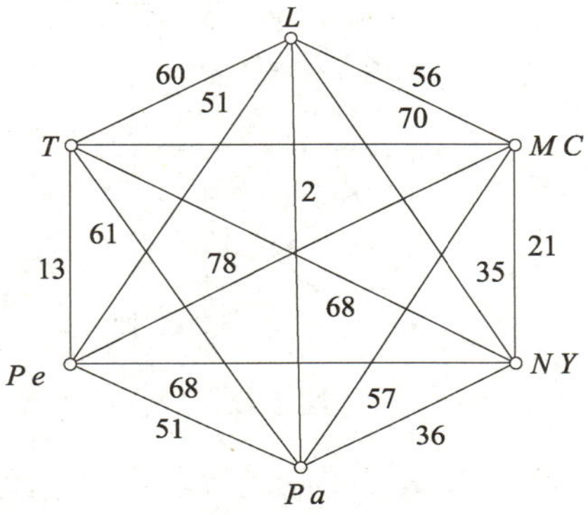

图 4-40

例 4.23 TSP 问题举例

1. 工件排序

设有 n 个工件等待在一台机床上加工，加工完工件 i，接着加工工件 j，这中间机器需要花费一定的准备时间 t_{ij}，问如何安排加工顺序使总调整时间最短？

此问题可用 TSP 的方法分析，n 个工件对应 n 个结点，t_{ij} 表示（i,j）上的权，因此需求图中权最小的 H 路径（即哈密尔顿回路）。

2. 计算机布线

一个计算机接口含几个组件，每个组件上都布置有若干管脚，这些管脚需用导线连接。考虑到以后改变方便和管脚的细小，要求每个管脚最多连两条线，为避免信号干扰及布线的简洁，要求导线总长度尽可能小。

这个问题容易转化为 TSP 问题，每个管脚对应于图的结点，d（x, y）代表两管脚 x 与 y 的距离，原问题即为在图中寻求权最小的 H 路径。

3. 电路板钻孔

MetelcoSA 是希腊的一个印制电路板制造商。在板子上对应管脚的地方必须钻孔，以便将电子元件焊接在这板上。典型的电路板可能有 500 个管脚位置，大多数钻孔都由程序化的钻孔机完成，求最佳钻孔顺序。

此问题其实就是求 500 个结点的完全加权图的最佳 H 圈的问题。用求解出的 H 圈来指导生产，使 MetcloSA 的钻孔时间缩短了 30%，提高了生产效率。

旅行商问题在算法上属于 NP 完全问题。旅行商若要去 n 个城镇，他可能的路线

有 $n!$ 条，假如有 10 个城镇，10!=3628800，也就是说，需要计算的可能路线超过 300 万条。随着要去的城镇数增加，可能的路线增加非常快。因此涉及城镇较多时，根本无法找出最佳哈密尔顿回路，只能采取近似算法。可以这样做：选择与出发地最近的城镇，然后每次选择要去的下一个城镇时，即选择还没去的最近的城镇。

练习 4.3

1. 无向图如图 4-41 所示，判断下列 4 个给定的结点序列是什么（通道、迹、路）？

（1）a，e，b，c，b；　　（2）a，d，a，d，a；

（3）e，b，d，a；　　（4）b，e，c，b，d。

2. 判断有向图（图 4-42、图 4-43）的连通性。

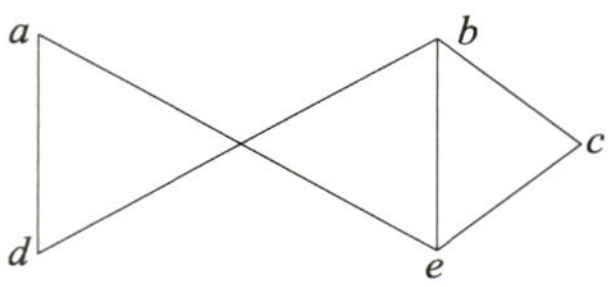

图 4-41

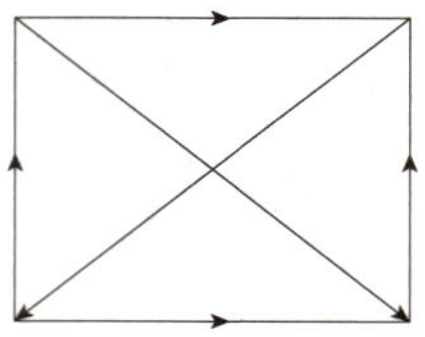

图 4-42

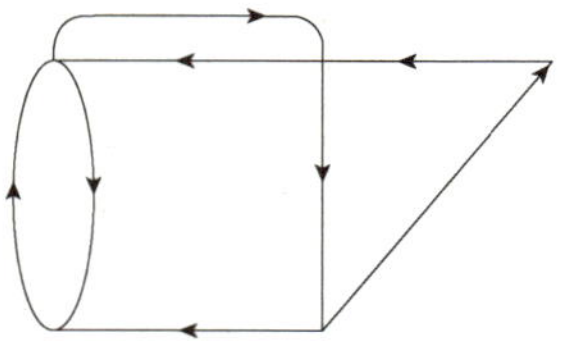

图 4-43

3. 判断图 4-44、图 4-45、图 4-46 是否为欧拉图或半欧拉图？是否为哈密尔顿图或半哈密尔顿图？

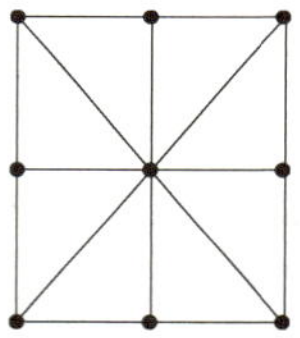

图 4-44

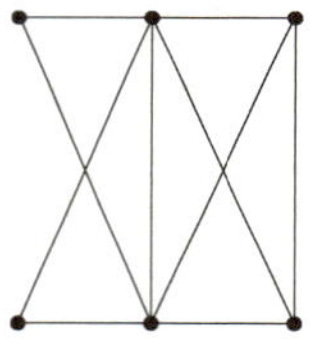

图 4-45

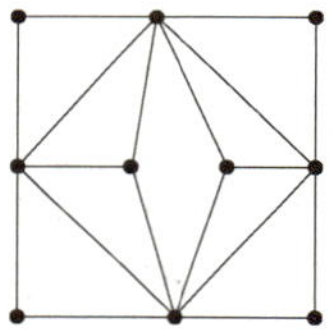

图 4-46

4. 完全图 K_n 是否为欧拉图？

5. 完全图 K_n 是否为哈密尔顿图？

6. 某个会议邀请了 7 位国际专家 a、b、c、d、e、f、g，他们各自能用两种及以上语言交流。a：英语、德语；b：英语、汉语；c：英语、俄语、意大利语；d：汉语、日语；e：意大利语、德语；f：俄语、日语、法语；g：德语、法语。会议组织者安排专家围坐圆桌，为便于交流，相邻两人至少共通一种语言，请问组织者如何安排座位？

4.4　最短路径问题

最短路径问题

生产实际中大量的优化问题，如管道铺设、线路安排、厂区选址和布局、设备更新、互联网的最短路由等，从数学角度考虑，等价于在图中寻找最短路的问题。

4.4.1 最短路径

每条边上都赋有数字的图称为**赋权图**，边上的数字称为该边的权，可表示实际问题中的距离、费用、时间、流量、成本等。赋权图也称为网络图。

定义 10 在一个赋权图 G 中，任给两个结点 u、v，从 u 到 v 可能有多条路，其中所带的权和最小的那条路径称为图 G 中从 u 到 v 的**最短路径**。在 u 到 v 的最短路径上每条边所带的权和称为 u 到 v 的距离。在赋权图中求给定两个结点之间最短路径的问题称为**最短路径问题**。

4.4.2 求最短路径的算法——迪克斯特拉算法

最短路径问题一般归为两类：一类是求从某个结点（源点）到其他结点的最短路径；另一类是求图中每一对结点之间的最短路径。关于最短路径的研究，目前已经有许多算法，但迪克斯特拉算法迄今还是大家公认的有效算法，其时间复杂度为 $\boldsymbol{O}(n^2)$，n 为图中的结点数。

下面介绍给定一个赋权图 G 和起结点 v，求 v 到 G 中其他每个结点的最短路径的迪克斯特拉算法。

1. 迪克斯特拉算法的思想

（1）设置两个结点集合 S_1、S_2。S_1 存放已确定为最短路径的结点，集合 S_2 存放尚未确定为最短路径的结点，初始时，S_1 中只有起结点 v；

（2）按最短路径递增的顺序逐个将集合 S_2 的结点加入 S_1 中，直到从 v 出发可以达到的所有结点都加入集合 S_1 中。这一过程称为结点迭代。

2. 迪克斯特拉算法的步骤

（1）对各结点初始化。

考察起结点 v 到其余各结点的距离，若 v 与之邻接，v 与该结点的距离等于边上的权；否则，记 v 与这个结点的距离为∞。从中找出与 v 距离最短的结点，加入 S_1 中。

（2）进行结点迭代。

当某结点 v_k 加入集合 S_1 中后，起结点 v 到 S_2 其余各结点 v_i 的最短路径，要么是 v 到 v_i 的原路径，要么是 v 经过 v_k 到 v_i 的新路径。新路径可能比原路径短，也可能比原路径长，这时需要比较这两条路径的长度。

v 到 v_i 的最短路径长度记为 $L(v_i)$，v_k 与 v_i 的边权记为 $\omega(v_k, v_i)$，因而 v 经过 v_k 到 v_i 的新路径长度为 $L(v_k)+\omega(v_k, v_i)$。比较 $L(v_i)$ 与 $L(v_k)+\omega(v_k, v_i)$，取其中更小的。对 T 中每个结点都做这样的比较，选出其中到 v 最短路径的结点，把这个结点从集合 S_2 中删除并加入集合 S_1 中，就完成了结点的一次迭代。如此重复，直到所有结点都加入集合 S_1 中。

例 4.24 求图 4-47 结点 v_1 到 v_6 的最小距离和最短路径。

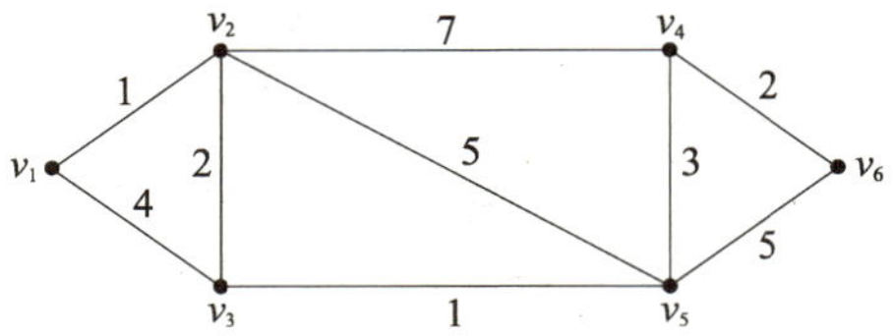

图 4-47

解 根据迪克斯特拉算法，首先把图中所有结点分为两组：S_1={已经确定最短路径的结点}，S_2={有待确定最短路径的结点}。最初，$S_1=\{v_1\}$，$S_2=\{v_2,v_3,v_4,v_5,v_6\}$。然后把 S_2 中的结点按最短路径递增的顺序逐个加到 S_1 中，直至达到目标顶点 v_6。为叙述简洁，用表格表示寻找最短路过程，表格中“[数字]/结点”表示从起结点出发经过这个结点到达此列最上端结点最近的距离。标注最近结点便于用回溯法确定最短路径，如表 4-1 所示。

表 4-1

迭代次数	v_i					
	v_1	v_2	v_3	v_4	v_5	v_6
初始化	[0]	1	4	∞	∞	∞
1		[1]/v_1	4 3	8	6	∞
2			[3]/v_2	8	6 4	∞
3				8 7	[4]/v_3	9
4				[7]/v_5		9
5						[9]/v_4

下面用文字表述表 4-1 的比较过程。

初始化：$S_1=\{v_1\}$，$S_2=\{v_2,v_3,v_4,v_5,v_6\}$。标出起结点 v_1 到其余各结点的距离，不邻接两结点的距离记为∞，找出 S_2 中与 v_1 最近的结点，是 v_2，最短距离为 1，把 v_2 加入 S_1，此时最短路是（v_1, v_2）。

第 1 次迭代：$S_1=\{v_1,v_2\}$，$S_2=\{v_3,v_4,v_5,v_6\}$。把 v_2 加入 S_1 后，从 v_1 到结点 v_3、v_4、v_5、v_6 增加了一条绕过 v_2 的新路径，把 v_1 绕经 v_2 到 v_3、v_4、v_5、v_6 的路径与初始化步骤中 v_1 到 v_3、v_4、v_5、v_6 的路径比较，选取两者中更短的。如在初始化中，v_1、v_3 的距离 $W(v_1,v_3)=4$，在第 1 次迭代中，v_1 绕经 v_2 到 v_3 的距离 $W(v_1,v_2,v_3)=3$，所以从 v_1 到 v_3 选择 $W(v_1,v_2,v_3)=3$。同理比较初始化和第 1 次迭代中 v_1 到结点 v_4、v_5、v_6 的距离，选择其中最短的路径。比较可见，v_3、v_4、v_5、v_6 中 v_3 距 v_1 最近，把 v_3 加入 S_1，此时最短路是（v_1,v_2,v_3），$W(v_1,v_2,v_3)=3$。

第 2 次迭代：$S_1=\{v_1,v_2,v_3\}$，$S_2=\{v_4,v_5,v_6\}$。把 v_3 加入 S_1 后，从 v_1 到结点 v_4、v_5、v_6 增加了一条绕过 v_3 的新路径，将新路径与上一步中的路径的距离做比较，选择其中最短的路径，找出距 v_1 最近的是 v_5。把 v_5 加入 S_1，此时最短路是（v_1,v_2,v_3,v_5），$W(v_1,v_2,v_3,v_5)=4$。

第 3 次迭代：$S_1=\{v_1,v_2,v_3,v_5\}$，$S_2=\{v_4,v_6\}$。把 v_5 加入 S_1 后，从 v_1 到结点 v_4、

v_6 增加了一条绕过 v_5 的新路径，将新路径与上一步中的路径的距离做比较，选择其中最短的路径，并找出距 v_1 最近的是 v_4。把 v_4 加入 S_1，此时最短路是（v_1,v_2,v_3,v_5,v_4），$W(v_1,v_2,v_3,v_5,v_4)=7$ 。

第 4 次迭代：$S_1=\{v_1,v_2,v_3,v_5,v_4\}$，$S_2=\{v_6\}$ 。同理，做出比较，把 v_6 加入 S_1。

第 5 次迭代：$S_1=\{v_1,v_2,v_3,v_5,v_4,v_6\}$，$S_2=\varPhi$，已经找到图 4-47 中结点 v_1 到 v_6 的最小距离和最短路径，$W(v_1,v_2,v_3,v_5,v_4,v_6)=9$ 。

在求解过程中，以上文字表述的步骤可以省略，直接在表格里进行比较和选择，最后用“回溯法”寻找最短路径，即 v_6 由 v_4 而来，v_4 由 v_5 而来，v_5 由 v_3 而来，v_3 由 v_2 而来，v_2 由 v_1 而来，所以，最短路径为（v_1,v_2,v_3,v_5,v_4,v_6）。

注意　通过以上过程可以求得结点 v_1 到 v_6 的最小距离和最短路径，同时从表格中也可得出 v_1 到其他各结点的最小距离和最短路径。

例 4.14 所述中国邮路问题就是在赋权图中找到一个包含全部边且权和最小的回路，较为简单的情况是：

（1）若图 G 的结点度数均为偶数，则任何一条欧拉回路就是问题的解。

（2）若图 G 中只有两个度数为奇数的结点 u、v，则先用迪克斯特拉算法求出 u 到 v 的最短路径，然后将最短路径上的各条边连其权重复一次，得到图 G'。图 G'的结点度数均为偶数，所以存在欧拉回路，这就是要求的回路。

例 4.25　在图 4-48 中，求中国邮路。

解　图 4-48 中，deg$B$=3，deg$E$=3，其余结点度数为偶数。先求 B 到 E 的最短路径，如表 4-2 所示。

表 4-2

迭代次数	结点					
	B	A	F	C	D	E
初始化	[0]	3	8	5	∞	∞
1		[3]/B	8　7	5	∞	∞
2			7	[5]/B	10	15
3			[7]/A		10	15　13
4					[10]/C	13
5						[13]/F

回溯：B 到 E 的最短路径为（B, A, F, E），最短路径的长度为 13。

将 B 到 E 的最短路径上各边及边上的权重复一次，如图 4-49 所示，则所有结点的度数均为偶数，图中存在欧拉回路。设 A 为邮局，一条从 A 出发回到 A 的欧拉回路如下：

（A, B, C, D, E, F, C, E, F, B, A, F, A），路长=3×2+4×2+6×2+8+5+

14+10+5+9=77。

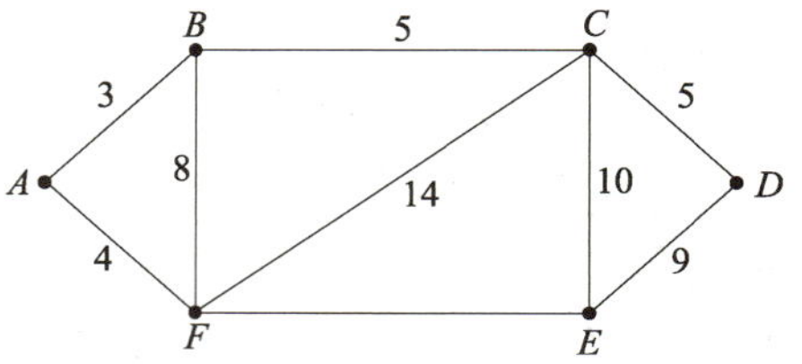

图 4-48

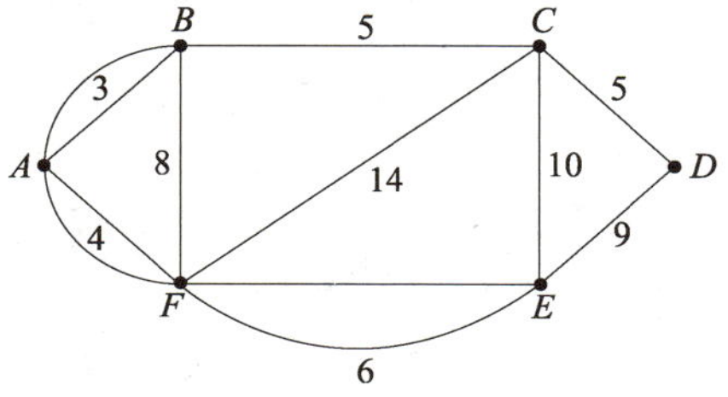

图 4-49

练习 4.4

求图 4-50 中，a 到 b, c, d, e, f, g 各点的最短路径及路长。

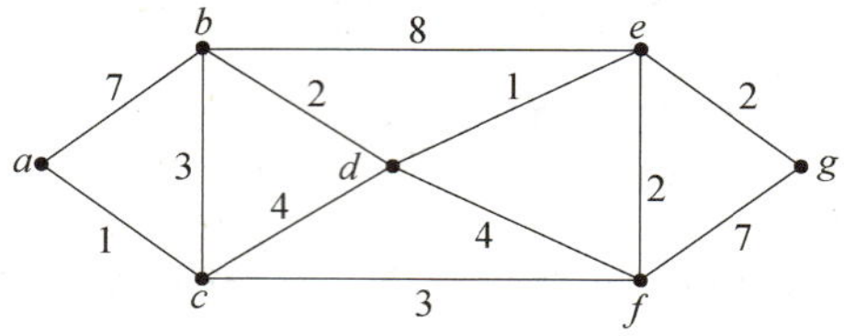

图 4-50

4.5 根　树

根树

4.5.1 树的相关概念

1. 树的定义

定义 11　连通无回路的无向图，称为无向树，简称**树**（Tree），用 T 表示。T 中度为 1 的结点称为**树叶**，度大于 1 的结点称为**分支点**或**内点**，每个连通分图都是树的非连通图称为**森林**。

例 4.26　图 4-51 中，图（a）和（b）是树，因为它们连通又不包含回路。图（c）和（d）均不是树，图（c）虽无回路，但不连通；而图（d）虽连通，但有回路。图（c）是森林。

一个连通有回路的图通过删除边去掉回路，可以成为树。

2. 树中结点数与边数的关系

图 4-52（a）所示图有 6 个结点 8 条边，删去了 3 条边，得到它生成的树（见图 4-52（b）、图 4-52（c）），它们均有 6 个结点 5 条边，结点数等于边数加 1。(n, m) 图要成为树，是否必须满足 $n=m+1$ 呢？

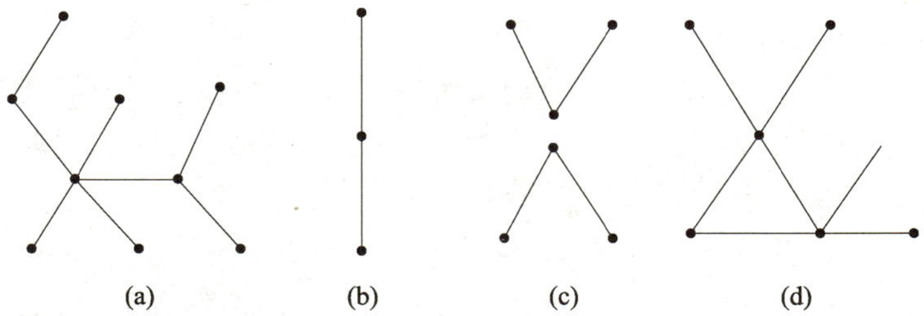

图 4-51

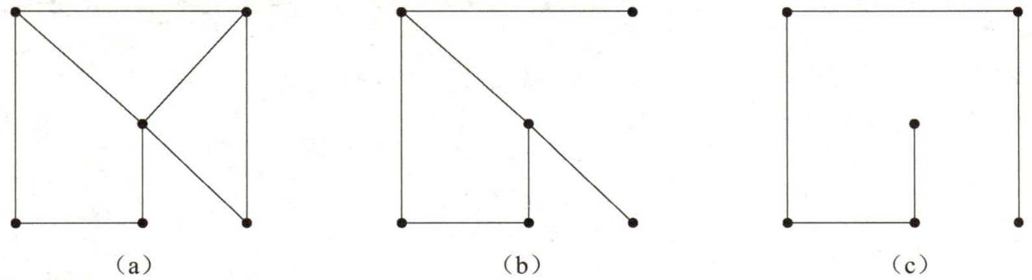

图 4-52

定理 5　在（n, m）树中必有 $n=m+1$。

试用数学归纳法对 n 进行归纳。

证明　$n=1$ 时，定理成立。设对所有 i（$i<n$）定理成立，需要证 n 时有 $n=m+1$。

设有一棵（n, m）树 T，因为 T 不包括任何回路，所以 T 中删去一边后就变成两个互不连通的子图，每个子图是连通的且无回路，所以每个子图均为树，设它们分别是（n_1, m_1）树及（n_2, m_2）树。由于 $n_1<n$，$n_2<n$，由归纳假设可得

$$n_1 = m_1 + 1, n_2 = m_2 + 1$$

又因为 $n = n_1 + n_2$，$m = m_1 + m_2 + 1$，所以得到 $n=m+1$，命题得证。

例如：6 个点的树，边数为 6–1=5；8 个点的树，边数为 8–1=7。完全图 K_5，边数为 $C_5^2 = \frac{5\times 4}{2} = 10$，从 K_5 中删去 6 条边且保持连通性可得到 K_5 的一棵树。

3. 树的特性

（1）一个无向图是树，当且仅当在它的每对结点之间存在唯一的通路；

（2）树是边数最多的无回路图，树是边数最少的连通图；

（3）带有 n 个结点的树含有 n–1 条边，且所有结点的度之和为 2（n–1）。

4.5.2　根树

1. 根树的定义

根树指定一个结点作为根并且每条边的方向都离开根的树，即仅一个结点的入度为 0，其余结点的入度为 1 的有向图称为**根树**（root）。入度为 0 的结点称为**树根**，出度为 0 的结点称为**树叶**，出度不为 0 的结点称为**分支点**（内点）。

♦ 计算机的文件常组织成根树结构，如图 4-53 所示。

画根树时，把树根置于图的顶端，边的方向向下，形成一棵倒挂的树。

♦ 根树可以表示族谱。

有一位生物学家在研究家族遗传问题时，采用了“树”形来描述家族成员的遗传关系。家族树用结点表示家族成员，用边表示亲子关系。如某家族祖宗 a，有三个儿子 b、c、d，b 生了两个儿子 e、f，d 生了两个儿子 g、h，e 有三个儿子 i、j、k，g 有两个儿子 l、m，j 生了一个儿子 n，这种家族关系用根树表示如图 4-54 所示。

家族关系的相关术语被引用到根树中来表示结点之间的关系。

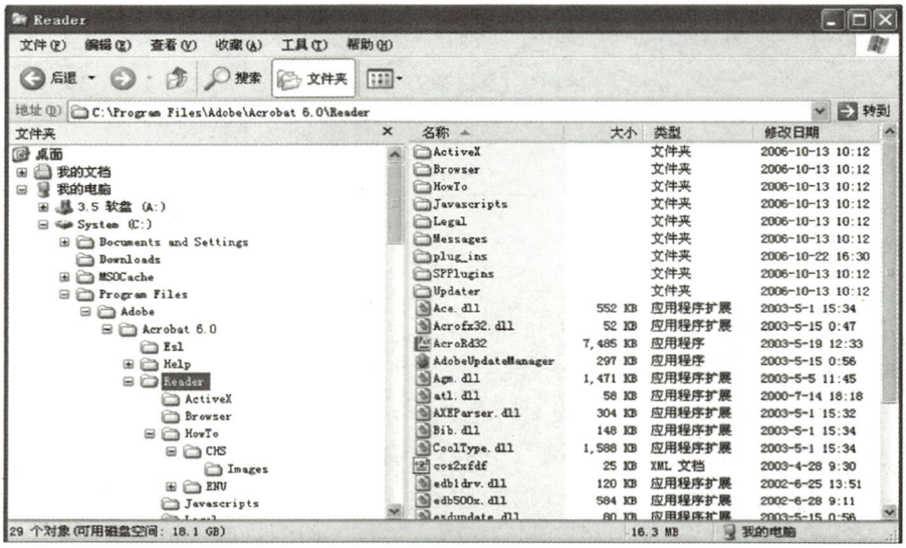

图 4-53

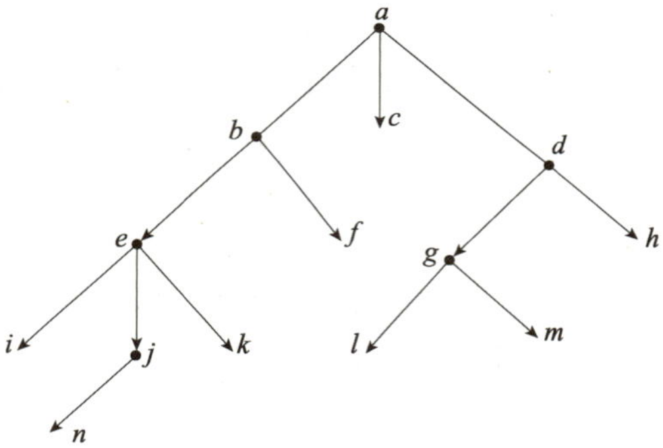

图 4-54

（1）在根树中，若 u 可达 v 且长度大于或等于 2，则称 u 是 v 的**祖先**，v 是 u 的**后代**；若 $\langle u, v\rangle$ 是根树中的一条有向边，则称 u 是 v 的**父亲**，v 是 u 的**儿子**；同一结点的儿子结点称为**兄弟**；父亲在同一层的结点称为**堂兄弟**。

（2）在根树中，从树根到任意结点 u 经过的边数称为结点 u 的**层数**，层数最大的结点的层数称为**树高**。

图 4-54 中，e 的祖先是 a，e 的父亲是 b，e 的兄弟是 f，g、h 是 e 的堂兄弟，e 是 i、j、k 的父亲，是 n 的祖先，这棵家族树的树高为 4，n 是祖先 a 的第四代。

4.5.3 二叉树

1. 二叉树的定义

设 T 是一棵有序树（根树的每个内点的儿子都规定次序），若 T 的每个内点至多有两个子结点（儿子），则称 T 为**二叉树**。二叉树的子树有左子树和右子树之分，其次序不能交换，如图 4-55 所示。

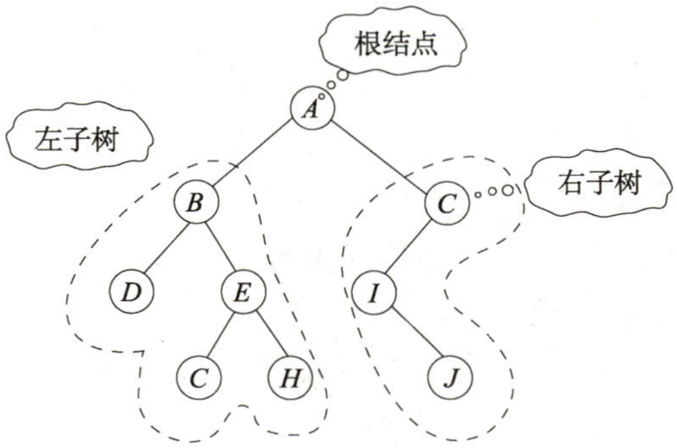

图 4-55

2. 二叉树的基本特征

（1）每个结点最多只有两棵子树（以**出度**作为树结点的度，则二叉树不存在出度大于 2 的结点）。

（2）左子树和右子树次序不能颠倒。图 4-56 所示是两棵不同的树。

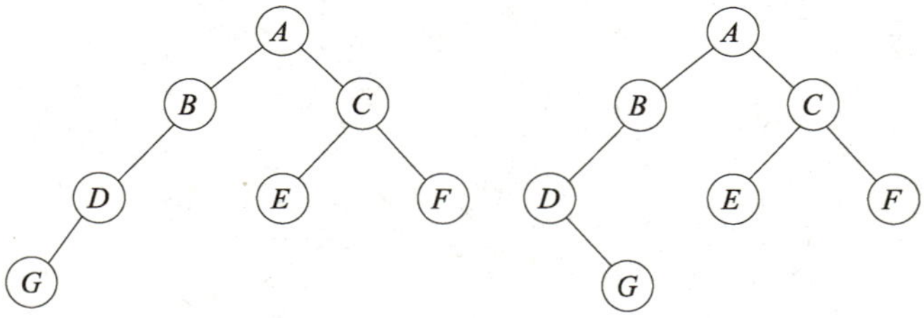

图 4-56

3. 正则二叉树

每个内点都恰有两个儿子的二叉树称为正则二叉树（或称满二叉树）。

例 4.27 判断图 4-57 是否满二叉树？

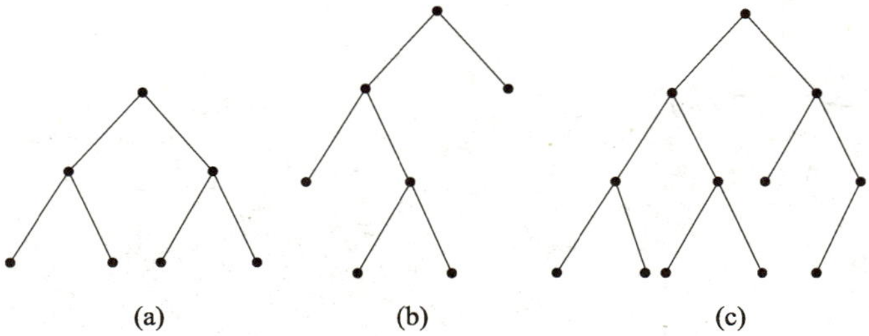

图 4-57

解 图 4-57（a）和图 4-57（b）的内点都有两个儿子，它们是满二叉树。图 4-57（c）的第二层最右侧的结点只有一个儿子，所以它不是满二叉树。

在编译程序中，处理算术表达式时常用到**代数树**，其中运算符处于分支点位置，运算对象（数值或字母）处于树叶位置。代数表达式 $\frac{a+b}{c}+d\left(e-\frac{f}{g}\right)$ 用二叉树表示，如图 4-58 所示。

4. 二叉排序树

各数据元素在二叉树中按一定次序排列，这样的二叉树称为二叉排序树。规定二叉排序树中的每个结点的左子树中所有结点的关键字值都小于该结点的关键字值，而右子树中所有结点的关键字值都大于该结点的关键字值。在计算机中，大部分二叉排序树用来排序和查找各类的信息，排序和查找是数据处理时常见的运算。

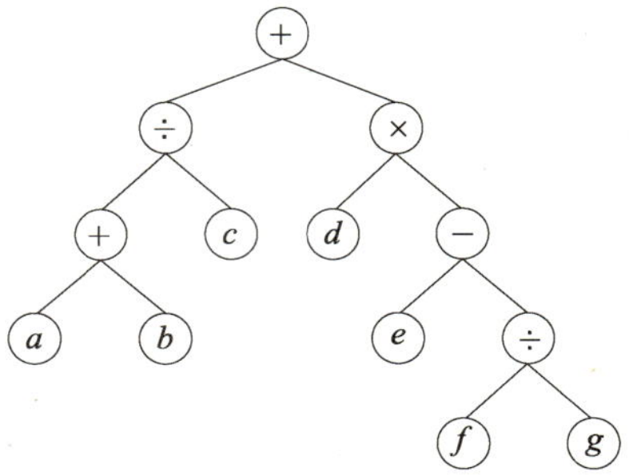

图 4-58

例 4.28 图 4-59 所示的二叉树中，哪些是二叉排序树？

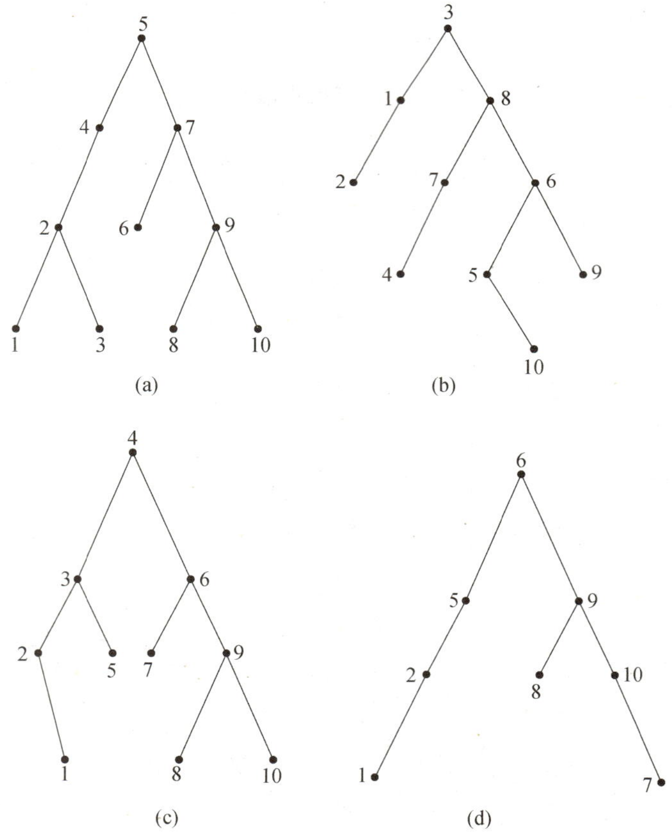

图 4-59

例 4.29 构造关键码集合{red, green, yellow, white, black, grey, pink, purple, blue}的二叉排序树，说出查找关键字 pink 的过程。

解 构造给定关键码集合的二叉树，可以想象成把礼盒中每个圣诞礼物按照二叉排序树排序逐个挂在圣诞树上，如图 4-60 所示。

查找关键字 pink 的过程是：将 pink 的值与树根 red 比较，pink<red，进入 red 的左子树；再与 red 左子树根结点 green 比较，pink>green，进入 green 的右子树；与 green 右子树根结点 grey 比较，pink>grey，进入 grey 的右子树；与 grey 右子树根结点 pink 比较，相等，查找完成。

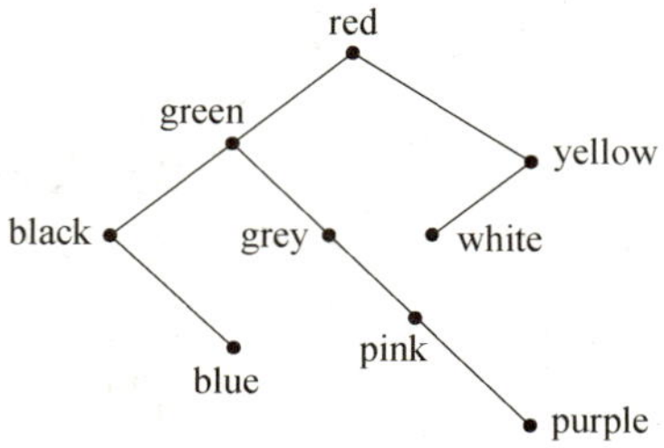

图 4-60

一般地，二叉排序树的查找过程是：将待查找的关键码值与树根的关键码值比较，若相等，查找结束；若小于，则进入左子树；若大于，则进入右子树。在子树中与子树的根结点比较，如此进行下去，直到查找成功或失败（找不到）。

练习 4.5

1. 设一棵树有 2 个结点的度为 2，1 个结点的度为 3，3 个结点的度为 4，其余结点的度为 1，求它有几个度为 1 的结点？

2. 一棵树有 6 片树叶，3 个 2 度结点，其余结点度数为 4，求这棵树所含的边数。

3. 树 T 如图 4-61 所示，指定 b 作根，画出所形成的根树，回答下列问题。

（1）哪些结点是树叶？

（2）哪些结点是内点？

（3）a 的祖先、a 的父亲分别是哪个结点？

（4）e 有没有兄弟和儿子？

（5）树高是多少？

4. 判断图 4-62 所示的两个二叉树是否相同，为什么？

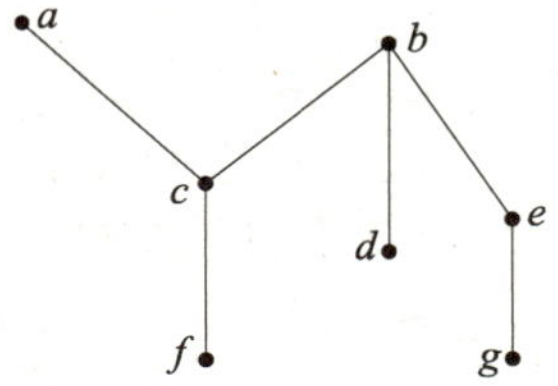

图 4-61

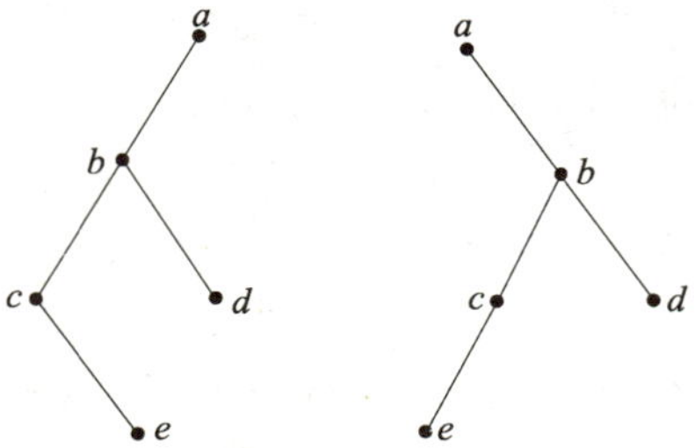

图 4-62

5. 画出 3 个结点的所有二叉树。

6. 用二叉树表示代数式：

$$\frac{(3x-5y)^2}{a(2b-c^2)}。$$

7. 构造关键码集合{dog, pig, fox, bird, duck, cow, tiger, lion}的二叉排序树。

4.6 最小连接问题

最小连接问题

现实生活中常常需要设计一个费用最少的方案将一些物体或目标连接成网络。比如设计一个连接若干城市的铁路网络，使旅客乘火车能从一个城市到任意其他城市而且总花费最少。建设公路网、电话网、互联网、物流网等也是类似问题。这类问题可以用图论中求最小树的方法来解决，称为**最小连接问题**。

4.6.1 生成树

如果无向图 G 的生成子图 $\boldsymbol{T}$（$\boldsymbol{T}$ 与 G 的顶点相同）是一棵树，则称 $\boldsymbol{T}$ 是 G 的**生成树**。

例 4.30 判断图 4-63 中的（b）、（c）、（d）、（e）是否是（a）的生成树。

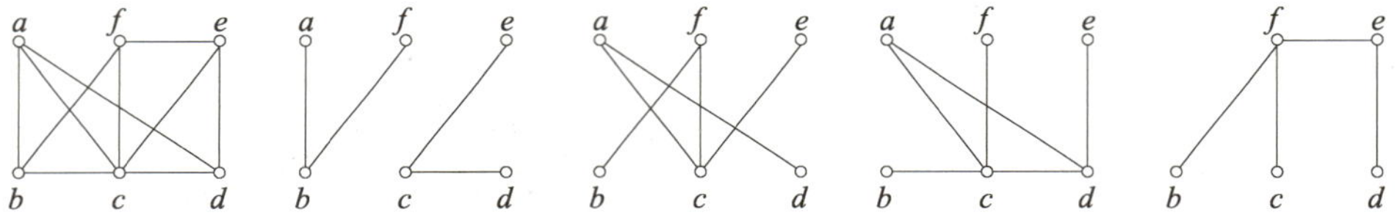

(a) (b) (c) (d) (e)

图 4-63

解 （c）是（a）的生成树，（b）不连通，（d）中有回路，（e）的结点与（a）结点不相同，所以（b）（d）（e）都不是（a）的生成树。

求图 $G=<V, E>$生成树的方法——**破圈法和避圈法**。

1）破圈法

若图 G 无回路，那么图 G 的生成树是其本身。若图 G 有回路，任取一条回路，去掉回路中的一边，直到图中不含回路，剩下的图就是原图的生成树，这种做法称为**破圈法**。图（n, m）每次删除回路中的一条边，其删除的边的总数为 $m-n+1$。

2）避圈法

每次选取图 G 中一条与已选取的边不构成回路的边，选取的边的总数为 $n-1$。

例 4.31 分别用破圈法和避圈法求图 4-64（a）所示的生成树。

解 分别用破圈法和避圈法依次进行即可，结果分别如图 4-64（b）和图 4-64（c）所示。

用破圈法时，由于 $n=6$，$m=9$，所以 $m-n+1=4$，故要删除的边数为 4，因此只需 4 步即可。用避圈法时，由于 $n=6$，所以 $n-1=5$，故要选取 5 条边，因此只需 5 步即可。

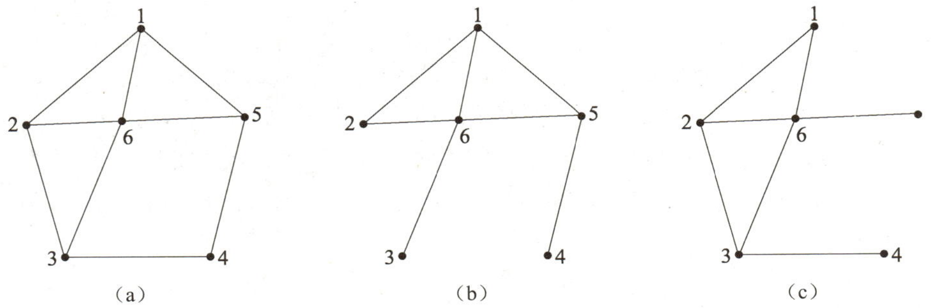

图 4-64

由于删除回路上的边和选择不构成任何回路的边有多种选法，所以产生的生成树不是唯一的，上述两棵生成树都是所求的。破圈法和避圈法的计算量较大，主要是需要找出回路或验证不存在回路。

4.6.2 最小生成树及其算法

1. 最小生成树的定义

定义 12 设 G 是无向连通赋权图，在 G 的全部生成树中，如果生成树 T 所有边的权和最小，则称 T 是图 G 的**最小生成树**。

如在 n 个城市之间铺设光缆，要求使这 n 个城市的任意两个之间都可以通信；铺设光缆的费用很高，且各个城市之间铺设光缆的费用不同，同时使得铺设光缆的总费用最低。这就需要找到带权的最小生成树。最小生成树问题就是赋权图的最优化问题，也称为最小连接问题。

利用破圈法，可找到一个赋权图的所有生成树，再比较每棵生成树的权和，而得到最小生成树。但从算法的快慢来衡量，它不是最好的算法。

2. 最小生成树的算法——避圈法

避圈法的主要思路是：首先选一条权最小的边，以后每一步，在未选的边中选择一条权最小且与已选的边不构成圈的边。每一步中，如果有两条或两条以上的边都是权最小的边，则从中任选一条，此时最小生成树不唯一。

避圈法主要分为两种：Kruskal 算法和 Prim 算法。

假设 $G=(V,E)$ 是一个具有 n 个结点的带权无向连通图，$T=(V_T,E_T)$ 是 G 的最小生成树，其中 V_T 是 T 的点集，E_T 是 T 的边集。

（1）**Kruskal 算法**。

第 1 步：将给定赋权图 G 中所有边的权从小到大排序，设为 e_1，e_2，…，e_m；

第 2 步：选 $e_1 \in T$；

第 3 步：考虑 e_2，如果 e_2 加入 T 不会产生回路，则把 e_2 加入 T，否则放弃 e_2；再考虑 e_3，如果 e_3 加入 T 不会产生回路，则把 e_3 加入 T，否则放弃 e_3；如此反复下去，直到无边可选为止。这样选出的 T 就是赋权图 G 的最小生成树。

例 4.32 用 Kruskal 算法求图 4-65（a）所示赋权图的最小生成树。

解　首先将图中的边按权值从小到大排序：

$$\{AB, AE, BE, BC, CE, DE, CD\}=\{1, 2, 3, 4, 5, 6, 7\}。$$

然后依次检查各边：选 AB、AE；选 BE 时有回路，放弃 BE；选 BC；选 CE 会形成回路，放弃 CE；选 DE；最后检查 CD，CD 加入会有回路，放弃 CD。过程如图 4-65（b）、（c）、（d）、（e）所示，图 4-65（e）为图 4-65（a）的最小生成树，且是它唯一的最小生成树。

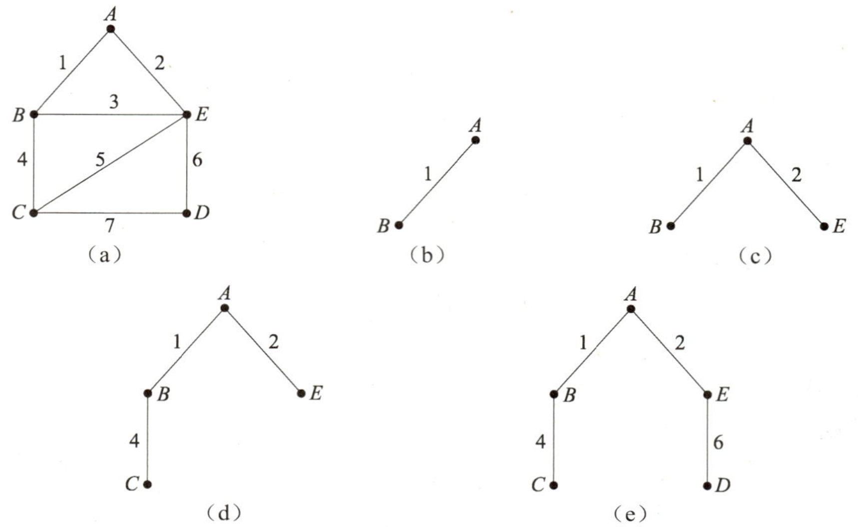

图 4-65

一般地，当赋权图各边的权值不相同时，其最小生成树是唯一的。

（2）**Prim 算法**。

Prim 算法构造 G 的最小生成树 T 的步骤如下。

① 初始化：在图 G 中任意选一个结点 v_i，此时 E_T 为空集，$V_T=\{v_i\}$；

② 在图 G 中找出与 V_T 中**所有结点关联**的边，选择其中权值最小的边，将这条边另一个属于 $(V-V_T)$ 的结点加入 V_T；

③ 重复执行步骤②$n-1$ 次，直到 $V_T=V$ 为止。

注意　Kruskal 算法是按边权从小到大将边连通来构造最小生成树的。Prim 算法则是逐个将结点连通来构造最小生成树的。

例 4.33　用 Prim 算法求图 4-66 所示赋权图的最小生成树。

解　第一步：初始化，任意选择初始结点，假设 a 为初始结点。

第二步：$n=7$，算法要执行 6 次。

第 1 次：把 a 加入最小生成树 T 中。找出与 a 关联的边，(a, b)，(a, c)，(a, d)，选取其中最小权值的边（a, c），将结点 c 加入 T 中，$T=\{a, c\}$，如图 4-67 所示。

第 2 次：重复第二步，找出与 $T=\{a, c\}$ 中结点 a、c 关联的边（已经选择了的边不要考虑，用虚线标记），(a, b)，(a, d)，(c, e)，选取其中最小权值的边（a, d），将

结点 d 加入 T 中，$T=\{a, c, d\}$，如图 4-68 所示。

第 3 次：重复第二步，找出与 $T=\{a, c, d\}$ 中结点 a、c、d 关联的边，(a, b)，(c, e)，(d, g)，(d, f)，选取其中最小权值的边 (d, f)，将结点 f 加入 T 中，$T=\{a, c, d, f\}$，如图 4-69 所示。

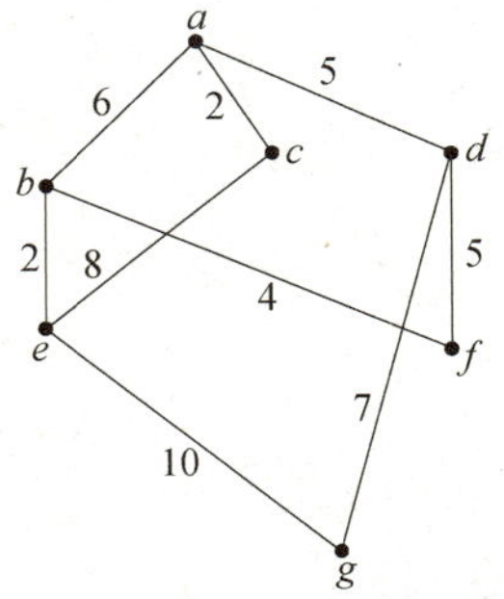

图 4-66

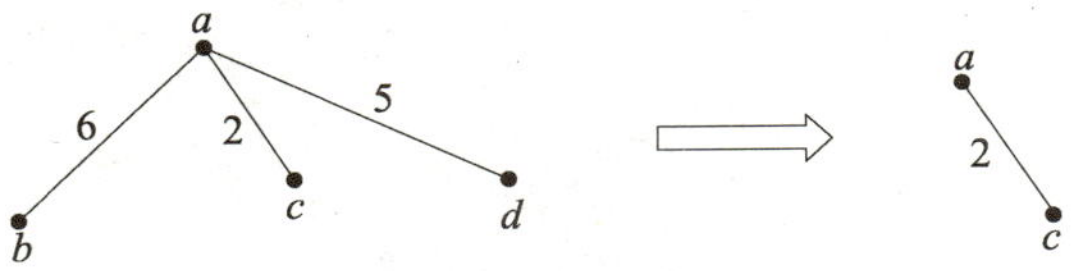

图 4-67

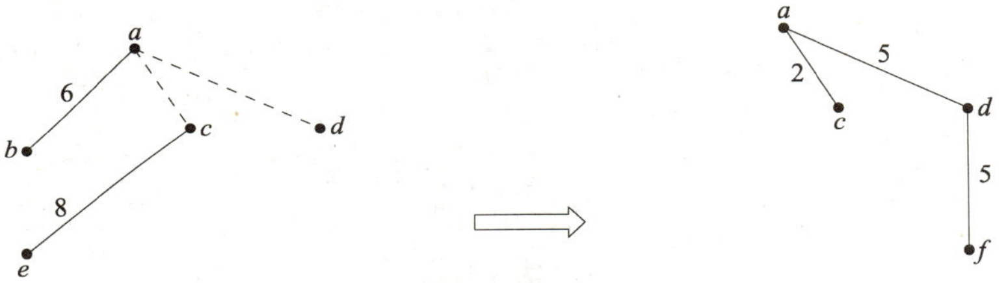

图 4-68

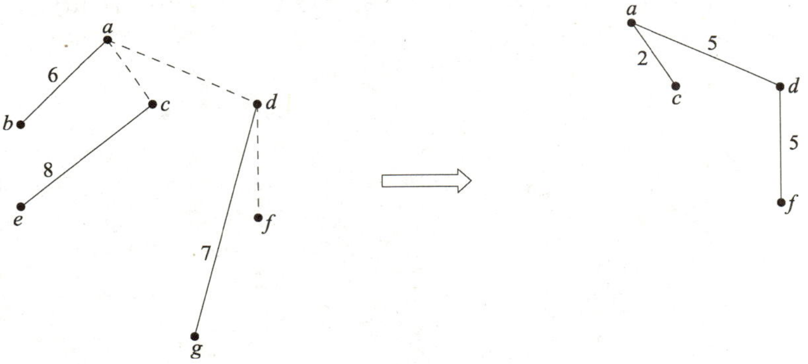

图 4-69

第 4 次：重复第二步，找出与 $T=\{a, c, d, f\}$ 中结点 a、c、d、f 关联的边，(a, b)，(c, e)，(d, g)，(f, b)，选取其中最小权值的边 (f, b)，将结点 b 加入 T 中，$T=\{a, c, d, f, b\}$，如图 4-70 所示。

第 5 次：重复第二步，找出与 $T=\{a, c, d, f, b\}$ 中结点 a、c、d、f、b 关联的边，(a, b)，(b, e)，(c, e)，(d, g)，选取其中最小权值的边 (b, e)，将结点 e 加入 T 中，$T=\{a, c, d, f, b, e\}$，如图 4-71 所示。

第 6 次：重复第二步，找出与 $T=\{a, c, d, f, b, e\}$ 中结点 a、c、d、f、b、e 关联的边，(a, b)，(c, e)，(d, g)，(e, g)，选取其中最小权值的边 (a, b)，但此时

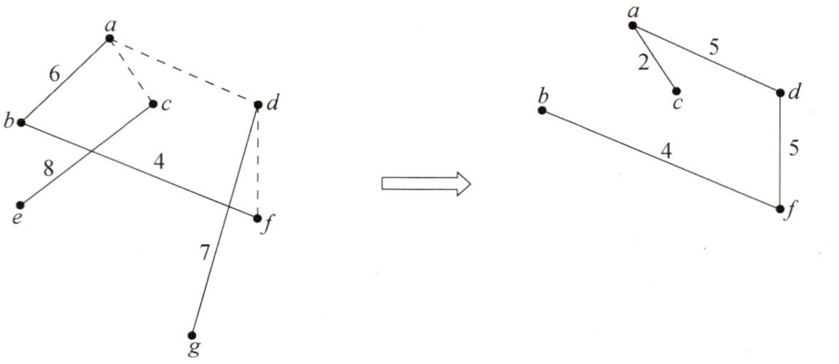

图 4-70

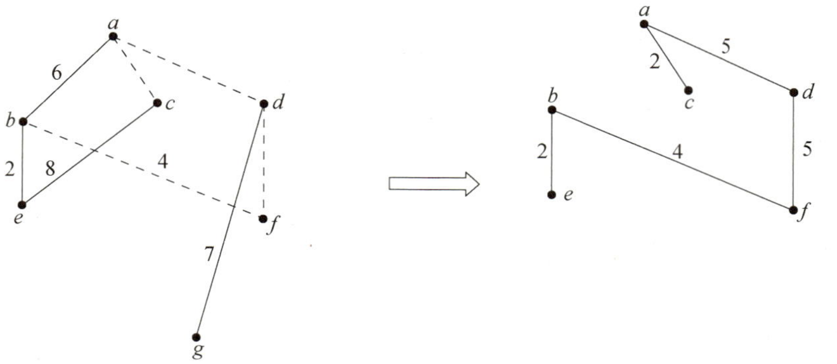

图 4-71

会形成回路，放弃 (a, b)，而选择边 (d, g)，将结点 g 加入 T 中，$T=\{a, c, d, f, b, e, g\}$，此时 $T=V$，算法结束，如图 4-72 所示。

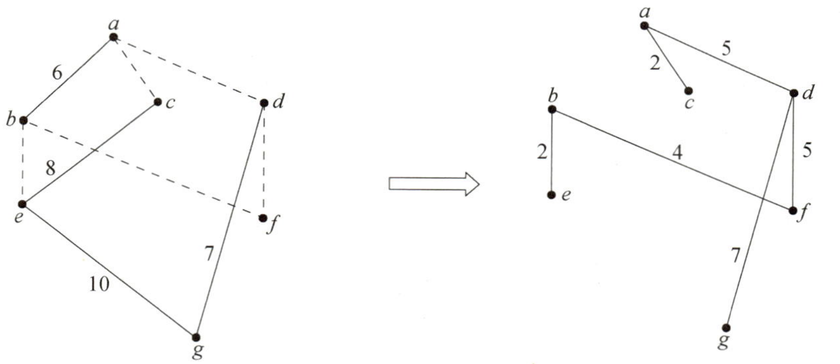

图 4-72

练习 4.6

图 4-73 所示的赋权图表示七个城市之间的高速公路网及其建造费用（亿元），计划五年内建完。如果想尽早实现七个城市的高速公路连通，但资金财力有限，应该先修哪些公路，总费用是多少？请你给出一个设计方案。

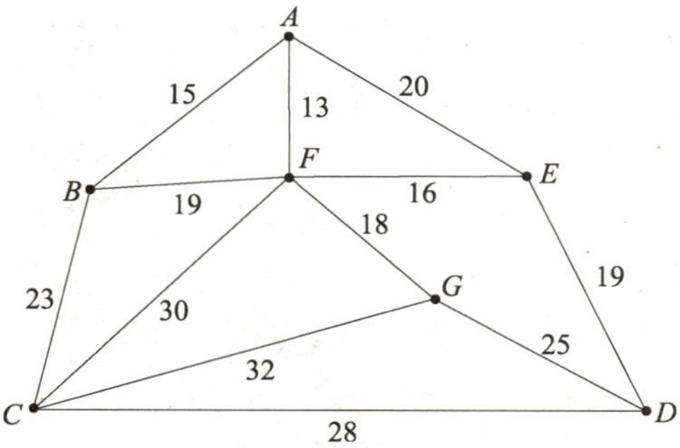

图 4-73

拓展阅读一

“图论之父”——欧拉

图 4-74

莱昂哈德·欧拉（Leonhard Euler，1707—1783），瑞士数学家、自然科学家，出生于瑞士的巴塞尔，于俄国圣彼得堡去世。欧拉（见图 4-74）出生于牧师家庭，自幼受父亲的影响，13 岁时入读巴塞尔大学，15 岁大学毕业，16 岁获得硕士学位。欧拉是 18 世纪数学界最杰出的人物之一，他不但为数学界做出贡献，更把整个数学推至物理领域。他是数学史上最多产的数学家，平均每年写出八百多页的论文，还撰写了大量的关于力学、分析学、几何学、变分法等方面的著作，《无穷小分析引论》《微分学原理》《积分学原理》等都成为数学界的经典著作。欧拉对数学的研究如此之广泛，以至在许多数学的分支中也可经常见到以他的名字命名的重要常数、公式和定理。此外，欧拉还涉及建筑学、弹道学、航海学等领域。瑞士教育与研究国务秘书 Charles Kleiber 曾表示：“没有欧拉的众多科学发现，今天的我们将过着完全不一样的生活。”法国数学家拉普拉斯则认为：“读读欧拉，他是所有人的老师。”

欧拉曾任圣彼得堡科学院教授，是柏林科学院的创始人之一。他是刚体力学和流体力学的奠基者，弹性系统稳定性理论的开创人。他认为质点动力学微分方程可以应用于液体（1750）。他曾用两种方法来描述流体的运动，即分别根据空间固定点（1755）和确定的流体质点（1759）描述流体速度场。前者称为欧拉法，后者称为拉格朗日法。欧拉奠定了理想流体的理论基础，给出了反映质量守恒的连续方程（1752）和反映动量变化规律的流体动力学方程（1755）。欧拉在固体力学方面的著述也很多，诸如弹性压杆失稳后的形状、上端悬挂重链的振动问题等。欧拉的专著和论文多达 800 多种。小行星欧拉（2002）就是为了纪念欧拉而命名的。

数学史上公认的 4 名最伟大的数学家分别是阿基米德、牛顿、欧拉和高斯。阿基米德有“翘起地球”的豪言壮语，牛顿因为“苹果”闻名世界，欧拉没有戏剧性的故事给人留下深刻印象。第六版 10 元瑞士法郎正面的欧拉肖像如图 4-75 所示。

除了做学问，欧拉还很有管理天赋，他曾担任德国柏林科学院院长助理职务，并将工作做得卓有成效。李文林说：“有人认为科学家尤其数学家都是些怪人，其实只不过数学家会有不同的性格、阅历和命运罢了。牛顿、莱布尼茨都终身未婚，欧拉却不同。”欧拉喜欢音乐，生活丰富多彩，结过两次婚，生了 13 个孩子，存活 5 个，据说工作时往往儿孙绕膝。他去世的那天下午，还给孙女上数学课，跟朋友讨论天王星轨道的计算，突然说了一句“我要死了”，说完就倒下，停止了生命和计算。

欧拉解决了哥尼斯堡七桥问题，开创了图论，如图 4-76 所示。

图 4-75

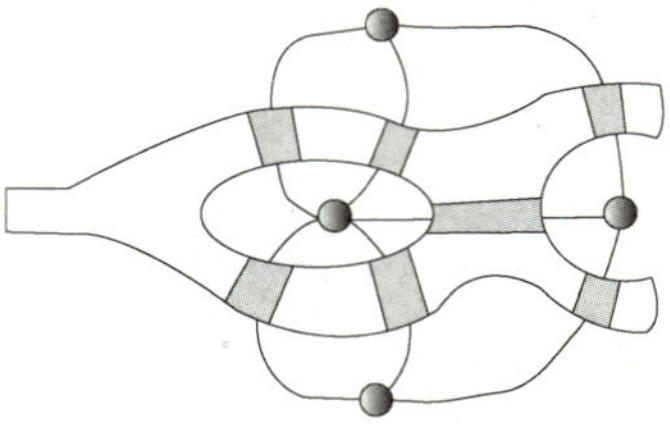

图 4-76

在坐标几何方面，欧拉的主要贡献是第一次在相应的变换里应用欧拉角，彻底地研究了二次曲面的一般方程。

在微分几何方面，欧拉于 1736 年首先引进了平面曲线的内在坐标的概念，即以曲线弧长这一几何量作为曲线上点的坐标，从而开始了曲线的内在几何研究。1760 年，欧拉在《关于曲面上曲线的研究》一书中提出了曲面理论。这本著作是欧拉对微分几何最重要的贡献，是微分几何发展史上的里程碑。

欧拉对拓扑学的研究也具有较高的水平。1735 年，欧拉用简化（或理想化）的表示法解决了著名的哥尼斯堡七桥问题，得到了具有拓扑意义的河—桥图的判断法则，即现今网络论中的欧拉定理。

拓展阅读二

谷歌（Google）的 PageRank

很多人都有使用 Google 搜索引擎进行网上搜索的体验。我们在 Google 搜索引擎中输入一些关键词后，Google 会很快地找到所有与搜索关键词匹配的网页，并给出所有的网站排名情况（一般认为排在第一个的最重要，以下类推）。到目前为止，世界上有几千万个网站，几百多亿个网页，难道 Google 搜索引擎真的如此神奇，能够在几秒、几十秒的时间内搜遍世界上所有的网站（网页）？答案是否定的。事实上，

Google 网站是基于自己的大型数据库系统的网站，它定期地（一般是 2.5～3 个月）对世界上的所有网站进行大搜索，并将结果保存在自己的数据库中。我们通过 Google 搜索引擎进行网上搜索，实际上是在 Google 网站的数据库里进行搜索，因此所用时间一般不会太长。

要验证这一点并不难。假如你是一个“网管”，你可以控制一个网站，并很快地向网站发布信息（内含某些特殊的关键词）。此后，你迅速利用 Google 搜索引擎搜索你刚才发布信息中的关键词，一般情况下是找不到的。

我们关心的重点是：与某个关键词相关的网站可能有几个、几十……最多可能有几百万个，Google 是如何给出网站排名情况的呢？

PageRank（网页级别）算法就是 Google 用于评测一个网页“重要性”的一种方法。虽然现在不断地有改善的排名算法，但其本质上与 PageRank 算法十分接近。如能彻底理解 PageRank 算法，对于理解、设计其他算法将是十分有益的。

一、关于 PageRank

1. PageRank 介绍

PageRank 是 Google 用于评测一个网页“重要性”的一种方法。在糅合了诸如 Title 标识和 Keywords 标识等其他因素之后，Google 通过 PageRank 来调整搜索结果，使那些更具“重要性”的网页在搜索结果中令网站排名获得提升，从而提高搜索结果的相关性和质量。

简单来说，Google 通过下述几个步骤来实现网页在其搜索结果页（SERPS）中的排名。

（1）找到所有与搜索关键词匹配的网页；

（2）根据页面因素如标题、关键词密度等排列等级；

（3）计算导入链接的锚文本中的关键词；

（4）通过 PageRank 得分调整网站排名结果。

事实上，真正的网站排名过程并不是这么简单，读者可在有关网站进行查询。

2. PageRank 的决定因素

Google 的 PageRank 是基于这样一个理论：若 B 网页设置有连接 A 网页的链接（B 为 A 的导入链接），说明 B 认为 A 有链接价值，是一个“重要”的网页；当 B 网页级别（重要性）比较高时，则 A 网页可从 B 网页这个导入链接分得一定的级别（重要性），并平均分配给 A 网页上的导出链接。

导入链接，指链接到网站的站点，也就是我们一般所说的“外部链接”。而当你链接到另外一个站点，那么这个站点就是你的“导出链接”，即你向其他网站提供的本站链接。

PageRank 反映了一个网页的导入链接的级别（重要性）。所以一般来说，PageRank 是由一个网站的导入链接（外部链接）的数量和这些链接的级别（重要性）所决定的。

3. 如何知道一个网页的 PageRank 得分

可从 http://toolbar.google.com 网站下载并安装 Google 的工具，这样就能显示所浏览网页的 PageRank 得分了。PageRank 得分从 0 到 10，PageRank 得分为 10 表现最佳，但非常少见。Google 把自己的网站的 PageRank 值定为 10，一般 PageRank 值达到 4，就算是一个不错的网站了。若不能显示 PageRank 得分，可检查所安装版本号，需将老版本完全卸载，重启机器后安装最新版本。

4. PageRank 的重要性

搜索引擎网站排名算法中的各排名因子的重要性均取决于它们所提供信息的质量。但如果排名因子具有易操纵性，则往往会被一些网站管理员利用来实现不良竞争。例如，初引入的排名因子之一——关键词元标识（meta keywords），是由于理论上它可以很好地概括反映一个页面的内容，但后来却由于一些网站管理员的恶意操纵而不得不黯然退出。所以“加权值”，即我们对该因子提供信息的信任程度——是由排名因子的易操纵程度和操纵程度共同决定的。

PageRank 无疑是颇难被操纵的一个排名因子了。但在它最初推出时针对的只是链接的数量，所以被一些网站管理员钻了空子，利用链接工厂和访客簿等大量低劣外部链接轻而易举地达到了自己的目的。Google 意识到这个问题后，便在系统中整合了对链接的质量分析，并对发现的作弊网站进行封杀，从而不但有效地打击了这种做法，而且保证了结果的相关性和精准度。

PageRank 是以 Google 的联合创始人兼总裁 Larry Page（拉里·佩奇）（图 4-77 右）的名字命名的。拉里·佩奇谈他当年和谢尔盖·布林（Sergey Brin）（图 4-77 左）在斯坦福大学读计算机专业博士时怎么想到网页排名算法时说：“当时我们觉得整个互联网就像一张大的图，每个网站就像一个结点，而每个网页的链接就像一个弧。我想，互联网可以用一个图或者矩阵描述了，我也许可以用这个发现做博士论文。”他和谢尔盖就这样发明了 PageRank 算法。

图 4-77　Google 创始人（右：拉里·佩奇，左：谢尔盖·布林）

二、Google 网站排名的 PageRank 算法介绍

1. 简化的 PageRank 算法

我们知道，互联网用结点表示网页，并且用有向边表示链接。网络图中有向边

<u, v>表示有从网页 u 指向网页 v 的链接。与 u 邻接的网页分为两类：

（1）u 邻接到的，即 u 为起点，有出度；

（2）邻接到 u 的，即 u 为终点，有入度。

由网页 u 指向网页 v 的链接解释为网页 u 对网页 v 所投的一票。这样，PageRank 会根据网页所收到的票数来评估该网页的重要性。所以，简单的考虑是：按入度排名，看谁的入度最大。

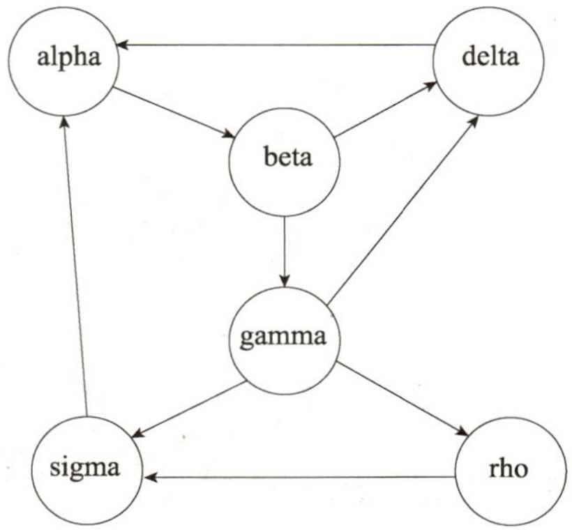

图 4-78

在图 4-78 所表示的小型网络中，6 个结点表示 6 个网页，9 条有向边表示 9 个超链接。图中所示的 6 个网页，哪个最重要？

一个简单的回答可以这样考虑：看谁的入度（In-degree）最大，如表 4-3 所示。

表 4-3

序号（Index）	结点（Node）	入度（In-degree）	排名（Rank）
1	alpha	2	1
2	beta	1	2
3	gamma	1	2
4	delta	2	1
5	rho	1	2
6	sigma	2	1

但这样的回答不能令人满意。按照入度排名，但无法说出 alpha、delta、sigma 中哪一个最重要。

2. 改进的 PageRank 算法

一个网页的重要性可以从以下 2 个方面来考虑。

（1）看谁的入度大；

（2）本网页在网络中的排名靠前（排名向量的分量数值大）。

如果一个网页被很多其他网页所链接，说明它受到普遍的承认和信赖，那么它的排名就靠前。这就是 PageRank 的核心思想。PageRank 就是网页排名，记作 PR 值。如果网页 T 存在一个指向网页 A 的链接，表明 T 的所有者认为 A 比较重要，从而把 T 的一部分重要性得分给予 A。这个重要性分值为 $\frac{\mathrm{PR}(T)}{n(T)}$。其中 $PR(T)$ 为 T 的 PageRank 值，$n(T)$ 为 T 的出链数（出度），则 A 的 PageRank 值为一系列类似于 T 的页面重要性得分值的累加。

用数学的语言可表达如下：

设 u 是某个网页，其排名为 $\mathrm{PR}(u)=r(u)$，记 F_u 是 u 邻接到的那些网页（链出网页）的集合，$n_u=|F_u|$ 是 u 邻接到的那些网页的总数（即 u 的出度总数 $\deg^-(u)$），B_u 是邻接到 u 的那些网页（链入网页）的集合，$|B_u|$是邻接到 u 的网页总数（即 u 的入度总数 $|B_u|=\deg+(u)$）。

u 的排名可理解为 $r(u)$ 等于链入网页 B_u 中每个网页 v 赋予网页 u 的重要性得分值之和。v 赋予的重要性分值为 $\frac{r(v)}{n_v}$。则有：

$$r(u)=\sum_{v\in B_u}\frac{r(v)}{n_v} \tag{1}$$

为便于列式表达，不妨将邻接矩阵 $\boldsymbol{G}$ 的每一行元素之和作为该行对应的点的入度，每列元素之和作为该列对应的点的出度。图 4-77 的邻接矩阵如下：

$$\boldsymbol{G}=\begin{bmatrix}0&0&0&1&0&1\\1&0&0&0&0&0\\0&1&0&0&0&0\\0&1&1&0&0&0\\0&0&1&0&0&0\\0&0&1&0&1&0\end{bmatrix}\begin{matrix}\deg+(\text{alpha})\\\deg+(\text{beta})\\\deg+(\text{gamma})\\\deg+(\text{delta})\\\deg+(\text{rho})\\\deg+(\text{sigma})\end{matrix}$$

各网站的入度和出度如表 4-4 所示。

表 4-4

序号（Index）	顶点（Node）	入度（In-degree）	出度（Out-degree）
1	alpha	2	1
2	beta	1	2
3	gamma	1	3
4	delta	2	1
5	rho	1	1
6	sigma	2	1

$\boldsymbol{G}$ 的每列元素除以该列对应的点的出度 $\frac{g_{ij}}{v_j}$，得到矩阵 $\boldsymbol{G}_n$。

$$\boldsymbol{G}_n=\begin{bmatrix}0&0&0&1&0&1\\1&0&0&0&0&0\\0&\frac{1}{2}&0&0&0&0\\0&\frac{1}{2}&\frac{1}{3}&0&0&0\\0&0&\frac{1}{3}&0&0&0\\0&0&\frac{1}{3}&0&1&0\end{bmatrix}$$

G_n 中元素 $\frac{g_{ij}}{n_j}$ 表示 i 网页从 j 网页获得的重要性分值的权重，j 网页赋予 i 网页的重要性分值为 $\frac{g_{ij}}{n_j}r_j$。那么，i 网页的 PR 值 r_i 等于链入 i 的网页中，每个网页赋予的重要性分值之和，即

$$\sum_{j\in B_i}\frac{g_{ij}}{n_j}r_j$$

图 4-77 中第 1 个网页 alpha 的 PR 值 r_1 等于链入 alpha 的网页 delta、sigma 赋予的重要性分值之和。

$$\text{PR(alpha)}=r_1=1\times\text{PR(delta)}+1\times\text{PR(sigma)}=r_4+r_6$$

为便于发现表达式的规律，将矩阵 G_n 中第 1 行元素都考虑进去，即

$$\begin{aligned}\text{PR(alpha)}&=0\times\text{PR(alpha)}+0\times\text{PR(beta)}+0\times\text{PR(gamma)}+1\times\text{PR(delta)}+0\\&\quad\times\text{PR(rho)}+1\times\text{PR(sigma)}\\&=0\times r_1+0\times r_2+0\times r_3+1\times r_4+0\times r_5+1\times r_6=\sum_{B_1}g_{1j}r_j\end{aligned}$$

第二个网页 beta 的 PR 值等于链入 beta 的网页 alpha 赋予的重要性分值。

$$\begin{aligned}\text{PR(beta)}&=1\times\text{PR(alpha)}=r_1\\&=1\times r_1+0\times r_2+0\times r_3+0\times r_4+0\times r_5+0\times r_6=\sum_{B_2}g_{2j}r_j\end{aligned}$$

同理，$r_i=\sum_{B_i}g_{ij}r_j$（i=1, 2, 3, 4, 5, 6，表示六个网页）。

按此算法，我们得到图 4-78 中各网页的 PR 值,如表 4-5 所示。

表 4-5

序号	结点	链入网页	*PR* 值
1	alpha	delta，sigma	r_4+r_6
2	beta	alpha	r_1
3	gamma	beta	$\frac{1}{2}r_2$
4	delta	beta，gamma	$\frac{1}{2}r_2+\frac{1}{3}r_3$
5	rho	gamma	$\frac{1}{3}r_3$
6	sigma	gamma，rho	$\frac{1}{3}r_3+r_5$

如果我们用向量 $\boldsymbol{r}=(r_i)$ 来表示各个网页的名次，$\boldsymbol{G}=\{g_{ij}\}$ 表示邻接矩阵，则公式（1）可写成：

$$r_i=\sum_j\frac{g_{ij}}{n_j}r_j \tag{2}$$

或

$$\boldsymbol{r}=\boldsymbol{G}_n\boldsymbol{r} \tag{3}$$

其中，$\boldsymbol{G}_n=\{g_{ij}/n_j\}$。

将公式（3）写成 $\boldsymbol{G}_n\boldsymbol{r}=\boldsymbol{r}$。可以看出，网页的排名向量 $\boldsymbol{r}=(r_i)$ 其实为矩阵 $\boldsymbol{G}_n$ 的对应于特征值 1 的特征向量。

问题是：矩阵 $\boldsymbol{G}_n$ 一定有特征根 1 吗？除此之外，公式（1）算法还有明显的问题。

例如，设 $\boldsymbol{G}=\begin{bmatrix}0 & 1\\ 1 & 0\end{bmatrix}$，此时 $\boldsymbol{G}_n=\begin{bmatrix}0 & 1\\ 1 & 0\end{bmatrix}$，$\boldsymbol{G}_n$ 的特征方程如下：

$$|\lambda\boldsymbol{E}-\boldsymbol{G}_n|=\begin{vmatrix}\lambda & -1\\ -1 & \lambda\end{vmatrix}=\lambda^2-1=0$$

得 $\boldsymbol{G}_n$ 的特征值为 $\lambda_1=1,\lambda_2=-1$。

当 $\lambda_1=1$ 时，对应的齐次方程组如下：

$$\begin{bmatrix}1 & -1\\ -1 & 1\end{bmatrix}\to\begin{bmatrix}1 & -1\\ 0 & 0\end{bmatrix}$$

即 $r_1-r_2=0$。得到 $r_1=r_2$，无法排名。

为此，要对算法公式（1）进行改进。

3. 再改进的 PageRank 算法

Google 的 PageRank 系统不但考虑一个网站的外部链接质量，也会考虑其数量。因此，Google 在 u 网站的排名基础上，增加 u 的每一个外部链接网站 $v_i(v_i\in \boldsymbol{B}_u)$ 依据 PageRank 系统赋予 u 网站增加的 PR 值，数学描述如下。

设 $\eta(u)$ 是网页 $\boldsymbol{u}$ 开始时的名次，$x(u)$ 为某时刻的 PageRank 得分（名次），采用下面的加权算法：

$$x(u)=p\left(\frac{x(v_1)}{n_1}+\frac{x(v_2)}{n_2}+\frac{x(v_3)}{n_3}+\cdots+\frac{x(v_n)}{n_n}\right)+\eta(u)$$

$$x(u)=p\sum_{v\in B_u}\frac{x(v)}{n_v}+\eta(u) \tag{4}$$

其中，p 称为阻尼因素（damping factor），一般取 0.85，表示一个网站的投票权值只有该网站 PR 值的 85%。对一个有一定 PR 值的网站 X 来说，如果网站 Y 是 X 的唯一外部链接，那么 Google 就相信网站 X 将网站 Y 看作它最好的一个外部链接，从而会给网站 Y 更多的分值。但如果网站 X 上已经有 49 个外部链接，那么 Google 相信网站 X 只将网站 Y 看作它第 50 个质量好的网站。因而，网站 X 外部链接的站点上外部链接数越多，X 所能得到的 PR 值反而会越低，它们呈反比关系。

名次向量记为 $\boldsymbol{x}=(x_i)$，$i=1,2,3,\cdots,n$，$\eta(u)=1-p=\sum\frac{1-p}{n}$，一般取 $p=0.85$，公式（4）中项对应的矩阵形式如下：

（1）$\eta(u)=\dfrac{1-p}{n}\begin{bmatrix}1\\1\\\vdots\\1\end{bmatrix}=\delta \boldsymbol{e}$，其中 $\delta=\dfrac{1-p}{n}$，$\boldsymbol{e}=\begin{bmatrix}1\\1\\\vdots\\1\end{bmatrix}$；

（2）网页 u 的每一个外部链接网页 x_i 的 PR 值为 $x_i=\sum_j \dfrac{g_{ij}}{n_j}x_j$。

在前面分析公式(1)时，$r(u)=\sum_{v\in B_u}\dfrac{r(v)}{n_v}$ 可表示为 $\boldsymbol{r}=\boldsymbol{G}_n\boldsymbol{r}$。类似地 $p\sum_{v\in B_u}\dfrac{x(v)}{n_v}=p\boldsymbol{G}_n x$。

邻接矩阵 $\boldsymbol{G}=(g_{ij})$，$\boldsymbol{G}_n$ 为重要性分值的权重矩阵，$\boldsymbol{G}_n=\left(\dfrac{g_{ij}}{v_j}\right)$。

则有

$$\boldsymbol{G}_n=\boldsymbol{G}\begin{bmatrix}\dfrac{1}{n_1} & 0 & \cdots & 0\\ 0 & \dfrac{1}{n_2} & \cdots & 0\\ \vdots & \vdots & \cdots & \vdots\\ 0 & 0 & \cdots & \dfrac{1}{n_n}\end{bmatrix}$$

$$p\sum_{v\in B_u}\frac{x(v)}{n_v}=p\boldsymbol{G}\begin{bmatrix}\dfrac{1}{n_1} & 0 & \cdots & 0\\ 0 & \dfrac{1}{n_2} & \cdots & 0\\ \vdots & \vdots & \cdots & \vdots\\ 0 & 0 & \cdots & \dfrac{1}{n_n}\end{bmatrix}x=p\boldsymbol{GD}x$$

其中，$\boldsymbol{D}$ 为对角矩阵，$\boldsymbol{D}=\begin{bmatrix}\dfrac{1}{n_1} & 0 & \cdots & 0\\ 0 & \dfrac{1}{n_2} & \cdots & 0\\ \vdots & \vdots & \cdots & \vdots\\ 0 & 0 & \cdots & \dfrac{1}{n_n}\end{bmatrix}$，向量 $\boldsymbol{x}=(x_i)$（$i=1,2,3,\cdots,n$）。x 为网页的得分（名次），分值在 0~1。于是公式（4）可写成：

$$\boldsymbol{x}=p\boldsymbol{GD}x+\delta\boldsymbol{e} \tag{5}$$

若规定：某网络中全部网页某时刻的 PR 值之和为 1，即

$$\sum_{i=1}^{n}x_i=\boldsymbol{e}^{\mathrm{T}}x=1,\ \ x_i>0 \tag{6}$$

则公式（5）可化为

$$
\begin{aligned}
\boldsymbol{x} &= p\boldsymbol{GD}x + \delta\boldsymbol{e} \\
&= p\boldsymbol{GD}x + \delta\boldsymbol{e}\cdot 1 \\
&= p\boldsymbol{GD}x + \delta\boldsymbol{e}\cdot\boldsymbol{e}^{\mathrm{T}}x \\
&= (p\boldsymbol{GD} + \delta\boldsymbol{ee}^{\mathrm{T}})x \\
&= \boldsymbol{A}x(\text{令}\boldsymbol{A} = p\boldsymbol{GD} + \delta\boldsymbol{ee}^{\mathrm{T}})
\end{aligned}
$$

所以，

$$\boldsymbol{x} = \boldsymbol{A}x \tag{7}$$

其中，矩阵 $\boldsymbol{A} = p\boldsymbol{GD} + \delta\boldsymbol{ee}^{\mathrm{T}} = \begin{bmatrix} p\dfrac{g_{11}}{n_1}+\delta & p\dfrac{g_{12}}{n_2}+\delta & \cdots & p\dfrac{g_{1n}}{n_n}+\delta \\ p\dfrac{g_{21}}{n_1}+\delta & p\dfrac{g_{22}}{n_2}+\delta & \cdots & p\dfrac{g_{2n}}{n_n}+\delta \\ \vdots & \vdots & \cdots & \vdots \\ p\dfrac{g_{n1}}{n_1}+\delta & p\dfrac{g_{n2}}{n_2}+\delta & \cdots & p\dfrac{g_{nn}}{n_n}+\delta \end{bmatrix}$ （8）

（1）如果存在 j，$g_{ij}=0$，那么对于任意的 i，会导致 $n_j=0$，此时则规定 $\dfrac{g_{ij}}{n_j}=\dfrac{1}{n}$；

（2）在约束条件式（6）下求解式（7），它具有唯一解 x，其依据是 Perron-Frobenius 定理。

注意

如矩阵 $\boldsymbol{A}$ 是正的方阵，则：

（a）$\boldsymbol{A}$ 的谱半径 $\rho(\boldsymbol{A})>0$。这里的 $\rho(\boldsymbol{A})=\max\limits_i|\lambda_i|$，$\lambda_i$ 是 $\boldsymbol{A}$ 的特征值。

（b）$\rho(\boldsymbol{A})$ 是 $\boldsymbol{A}$ 的特征值。

（c）存在唯一的 $x>0$，满足 $\boldsymbol{A}x=\rho(\boldsymbol{A})x$，$\sum\limits_{i=1}^{n}x_i=1$。

（d）$\rho(\boldsymbol{A})$ 是 $\boldsymbol{A}$ 的单特征值。

（e）若特征根 $\lambda\neq\rho(\boldsymbol{A})$，则 $|\lambda|<\rho(\boldsymbol{A})$，即 $\rho(\boldsymbol{A})$ 是 $\boldsymbol{A}$ 的模最大的唯一的特征值。

对图 4-78 所示的小型网络，按照改进的 PageRank 算法，计算 6 个网页的排名，其中的 $p=0.85$，结果如表 4-6 所示。

表 4-6

排名	PageRank 得分	结点	原始序号
1	0.267 490	alpha	1
2	0.252 418	beta	2
3	0.169 769	delta	4
4	0.132 302	gamma	3

续表

排名	PageRank 得分	结点	原始序号
5	0.115 555	sigma	6
6	0.062 467	rho	5

说明：

（1）按入度排名，alpha、delta、sigma 并列第 1，现在按 PageRank 得分排名，变成了第 1、3、5；而原来 beta、gamma、rho 并列第 2，现在变成了第 2、4、6。由此可见，简单、直观的想法往往是不准确的。事实上，由于 alpha 的重要性（排名第 1），从而提升了 beta 的名次。

（2）上述的 $p=0.85$ 不是最要紧的，读者可以换为与之接近的别的数值，看看将发生怎样的变化。

到此为止，问题好像已经解决。但实际情况远没有结束。前面的例子中用的是 6 阶方阵 $\boldsymbol{A}$，用 MATLAB 直接求解代数方程 $\boldsymbol{x}=\boldsymbol{A}\boldsymbol{x}$ 或求 $\boldsymbol{A}$ 的特征根与特征向量，都不是十分困难的事。但如果方阵 $\boldsymbol{A}$ 的阶数是 6 000、60 000，简单地使用 MATLAB 的求解命令是不可能的，也是不允许的，而必须寻求适当的算法。

4. PageRank 的计算方法——幂迭代方法（Power Iteration）

设满足 $\boldsymbol{x}=\boldsymbol{A}\boldsymbol{x}$ 的方阵 $\boldsymbol{A}$ 具有 n 个线性无关的特征向量 $\boldsymbol{x},\boldsymbol{y}_2,\cdots,\boldsymbol{y}_n$，相应的特征根为 $\lambda_1=1$，$\lambda_2,\cdots,\lambda_n$，$|\lambda_i|<1=\lambda_1,\forall i\geqslant 2$。注意：$\boldsymbol{x}=\{x_i\}$ 为 PageRank 名次向量，且满足 $\sum x_i=1$。设 $\boldsymbol{v}$ 是任意一个向量，把 $\boldsymbol{x},\boldsymbol{y}_2,\cdots,\boldsymbol{y}_n$ 看成一个基向量组，则 $\boldsymbol{v}$ 可以由 $\boldsymbol{x},\boldsymbol{y}_2,\cdots,\boldsymbol{y}_n$ 线性表示，即

$$\boldsymbol{v}=a_1\boldsymbol{x}+a_2\boldsymbol{y}_2+\cdots+a_n\boldsymbol{y}_n$$

两边同乘以方阵 $\boldsymbol{A}$，有

$$\boldsymbol{A}\boldsymbol{v}=a_1\boldsymbol{A}\boldsymbol{x}+a_2\boldsymbol{A}\boldsymbol{y}_2+\cdots+a_n\boldsymbol{A}\boldsymbol{y}_n$$
$$\boldsymbol{A}\boldsymbol{v}=a_1\boldsymbol{x}+a_2\lambda_2\boldsymbol{y}_2+\cdots+a_n\lambda_n\boldsymbol{y}_n$$

如此重复 $k-1$ 次，有

$$\boldsymbol{A}^k\boldsymbol{v}=a_1\boldsymbol{x}+a_2\lambda_2^k\boldsymbol{y}_2+\cdots+a_n\lambda_n^k\boldsymbol{y}_n$$

由于 $|\lambda_i|<1=\lambda_1,\forall i\geqslant 2$，故当 k 充分大后，$\lim\limits_{k\to\infty}\lambda_i^k=0$，从而 $a_i\lambda_i^k y_i\to 0$，那么 $\boldsymbol{A}^k\boldsymbol{v}\approx a_1\boldsymbol{x}$，则有

$$\text{sum}(\boldsymbol{A}^k\boldsymbol{v})\approx\text{sum}(a_1\boldsymbol{x})=a_1\text{sum}(\boldsymbol{x})=a_1$$

即

$$\boldsymbol{x}\approx\boldsymbol{A}^k\boldsymbol{v}/a_1\approx\boldsymbol{A}^k\boldsymbol{v}/\text{sum}(\boldsymbol{A}^k\boldsymbol{v})$$

故 PageRank 名次向量 $\boldsymbol{x}=\{x_i\}$ 可利用下式得到：

$$\boldsymbol{x}=\boldsymbol{A}^k\boldsymbol{v}/\text{sum}(\boldsymbol{A}^k\boldsymbol{v})\quad（对充分大的 k）$$

具体算法：

（1）输入矩阵 $\boldsymbol{A}$，初始向量 $\boldsymbol{v}_0$，并设 $k=0$，精度 $\varepsilon>0$；

（2）计算向量 $\boldsymbol{v}_{k+1}=\boldsymbol{A}\boldsymbol{v}_k$ 。

（3）若 $|\boldsymbol{v}_{k+1}-\boldsymbol{v}_k|<\varepsilon$ ，则计算 PageRank 名次 $\boldsymbol{x}=\boldsymbol{A}^k\boldsymbol{v}/\mathrm{sum}(\boldsymbol{A}^k\boldsymbol{v})$ 并停止计算；否则 $k=k+1$ ，并转到第（2）步。

对图 4-77 所示的小型网络，采用幂迭代方法（Power Iteration），计算 6 个网页的排名，其中 p=0.85。所得的结果与表 4-6 完全相同。

单元 5 概率论基础

本单元教学课件

本单元介绍概率论的基本概念、计算和应用。

5.1 节介绍概率论的常用模型——条件概率、贝叶斯定理。

5.2 节介绍离散值的概率分布。

5.3 节介绍连续值的概率分布。

5.4 节介绍概率的应用。

概率论是用于表示不确定陈述的数学框架，是众多科学和工程学科的基本工具。概率论使我们能够做出不确定的陈述，以及在不确定性存在的情况下进行推理。计算机科学的许多分支处理的大部分对象都是完全确定的实体，程序员通常可以安全地假定 CPU 将完美地执行每个机器指令。但机器学习对概率论的大量使用不得不令人吃惊。这是因为机器学习必须始终处理不确定量，有时也可能需要处理随机（不确定）量。研究人员从 20 世纪 80 年代开始使用概率论来量化不确定性，并进行了大量的应用。

概率论最初的发展是为了分析事件发生的频率。例如，在扑克牌游戏中研究抽出一手特定牌的频率。当我们说一个结果发生的概率为 P，就意味着如果我们反复实验无限次，出现这样结果的比例为 P。一种概率，直接与事件发生的频率相联系，被称为频率概率（frequentist probability）；而概率涉及确定性水平，被称为贝叶斯概率（Bayesian probability）。

为便于更好地理解概率论，在正式学习之前，我们先讨论下经典的三扇门游戏，也称为蒙提霍尔问题（Monty Hall problem），是一个争论不断的著名问题。

图 5-1 中有三扇门，其中只有一扇门对应的选项是正确的，打开后将能获得一辆高档汽车；另两扇门对应的选项是错误的，门后只有山羊。从门外无法获知哪一扇门对应正确选项。挑战者需要从三扇门中选择一扇打开。

在决定选择某扇门后（不打开），还剩下两个选项，其中至少有一个是错误选项。此时，（知道正确答案的）主持人打开了没被选中的两扇门中错误的那个，让挑战者确认了门后的山羊，并询问：“是否要重新选择？”

挑战者是应当重选，还是应该坚持最初的选择？又或是两种做法有没有区别？

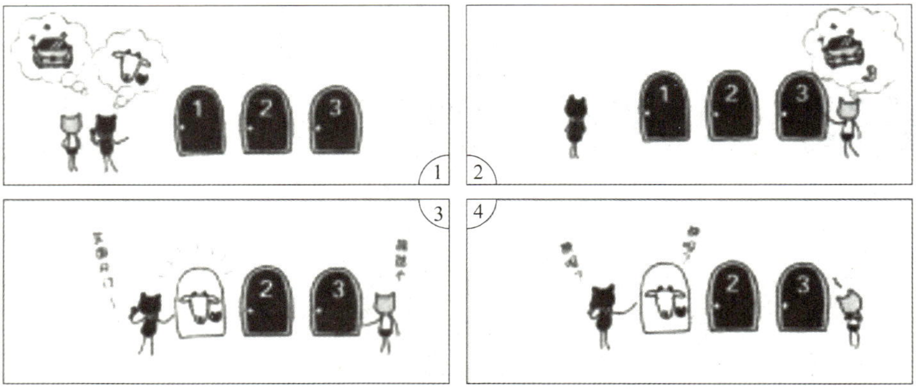

图 5-1

聪明的读者可能很快就得到了正确答案。选择时应考虑以下情况：

在挑战者做出第一次选择之后，有 1/3 的概率正确，2/3 的概率不正确。这很容易理解，无可争辩。那是否应该重新选择呢？我们来看一下规则。

- 如果第一次选择正确，重选必定错误。
- 如果第一次选择错误，重选必定正确。

也就是说，“第一次选择错误”的概率就是“重选后正确”的概率，即重选的正确率是 2/3，重选更加有利。蒙提霍尔问题图解如图 5-2 所示。

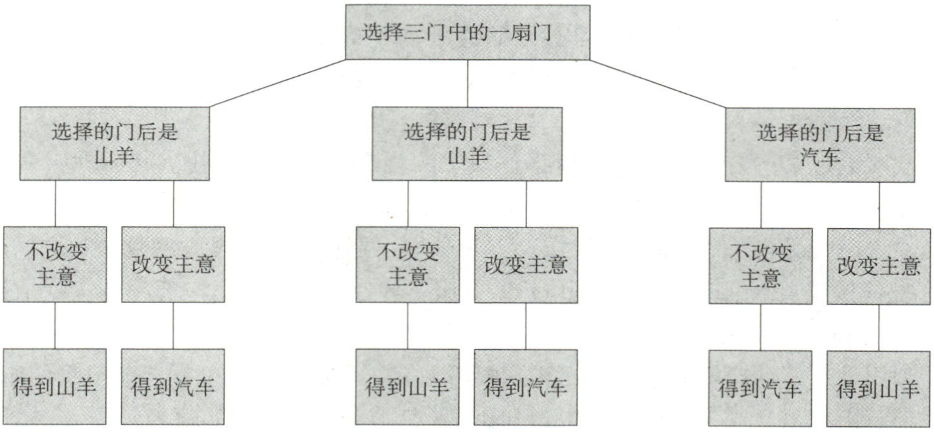

图 5-2

不过，即使能够做出正确的选择，我们有时也很难向那些判断错误的人解释这样选择的原因。

例如，有人可能会有下面这样的草率见解。

在游戏开始时，存在三种可能。

① 门 1 是正确答案（概率 1/3）。

② 门 2 是正确答案（概率 1/3）。

③ 门 3 是正确答案（概率 1/3）。

假设挑战者选择门 3，而主持人打开了门 1。于是，第一种情况不再成立，只剩下两种可能。即，门 2 是正确答案（概率 1/2），门 3 是正确答案（概率 1/2）。

此时，重新选择门 2 与继续选择门 3 的概率似乎都是 1/2。

得到这一错误结论的人，无论怎样向他解释，都难以认同我们之前的说法。他们会觉得“虽然你说的也有道理，但我的想法也没有错”，讨论不了了之。那我们该怎么办呢？

古典概率在一定的角度上可以理解为频率的极限，为此，我们可以从另一个角度，采用仿真模拟的方式来解释问题。假定我们玩 1000 次三扇门游戏，统计其中改变选择而获奖的次数，用相应的频数近似概率，这种方法我们称为蒙特卡洛模拟。我们利用蒙特卡洛模拟算法进行模拟，也得到改变选择正确的频率近似为 2/3。

5.1 概率论简述

概率论简述

概率论在各种不同的学科中起着基础性的作用。例如，概率论被广泛应用于遗传学的研究，使用它可以帮助理解特征遗传。在计算机科学中，概率论在算法复杂度研究中起着重要的作用。特别地，人们用概率论的思想和技巧确定算法的平均复杂度。概率算法可以用于解决许多不容易求解或实际上不能用确定性算法求解的问题。确定性算法在给定同样的输入条件以后，总是遵循着同样的步骤，但概率算法却不同，运算过程中做一次或多次随机选择，可能导致不同的输出结果。在组合学中，概率论甚至可以用于证明具有特定性质的个体的存在性。保罗·埃德斯和阿尔弗雷德·任伊在组合学的基础上利用概率方法，通过证明存在具有某种性质个体的概率是正数来证明这种个体的存在性。概率论将帮助我们回答涉及不确定性的问题，如通过邮件中出现的单词确定是否将这封邮件视作垃圾邮件。

5.1.1 概率的定义

我们把从一组可能的结果中得出一个结果的过程称为**试验**。试验的样本空间是可能结果的集合。一个**事件**是样本空间的子集。下面介绍拉普拉斯关于具有有限多个可能结果的事件的概率定义。

定义 1 事件 E 是结果具有相等可能性的有限样本空间 S 的子集，则事件 E 的概率是

$$P(E)=\frac{|E|}{|S|}$$

式中，$P(E)$中 P 为概率符号；$|E|$表示事件 E 的个数，$|S|$表示样本空间 S 的元素个数。

注：一个事件的概率肯定不会为负或者大于 1。

根据拉普拉斯的定义，一个事件的概率是 0～1。注意，如果 E 是一个有限样本

空间 S 的一个事件，则 $0 \leqslant |E| \leqslant |S|$。因为 $E \subseteq S$，所以 $0 \leqslant P(E)=\dfrac{|E|}{|S|} \leqslant 1$。

例 5.1 缸里有 4 个蓝色球和 5 个红色球，从缸里取出一个蓝色球的概率是多少？

解 为计算这个概率，首先考虑存在 9 个可能结果，这些可能结果中有 4 个得到蓝色球。因此，取一个蓝色球的概率是 4/9。

例 5.2 掷两个骰子使得其点数之和等于 7 的概率是多少？

解 当掷两个骰子时总共有 36 种可能的结果（这是由乘积法则得到的，因为每个骰子有 6 个可能的结果，所以掷两个骰子时总共有 $6^2=36$ 种结果）。存在 6 种可能结果，即（1, 6）、（2, 5）、（3, 4）、（4, 3）、（5, 2）和（6, 1），这里两个骰子的点数用一个有序对来表示。因此，掷两个骰子时，点数和 7 出现的概率是 6/36=1/6。

例 5.3 在一种彩票的规则是，在 0~9 数字中挑选 4 个数字，如果数字与一个随机选出的 4 个数字吻合且次序相同，则表示中了大奖；如果只有 3 个数字匹配，则表示中了小奖。那么，中大奖的概率是多少？中小奖的概率是多少？

解 选择的 4 个数字都正确的方法只有一种。而由乘积法则可知，任选 4 个数字共有 10^4=10000 种方式。因此，赢大奖的概率是 1/10000=0.0001。

4 个数字中恰好选对了 3 个数字的中小奖。为了使 3 个数字正确，而不是 4 个数字全对，必须恰好 1 个数字出错。可以先求选择 4 个数字且除了第 i 个数字之外都与挑出的数字匹配的方式数，这里的 i=1，2，3，4，然后对它们求和。根据求和法则，可得出恰好选对 3 个数字的方式数。

先求第 1 个数字不匹配的选法数，可观察到对第 1 个数字有 9 种可能的选择（除了一个正确的数字外），而其他的每个数字只有一种选择，即对应位置的正确数字。因此，第 1 个数字出错而后 3 个数字正确的选法有 9 种。类似地，有 9 种方式选出 4 个数字而只有第 2 个数字出错，又有 9 种方式只有第 3 个数字出错，以及有 9 种方式只有第 4 个数字出错。从而总共有 36 种方式选择 4 个数字，并恰好其中 3 个是正确的。于是，赢得小奖的概率是 36/10000=9/2500=0.0036。

例 5.4 有一种彩票，其规则是从 1 到正整数 n 中选出 6 个数的数组，该数组同中奖结果完全则表示赢得大奖，这里的 n 通常在 30～60 之间。一个人从 40 个数中选对 6 个数的概率是多少？

解 只有一个赢奖的组合，从 40 个数中选 6 个数的总方法数是

$$C(40,6)=\frac{40!}{34!6!}=3838380$$

因此，选出一个赢奖组合的概率是 1/3838380 ≈ 0.00000026。

纸牌游戏——扑克越来越流行，要想在游戏中获胜，了解不同的一手牌的概率还是有帮助的。下面先介绍一副扑克的构成。一副扑克有 52 张牌，按面值分类有 13 种（2，3，4，5，6，7，8，9，10，J，Q，K 和 A），每种面值的牌都有 4 套花色，分别是黑桃、梅花、红桃和方块，每套花色都有 13 张不同的牌。在许多扑克游戏中，一手牌是由 5 张牌组成的。

例 5.5 求含有 4 种相同面值的 5 张牌所构成的一手牌的概率。

解 根据乘积法则，具有 4 种相同面值的 5 张牌构成一手牌的方式数等于选择一种面值的方式数乘以 4 套花色中选出 4 张该种面值的牌的方式数，再乘以选择第 5 张牌的方式数，即

$$C(13, 1)C(4, 4)C(48, 1)$$

5 张牌组成的一手牌共有 $C(52, 5)$ 种方式。因此，含有 4 种相同面值的 5 张牌所构成的一手牌的概率是

$$\frac{C(13,1)C(4,4)C(48,1)}{C(52,5)}=\frac{13\times1\times48}{2598960}\approx0.00024$$

我们可以通过计算得出从其他事件导出的事件的概率。

定理 1 设 E 是样本空间 S 的一个事件，事件 $\overline{E}=S-E$（事件 E 的对立事件）的概率是

$$P(\overline{E})=1-P(E)$$

证 为了求出事件的概率应注意 $\overline{E}=S-E$，有

$$P(\overline{E})=\frac{|S|-|E|}{|S|}=1-\frac{|E|}{|S|}=1-P(E)$$

不能直接求出事件的概率时，可考虑先求出补事件的概率，再得出所求。

例 5.6 随机生成一个 10 位数的二进制数序列，其中至少有 1 位为 0 的概率是多少？

解 设 E 是 10 位中至少有 1 位是 0 的事件。那么对立事件 $\overline{E}$ 是所有的位都是 1 的事件。因为样本空间是所有 10 位二进制位串的集合，从而得到

$$P(E)=1-P(\overline{E})=1-\frac{|\overline{E}|}{|S|}=1-\frac{1}{2^{10}}=\frac{1023}{1024}$$

所以，至少有 1 位 0 的二进制位串的概率是 1023/1024。不用定理 1 而直接求这个概率是相当困难的。

例 5.7 生日问题 在一个有 n 个人的房间里面，至少有两人的生日在同一天的概率是多少？

解 首先进行相关假设。一假设房间每个人的生日是独立的；二假设每个人出生于某一天是等可能的，并且一年是 365 天。

为了找到房间 n 个人中至少 2 个人生日是同一天的概率，首先计算它的对立事件，这些人生日都不是同一天的概率 P_n，则至少 2 个人生日是同一天的概率是 $1-P_n$。为计算 P_n，我们考虑按照某个给定顺序的 2 个人的生日。想象他们一次一个人进入房间，我们将计算每个即将进入房间的人与已经在房间中的人有不同生日的计数。

第一个人与已经在房间中的人的生日有 365 种可能，第二个人的生日与第一个人不同的可能性为 364，这是因为第二个人除了出生在第一个人的生日那天以外，出生在其余的 364 天的任何一天都有着不同的生日（这里和下面的步骤都用到某个人出生在一年的 365 天中的任何一天都是等可能的假设），以此类推，第 n 个人生日有

$365-(n-1)=365-n+1$ 种可能。

n 个人生日的所有可能性为 365^n 种。从而，至少有两人生日在同一天的概率为：

$$P(E)=1-P(\bar{E})=1-\frac{|\bar{E}|}{|S|}=1-\frac{365\times364\times\cdots\times(365-n+1)}{365^n}$$

$$=1-\frac{365}{365}\times\frac{364}{365}\times\cdots\times\frac{365-n+1}{365}$$

利用计算机可计算出不同的 n 而对应的至少有 2 人生日在同一天的概率（见表 5-1）。

表 5-1

n	10	15	20	25	30	35
P	0.1169	0.2529	0.4114	0.5687	0.7063	0.8144
n	40	45	50	55	60	
P	0.8912	0.9410	0.9704	0.9863	0.9941	

也可以求出两个事件的并集的概率。

定理 2 设 E_1 和 E_2 是样本空间的事件，那么

$$P(E_1\cup E_2)=P(E_1)+P(E_2)-P(E_1\cap E_2)$$

证 利用两个集合并集的元素个数公式

$$|E_1\cup E_2|=|E_1|+|E_2|-|E_1\cap E_2|$$

因此

$$P(E_1\cup E_2)=\frac{|E_1\cup E_2|}{|S|}$$

$$=\frac{|E_1|+|E_2|-|E_1\cap E_2|}{|S|}$$

$$=\frac{|E_1|}{|S|}+\frac{|E_2|}{|S|}-\frac{|E_1\cap E_2|}{|S|}$$

$$=P(E_1)+P(E_2)-P(E_1\cap E_2)$$

例 5.8 从不超过 100 的正整数中随机选出一个正整数，它能被 2 或 5 整除的概率是多少?

解 设 E_1 是选出一个能被 2 整除的数的事件，E_2 是选出一个能被 5 整除的数的事件。那么，$E_1\cup E_2$ 是能被 2 或 5 整除的事件，$E_1\cap E_2$ 是能被 2 和 5 同时整除的事件，即能被 10 整除的事件。由于 $|E_1|=50$，$|E_2|=20$，且 $|E_1\cap E_2|=10$，从而得到

$$P(E_1\cup E_2)=P(E_1)+P(E_2)-P(E_1\cap E_2)$$

$$=\frac{50}{100}+\frac{20}{100}-\frac{10}{100}=\frac{3}{5}$$

5.1.2 概率分布

下面将介绍概率是怎样被指派给各个试验结果的。

概率指派的基本要求：

（1）指派给每个试验结果的概率必须介于 0～1 之间。如果用 E_i 表示第 i 个试验结果，以 P（E_i）表示它的概率，那么该要求可以表示为 $0 \leqslant P(E_i) \leqslant 1$（对于所有的 i 都成立）。

（2）所有试验结果的概率之和必定等于 1。对于 n 个试验结果，该要求可表示为

$$P(E_1)+P(E_2)+\cdots+P(E_n)=1$$

样本空间 S 的所有事件的集合上的函数 P 称为**概率分布**。表 5-2 为掷骰子的概率分布。

表 5-2

骰子的点数	掷出该点的概率
1	0.4
2	0.1
3	0.1
4	0.1
5	0.1
6	0.2

也可以用图 5-3 的形式来表示表 5-2 的概率分布，这种方式也许更易于理解。

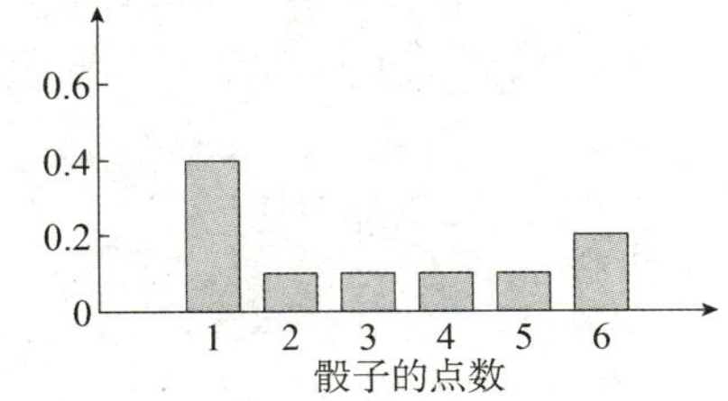

图 5-3

5.1.3 条件概率和独立性

一个事件的概率往往受到相关事件是否发生的影响。假设有一个事件 A，其概率为 $P(A)$。如果得到了新的信息，知道以 B 表示的相关事件已经发生，需要利用这个信息来计算事件 A 的新概率。事件 A 的新概率就被称为条件概率（conditional probability），记作 $P(A|B)$。符号“|”表示这样一个事实：在给定事件 B 已经发生的条件下考虑事件 A 的概率。因此，符号 $P(A|B)$读作“给定 B 条件下 A 的概率”。

举一个条件概率的应用例子，考虑一个在某中心城市警察局中男性和女性职员晋升的情况。该警察局有 1200 人，包括 960 位男职员和 240 位女职员。在过去两年里，有 324 人得到了提升。其中，男性职员和女性职员的具体晋升情况见表 5-3。

表 5-3

	男职员	女职员	总计
晋升	288	36	324
未晋升	672	204	876
总计	960	240	1200

在检查过有关晋升记录以后，基于有 288 名男职员得到了提升，而只有 36 名女职员得到晋升这一事实，女职员委员会对该警察局提出了性别歧视指控。警察局的管理层争辩说：女性职员相对较低的晋升数不是由于性别歧视造成的，而是因为警察局里的女性人数本来就较少。接下来介绍如何利用条件概率来分析性别歧视指控。

令

M=职员是男性事件；

W=职员是女性事件；

A=职员得到晋升事件；

A^c=职员未被晋升事件。

把表 5-3 所列的数据值除以总职员数 1200，可以将可用的信息汇总为下列概率值：

$P(M\cap A)$=288/1200=0.24=随机选择到的职员是男性并且得到晋升的概率；

$P(M\cap A^c)$=672/1200=0.56=随机选择到的职员是男性且未得到晋升的概率；

$P(W\cap A)$=36/1200=0.03=随机选择到的职员是女性并且得到晋升的概率；

$P(W\cap A^c)$=204/1200=0.17=随机选择到的职员是女性且未得到晋升的概率。

因为这些值的每一个都给出了两个事件交的概率，故被称为**联合概率**（joint probabilities）。表 5-4 汇总了警察局职员的晋升情况，它就是一个联合概率表。

表 5-4

显示在表中间的联合概率	男职员	女职员	总计
晋升	0.24	0.03	0.27
未晋升	0.56	0.17	0.73
总计	0.8	0.2	1.0

在联合概率表中，边缘值提供了每个单独事件的概率，它们是：$P(M)$=0.80，$P(W)$=0.20，$P(A)$=0.27，$P(A^c)$=0.73。因为这些概率的位置处在联合概率表的边缘，所以被称为**边际概率**。我们注意到通过把联合概率表中对应的每行或每列的联合概率值加总，也能得到边际概率。例如，被晋升的边际概率是：$P(A)=P(M\cap A)+P(W\cap A)=0.24+0.03=0.27$。根据边际概率，可看到 80%的警察是男性，20%的警察是女性；所有警察中的 27%得到了晋升，73%未被晋升。

通过计算职员在给定是男性的情况下得到晋升的概率，来进行条件概率的分析。使用条件概率的符号，想要确定的是 $P(A|M)$。为了计算 $P(A|M)$，我们首先意识到该

符号意味着：在给定的事件 M（职员是男性）已经存在的条件下考虑事件 A（晋升）的概率。因此 $P(A|M)$告诉我们：现在只关心 960 位男性职员的晋升情况。因为 960 位男性职员中有 288 位得到了晋升，所以职员在给定为男性条件下得到晋升的概率是 288/960=0.30。换句话说，给定某职员为男性，那么他有 30%的机会在过去两年内获得晋升。

因为表 5-3 所列值显示了每个类型的职员数，该方法较易于使用。但现在想要说明的是怎样利用相关事件的概率，而不是表 5-3 所列的人员数据，来计算像 $P(A|M)$这样的条件概率。已经知道 $P(A|M)$=288/960=0.30，现在把分子和分母同除以 1200，有

$$P(A|M)=\frac{288}{960}=\frac{288/1200}{960/1200}=\frac{0.24}{0.80}=0.30$$

现在能够通过 0.24/0.80 来计算条件概率 $P(A|M)$。参见联合概率表，尤其应注意 0.24 是 A 和 M 的联合概率，即 $P(M\cap A)$=0.24。同时还应注意 0.80 是随机选择男性职员的边际概率，即 $P(M)$=0.80。因此，条件概率 $P(A|M)$能够作为联合概率 $P(M\cap A)$和边际概率 $P(M)$的比而得出。

$$P(A|M)=\frac{P(A\cap M)}{P(M)}=\frac{0.24}{0.80}=0.30$$

条件概率能够用联合概率除以边际概率而得出，所以可得到下列计算两事件 A 和 B 条件概率的通用公式：

条件概率

$$P(A\mid B)=\frac{P(A\cap B)}{P(B)}$$

现在回到针对女性职员的歧视问题。表 5-4 第一行的边际概率显示：一个职员得到晋升的概率是 $P(A)$=0.27（不管职员是男性还是女性）。但是，女职员委员会的批评意见涉及两个条件概率：$P(A|M)$和 $P(A|W)$。也就是说，职员在给定为男性的条件下，得到晋升的概率是多少？职员在给定为女性的条件下，得到晋升的概率是多少？如果这两个概率是相等的，则说明男性职员和女性职员晋升机会相同，因此性别歧视的指责将失去依据。不过，如果两个条件概率不同，就将支持关于男性和女性职员在晋升问题上受到区别对待的指责。

在上文中已经确定了 $P(A|M)$=0.30，现在利用表 5-4 的概率值和条件概率基本关系，计算一个职员在给定是女性的条件下得到晋升的概率，即 $P(A|W)$。

$$P(A|W)=\frac{P(A\cap W)}{P(W)}=\frac{0.03}{0.20}=0.15$$

根据这个结果，你得出了什么结论?一个职员在给定为男性的条件下得到晋升的概率是 0.30，两倍于在给定为女性条件下的晋升概率 0.15。尽管使用条件概率本身不能证明在本例中存在性别歧视，但得出的条件概率值支持女职员委员会提出的指责。

独立事件

在上例中，$P(A)$=0.27，$P(A|M)$=0.30，$P(A|W)$=0.15。可以得出：晋升（事件 A）

的概率受到职员是男性还是女性的影响。在 $P(A|M)$ 中，称事件 A 和 M 是相关事件。即事件 M（职员为男性）是否发生影响或改变了事件 A（晋升）的概率。类似地，称事件 A 和 W 是相关事件。但是，如果事件 A 的概率不因发生事件 M 而改变的话，即 $P(A|M)=P(A)$，则称事件 A 和 M 是**独立事件**（inde pendent events）。两个事件互相独立的定义如下：

如果 $P(A|B)=P(A)$ 或 $P(B|A)=P(B)$，则称两事件 A 和 B 是**独立的**；否则称两事件是**相关的**。

乘法法则：$P(A\cap B)=P(B)P(A|B)$ 或者 $P(A\cap B)=P(A)P(B|A)$。

为了说明乘法法则的应用，举例如下：某报社的发行部已经知道在某社区有 84%的住户订阅了报社的日报。用 D 来代表事件“住户订阅了日报”，$P(D)=0.84$。另外，发行部还知道已订阅了日报的住户订阅其周末刊的概率（事件 S）为 0.75，即 $P(S|D)=0.75$。则住户既订阅了日报，又订阅了周末刊的概率是多少？利用乘法法则，有

$$P(S\cap D)=P(D)P(S|D)=0.84\times0.75=0.63$$

所示有 63%的住户既订阅了日报又订阅了周末刊。

当 $P(A|B)=P(A)$ 或 $P(B|A)=P(B)$ 时，事件 A 和 B 是独立的。

独立事件的乘法法则：$P(A\cap B)=P(A)P(B)$。

为了计算两独立事件交的概率，只需把相应的概率相乘即可。注意：独立事件的乘法法则提供了确定 A 和 B 是否独立的另外一种方法，即如果 $P(A\cap B)=P(A)P(B)$，那么 A 和 B 是独立的；如果 $P(A\cap B)\neq P(A)P(B)$，那么 A 和 B 是相关的。

独立事件乘法法则的应用实例：一位加油站经理依据以往的经验知道，有 80%的顾客在加油时使用信用卡。问接续两名顾客都使用信用卡加油的概率是多少?

如果令

A=第一个顾客使用信用卡的事件；

B=第二个顾客使用信用卡的事件。

那么与问题有关的事件就是 $A\cap B$。在未给出其他信息的情况下，可以合理地假定 A 和 B 是独立事件。因此

$$P(A\cap B)=P(A)P(B)=0.80\times0.80=0.64$$

由于事件往往是相关的，因此应关注条件概率，并且在计算条件概率时需要使用乘法法则和独立事件法则。如果两个事件不相关，则它们是相互独立的，任何一个事件都不受另一事件是否发生的影响。为了方便应用，很多时候也经常将 $P(A\cap B)$ 写成 $P(AB)$ 或 $P(A, B)$ 的形式。

5.1.4 贝叶斯定理

当得到新的信息时，进行概率分析的一个重要方面就是要根据新的信息修正概率。一般先对有关的具体事件进行原始的概率估计［也称为**先验概率**（prior probability）估计］，以此来开始分析工作。然后，从一些诸如样品、特殊报告或产品

检测等信息中获取有关该事件的其他信息。给定这些信息以后，就可以通过计算把先验概率修正为**后验概率**（posterior probability）。贝叶斯定理（Bayes' theorem）提供了进行修正概率计算的方法，该方法的具体步骤如图 5-4 所示。

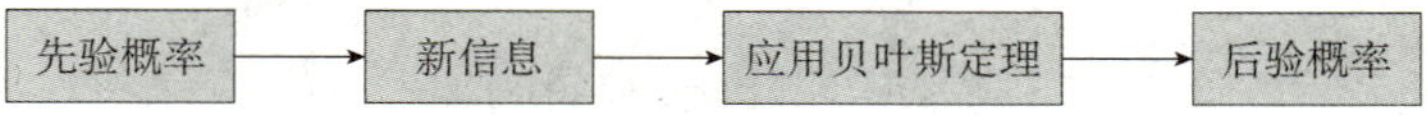

图 5-4

贝叶斯定理的应用实例：某个制造业公司从两个不同的供应商那里购买零件。令 A_1 代表零件来自供应商 1 的事件，A_2 代表零件来自供应商 2 的事件。目前该公司购买的零件有 65%来自供应商 1，剩下的 35%则来自供应商 2。因此，若随机地选择零件，指派的先验概率为 $P(A_1)=0.65$，$P(A_2)=0.35$。

该公司所采购零件的质量随供应商的不同而变化，两个供应商所提供的零件质量的历史数据见表 5-5。如果以 G 表示零件质量好的事件，以 B 表示零件质量差的事件，表 5-5 所列信息对应如下条件概率值：

$$P(G|A_1)=0.98 \qquad P(B|A_1)=0.02$$
$$P(G|A_2)=0.95 \qquad P(B|A_2)=0.05$$

表 5-5

	好零件的百分比	差零件的百分比
供应商 1	98	2
供应商 2	95	5

图 5-5 所示树形图描述了两步骤试验：公司首先从两供应商之一处购得零件，然后再检验某个零件的质量是好的还是差的。通过分析可知共有四个可能的试验结果，两个试验结果对应于好零件的情况，两个对应于差零件的情况。

因为每个试验结果都是两事件的交，故可以利用乘法法则来计算概率。例如：

$$P(A_1,G)=P(A_1 \cap G)=P(A_1)P(G|A_1)$$

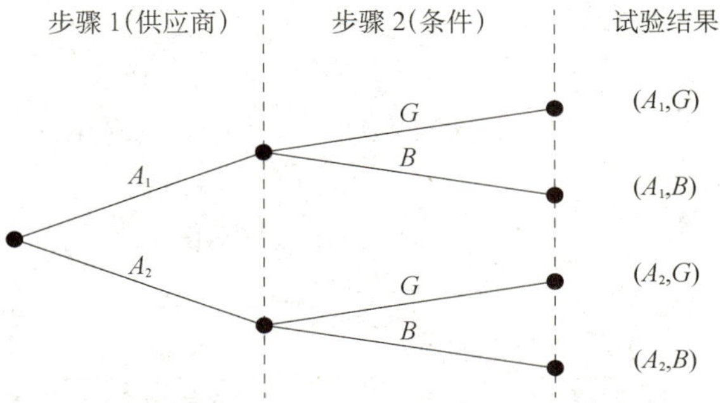

注：步骤 1 表示零件来自于两供应商之一；步骤 2 表示零件是好的还是差的。

图 5-5

还可以使用一种被称为概率树（见图 5-6）的方法来描述这些联合概率的计算过

程。在上述例子的步骤 1 中，每个分支的概率是先验概率，而在步骤 2 中每个分支的概率是条件概率。为了得到每个试验结果的概率值，只需把通向各试验结果的两个分支上的概率值相乘即可。这些联合概率值和每个分支上已知的概率值一起显示在图 5-6 中。

现在假定该公司的生产过程使用两个供应商的零件，当机器运转差零件时就会出现故障。给定已知零件是差的这样一个信息，那么它来自供应商 1 的概率是多少？来自供应商 2 的概率是多少？根据概率树提供的信息（见图 5-6），可以利用贝叶斯定理来解答这个问题。

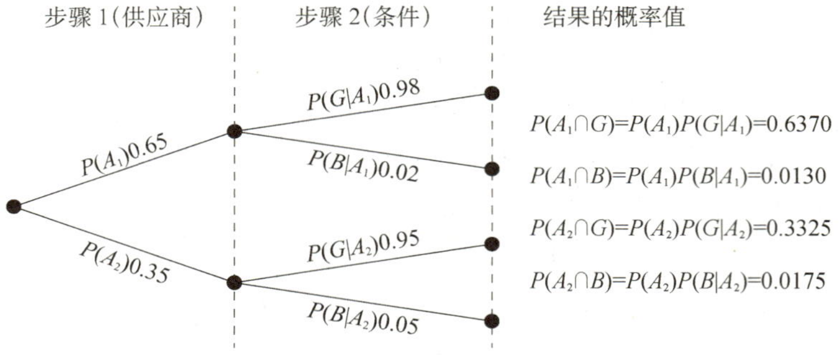

图 5-6

令 B 代表差零件事件，所求的应是后验概率 $P(A_1|B)$和 $P(A_2|B)$。根据条件概率定理可知

$$P(A_1 \mid B)=\frac{P(A_1 \cap B)}{P(B)}$$

参见概率树可得

$$P(A_1 \cap B)=P(A_1)P(B \mid A_1)$$

为了得到 $P(B)$，应注意事件 B 只能以两种途径发生：$A_1 \cap B$ 和 $A_2 \cap B$。因此有

$$P(B)=P(A_1 \cap B)+P(A_2 \cap B)=P(A_1)P(B \mid A_1)+P(A_2)P(B \mid A_2)$$

综合以上三个式子可得到 $P(A_1 \mid B)$，类似还可得到 $P(A_2 \mid B)$。总结得出两事件的概率计算式：

$$P(A_1 \mid B)=\frac{P(A_1)P(B \mid A_1)}{P(A_1)P(B \mid A_1)+P(A_2)P(B \mid A_2)}$$

$$P(A_2 \mid B)=\frac{P(A_2)P(B \mid A_2)}{P(A_1)P(B \mid A_1)+P(A_2)P(B \mid A_2)}$$

利用贝叶斯定理有

$$P(A_1 \mid B)=\frac{P(A_1)P(B \mid A_1)}{P(A_1)P(B \mid A_1)+P(A_2)P(B \mid A_2)}=\frac{0.65\times 0.02}{0.65\times 0.02+0.35\times 0.05}=0.4262$$

$$P(A_2 \mid B)=\frac{P(A_2)P(B \mid A_2)}{P(A_1)P(B \mid A_1)+P(A_2)P(B \mid A_2)}=\frac{0.35\times 0.05}{0.65\times 0.02+0.35\times 0.05}=0.5738$$

注意：这个例子中，开始时随机选择的零件有 0.65 的概率来自供应商 1。但是，给定零件为差的信息以后，零件来自供应商 1 的概率降至 0.4262。事实上，如果是差零件，那么超过一半的可能是它来自供应商 2，因为 $P(A_2|B)=0.5738$。

当想要计算后验概率的事件是互斥的，并且它们的并就是整个样本空间时，就可以应用贝叶斯定理。贝叶斯定理还能够扩展到包括 A_1，A_2，…，A_n 共 n 个互斥事件的情况，这 n 个事件的并构成了整个样本空间。在这种情况下，计算任一后验概率 $P(A_i|B)$ 的公式如下：

$$P(A_i \mid B)=\frac{P(A_i)P(B \mid A_i)}{P(A_1)P(B \mid A_1)+P(A_2)P(B \mid A_2)+\cdots+P(A_n)P(B \mid A_n)}$$

如果已知先验概率 $P(A_1)$，$P(A_2)$，…，$P(A_n)$ 和对应的条件概率 $P(B \mid A_1)$，$P(B \mid A_2)$，…，$P(B \mid A_n)$，那么就可以使用上面的公式计算出事件 A_1，A_2，…，A_n 的后验概率。

练习 5.1

1. 在 0～9 十个数字中任取两个，求这两个数字的和等于 3 的概率。

2. 设一个盒中有 5 个白球、4 个黄球、3 个红球、从中任取 4 个球，各种颜色的球都有的概率是多少？

3. 某高校有 5 个餐厅，同宿舍 3 人恰好分别去不同的餐厅就餐的概率是多少？

4. 从不超过 100 的正整数中随机选出一个正整数，它能被 3 或 5 整除的概率是多少？

5. 设在一个盒子中混有新旧两种球，在新球中白球 40 只、红球 30 只；在旧球中白球 20 只、红球 10 只，现任取一球是新的，试问这球是白色的概率是多少？

6. 一手扑克牌有 5 张，其中包含一个顺子，即 5 张牌的类是连续的概率是多少？（注意，A-2-3-4-5 和 10-J-Q-K-A 都可以看作是顺子。）

7. 一个骰子掷 6 次都不出现偶数点的概率是多少？

8. 假定有两个事件 A 和 B，$P(A)=0.50$，$P(B)=0.60$，而 $P(A \cap B)=0.40$，

① 计算 $P(A|B)$；

② 计算 $P(B|A)$；

③ A 和 B 相互独立吗？为什么？

9. 在一项对 MBA 学生的调查中，关于学生申请学校的首要原因的数据见表 5-6。

表 5-6

	学校质量	学费或方便性	其他	总计
全日制	421	393	76	890
非全日制	400	593	46	1039
总计	821	986	122	1929

（1）构建这些数据的联合概率表。

（2）利用学校质量、学费或方便性、其他原因的边际概率，对选择学校的首要原因进行评论。

（3）如果某学生选择了全日制方式，学校质量是择校首要原因的概率是多少？

（4）如果某学生选择了非全日制方式，学校质量是择校首要原因的概率是多少？

（5）以 A 代表学生选择全日制的事件，以 B 代表将学校质量作为申请首要原因的事件。事件 A 和 B 相互独立吗？验证你的答案。

10. 事件 A_1 和 A_2 的先验概率为 $P(A_1)=0.40$，$P(A_2)=0.60$，还已知 $P(A_1 \cap A_2)=0$，假定 $P(B \mid A_1)=0.20$ 和 $P(B \mid A_2)=0.05$。

（1）A_1 和 A_2 是互斥事件吗？请解释。

（2）计算 $P(A_1 \cap B)$ 和 $P(A_2 \cap B)$。

（3）计算 $P(B)$。

（4）应用贝叶斯定理计算 $P(A_1 \mid B)$ 和 $P(A_2 \mid B)$。

思政聚焦 1

与其他数学课程相比，概率论与数理统计课程更贴近实际生活，我们在日常生活中应善于思考，善于运用数学思维和辩证法分析和解决问题。

例如在学习概率的定义时，你会发现频率与概率的辩证关系体现了偶然性与必然性的对立统一。恩格斯指出：“在表面偶然性起作用的地方，这种偶然性始终是受内部隐蔽的规律支配的，而我们的问题只是在于发现这些规律。”事件的频率具有偶然性，而事件的概率是客观存在的，具有必然性。试验次数较少时，频率与概率有较大的偏差，这是对立性；试验次数很大时，频率呈现出稳定性，它在事件的概率附近微小摆动，这是统一性。

你知道生活中有哪些偶然性与必然性的关系吗？例如吸烟与肺癌的关系，吸烟有害健康，抽一支烟、一盒烟，可能不一定会导致肺癌，但是大量抽烟则患肺癌的概率很大。在信息化时代，手机是我们最亲密的“伙伴”，你有没有因为打游戏、刷视频而晚睡熬夜呢？偶尔一次熬夜对健康影响不大，但是长期熬夜晚睡则必然给身体健康造成伤害。所以，我们应该养成良好的生活习惯，养成节制自律的美德，保持健康的体魄和良好的精神状态。

5.2 离散概率分布

离散概率分布

本节将继续研究概率问题，对随机变量的概念和概率分布进行介绍。本节的重点是离散概率分布，主要包括期望值、方差与二项分布。

简单来讲，对于取值不定的随机值，将其可能的平均取值称为期望值，值的分散情况称为方差。大数定律表明了大量随机值的平均值趋于期望值，是处理随机数据的基本定理。

5.2.1 随机变量

上文已给出试验和试验结果的概念。随机变量则提供了一种用数值来描述试验结果的方法。**随机变量必须用数值表示**。

实际上，随机变量把数值与每个可能的试验结果联系起来，随机变量的取值依赖于试验结果。根据数值特征，随机变量可分为离散随机变量和连续随机变量两类。

1. 离散随机变量

使用有限个数值或者是像 0，1，2，……这样存在间隔的无穷数列表示的随机变量被称为**离散随机变量**（discrete random variable）。

例如，一名会计参加注册会计师（CPA）考试的试验。该考试有四门内容，可定义随机变量为 x=通过 CPA 考试的门数。因为 x 是用有限个数值 0，1，2，3，4 来表示的，所以属于离散随机变量。

又例如，到达收费站的汽车数试验。有关的随机变量是 x=一天内到达收费站的汽车数，x 的可能值是整数 0，1，2，……的无穷数列。因此，x 属于离散随机变量。

尽管许多试验结果可以自然而然地用数值表示，但有一些则不行。例如，某项调查要求调查对象回忆在最近的电视广告中出现的内容。该试验有两个可能的结果：调查对象回忆不起来和调查对象能够回忆起来。我们可以人为地规定离散变量 x 如下：如果调查对象不能回忆则令 x=0，如果调查对象能够回忆则令 x=1，这样就仍然可以使用数值来描述该试验的结果。该随机变量的数值是任意规定的，但按照随机变量的定义，它们也是可接受的，因为 x 给出了对试验结果的数值描述，所以它就是随机变量。

表 5-7 列出了一些离散随机变量的例子。注意在每个例子中，离散随机变量都使用了有限个数值或像 0，1，2，……这样的无穷数列来表示。

表 5-7

试验	随机变量 x	随机变量的可能值
接触 5 位顾客	下订单的顾客数	0，1，2，3，4，5
检查一批 50 只收音机	次品收音机的数目	0，1，2，……，49，50
某饭店一天的经营情况	顾客数	0，1，2，3，……
销售一部汽车	顾客的性别	男性为 0，女性为 1

2. 连续随机变量

可以用一个区间或区间集合内的任何数值表示的随机变量被称为**连续随机变量**（continuous random variable）。可以使用连续随机变量来描述建立在时间、质量、距离和温度等的度量值之上的试验结果。例如，对打进某大型保险公司理赔办公室的电话进行监控试验。假定有关的随机变量为 x=连续两个电话的间隔分钟数，该随机变量可在区间 $0 \leqslant x \leqslant 90$ 内取任何值。实际上，x 可能取的值是无穷个，包括像 1.26

分钟、2.751 分钟和 4.3333 分钟这样的数值。在本例中，x 是一个连续随机变量，可在区间内取任何值。表 5-8 列出了一些连续随机变量的例子。注意在每个例子中所描述的随机变量都可在区间内取任何值。

表 5-8

试验	随机变量 x	随机变量的可能值
经营银行	两顾客到达时间间隔的分钟数	$x \geqslant 0$
建设新图书馆项目	项目完成的百分比	$0 \leqslant x \leqslant 100$
测试一个新化工工艺	所需要反映的发生温度（最低 150°F，最高 212°F）	$150 \leqslant x \leqslant 212$

5.2.2 离散概率分布

随机变量的概率分布（probability distribution）描述了随机变量取不同值的概率。对于离散随机变量 x，其概率分布由概率函数（probability function）来定义，用 $f(x)$ 表示。概率函数提供了随机变量取每个值时的概率。

作为离散随机变量及其概率分布的例子：某汽车公司的汽车销售数量。在过去 300 个营业日中，有 54 天销量为 0，117 天销量为 1 辆，72 天为 2 辆，42 天为 3 辆，12 天为 4 辆，3 天为 5 辆。假定选择该公司一天的营业情况作为试验，定义有关的随机变量 x=一天内售出的汽车数。根据历史数据，可知 x 是离散随机变量，可取的值为 0，1，2，3，4，5。在概率函数中，$f(0)$ 表示销量为 0 的概率，$f(1)$ 表示销量为 1 的概率，依此类推。因为历史数据显示 300 天中有 54 天销量为 0，将数值 54/300=0.18 分配给 $f(0)$，表示一天内销售 0 辆汽车的概率是 0.18。类似地，因为 300 天中有 117 天销量为 1，将数值 117/300=0.39 分配给 $f(1)$，表示一天内销售 1 辆汽车的概率是 0.39。继续使用这种方法求得随机变量的其他值，可得出 $f(2)$、$f(3)$、$f(4)$ 和 $f(5)$ 的值，表明某汽车公司一天内汽车的销量，列在表 5-9 中。

表 5-9

x	$f(x)$
0	0.18
1	0.39
2	0.24
3	0.14
4	0.04
5	0.01
	总计：1.00

定义随机变量及其概率分布的主要好处在于，一旦知道了概率分布，对于各种事件有兴趣的决策者要确定事件的发生概率就相对简单了。例如，利用表 5-9 所列的

汽车公司的概率分布，可看出在 1 天内最可能的汽车销售数是 1 辆，其概率为 $f(1)=0.39$。另外，1 天内销售 3 辆或以上汽车的概率是 $f(3)+f(4)+f(5)=0.14+0.04+0.01=0.19$。这些概率加上决策者关心的其他因素，提供了有助于决策者了解该公司汽车销售情况的信息。

在得出任一离散随机变量的概率函数的过程中，必须满足以下两个条件：

$$f(x)\geqslant 0$$

$$\sum f(x)=1 \tag{5-1}$$

表 5-9 显示出随机变量 x 的概率满足公式（5-1），即对 x 的所有值，$f(x)$ 都大于或等于 0。另外，全部概率之和为 1，故满足条件。因此，汽车公司的概率函数是有效的离散概率函数。

我们还可以用图形来表示概率分布。在图 5-7 中，汽车公司随机变量 x 的值在横轴上表示，与 x 值对应的概率值则在纵轴上表示。

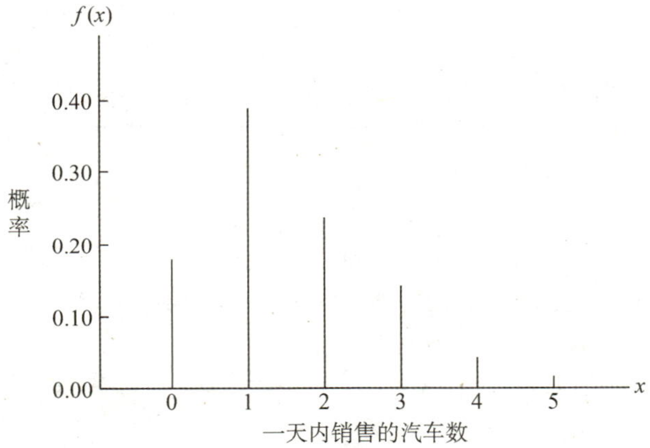

图 5-7

除了表格和图形以外，利用公式也能够对 x 的每个值给出概率函数 $f(x)$，所以可以利用公式来描述概率分布。以公式表示的离散概率函数的最简单例子是**离散均匀概率分布**（discrete uniform probability distribution）。它的概率函数如下：

$$f(x)=\frac{1}{n}，n\text{表示随机变量所有可能的数目}$$

例，对于投掷骰子的试验，定义随机变量 x 为朝上一面的点数。随机变量有 $n=6$ 个可能值，分别为 $x=1$，2，3，4，5，6。因此，该随机变量的概率函数是

$$f(x)=\frac{1}{6}，x=1,2,3,4,5,6$$

随机变量的可能取值与对应的概率值见表 5-10。

表 5-10

x	$f(x)$
1	1/6

续表

x	$f(x)$
2	1/6
3	1/6
4	1/6
5	1/6
6	1/6

注意：在本例中随机变量取每个值的可能性相等。

例，设某随机变量 x 具有表 5-11 的离散概率分布。

表 5-11

x	$f(x)$
1	1/10
2	2/10
3	3/10
4	4/10

该概率分布可由公式表示为

$$f(x)=\frac{x}{10}，\ x=1,2,3,4$$

这样，给出随机变量的值就能够得到对应的概率值 $f(x)$。例如，对于上面的概率函数，由 $f(2)=2/10$ 得出了随机变量取 2 时的概率。

由公式表示的离散概率分布通常应用更为广泛。两种最重要的离散概率分布公式是二项分布和泊松分布。

5.2.3 数学期望和方差

1. 数学期望

随机变量的**数学期望**（expected value），或者说是均值，是对随机变量中心位置的度量。离散随机变量 x 的数学期望的数学表达式如下：

$$E(x)=\mu=\sum xf(x)$$

注：数学期望是随机变量可取值的加权平均值，其权重就是概率。

符号 $E(x)$ 和 μ 都用来表示随机变量的数学期望。

上述公式表明：为了计算离散随机变量的数学期望，应将随机变量的每个值乘以相对应的概率 $f(x)$，并且将所得乘积相加。仍以上述某汽车公司为例，在表 5-12 展示了怎样计算一天内汽车销量的数学期望。销量的数学期望为每天 1.50 辆汽车。因此，尽管一天的销量可能是 0，1，2，3，4 或 5 辆，但汽车公司仍可预期平均每天售出 1.50 辆汽车。设每月营业 30 天，可用数学期望 1.50 来预测每月的平均销量为 30×1.50=45 辆。

表 5-12

x	$f(x)$	$xf(x)$
0	0.18	$0\times0.18=0.00$
1	0.39	$1\times0.39=0.39$
2	0.24	$2\times0.24=0.48$
3	0.14	$3\times0.14=0.42$
4	0.04	$4\times0.04=0.16$
5	0.01	$5\times0.01=0.05$
		1.50
		↑
		$E(x)=\mu=\sum xf(x)$

2. *方差*

尽管数学期望提供了随机变量的平均值，但我们还经常需要度量它的变异程度。离散随机变量方差的数学表达式如下：

$$\mathrm{Var}(x)=\sigma^2=\sum(x-\mu)^2 f(x)$$

正如公式所示，方差公式的基本部分是离差$x-\mu$，它度量的是随机变量的某个特定值与数学期望或均值μ的差值。在计算随机变量的方差时，先将离差平方，再用对应的概率函数值加权，随机变量所有值的加权平方离差之和就被称为方差。符号 Var（x）和σ^2都表示随机变量的方差。

注：方差是随机变量与其均值的离差平方的加权平均值，概率就是权重。

表 5-13 汇总了计算某汽车公司一天内汽车销量的概率分布方差的计算过程，其结果是 1.25。另外，还定义**标准差**（standard deviation）σ是方差的正平方根。因此，一天汽车销量的标准差为

$$\sigma=\sqrt{1.25}=1.118$$

标准差的单位与随机变量的单位相同（$\sigma=1.118$ 辆汽车），因此被更经常地用作对随机变量变异程度的描述。

表 5-13

x	$x-\mu$	$(x-\mu)^2$	$f(x)$	$(x-\mu)^2 f(x)$
0	−1.50	2.25	0.18	$2.25\times0.18=0.4050$
1	−0.50	0.25	0.39	$0.25\times0.39=0.0975$
2	0.50	0.25	0.24	$0.25\times0.24=0.0600$
3	1.50	2.25	0.14	$2.25\times0.14=0.3150$
4	2.50	6.25	0.04	$6.25\times0.04=0.2500$
5	3.50	12.25	0.01	$12.25\times0.01=0.1225$
				1.2500
				↑
				$\sigma^2=\sum(x-\mu)^2 f(x)$

5.2.4　二项概率分布

一个**二项试验**（binomial experiment）具有以下四个性质：

（1）二项试验是把相同的单次试验进行了 n 次所形成的一个序列。

（2）单次试验都有两种可能的结果，将其中一个称为**成功**，另一个称为**失败**。

（3）单次试验的成功概率用 P 表示，它在各次试验中都相同。因此，单次试验的失败概率用 $1-P$ 表示，它在各次试验中也都相同。

（4）单次试验都独立进行。

如果出现性质（2）、（3）和（4），就称试验是由伯努利过程产生的。另外，如果性质（1）也出现的话，就称其为二项试验。图 5-8 描述了一个包括 8 次试验的二项试验及一个可能的结果序列。在这个例子中，有 5 次成功和 3 次失败。

性质 1：试验由 n=8 次相同的试验构成。

性质 2：每次试验结果是成功 (S) 或失败 (F)。

试验 ⟶	1	2	3	4	5	6	7	8
结果 ⟶	S	F	F	S	S	F	S	S

图 5-8

在一个二项试验中，重要的是在 n 次试验中出现成功的次数。如果以 x 表示 n 次试验中成功的次数，x 可取的值为 0，1，2，3，…，n。因为值的个数是有限的，故 x 是离散随机变量。与该随机变量有关的概率分布被称为**二项概率分布**（binomial probability distribution）。例如，对于抛掷 5 次硬币的试验，每次都观察在硬币着地时是正面朝上还是反面朝上。假定我们关心的是 5 次抛掷中正面朝上的次数，该试验具备二项试验的性质吗？有关的随机变量是什么？

（1）该试验由 5 次相同的试验构成，每次试验就是抛一枚硬币。

（2）每次试验都有两个可能的结果：正面或反面。我们可以指定正面为成功，反面为失败。

（3）每次试验正面出现的概率都是相同的，为 P=0.5；每次试验反面出现的概率也是相同的，为 $1-P$=0.5。

（4）因为任意一次试验的结果都不影响其他试验，所以各次试验或抛掷都是独立的。

因此，该试验满足二项试验所有的性质。有关的随机变量是：x=在 5 次试验中出现正面的次数，本例中，x 可取的值为 0，1，2，3，4 或 5。

再举一个例子，一个保险推销员随机地选择 10 户家庭进行访问。定义每次访问的结果为：如果该家庭购买了保险单则为成功，如果该家庭未购买则为失败。推销员根据以往的经验知道，随机选择的家庭购买保险单的概率为 0.10。与二项试验的性质相对照，可观察到：

（1）该试验包括 10 次相同的试验，每次试验为访问一户家庭。

（2）每次试验都有两个结果：家庭购买保单（成功）和家庭未购买保单（失败）。

（3）每次推销中购买和未购买的概率不同，分别为 P=0.10 和 1−P=0.900。

（4）因为每户家庭都是随机选择的，故各次试验相互独立。

由于满足了四个假设，所以该例子也是一个二项试验，有关的随机变量是 10 户家庭中购买保单的户数。本例中 x 可取的值为 0，1，2，3，4，5，6，7，8，9，10。

二项试验的性质（3）称为稳定性假设，有时会与性质（4）——试验的独立性相混淆。再次分析上面的保险推销员例子，如果随着时间的推移，推销员感觉到疲劳并失去了热情，如到第 10 次访问时，成功（售出保单）的概率降到了 0.05。在这种情况下，就不能满足性质（3）（稳定性），也就构不成二项试验。即使性质（4）——每户家庭购买保单的决定是独立的满足时也是如此。

在涉及二项试验的应用中，有一个特殊的数学公式——**二项概率函数**（binomial probability function），可用来计算在 n 次试验中有 x 次成功的概率。下面举例介绍如何在一个实际问题中建立二项概率函数公式。

服装商店问题。分析 3 个接连进入服装商店的顾客的购买决定。根据过去的经验，商店经理估计任意一个顾客购买商品的概率为 0.30。那么 3 个顾客中有两个会购买的概率是多少？

利用树形图（图 5-9）可以看到，对 3 名顾客进行观察的试验有 8 个可能的结果。令 S 代表成功（购买），F 代表失败（未购买），则问题要求的是在 3 次试验（决定是否购买）中包含 2 次成功的试验结果。证实这个包括 3 次购买决策的试验是一个二项试验。与二项试验的四条要求相对照，有：

（1）该试验可被描述为一个包括三次相同试验的序列，三个进店顾客中的每一个即为一次试验。

（2）两个结果——顾客购买（成功）和顾客未购买（失败）对每次试验都是可能的。

（3）顾客购买商品的概率（0.30）和顾客未购买商品的概率（0.70）被设定为对所有顾客都是相同的。

（4）每个顾客的购买决定都独立于其他顾客的购买决定。

因此，该试验满足二项试验的性质。

在 n 次试验中恰有 x 次成功的试验结果个数可通过下面的公式计算：

$$\binom{n}{x}=\frac{n!}{x!(n-x)!}$$

对于 3 位顾客的购买决定的服装商店试验，可以使用上面公式确定包含两次购买决定的试验结果个数，即在 n=3 次试验中获得 x=2 次成功的方法数。有

$$\binom{n}{x}=\binom{3}{2}=\frac{3!}{2!(3-2)!}=\frac{3\times2\times1}{2\times1\times1}=\frac{6}{2}=3$$

由图 5-9 所示服装商店问题的树形图可看出，这 3 个结果被表示为（S、S、F）、（S、F、S）和（F、S、S）。

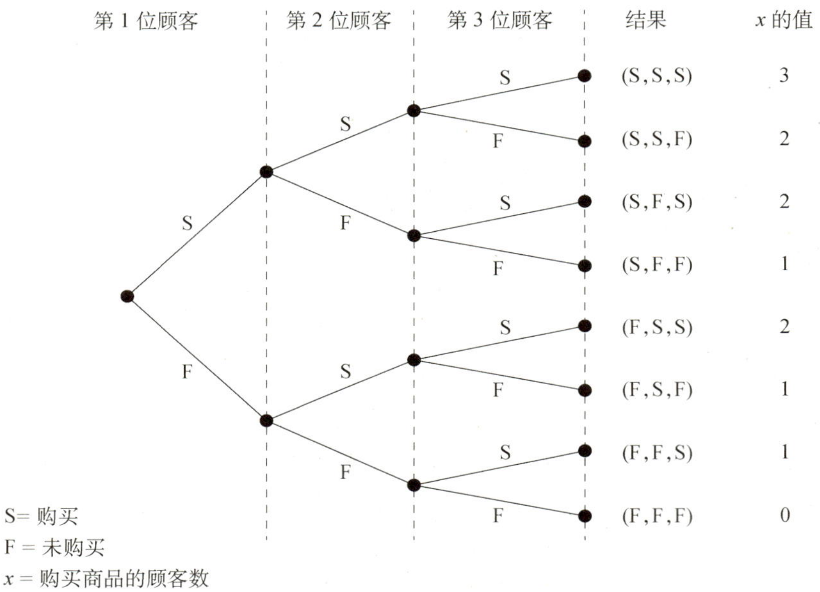

图 5-9

再次利用公式计算在 3 次试验中包含 3 次成功（购买）的试验结果个数，得到

$$\binom{n}{x}=\binom{3}{3}=\frac{3!}{3!(3-3)!}=\frac{3!}{3!0!}=\frac{6}{6}=1$$

由图 5-9 可以看出，有 1 个试验结果包含 3 次成功，它被表示为（S, S, S）。

虽然已经知道包含 x 次成功的试验结果个数，但是，如果想要确定在 n 次试验中包含 x 次成功的概率，还必须要知道每个试验结果的概率。因为二项试验中的每次试验都是独立的，只需把每个单次试验结果的概率相乘，就能够得出包括一系列成功和失败的二项试验结果的概率。

前两位顾客购买而第三位顾客未购买的概率可由以下公式得出：

$$PP(1-P)$$

因为在任何一次试验中购买的概率都是 0.30，所以上面问题的计算结果是 0.063。

还有两个结果包含 2 次成功和 1 次失败。所有三个包括 2 次成功的试验结果概率都列示在表 5-14 中。

表 5-14

单次试验结果			试验结果	试验结果的概率
第一位顾客	第二位顾客	第三位顾客	表示符号	
购买	购买	未购买	SSF	$PP(1-P)=0.063$
购买	未购买	购买	SFS	$P(1-P)P=0.063$
未购买	购买	购买	FSS	$(1-P)PP=0.063$

观察这三个包含 2 次成功的试验结果，它们都具有完全相同的发生概率，并且这一观察结果具有一般性。对于任何二项试验，所有在 n 次试验中取得 x 次成功的试

验结果都具有相同的发生概率，其概率值如下：

一个在n次试验中包含x次成功的特定试验结果序列出现的概率 $= P^x(1-P)^{(n-x)}$

对于服装商店问题，该公式表明任何一个包含 2 次成功的试验结果的概率为

$$P^2(1-P)^{(3-2)} = 0.30^2 \times 0.70^1 = 0.063$$

因此，可得出下面的二项概率分布函数：

$$f(x) = \binom{n}{x} P^x (1-P)^{(n-x)}$$

其中，$f(x)$——在 n 次试验中取得 x 次成功的概率；

n——试验的次数；

$\binom{n}{x}$——$\dfrac{n!}{x!(n-x)!}$；

P——单次试验成功的概率；

$1-P$——单次试验失败的概率。

在服装商店问题中，分别计算没有顾客购买的概率、恰有 1 位顾客购买的概率、恰有 2 位顾客购买的概率，以及 3 位顾客全都购买的概率。其计算过程汇总在表 5-15 内，该表还显示了购买商品的顾客数的概率分布。图 5-10 所示为服装商店问题的概率分布图。

二项概率函数适用于任何二项试验。如果我们认为某试验具有二项试验的全部性质，并且知道 n、P 和（$1-P$）的值，就能够使用公式来计算在 n 次试验中取得 x 次成功的概率。

表 5-15

x	$f(x)$	
0	$\frac{3!}{0!3!} \times 0.30^0 \times 0.70^3 = 0.343$	
1	$\frac{3!}{1!2!} \times 0.30^1 \times 0.70^2 = 0.441$	
2	$\frac{3!}{2!1!} \times 0.30^2 \times 0.70^1 = 0.189$	
3	$\frac{3!}{3!0!} \times 0.30^3 \times 0.70^0 = 0.027$	
	总计	1.00

在特定的情况下，随机变量可能具有二项概率分布，并且其试验次数已知为 n，成功概率已知为 P 时，计算数学期望和方差的通用公式就可以简化为

$$E(x) = \mu = nP$$

$$\mathrm{Var}(x) = \sigma^2 = nP(1-P)$$

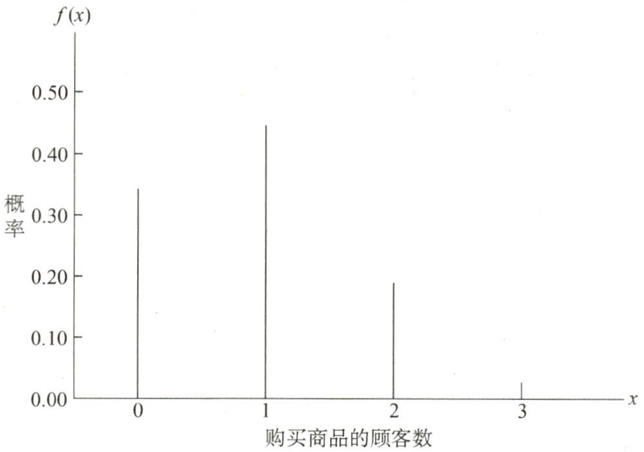

图 5-10

对于有 3 位顾客的服装商店问题，应用公式计算购买商品顾客数的数学期望为

$$E(x)=nP=3\times0.30=0.9$$

假设下个月服装商店预计有 1000 个顾客会进入商店，那么购买商品顾客的期望值是多少？答案是 $\mu=1000\times0.30=300$。于是，为了增加销售的期望值，服装商店必须吸引更多的顾客进入商店和（或）设法增加进店顾客购买商品的概率。对于有 3 位顾客的服装商店问题，购物顾客数的方差和标准差分别为

$$\sigma^2=nP(1-P)=3\times0.3\times0.7=0.63$$

$$\sigma=\sqrt{0.63}=0.79$$

在下个月，有 1000 位顾客进入商店，则购物顾客数的方差和标准差分别为

$$\sigma^2=nP(1-P)=1000\times0.3\times0.7=210$$

$$\sigma=\sqrt{210}=14.49$$

5.2.5 泊松概率分布

本节将介绍一种估计特定时间或空间段内事件的发生次数变量，即离散随机变量。例如，离散随机变量可以是在一小时内到达汽车清洗站的汽车数，也可以是在 10 千米长的公路上需要修理的汽车数，还可以是在 100 千米长的管道上的泄漏点个数，等等。如果满足以下两个性质，则事件发生的次数就是一个可用**泊松概率分布**（Poisson probability distribution）来描述的随机变量。

注：泊松分布经常被用来建立在排队情况下到达率的模型。

1. 泊松试验的性质

（1）事件在任意两个等长度的区间内发生一次的概率相等。

（2）事件在任意区间内是否发生和在其他区间的发生情况相互独立。

泊松概率函数（Poisson probability function）

$$f(x)=\frac{\mu^x e^{-\mu}}{x!}$$

其中，$f(x)$——事件在一个区间内发生 x 次的概率；

μ——在一个区间内事件发生次数的平均值或数学期望；

e——无理数。

注意：发生次数 x 是没有上限的，它是离散随机变量，其值可取无穷数列（x=0, 1, 2, …）。

2. 一个涉及时间间隔的例子

假设想知道在周日早上 15 分钟内到达某收费站的汽车数。如果能够假定在任意两个等长的时间段内汽车到达的概率相同，且在任意时段汽车到达与否和其他时段汽车到达与否相互独立，就可以应用泊松概率函数。假设这些条件都满足，对历史数据的分析表明，在 15 分钟内平均到达车辆数为 10。该情况下，适用如下概率函数：

$$f(x)=\frac{10^{x}\mathrm{e}^{-10}}{x!}$$

这里的随机变量 x=在任意 15 分钟内到达的汽车数。

如果管理者想知道在 15 分钟内恰有 5 辆到达的概率，则令 x=5，然后得到

$$15\text{分钟内恰有5辆到达的概率}=f(5)=\frac{10^{5}\mathrm{e}^{-10}}{5!}=0.0378$$

尽管通过计算 $\mu=10$ 和 x=5 的概率函数可以确定这一概率，但查泊松概率分布表会更容易些。

3. 一个涉及长度或距离间隔的例子

本例子是一个与时间间隔无关的泊松概率分布应用。假定需要知道公路在重新整修一个月以后存在的严重缺陷个数。首先假设在公路上任意两段等长度的距离内存在缺陷的概率相同，而在任意一段距离内是否存在缺陷与另一段内是否存在缺陷无关。于是，可以对其应用泊松概率分布。

假设已知道公路在重新整修一个月以后平均每公里存在两个严重缺陷，求在 3 千米长的路段内没有严重缺陷的概率。由于我们关心的是 3 千米长的路段，所以 $\mu=2$ 个缺陷/千米×3 千米=6，表示在 3 千米长公路上的期望缺陷数。利用软件或查泊松概率分布表，可得没有缺陷的概率为 0.0025。所以 3 千米长的路段内没有严重缺陷的概率几乎为零。事实上，由于 1−0.0025=0.9975，这段路面至少存在 1 个严重缺陷的概率为 0.9975。

5.2.6 超几何概率分布

超几何概率分布与二项概率分布紧密相关，两种概率分布的主要不同之处在于：超几何分布的各次试验不是互相独立的，并且每次试验成功的概率各不相同。

在超几何概率分布的应用中，通常采用的标记是：令 r 代表在容量为 N 的总体中用成功表示的元素个数；令 $N-r$ 代表在总体中用失败表示的元素个数。**超几何概率函数**（hypergeometric probability function）可用来计算在一个包括 n 个元素的随机样本内进行无放回的选择，得到 x 次成功和 $n-x$ 次失败的概率。要取得这个结果，

必须从总体的 r 次成功中抽到 x 次成功，从 $N-r$ 次失败中抽到 $n-x$ 次失败。下面的超几何概率函数给出了 $f(x)$ 即在容量为 n 的样本中获得 x 次成功的概率的计算方法。

超几何概率函数：

$$f(x)=\frac{\binom{r}{x}\binom{N-r}{n-x}}{\binom{N}{n}}，\ 0\leqslant x\leqslant r$$

其中，$f(x)$ ——在 n 次试验中获得 x 次成功的概率；

n——试验次数；

N——总体中元素个数；

r——总体内用成功表示的元素个数。

注意：$\binom{N}{n}$ 表示从容量为 N 的总体中选择 n 容量样本的方法数；$\binom{r}{x}$ 表示从总体的总计 r 次成功中选择 x 次成功的方法数；$\binom{N-r}{n-x}$ 表示从总体内总计 $N-r$ 次失败中选择 $n-x$ 次失败的方法数。

下面通过一个实例说明计算超几何概率的过程。从一个五人委员会中选择两人参加某个例会。假设五人委员会由三女二男组成。为确定随机选择到 2 名女性的概率，可对 $n=2$，$N=5$，$r=3$，$x=2$ 的情况进行计算。

$$f(2)=\frac{\binom{3}{2}\binom{2}{0}}{\binom{5}{2}}=\frac{\left(\frac{3!}{2!1!}\right)\left(\frac{2!}{2!0!}\right)}{\left(\frac{5!}{2!3!}\right)}=\frac{3}{10}=0.30$$

假设后来才知道将有 3 名委员参加这次例会，则取 $n=3$，$N=5$，$r=3$，$x=2$，从而在 3 名委员中恰有 2 名女性的概率为

$$f(2)=\frac{\binom{3}{2}\binom{2}{1}}{\binom{5}{3}}=\frac{\left(\frac{3!}{2!1!}\right)\left(\frac{2!}{1!1!}\right)}{\left(\frac{5!}{3!2!}\right)}=\frac{6}{10}=0.60$$

再举一个例子，假设某总体由 10 个项目组成，其中 4 项目有缺陷，6 项目没有缺陷。问在容量为 3 的随机样本中包括 2 项缺陷项目的概率是多少？对该问题，可以把抽到缺陷项目作为“成功”。这时 $n=3$，$N=10$，$r=4$，$x=2$，计算如下：

$$f(2)=\frac{\binom{4}{2}\binom{6}{1}}{\binom{10}{3}}=\frac{\left(\frac{4!}{2!2!}\right)\left(\frac{6!}{1!5!}\right)}{\left(\frac{10!}{3!7!}\right)}=\frac{36}{120}=0.30$$

练习 5.2

1. 考虑抛掷硬币两次的试验。

（1）列出所有试验结果。

（2）定义在两次抛掷中表示正面出现次数的随机变量。

（3）对每个试验结果，列出随机变量的取值。

（4）该随机变量是连续的还是离散的？

2. 随机变量 x 的概率分布见表 5-16。

表 5-16

x	$f(x)$
20	0.20
25	0.15
30	0.25
35	0.40
总计	1.00

（1）它是适当的概率分布吗？检查它是否满足离散概率函数的要求条件？

（2）$x=30$ 的概率是多少？

（3）$x \leqslant 25$ 的概率是多少？

（4）$x > 30$ 的概率是多少？

3. 某心理医生已经确定要获得一名新病人的信任需要 1 小时、2 小时或 3 个小时。以随机变量 x 表示获得病人信任所需的小时数，该医生给出了以下的概率函数：

$$f(x)=\frac{x}{6},\quad x=1,2,3$$

（1）这是一个概率函数吗？请解释。

（2）取得病人信任恰好花费 2 小时的概率是多少？

（3）取得病人信任至少花费 2 小时的概率是多少？

4. 表 5-17 所列为随机变量 x 的概率分布。

表 5-17

x	$f(x)$
3	0.25
6	0.50
9	0.25
总计	1.00

（1）计算 x 的数学期望 $E(x)$；

（2）计算 x 的方差 σ^2；

（3）计算 x 的标准差 σ。

5. 某二项试验的 $n=10$，$P=0.10$。

（1）计算 $f(0)$；

（2）计算 $f(2)$；

（3）计算 $P(x\leqslant 2)$；

（4）计算 $P(x\geqslant 1)$；

（5）计算 $E(x)$；

（6）计算 $\mathrm{Var}(x)$和σ。

6. 军事雷达和导弹探测系统的设计目的是在敌人攻击时向指挥中心发出警报。它们的可靠性问题是指探测系统是否能够识别攻击并发出警报。假设某个探测系统能探测到导弹攻击的概率为 0.90。利用二项概率分布回答下列问题：

（1）一个单独的探测系统能够探测到攻击的概率是多少？

（2）如果在同一区域安装了两套探测系统，每套系统都独立运转。求至少有一套系统探测到攻击的概率是多少？

（3）如果安装三套系统，求至少有一套系统探测到攻击的概率是多少？

思政聚焦 2

人类在认识世界和改造世界的实践中积累了丰富的经验和知识，这些经验和知识都可以从数学中得到解释，特别是正确的世界观、方法论在概率论与数理统计中大多都能找到理论支撑。例如，中国有一句俗语："三个臭皮匠，顶个诸葛亮。"诸葛亮是"足智多谋"的形象，代表智力担当，而这句俗语作为人多力量大、众人拾柴火焰高的一种赞誉也是富有哲理的。你能不能通过概率计算对这一哲理给出合理的解释呢？

下面我们运用概率的知识，对这个问题做出解答。我们用 A_i 表示事件"第 i 个皮匠独立解决了该问题"，$i=1, 2, 3$，同时不妨设每个皮匠单独解决该问题的概率分别为 $P(A_1)=0.42$，$P(A_2)=0.53$，$P(A_3)=0.57$；用事件 B 表示事件"该问题被解决了"，则有

$$\boldsymbol{P}(\boldsymbol{B})=1-\boldsymbol{P}(\overline{\boldsymbol{B}})=1-(1-0.42)(1-0.53)(1-0.57)=0.882782$$

从计算结果可以看出，三个智力寻常的"皮匠"居然能解出百分之八十以上的问题，足智多谋绝顶聪明的诸葛亮也不过如此！这就是俗语"三个臭皮匠，顶个诸葛亮"的概率解释。我们身边的大多数人都是平凡人，绝顶聪明的人所占的比例较小。一个人可以走得更快，一群人可以走得更远。孤雁难飞，孤掌难鸣，集体是力量的源泉，众人是智慧的摇篮。团结力量大，一个人在集体中可以成长得更快，发展得更好。在现实生活中，我们应该弘扬集体主义，发扬团队精神，群策群力攻难关，团结合作创佳绩。

*5.3 连续概率分布

5.2 节介绍了离散随机变量及其概率分布，本节将介绍连续随机变量，其中重点讨论三种连续概率分布，即均匀概率分布、正态概率分布和指数概率分布。

离散随机变量和连续随机变量间的基本区别在于如何计算它们的概率。对于离散随机变量，概率函数 $f(x)$ 给出了随机变量取某个特定值的概率；而对于连续随机变量，概率函数的对应者是**概率密度函数**（probability density function），也记作 $f(x)$。概率密度函数和概率函数的区别是，概率密度函数不直接给出概率，而是通过在给定区间内 $f(x)$ 曲线下的面积，给出连续随机变量 x 在该区间上取值的概率。所以当计算连续随机变量的概率时，就是计算随机变量在某个区间上取任意值的概率。

对连续随机变量定义的推论之一是随机变量取任意一个特定值的概率为零，这是因为 $f(x)$ 曲线在任何特定的点处，其下的面积为零。

本节的大部分内容是介绍描述和说明正态概率分布的应用。正态概率分布非常重要，它在统计推断中有着广泛的应用。本节的最后还将对指数概率分布进行讨论。

5.3.1 均匀概率分布

对于一个表示从广州到北京的航班飞行时间的随机变量 x，假设飞行时间可以是 120～140 分钟区间内的任意值，由于随机变量 x 能够在该区间上取任何值，因此 x 是连续的而不是离散的随机变量。假定我们可以利用足够的实际飞行数据得出推断：在 120～140 分钟区间内，单位为分钟的飞行时间数出现在任意 1 分钟时段内的概率与出现在其他任意 1 分钟时段内的概率相同。如果随机变量 x 在每个 1 分钟区间内具有相等的出现可能性，则称它具有**均匀概率分布**（uniform probability distribution）。对于飞行时间随机变量，定义均匀概率分布的概率密度函数为：

$$f(x)=\begin{cases}1/20 & 120\leqslant x\leqslant 140\\ 0 & \text{其他}\end{cases}$$

注：只要概率与区间长度成比例，随机变量就是均匀分布。

图 5-11 是飞行时间概率密度函数的图形。一般来说，通过下面的公式能够建立随机变量 x 的均匀概率密度函数：

$$f(x)=\begin{cases}\dfrac{1}{b-a} & a\leqslant x\leqslant b\\ 0 & \text{其他}\end{cases}$$

对于连续随机变量，一般只是根据随机变量在某个特定区间内取值的可能性来计算概率。在飞行时间的例子中，一个合理的概率问题是：飞行时间介于 120～130 分钟之间的概率是多少？即 $P(120\leqslant x\leqslant 130)$ 是多少？由于飞行时间必定处于 120～140 分

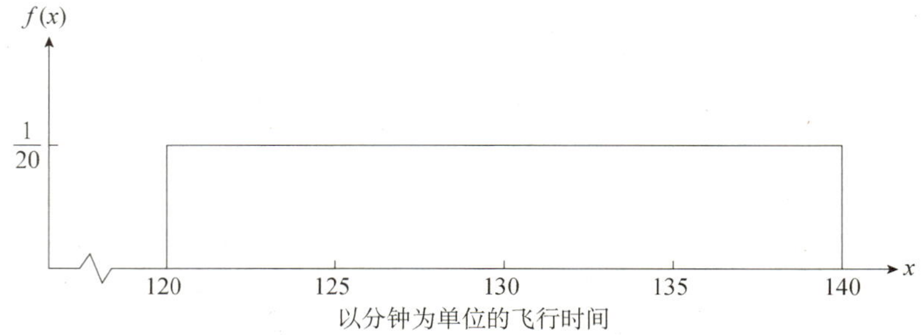

图 5-11

钟之间，还由于概率在这个区间内是均匀分布的，所以可确定 $P(120 \leqslant x \leqslant 130) = 0.50$ 。下面将通过计算在 120～130 区间内 $f(x)$ 曲线下的面积，从而得到均匀概率。

对图 5-12 所示曲线进行观察，求在 120～130 区间内 $f(x)$曲线下的面积。该面积区域是一个矩形，只需长乘宽即可得出它的面积。由于区间的长度等于 130−120=10，而宽等于概率密度函数的值 $f(x)$=1/20，因此面积=长×宽=$10 \times 1/20 = 0.50$ 。

$f(x)$曲线下的面积和概率实际上是同一个量，所有的连续随机变量都是如此。一旦得出了概率密度函数 $f(x)$，通过计算在 x_1～x_2 区间内 $f(x)$曲线下的面积，就能够得到 x 取值介于较小的 x_1 和较大的 x_2 之间时的概率。

给定了飞行时间为均匀概率分布并且把面积作为概率，就可以回答任何有关的概率问题。例如，飞行时间在 128～136 分钟之间的概率是多少？由于该区间的长是 136−128=8，宽等于概率密度函数值 1/20，因此可得 $P(128 \leqslant x \leqslant 136) = 8 \times 1/20 = 0.40$ 。

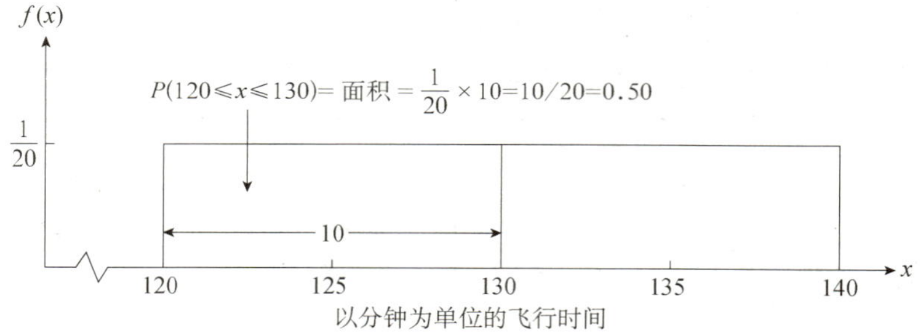

图 5-12

注意：$P(120 \leqslant x \leqslant 140) = 20 \times 1/20 = 1$，也就是说 $f(x)$曲线下的总面积等于 1。这个性质适用于所有的连续概率分布，并且与离散概率函数的概率之和必定等于 1 的要求相对应。对于连续概率密度函数，还必须要求，对 x 的所有值，有 $f(x) \geqslant 0$ 。该项要求与离散概率函数 $f(x) \geqslant 0$ 的要求相对应。

对连续随机变量和对应的离散随机变量的处理有两个主要区别：

（1）对于连续随机变量，不再讨论随机变量取某一特定值的概率，而是讨论随机变量在某一特定区间取值的概率。

（2）随机变量在从 x_1 到 x_2 的给定区间上取值的概率被定义为概率密度函数在 x_1 和 x_2 之间的图形面积。它暗示着连续随机变量取某一特定值的概率恰好为 0，因为

$f(x)$曲线在单点下的面积为0。

注：为了得出任意单点的概率等于0，参考图5-11，并计算某单点的概率。例如，当x=125时，$P(x=125)=P(125\leqslant x\leqslant 125)=0\times 1/20=0$。

连续随机变量的方差和数学期望的计算过程与离散随机变量类似。不过，由于计算过程涉及积分计算，复杂的公式推导不再展开。

对于本节介绍的均匀连续概率分布，其数学期望和方差公式分别为

$$E(x)=\frac{a+b}{2}$$

$$Var(x)=\frac{(b-a)^2}{12}$$

在这两个公式里面，a是随机变量的最小可能值，b是随机变量的最大可能值。

把上述两式应用到广州到北京飞行时间的均匀概率分布中，可以得到

$$E(x)=\frac{120+140}{2}=130$$

$$Var(x)=\frac{(140-120)^2}{12}=33.33$$

飞行时间的标准差取方差的正平方根即可，因此$\sigma=5.77$分钟。

5.3.2 正态概率分布

最重要的描述连续随机变量的概率分布是**正态概率分布**（normal probability distribution），也称常态分布，又名**高斯分布**（Gaussian distribution），最早是由法国数学家Abraham de Moivre在求二项分布的渐近公式时得出的。正态概率分布有着广泛的实际应用，其中随机变量可以是人的身高和体重、考试成绩、科学度量值和降雨量等。正态概率分布还普遍应用于统计推断方面，这将是本小节的主要内容。在这些应用中，正态概率分布描述了从样本中得到的可能结果。

1. 正态曲线

正态概率分布的形状可以用图5-13所示钟形曲线来表示，对应的概率密度函数：

$$f(x)=\frac{1}{\sigma\sqrt{2\pi}}\exp\left(-\frac{(x-\mu)^2}{2\sigma^2}\right)$$

其中，μ = 均值；

σ = 标准差；

$\pi=3.1415926$；

$e=2.71828$。

注：正态曲线有两个参数μ和σ，它们确定了正态概率分布的位置和形状。

正态概率分布的特征如下：

（1）依靠均值μ和标准差σ，可以区分不同的正态分布。

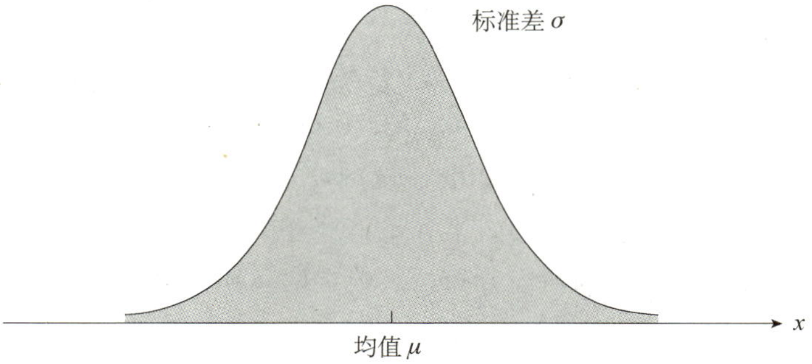

图 5-13

（2）正态曲线的最高点在均值位置，它同时也是正态分布的中位数和众数。

（3）正态分布的均值可以是任何数值：负数、零或者正数。三个标准差相同但均值分别为−10、0 和 20 的正态分布曲线如图 5-14 所示。

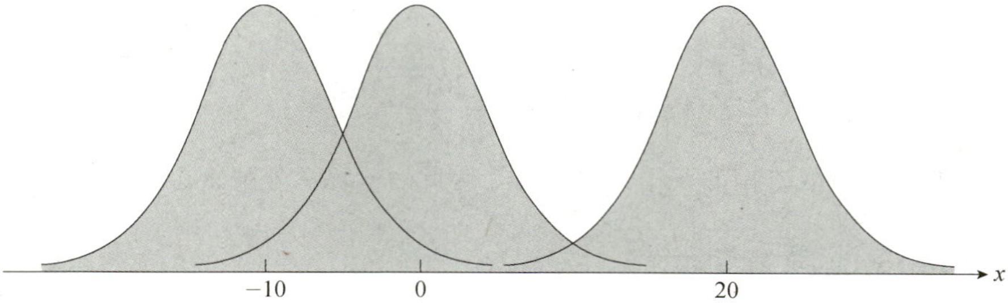

图 5-14

（4）正态概率分布是对称的。正态曲线在均值左边的形状与在均值右边的形状互为镜像。曲线的尾部向两个方向无限延伸，在理论上永远不会与横轴相交。

（5）标准差决定了正态曲线的宽度。更大的标准差导致了更宽、更扁的曲线形状，它表示数据有更大的变异性。两个均值相同但标准差不同的正态分布形状如图 5-15 所示。

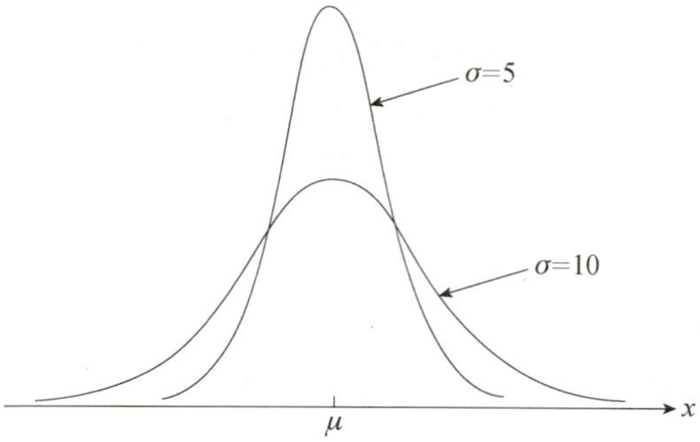

图 5-15

（6）正态随机变量的概率由正态曲线下的面积给出。正态概率分布曲线下的总面积为 1（对所有的连续概率分布都是如此）。因为分布是对称的，均值左边曲线下的总面积是 0.50，均值右边曲线下的总面积也是 0.50。

（7）随机变量在一些经常使用的区间内取值的百分比概率如图 5-16 所示。

① 正态随机变量有 68.26%的值位于其均值加减 1 个标准差的范围内。

② 正态随机变量有 95.44%的值位于其均值加减 2 个标准差的范围内。

③ 正态随机变量有 99.72%的值位于其均值加减 3 个标准差的范围内。

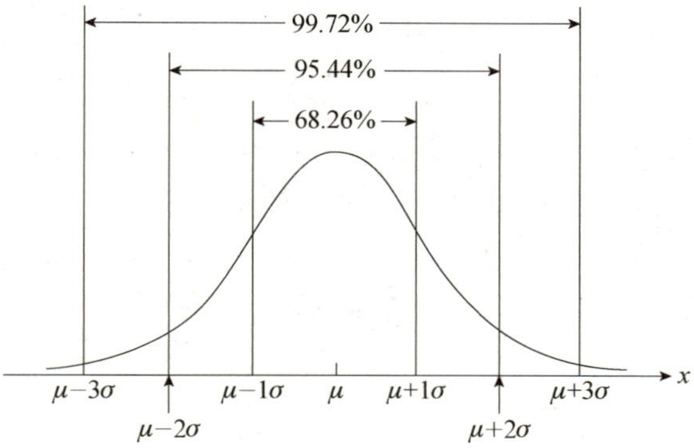

图 5-16

2. 标准正态概率分布

如果随机变量服从均值为 0 且标准差为 1 的正态分布，则称它为具有**标准正态概率分布**（standard normal probability distribution）。通常用字母 z 表示这个特殊的正态随机变量。

与其他连续随机变量一样，任意正态随机变量的概率也是通过计算概率密度函数曲线下的面积得出的（对于正态概率密度函数，由于曲线的高是变化的，需要进行积分以计算代表概率的面积）。因此，为了得到一个正态随机变量在某特定区间内的概率，必须计算在该区间内正态曲线下的面积。概率分布 $P(z \leqslant a)$ 对应图 5-17 中的阴影部分的面积。

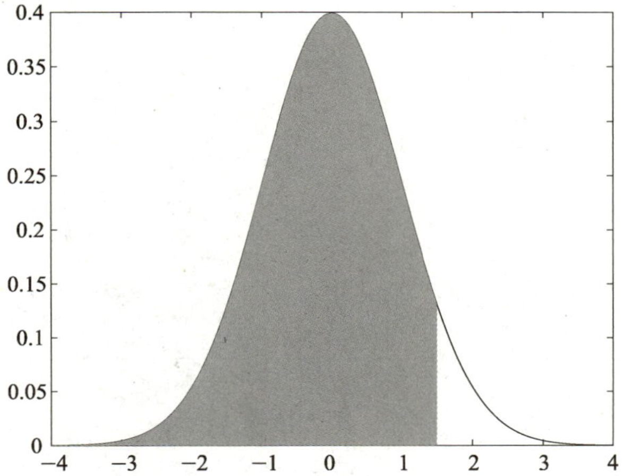

图 5-17

3. 任意正态概率分布的概率

所有的正态分布概率都需要通过标准正态分布来计算。也就是说，当面对一个具有任意均值μ和任意标准差σ的正态分布时，首先要把它转换为标准正态分布，以回答分布的有关概率问题；然后再利用标准正态分布概率表和适当的z值，找到所求的概率。把具有均值μ和任意标准差σ的任意正态随机变量 x 转换为标准正态随机变量z的公式如下：

$$z=\frac{x-\mu}{\sigma}$$

当x的值等于它的均值μ时会导致$z=(\mu-\mu)/\sigma=0$，因此，当x的值等于均值μ时对应的z值在均值 0 处。现在假定x大于均值 1 个标准差，即$x=\mu\pm\sigma$。应用z分数转换，对应的 z 值为$z=\left[(\mu\pm\sigma)-\mu\right]/\sigma=\pm\sigma/\sigma=\pm1$。因此，大于均值 1 个标准差的$x$值对应于$z=1$。换句话说，可以将$z$值解释为正态随机变量$x$距离均值$\mu$的标准差个数。

4. 计算正态分布的概率

无论对于标准正态分布还是一般正态分布，都可以利用计算机很轻松地得到正态分布概率的计算结果。比如在 Excel 中可以利用 NORM.DIST（NORM.S.DIST 标准正态分布）函数来进行正态分布概率计算。

正态概率分布应用实例：假定某轮胎公司刚刚开发了一种新的钢丝子午线轮胎，并通过一家全国连锁的折扣商店出售。因为该轮胎是一种新产品，公司的经理们认为是否保证一定的行驶里程数将是该产品能否被顾客接受的重要因素。在制定这种轮胎的里程质保政策之前，经理们需要知道轮胎行驶里程数的概率信息。

根据对这种轮胎的实际路面测试，公司的工程师小组估计它们的平均行驶里程为μ=36500 千米，里程数的标准差为σ=5000。另外，收集到的数据显示，行驶里程数符合正态分布应该是一个合理的假设。求轮胎行驶里程大于 40000 千米的概率是多少？图 5-18 给出了这个问题的图形表示。

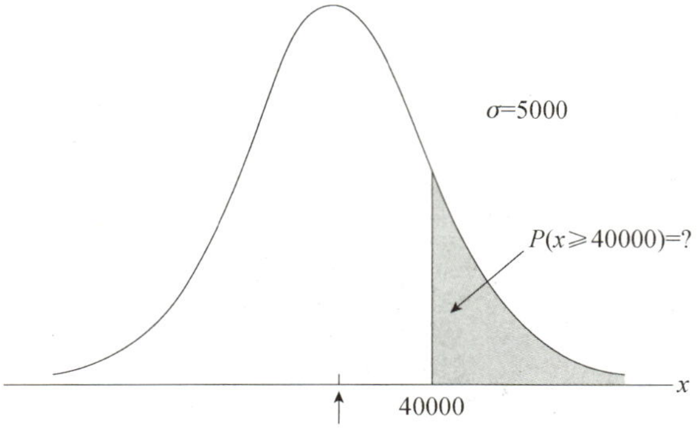

图 5-18

在图 5-18 中，可以看到$P(x\geqslant40000)=1-P(x\leqslant40000)$，在 Excel 中调用 NORM.DIST 函数。在 Excel 的任一单元格中输入=1-NORM.DIST（40000，36500，5000，1），

可得 0.241963652。函数参数对话框如图 5-19 所示，X 表示计算 $P(x \leqslant 40000)$ 的概率分布的分位数，所以这里设置为 40000；Mean 表示均值，这里设置为 36500；Standard_dev 表示标准差，这里设置为 5000；Cumulative，1（ture）表示计算累计概率分布值，0（flase）表示计算概率密度值，这里设置为 1。

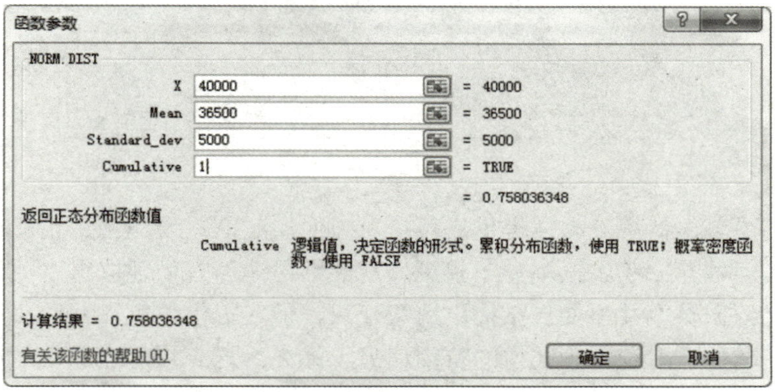

图 5-19

于是可得出结论：大约有 24.2%的轮胎行驶里程会超过 40000 千米。

假设公司正在考虑一项质量保证政策，如果初始购买的轮胎没有能够使用到保证的里程数，公司将以折扣价格为客户更换轮胎。如果公司希望符合折扣条件的轮胎不超过 10%，则保证的里程应为多少？这个问题的图形表示如图 5-20 所示。

根据图 5-20 所示，问题就转化为求 $P(x \leqslant a) = 0.1$ 中的参数 a 的问题，参数 a 通常称为正态分布的**分位数**。利用 Excel 中的 NORM.INV 函数可以很轻松地求解，在 Excel 的任一单元格中输入=NORM.INV（0.1，36500，5000），可得 30092.24217。NORM.INV 函数参数对话框如图 5-21 所示。

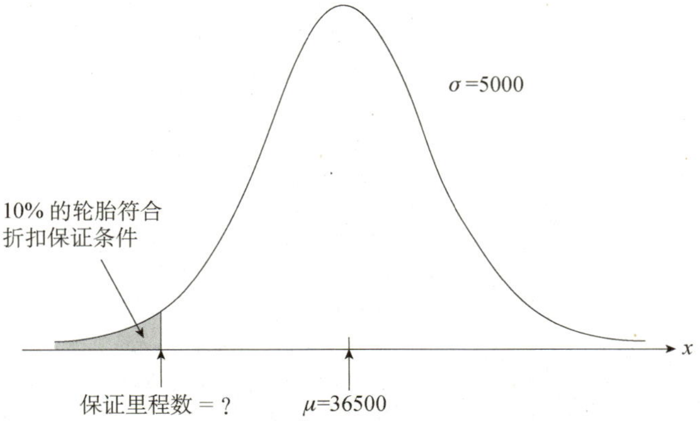

图 5-20

因此，30092 千米的质量保证将满足只有大约 10%的轮胎需要折价更换的要求。也许，根据这一信息，公司或许会将该轮胎的里程保证设定在 30000 千米。

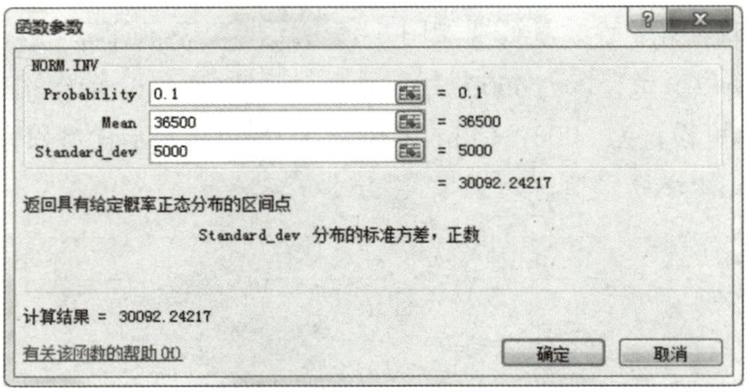

图 5-21

由上例可看出概率分布在提供决策信息方面所起的重要作用。也就是说，只要对某一应用问题建立起了概率分布模型，就能够迅速而方便地取得有关问题的概率信息。虽然依据概率并不能直接提出决策建议，但它提供了可以帮助决策者更好地理解有关问题的风险和不确定性的有用信息。最终，这一信息能够帮助决策者制定出更好的决策。

5.3.3 指数概率分布

一种在描述完成任务所花费的时间方面十分有用的连续概率分布是**指数概率分布**（exponential probability distribution）。指数随机变量可以用来描述诸如汽车清洗站的车辆到达间隔时间、装运一辆卡车所需时间、公路上严重缺陷之间的距离等问题。

1. 指数概率密度函数

$$f(x)=\frac{1}{\mu}\exp(-x/\mu)$$

指数概率分布的例子，如假设 x=在装运码头装运一辆卡车所花费的时间，它服从指数分布。如果平均装车时间为 15 分钟（$\mu=15$），则恰当的概率密度函数为

$$f(x)=\frac{1}{15}\mathrm{e}^{-x/15}$$

图 5-22 是这个概率密度函数的图形表示。

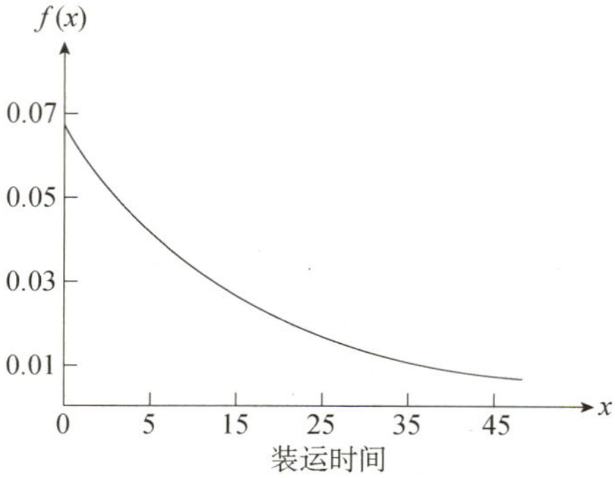

图 5-22

2. 计算指数分布的概率

和任何连续概率分布一样，与某一区间相对应的曲线下面积给出了随机变量在该区间取值的概率。在装运码头例子中，装运一辆卡车花费6分钟或更短时间（$x \leqslant 6$）的概率被规定为图5-22中从x=0到x=6区间曲线下的面积。类似地，装运一辆卡车花费18分钟或更短时间（$x \leqslant 18$）的概率是从x=0到x=18区间曲线下的面积。而装运一辆卡车费时在6分钟到18分钟之间（$6 \leqslant x \leqslant 18$）的概率就是从$x$=6到$x$=18区间曲线下的面积。

为了计算这些问题中的指数概率可以使用下面的公式，该公式给出了指数随机变量取值小于或等于x的某个特定值（记作x_0）的累积概率。

$$P(x \leqslant x_0) = 1 - e^{-x_0/\mu}$$

于是，装运一辆卡车花费6分钟以内时间的概率$P(x \leqslant 6)$为

$$P(x \leqslant 6) = 1 - e^{-\frac{6}{15}} = 0.3297$$

而装车时间为18分钟以内的概率$P(x \leqslant 18)$为

$$P(x \leqslant 18) = 1 - e^{-\frac{18}{15}} = 0.6988$$

因此，装车时间介于6到18分钟的概率等于0.6988−0.3297=0.3691。

3. 泊松分布与指数分布的关系

泊松分布是一种离散概率分布，通常用于确定在一个特定的时间或空间段内事件发生的次数。已知泊松概率函数为

$$f(x) = \frac{\mu^x e^{-\mu}}{x!}$$

式中，μ为在一个区间内事件发生次数的期望值。

连续的指数概率分布与离散的泊松分布存在关系，如果说泊松分布给出了每个区间事件发生次数的恰当描述，那么指数分布则描述了事件的间隔区间长度。

为了说明这种关系，假设在1小时内到达清洗站的汽车数可以用泊松概率分布表示，其均值为每小时10辆汽车。于是泊松概率函数给出了每小时到达x辆汽车的概率为

$$f(x) = \frac{10^x e^{-10}}{x!}$$

因为平均到达数是每小时10辆汽车，则到达车辆的平均间隔时间为

$$\frac{1\text{小时}}{10\text{辆}} = 0.1\text{小时}/\text{辆}$$

于是，描述到达车辆间隔平均时间的指数分布有均值$\mu = 0.1$小时/辆，故恰当的指数概率密度函数为

$$f(x) = \frac{1}{0.1} e^{-x/0.1} = 10e^{-10x}$$

练习 5.3

1. 已知随机变量 x 在 10~20 之间服从均匀分布。

（1）作出它的概率密度函数曲线。

（2）计算 $P(x<15)$。

（3）计算 $P(12 \leqslant x \leqslant 18)$。

（4）计算 $E(x)$。

（5）计算 $\mathrm{Var}(x)$。

2. 大部分计算机语言都有能够生成随机数的函数。Excel 应用程序使用 RAND 函数来生成 0 到 1 之间的随机数。如果用 x 表示生成的随机数，那么 x 就是一个具有如下概率密度函数的连续随机变量：

$$f(x)=\begin{cases}1 & 0 \leqslant x \leqslant 1 \\ 0 & \text{其他}\end{cases}$$

（1）画出它的概率密度函数。

（2）生成的随机数介于 0.25~0.75 之间的概率是多少?

（3）生成的随机数小于或等于 0.30 的概率是多少?

（4）生成的随机数大于 0.60 的概率是多少?

3. 假设我们有兴趣对一块土地投标，并且知道还有一位投标人。卖方已经宣布超过 10000 美元且最高的标价会被接受。假定竞争者的投标价格 x 是在 10000~15000 美元之间的均匀分布。

（1）假如你出价 12000 美元，你中标的概率是多少?

（2）假如你出价 14000 美元，你中标的概率是多少?

（3）为了使你得到土地的概率最大，你应出价多少?

（4）假设你知道某人愿意为这块土地向你支付 16000 美元，你会考虑以小于（c）中的价格投标吗?为什么?

*5.4 概率的应用——估计

首先，概率统计可以分为描述统计与推断统计两大分支。描述统计是一种对数据的概括。

5.4.1 如何理解推断统计中的一些概念

1. 收视率调查

设全国有 1000 万台电视机，其中 200 万台正在直播足球赛事。也就是说，该节目的收视率为 200 万/1000 万=0.2（=20%）。如果我们仅随机抽查 50 台电视机并以此来推断收视率，结果将会如何？

调查步骤如下：

- 在1000万台电视机中以相同概率随机抽取1台，如果它正在直播足球赛事，就记 X_1=〇，否则记 X_1=×。
- 在1000万台电视机中以相同概率随机重新抽取1台，如果它正在直播足球赛事，就记 X_2=〇，否则记 X_2=×。
- 通过类似的方法得到 X_3，X_4，……，X_{50}。
- 统计 X_1，X_2，……，X_{50} 中〇的个数 Y，并以 $Z=Y/50$ 作为收视率的推测值。

为简化问题，可假定每次抽取是相互独立（如果一台电视机被抽取了两次，就分别记录两次结果）的。

显然，该调查不一定能得到20%的结果。抽取到哪一台电视机具有随机性，Y 与 Z 也都是取值不确定的随机变量。在极端情况下，可能会出现所有抽取的电视机都在直播足球赛事，收视率的推测值为100%的情况。

那么，各种偏差的发生概率如何？也就是说，Y 与 Z 的概率分布如何？事实上，我们已经知道了答案。由于每个 X_i 相互独立，且取值为〇的概率为0.2，取值为×的概率为0.8（i=1，2，…，50），因此 Y 遵从二项分布 B_n（50, 0.2），如图5-23（a）所示。只要观察该图的横轴，就能了解 Z 的分布（见图5-23（b））。通过该图，我们可以得知20%这一正确答案附近的 Z 如何分布。

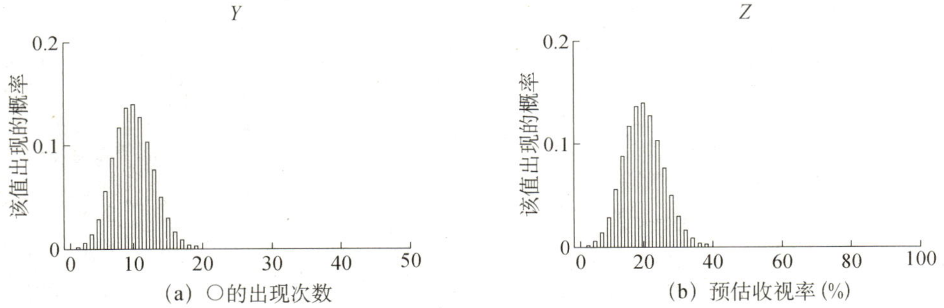

图5-23

不过，这种方式无法表示（随机变化的）预估收视率与真正收视率（20%）之间的区别。我们应分清两者的差异。

2. 抛掷硬币

假设一枚普通的硬币在抛掷10次后得到"反正反正正反反反反反"的结果。正面向上的比例为3/10。这里所说的3/10仅仅是比例，并不表示正面向上的概率。

我们希望求出正面向上出现的概率 P 的值。然而，该值无法直接通过观测得到。于是，需要根据"反正反正正反反反反反"这组测量数据来推测 P 的值。这种做法不够准确，但已是我们能够达到的极限。幸好只要确保足够的实验次数，就能推测出较为准确的 P 的值。

"正面向上的概率为 P，反面向上的概率为（$1-P$）"是抛硬币的真实分布。与之相对地，在现实世界观测得到的"反正反正正反反反反反"称为 X_1，X_2，…，X_{10} 的测定值。由测定值得到了“正面向上的比例为 3/10，反面向上的比例为 7/10”的结论，这称为**经验分布**，它与真实分布是不同的概念。在分析统计学问题时，必须明确区分两者。

从数学的角度来看，之前的收视率调查问题和现在的硬币抛掷实验其实很相似。对于收视率调查，它的真实分布为 $P(X_i=\bigcirc)=0.2$，$P(X_i=\times\}=0.8$（其中 $i=1,\cdots,50$）。

在关于收视率调查的例子中，我们假定实际观测值与真实分布相关，且试图根据观测值来推测真实分布。

3. 期望值的估计

概率密度函数（其图形表示见图 5-24）如下：

$$f(x)=\frac{1}{2}\mathrm{e}^{-|x-5|}$$

此时，随机变量的期望值 $E(x)=5$。

假设现在还不知道真实分布 $f(x)$，希望通过实际观测值 X_1，X_2，$\cdots$，X_n 的值来推测 $E(x)$。我们也许会首先想到简单地将观测值之和除以个数来求平均值 $\overline{X}=(X_1+X_2+\cdots+X_n)/n$，或是求 X_1，X_2，$\cdots$，X_n 的中位数 $\tilde{X}$，把它作为估值依据。那么，$\overline{X}$ 与 $\tilde{X}$ 这两种估计值的性质有什么区别呢？

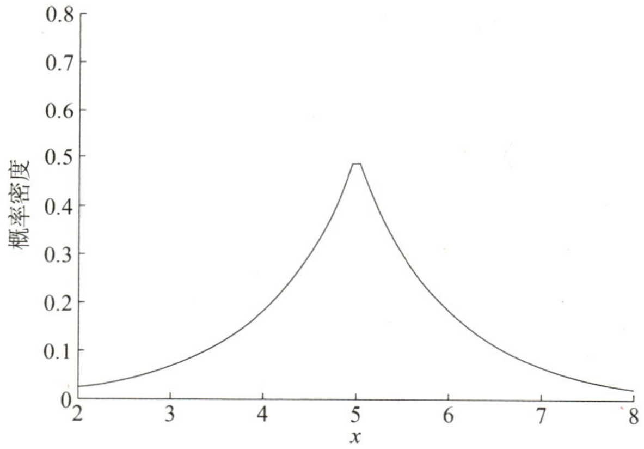

图 5-24

与之前类似，$\overline{X}$ 与 $\tilde{X}$ 也是取值不确定的随机变量。不难理解，数据 X_1，X_2，$\cdots$，X_n 自身就都是随机值（不同样本会不一样），由它们计算得到的 $\overline{X}$ 与 $\tilde{X}$ 显然也都是随机值。为了观测它们具体的随机情况，需要计算两者的分布（多次抽样平均数和中位数的分布）。如图 5-25 所示，可以看出，两种情况下，取值都集中在正确答案 5 附近，且在这个例子中，$\tilde{X}$ 的取值接近正确答案的概率更高。

通过这个例子可知，除了单纯求平均值外，还可以通过其他一些方法来估计概率，并且不同估计方式得到的结果会有所不同。

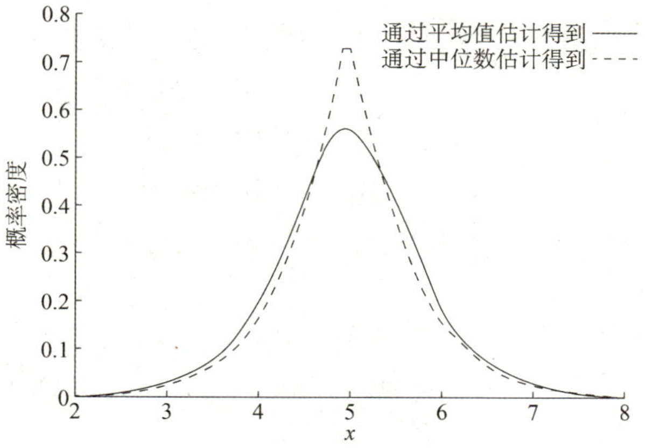

图 5-25

5.4.2 点估计

关于期望值的估计，通过上文可得出以下几点：

- 假定实际观测值与真实分布相关，且试图根据观测值来推测真实分布。
- 由于观测值取值随机，因此由它们计算得到的估计值也是随机值。
- 估计方式多种多样，且不同估计方式得到的估计值也有所不同。

接下来将在此基础上进一步讨论一些更为通用的问题，讲解估计理论中的问题设定。

设采集得到的数据 X_1，X_2，…，X_n 都是独立分布的随机变量。在统计学中，这类数据常称为样本，不过这种术语过分正式，今后如非必要，仍将使用数据一词来指代样本。数据的条数 n 称为样本容量。数据的真实分布不明，我们称没有给出其分布的具体函数形式的问题为**非参数估计**（nonparametric）问题。另一方面，期望值与方差不确定但遵从正态分布的问题称为**参数估计**（parametric）问题。

非参数估计与参数估计各有所长。参数估计的限制较多，因此实用性稍差。不过正因如此，只要假设条件准确，估计的精度就较高。由于这一原因，我们常常会基于过去的经验、数据生成的方式或中心极限定理来猜测分布的形式。

在从总体中选取容量为 n 的简单随机样本时，如果样本容量较大的话，能够用正态概率分布来近似样本均值 $\bar{X}$ 的抽样分布。

例如，假设数据 X_1，X_2，…，X_n 都遵从某一正态分布 $N(\mu,\sigma)$，基于 X_1，X_2，…，X_n 来推测 μ 就属于一种参数估计。在通常情况下，条件给出的数据分布可以由有限维数的向量值参数 $\theta=(\theta_1, \theta_2,\cdots, \theta_k)$ 确定，我们需要做的是根据这些数据估计 θ 的值。估计理论中的估计值分两种类型，**点估计**需要给出具体的点，**区间估计**则需要给出一个估计范围。

由于数据 X 随机值（随机变量），据此得到的估计结果也是一个随机值。如果要强调这一点，可以将 θ 的**估计量**（estimator）记为 $\hat{\theta}$ 或 $\hat{\theta}(X)$，以明确表示该值由 X

决定。对于上面的例子，我们可以写出如下两种估计量（为了区分两者，第二个估计量采用了不同的记号表示）

$$\hat{\mu}(X)=\frac{X_1+\cdots+X_n}{n}$$

$$\tilde{\mu}(X)=X_1,\cdots,X_n\text{的中位数}$$

不难发现，我们可以设计出各种类型的估计量。事实上，只要取值与数据 X 相关，就都符合估计量的条件。设想以下场景：

- 任何人都可以预测明天的天气（是否准确则另当别论）。
- 任何以数据 X 为输入并输出 θ 的估计值的程序都属于估计程序（是否准确则另当别论）

如此一来，我们将得到大量的备选项。

用于选择最佳估计量的评价基准多种多样，其中平方误差是一种常用且较为简便的方式。我们可以通过以下方式理解平方误差：如果正确答案为 a 而估计值为 b，则处以 b^2-a^2 元罚款，估计值 b 与正确答案 a 相差越大，罚款金额就越大。两者恰好一致时罚款金额为 0。显然，该数值越小越好。

由于数据 X 取值随机（随机抽样），因此估计量 $\hat{\theta}(X)$ 与罚款金额 $\hat{\theta}(X)-\theta^2$ 也是随机数。所以我们可以通过期望值来解决这个问题。也就是说，我们希望求得的估计量 $R_{\hat{\theta}}$ 的期望值尽可能小。

$$R_{\hat{\theta}}=E\left(\left\|\hat{\theta}(X)-\theta^2\right\|\right)$$

对于不同正确答案 θ（由于我们不知道正确答案，这也是我们要对此做出估计的原因），$R_{\hat{\theta}}$ 的期望值也不同。也就是说我们无法仅凭一个数值来评价估计量 $\hat{\theta}$，而是需要一条曲线，如图 5-26 所示。

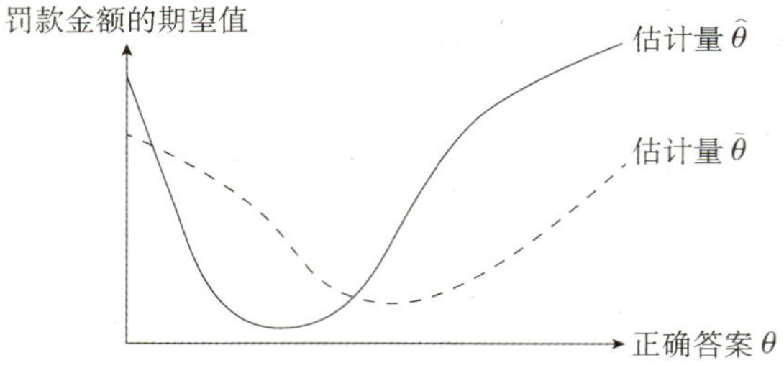

图 5-26

不同估计量的曲线不同，由估计量 $\tilde{\theta}$ 将得到一条不同的曲线 $R_{\tilde{\theta}}(\theta)$。那么，我们如何判断 $\hat{\theta}$ 和 $\tilde{\theta}$ 孰优孰劣呢？如果在任意情况下使罚款金额期望 $R_{\hat{\theta}}<R_{\tilde{\theta}}$ 始终成立，$\hat{\theta}$自然优于 $\tilde{\theta}$？如果对于某些 θ， $R_{\hat{\theta}}$ 的值小，对于另一些 θ， $R_{\tilde{\theta}}$ 的值更小，我们该如何评判呢？此时，$\hat{\theta}$ 和 $\tilde{\theta}$ 哪个更优不能一概而论。这时，我们必须添加一些评判规则来寻找最优，增加不同的规则，我们使用的方法策略也有所不同。

5.4.3 区间估计

我们通过把点估计值减去和加上一个被称为**边际误差**（margin of error）的值，可以构建出总体参数的一个区间估计。在本小节建立的所有区间估计都将采用以下形式：

点估计值 ± 边际误差

特别地，我们将说明如何建立总体均值 μ 和总体比例 p 的区间估计。

总体均值的区间估计形式如下：

$\bar{x}$ ± 边际误差

总体比例的区间估计形式如下：

$\bar{p}$ ± 边际误差

边际误差提供了估计精度的信息。

根据上面的描述，我们看到 边际误差 $=|\bar{x}-\mu|$，在实践中，由于总体均值 μ 未知而无法准确地确定边际误差的值。但是，利用样本的平均值 $\bar{x}$ 的抽样分布，我们能够对抽样误差进行概率描述。

对于样本容量 n、总体标准差 σ 的抽样分布，由中心极限定理能够得出结论：可以通过具有均值 μ 和标准差 $\sigma_{\bar{x}}=\sigma/\sqrt{n}$ 的正态概率分布来近似 $\bar{x}$ 的抽样分布。由于抽样分布说明了 $\bar{x}$ 的值是如何围绕 μ 分布的，因此它提供了 $\bar{x}$ 和 μ 之间可能的差值信息，而这些信息又是对边际误差进行概率描述的基础。

注：中心极限定理可应用于任何总体，因此，即使总体分布未知，只要样本容量足够大，仍然可以使用本节介绍的方法。

当样本为大容量且假定总体标准差已知时，下面的公式说明了建立总体均值区间估计的通用方法。

总体均值的区间估计：假定 σ 已知的大样本情况。

$$\bar{x} \pm z_{1-\frac{\alpha}{2}} \frac{\sigma}{\sqrt{n}}$$

式中，$1-\alpha$ 为置信度，$z_{1-\frac{\alpha}{2}}$ 是当标准正态分布的上侧面积为 $1-\dfrac{\alpha}{2}$ 时的分位数。

我们使用上式来构建 95%的置信区间。对于一个 95%的置信区间而言，置信度是 $1-\alpha$=0.95，于是 α=0.05，从而 $1-\dfrac{\alpha}{2}$=0.975。使用 Excel 的 NORM.INV 函数，设置 NORM.INV（0.975, 0, 1），得到结果为 1.959963985，通常近似取为 1.96。

使用公式计算总体均值区间估计的困难在于，在许多实际应用中缺乏假定总体标准差为已知的基础。这时，只有使用样本标准差 s 来估计总体标准差 σ。在大样本情况下，当样本容量增大时，样本标准差 s 对 σ 做出了良好的估计这一事实及中心极限定理（大样本理论显示，当样本容量增加时，样本方差 s^2 随机地收敛于总体方差 σ^2，这种收敛性使得我们能够使用 s 来估计 σ），都使得我们能够使用 s 代替 σ 的方法来建立总体均值的区间估计。

为了说明这种区间估计方法，举例一个抽样如下，它的设计目的是估计家庭的信用卡负债情况。一个包含 85 户家庭的样本提供了信用卡余额，样本均值 $\bar{x}=5900$ 元，样本标准差 $s=3058$ 元。在 95%的置信水平上，对于样本容量 n=85，可得

$$5900 \pm 1.96 \times \frac{3058}{\sqrt{85}}$$

即

$$5900 \pm 650$$

于是，边际误差是 650 元，总体均值的 95%置信区间估计为 5900−650=5250 元到 5900+650=6550 元。

样本比例 $\bar{p}$ 是总体比例 p 的无偏估计量，并且在大样本的情况下，p 的分布可以用正态概率分布来近似（一般在 np 和 n（$1-p$）都大于等于 5 的大样本条件下，正态分布才能作为 p 抽样分布的近似。）。当使用样本比例 $\bar{p}$ 估计总体比例 P 时，可以利用 p 的抽样分布对抽样误差进行概率描述。这时，抽样误差就定义为 $\bar{p}$ 和 P 之差的绝对值，记作 $|\bar{p}-P|$。

由于总体比例 P 近似正态分布的标准差为 $\sqrt{P(1-P)}$，于是可得区间估计：

$$\bar{p} \pm z_{1-\frac{\alpha}{2}}\sqrt{\frac{P(1-P)}{n}}$$

为了使用上面公式建立总体比例 P 的区间估计，需要知道 P 的值。但由于 P 的值还需要估计，故只能用样本比例 $\bar{p}$ 代替 P。总体比例置信区间估计的一般表达式如下：

$$\bar{p} \pm z_{1-\frac{\alpha}{2}}\sqrt{\frac{\bar{p}(1-\bar{p})}{n}}$$

式中，$1-\alpha$ 是置信度，$z_{1-\frac{\alpha}{2}}$ 是与标准正态概率分布的左侧面积 $1-\frac{\alpha}{2}$ 相对应的 z 值。

通过下面的例子来说明边际误差和总体比例区间估计的计算过程。某公司对 902 名国内高尔夫球女选手进行了一项调查，以了解女选手怎样看待自己在国内比赛的赛程安排。调查结果显示，有 397 名女选手对有下午茶时间感到满意。于是对下午茶时间感到满意的高尔夫女选手总体比例的点估计为 397/902=0.44。使用上面公式和 95%的置信水平，有

$$0.44 \pm 1.96\sqrt{\frac{0.44(1-0.44)}{902}}$$

即

$$0.44 \pm 0.0324$$

因此，边际误差为 0.0324，总体比例的 95%置信区间估计是（0.4076, 0.4724）。使用百分比表示，调查结果能够使我们以 95%的置信度认为所有女选手中有 40.76%到 47.24%的人对有下午茶时间感到满意。

练习 5.4

1. 由某协会进行的一项调查显示，度假时一个四口之家平均日花费为215.60美元。假定选取去尼亚加拉大瀑布度假的64个四口之家为样本，其样本均值为252.45美元，样本标准差为74.50美元。

求去尼亚加拉大瀑布度假的四口之家总体平均日花费的95%置信区间。

2. 一个由400个元素组成的简单随机样本包含100个“是”的回答。

（1）总体中回答“是”的比例的点估计是多少?

（2）比例的标准误差是多少?

（3）计算总体比例的95%置信区间。

3. 人力资源管理协会的一项调查询问了346名求职者，为什么员工如此频繁地变换工作?受调查者选择最多（152次）的答案是“别处更高的补偿”。

（1）求职者把“别处更高的补偿”作为变换工作原因的总体比例的点估计是多少?

（2）总体比例的95%置信区间估计是什么?

拓展阅读

概率与信息度量

我们常说这个人讲话内容信息量大、有用，那个人废话多、没什么信息。信息有用，它的作用是如何客观、定量地体现出来的呢?1948年，克劳德·艾尔伍德·香农（Claude Elwood Shannon，1916—2001）在他的著名论文“通信的数学原理”中提出了“信息熵”的概念，解决了信息度量问题，并且量化出信息的作用。

一条信息的信息量和它的不确定性有直接关系。如果我们要搞清楚一件非常不确定的事情或是我们一无所知的事情，就需要收集大量的信息。相反，如果我们对某件事情已经有较多了解，那么不需要太多的信息就能把它搞清楚。所以，从这个角度看，信息量就等于不确定性的多少。

若随机事件X发生的概率为$P(X)$，搞清楚随机事件X需要的信息量$H(X)$可进行如下度量

$$H(X)=\log_2\frac{1}{P(X)}=-\log_2 P(X)$$

以掷骰子为例，我们知道得到点数3的概率是1/6，得到点数为偶数的概率是1/2，得到$1\leqslant$点数$\leqslant 6$的概率是1（必然事件），得到点数为7的概率是0（不可能事件）。因此，弄清这些事件所需的信息量（不确定性）分别为

$$H(X=3)=\log_2 6\approx 2.6$$

$$H(X=2,4,6)=\log_2 2=1$$

$$H(1\leqslant X\leqslant 6)=\log_2 1=0 \text{（这是必然结果）}$$

$$H(X=7)=\log_2\infty=\infty$$

均匀的骰子各点数出现的概率相等，因此弄清出现每个点数所需的信息量均为 $\log_2 6$。如果骰子存在问题，比如很容易出现点数 1，很少出现点数 5，情况就会发生变化。那么，出现每个点数所需的信息量如何计算呢？香农指出，它的准确信息量应该是

$$P_1\log_2\frac{1}{P_1}+P_2\log_2\frac{1}{P_2}+\cdots+P_6\log_2\frac{1}{P_6}=\sum_{i=1}^{6}P_i\log_2\frac{1}{P_i} \tag{1}$$

其中，P_1，P_2，P_3，P_4，P_5，P_6 是点数 1，2，3，4，5，6 出现的概率。

香农把它称为“信息熵”（Entropy），一般用符号 H 表示，单位是“比特”（bit）。一个比特是一位二进制数，计算机中的一个字节是 8 比特。

可以证明：各种事件的概率不均匀时的熵值小于各事件概率均匀时的熵值。所以（1）式对应的熵值 $<\log_2 6$。

1. 信息熵与数据压缩

许多人应都用过 WinRAR、好压（haozip）、zip、7-zip 或 gzip 等文件压缩工具。

如果问一本 50 万字的中文书《史记》有多少信息量？把它压缩成数字文件有多少字节？有了“信息熵”这个概念，就可以回答了。常用的汉字大约有 7000 字。假如每个字等概率，那么大约需要 13 比特（即 13 位二进制数，$H=-\log_2 7000=12.7731$）表示一个汉字。但汉字的使用是不平衡的。实际上，前 10%的汉字占常用文本的 95%以上。因此，即使不考虑上下文的相关性，只考虑每个汉字的独立概率，那么每个汉字的信息熵大约也只有 8～9 比特（约为 $0.95\times\ \log_2(7000\times0.1)=8.9787$）。如果再考虑上下文的相关性，每个汉字的信息熵就只有 5 比特左右。所以，一本 50 万字的中文书《史记》，信息量大约是 250 万比特。如果用一个好的算法压缩一下，整本书可以存成一个 32KB 的文件（2500000 比特/8= 312500B（字节），约 32KB）。如果直接用两字节的国标码存储这本书，大约需要 1MB 大小，是压缩文件的三倍。这两个数量的差距，在信息论中称作“冗余度”。需要指出的是，这里讲的 250 万比特是平均数，同样长度的书，所含的信息量可以相差很多。如果一本书重复的内容很多，它的信息量就小，冗余度就大。不同语言的冗余度差别也很大，而汉语在所有语言中冗余度是相对小的。一本英文书，翻译成汉语，如果字体相同，那么中译本一般都会薄很多。这和人们普遍的认识“汉语是最简洁的语言”是一致的。

2. 条件熵

消除随机事件的不确定性的唯一办法是引入信息。知道的信息越多，随机事件的不确定性就越小。这些信息可以是直接针对我们要了解的随机事件，也可以是与随机事件相关的其他事件的信息。为此需要引入一个新概念——条件熵（conditional entropy）。

假定 X 和 Y 是两个随机变量，X 是我们需要了解的。假定我们现在知道了 X 的随机分布 $P(X)$，也就知道了 X 的熵：

$$H(X)=-\sum_{x\in X}P(x)\log\left(P(x)\right)$$

现在假定我们还知道 Y 的一些情况，包括它和 X 一起出现的概率，在数学上称为联合概率分布（jiont probability），以及在 Y 取不同值的前提下 X 的概率分布，在数学上称为条件概率分布（conditional probability）。

定义联合分布 $P(X,Y)$ 的熵为：

$$H(X,Y)=-\sum_{x\in X,y\in Y}P(x,y)\log\left(P(x,y)\right)$$

定义在 Y 的条件下 X 的条件熵为：

$$H(X|Y)=-\sum_{x\in X,y\in Y}P(x,y)\log(P(x|y))$$

可以证明 $H(X)\geqslant H(X|Y)$，也就是说多了 Y 的信息，关于 X 的不确定性下降了。

同样的道理，可以定义有两个条件的条件熵

$$H(X|Y,Z)=-\sum_{x\in X,y\in Y,z\in Z}P(x,y,z)\log(P(x|y,z))$$

还可以证明 $H(X|Y)\geqslant H(X|Y,Z)$。也就是说，三元模型应该比二元模型好。

信息熵是整个信息论的基础，也是数据挖掘和机器学习的基础。

数据挖掘中的决策树 ID3 算法和 C4.5 算法利用信息论中的信息熵和信息增益（information gain）来确定具有最大分类标识能力的属性。下面的量

$$\text{Gain}(A)=H(S)-H(S|A) \quad (2)$$

度量了按照属性 A 区分集合 S 所需的信息熵，称为信息增益。

（2）式表明，在获得信息 A 的条件下，对集合 S 进行分类的不确定性减少了 Gain（A）这么多。所以，信息增益越大，属性 A 区分数据的能力就越强。构造决策树时，首先计算所有决策属性的信息增益，然后选择信息增益最大的属性作为当前决策节点。根据该属性的不同取值建立树的分枝，在分枝中又重复建立子树的下一个节点和分枝。决策树的叶节点表示一个类，决策节点表示一个分枝和子树，如图 5-27 所示。

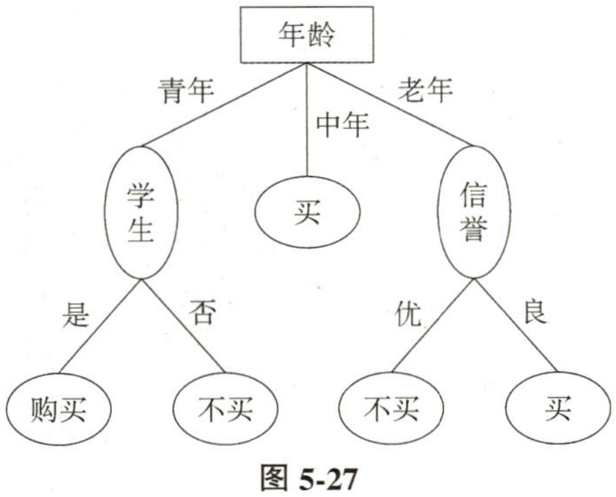

图 5-27